油气实验地质新理论新方法丛书

油气地球化学定量分析技术

蒋启贵　张志荣　秦建中　等　著
　　　　　张美珍　张　渠

科学出版社

北京

内 容 简 介

中国石油化工股份有限公司石油勘探开发研究院无锡石油地质研究所实验地质研究中心多年来围绕油气地球化学定量分析技术发展需求，通过自主研发和国际合作，在岩石吸附气定量、酸解气（$C_1 \sim C_5$ 单体烃）定量、轻烃（$C_6 \sim C_{15}$ 单体烃）定量、沥青"A"（饱和烃、芳烃、生物标志物、含氮、含氧化合物及高分子蜡等）气相色谱、气相色谱–质谱定量等系列定量分析技术方面开展了持续的卓有成效的技术攻关，并取得了与国际接轨的研究成果，本书是这些工作的总结。全书共六章，重点介绍了气态组分定量分析技术及其应用、轻烃定量分析技术及其应用和生物标志化合物及高分子量烃类化合物定量分析技术，同时也介绍了全二维色谱–飞行时间质谱分析技术及应用、生烃动力学分析技术与应用，最后对有机地球化学定量分析技术进行了展望。全书内容丰富，基础分析图谱与定量数据扎实可靠并全面与国际接轨，对石油与天然气勘探具有引领与指导意义。

本书可供广大石油地质、油气勘探工作者、科研人员以及大专院校有关专业人员参考。

图书在版编目(CIP)数据

油气地球化学定量分析技术/蒋启贵等著. —北京：科学出版社，2014.5

（油气实验地质新理论新方法丛书）

ISBN 978-7-03-040675-0

Ⅰ. ①油… Ⅱ. ①蒋… Ⅲ. ①油气勘探–地球化学勘探–文集 Ⅳ. ①P618.130.8-53

中国版本图书馆 CIP 数据核字（2014）第 102261 号

责任编辑：王 运 韩 鹏／责任校对：李 影
责任印制：钱玉芬／封面设计：耕者设计工作室

科学出版社 出版

北京东黄城根北街16号
邮政编码：100717

http://www.sciencep.com

中国科学院印刷厂 印刷

科学出版社发行 各地新华书店经销

*

2014 年 5 月第 一 版　开本：787×1092　1/16
2014 年 5 月第一次印刷　印张：23
字数：530 000

定价：158.00 元

（如有印装质量问题，我社负责调换）

序

  石油的生成起源、石油的运移轨迹和石油的聚集保存场所始终是历代石油人孜孜不倦、永无止境的探索目标。无论探索的道路怎样艰难坎坷，都挡不住石油人追求科学、尊重客观、逼近真相和振兴中国油气事业的决心。原地矿部无锡实验室成立于1962年（上海），经过多次变更，2000年划归中国石油化工股份有限公司（以下简称中国石化），现更名为中国石化石油勘探开发研究院无锡石油地质研究所实验地质研究中心（以下简称无锡实验室），经过半个多世纪的建设、开拓和创新发展历程。尤其是自2001年以来的十多年中，无锡实验室组建了近60人的研究、研发和技术创新团队，始终奉行以油气地质基础理论和勘探研究为先导，新技术方法研究为手段，新型科学仪器引进和自主研发为依托，油气地质实验和样品分析为服务的四位一体的协调发展理念，现已成为国际一流的油气实验地质创新基地。

  近十年来，无锡实验室先后承担了国家项目20项次（包括国际合作、国家973课题、国家重大专项课题专题、国家重大基金、国家自然科学基金、国资委课题等）、中国石化部级项目25项次（科技部和油田部）和局级项目25项次（油田、院及基础前瞻等），油气地质成烃成藏基础理论、实验新技术新方法和仪器研发等创新成果持续涌现：①海相优质烃源岩评价技术在油气资源参数研究方面，在海相碳酸盐层系多元生排烃研究方面，在高演化烃源岩古地温古埋深热演化史恢复技术研究方面，在超显微有机岩石学及分析技术研发等方面取得突破性进展。②油气包裹体分析技术，尤其是油气单体包裹体（激光微区等）成分色谱-质谱分析及古压力古温度定年与成藏过程等方面取得创新成果，处于国际领先地位。③油气地球化学定量分析技术在岩石吸附气定量、酸解气（$C_1 \sim C_5$单体烃）定量、轻烃（$C_5 \sim C_{14}$单体烃）定量、沥青"A"（饱和烃、芳烃、生物标志物、含氮、含氧化合物及高分子蜡等单体烃）色谱-质谱定量等系列分析技术研究方面，在高演化油气源分析技术研究方面与国际接轨。④成烃生物识别技术在底栖藻类、细菌真菌等成烃生物识别技术研发方面，在单体成烃生物热裂解（激光微区等）成分色谱-质谱分析和单体碳同位素分析技术研发方面，在成烃生物环境、有机质类型和油源判识等研究方面取得了显著的成果。⑤油气地质物理模拟实验技术在烃源岩DK地层热压生排烃模拟实验技术、储层溶蚀物理模拟实验技术研发方面，在石油资源、油气热裂解转化等参数及机理研究方面，在碳酸盐溶蚀机理等方面取得重要突破。⑥油气泥岩盖层与保存条件评价技术在盖层岩石韧性分析方法研发方面，在盖层岩石脆延转化分析技术研究方面，在盖层动态评价研究方面走在了国际前列。⑦碳酸盐岩储层评价技术在碳酸盐岩储层形成机理与研究方法方面，在高演化碳酸盐岩储层判别标志和预测等研究方面取得重要进展。

  实验新技术方法的研究及应用是支撑油气理论创新的基石，近些年来，无锡实验室围绕中国石化核心技术和特色技术的发展需求，积极开展突出自身优势的实验新技术方法的创新研究，先后创建了轻烃定量分析技术、生物标志化合物定量技术、包裹体分析技术、储盖层测试技术、同位素分析技术和模拟实验分析技术等独具特色的实验系列新技术方法30多项，得到了国内外专家的认可。

新型仪器的自主研发为理论和技术创新提供了强有力的保障，为了解决理论和方法研究中的关键问题，在国内外没有商业化仪器的情况下，无锡实验室开拓思维，精心设计，勇于实践，先后研发了单体包裹体成分分析仪、突破压力测定、韧性检测仪、扩散系数分析仪、稀有气体定量分离仪、孔经测定仪、轻烃抽提仪、地层孔隙热压生烃模拟仪、地层条件下油气水互溶度测定仪、水岩反应模拟实验仪等20多台（套），确保了理论和技术研究的顺利进行，同时为理论研究和技术方法的突破创新奠定了基础。

油气地质成烃成藏基础理论、实验新技术新方法和仪器研发等创新成果持续涌现在中国石化科技开发部组织的专家评审中，先后有9项成果获得"整体达到国际领先水平"，6项成果获得"整体达到国际先进水平"的高度评价，已经获得中国石化技术发明奖一等奖1次、技术发明奖三等奖1次，勘探开发研究院技术发明奖一等奖2次，科技进步奖一等奖12次，授权发明专利20项、专有技术8项，在核心期刊发表文章300多篇。

一系列攻关项目的研究丰富了油气实验地质的新理论、新方法，形成的创新认识和方法技术、发明专利、专有技术等在科研生产中发挥了积极作用。为了进一步展示和总结这些研究成果，我和我的研发团队将对第一手资料进行客观细致的归纳总结和高度凝练，拟在3~5年内出版《海相优质烃源岩评价技术》、《油气地球化学定量分析技术》、《成烃生物识别与评价技术》、《油气地质物理模拟实验与应用技术》、《流体包裹体与有机质激光微区分析与评价技术》、《油气泥岩盖层与保存条件评价技术》、《海相碳酸盐岩储层形成机理与评价技术》七部《油气实验地质新理论新方法丛书》系列专著奉献给各位同行和读者，愿与各位同行分享最终属于我们石油人自己创造的解决科学问题的研究思路和方法。特别感谢科学出版社的鼎力相助。

秦建中

2013年5月

前　　言

本书是对"海相油气生物标志化合物定量技术及应用研究"、"石油有机地球化学新技术方法研究与应用"及"油藏地球化学新技术方法研究及规范标准制定"等中国石化科技开发部科技攻关项目创新成果的归纳和总结，展示了油气地球化学实验技术从简单到精细、从定性到半定量直至定量的发展过程。本书重点涉及油气地球化学定量分析技术的研究成果。

1. 海相油气生物标志化合物定量技术及应用研究

"海相油气生物标志化合物定量技术及应用研究"是 2007~2009 年中国石油化工股份有限公司科技开发部下达的科技攻关基础研究项目，合同编号为 P07018，该项目也是与加拿大联邦地质调查局国际合作母项目。2009 年 12 月通过专家组验收，2010 年 4 月参加中国石化科技开发部鉴定（鉴定号：中石化鉴字［2010］048 号），专家组认为该成果"整体达到国际领先水平"，取得的主要创新成果如下：

（1）建立了生物标志化合物绝对定量分析技术，通过与加拿大联邦地质调查局卡尔加里分部开展合作研究以及实验分析结果的比对，建立了饱和烃、芳烃及特殊生物标志化合物绝对定量分析技术，并获得了中国石化 5 项专有技术的登记权。

（2）建立了二维色谱-飞行时间质谱分析技术，国际上对此项技术在石油地质领域的应用研究仍然处于探索阶段。二维色谱-飞行时间质谱分析技术，可得到四极杆色谱-质谱分析的共馏组分和检测不到的大量生物标志化合物信息，并可从三维立体角度进行对比，通过建立定量化的全二维色谱-飞行时间质谱分析技术，有助于化合物的鉴别和提高分析鉴定的精度。

（3）特殊生物标志化合物定量指标的解释与应用，结合上扬子区和塔里木盆地实际地质情况，对近百个样品进行了生标定量分析，筛选出具有母源特征和环境指向的特殊生物标志化合物，开展了地球化学指标的解释，同时探讨了成熟度和生物降解作用的影响。定量指标显现了生物标志化合物定量指标在油源对比、沉积环境判识、成熟度评价中的作用，直接提供了相关的分子地球化学证据。

（4）初步建立了海相混源油气综合识别和混源比例评价技术，首次提出了采用生物标志化合物定量数据进行烃源和环境研究的系列参数和指标，并探索性地应用于塔河油田原油样品和南方分散样品的油源识别的讨论中；首次将生物标志化合物定量分析的地质研究结果与多元统计软件相结合，对分布在塔河全油区奥陶系的 20 个原油进行了混源原油的识别和混源比例计算，讨论了 3 个端元油对全区不同部位原油的贡献大小。

（5）初步建立了油气二次运移示踪技术，利用定量的生物标志化合物和非烃化合物对塔河油田油气运移路径进行探讨，获得了油气运移方向的指示路径，鉴别出的大量带有极性的单体化合物可以成为研究油气二次运移示踪的新"成员",丰富了油气二次运移示踪技术的内涵,有助于油气二次运移示踪体系的建立。

项目负责人为秦建中、张美珍、黎茂稳(加拿大),主要完成人为蒋启贵、张志荣、张渠、腾格尔、饶丹、马媛媛、宋晓莹、付小东、申宝剑、陶国亮、许锦、刘鹏等。

2. 石油有机地球化学新技术方法研究与应用

"石油有机地球化学新技术方法研究与应用"是2004~2006年中国石油化工股份有限公司科技开发部研究项目,合同编号为P04039。该项目2006年12月通过验收,同时参加了中国石化科技开发部组织的鉴定(中石化鉴字[2006]第219号),专家组认为该成果"整体达到国际领先水平",2007年获得中国石化(部级)技术发明奖三等奖,取得的主要创新成果如下。

(1)研制了MXN-1型轻烃低温密封旋转浓缩仪等4台新型仪器,获得了2项国家发明专利(MXN-1型密封低温旋转浓缩仪,国家发明专利号:200510056779.X;酸解脱气制备仪,国家发明专利号:200610067176.4)和1项国家实用新型专利(顶空气、岩屑气脱气组合装置,国家实用新型专利号:200620012068.2)。

(2)建立了岩石$C_6 \sim C_{15}$轻烃定量分析方法、天然气及其源岩$C_1 \sim C_5$和原油$C_5 \sim C_8$单体烃氢同位素组成分析方法、原油中含氧化合物分离分析方法和烃源岩有机质多组分显微荧光探针(FAMM)分析技术方法等4项有机地球化学新的技术方法。

(3)编写了岩石$C_6 \sim C_{15}$轻烃定量气相色谱分析方法等5项有机地球化学新技术方法的规范标准(按照国家标准GB/T 1.1—2000)。

(4)地质应用取得了好的效果:获得了胜利油田东营凹陷官127井沙4段$C_6 \sim C_{15}$轻烃的绝对含量,它约占原来测得烃总量的10%~20%,填补了以往分析方法得不到这一段轻烃数据的空白,使得资源量预测更接近真实情况。

(5)首次得到的普光气田普光7井T_1f^1以及庙1井T_1j^2的天然气甲烷氢同位素组成分别为$\delta D^1 = -122.59‰$和$\delta D^1 = -120.85‰$。比塔河油田8个海相天然气的δD^1的平均值$-164‰$要重得多,我们认为这与普光气田的天然气十分干燥(干燥系数C_1/C_{1-5}为0.993)、成熟度高($R_o \approx 5\%$)以及源岩的沉积环境和水介质有关。

(6)首次获得塔里木盆地奥陶系、寒武系烃源岩的酸解气和脱附气的单体烃氢同位素组成。所得δD^1值与塔河油田天然气的δD^1值有可比性。

(7)选用原油含氧化合物中邻-甲基苯酚/对-甲基苯酚、2,6-二甲基苯酚/3,4-二甲基苯酚以及苯酚绝对含量(μg/g)等3个指标对塔河油田各区块原油的运移路线进行研究,结果表明,塔河古生界原油由南、西向4区、6区方向运移。

(8)对东营凹陷21个烃原岩样品的FAMM分析表明这些烃源岩样品的镜质体反射率值受到了显著的抑制作用,而且是有机质类型越好,其抑制程度越大。

该项目负责人为秦建中、张美珍,主要工作由蒋启贵、张渠、张志荣、把立强、施伟军、曹寅、钱志浩、陈伟钧等完成。

3. 油藏地球化学新技术方法研究及规范标准制定

2001~2004年项目"油藏地球化学新技术方法研究及规范标准制定"(合同编号为P01024)是中国石油化工股份有限公司科技开发部下达的科技攻关基础研究项目。2004

年底一致通过中国石化科技开发部专家组验收，2005 年初中国石化科技开发部专家组鉴定该成果整体达到国际先进水平，取得的主要技术创新为：①为提高样品制备的质量和实验仪器的分析能力，成功设计和研制了 6 台新型仪器和装置。②获得了 3 项国家发明专利。③建立与改进了 14 项油藏地球化学新的技术方法，技术方法体现了新颖、先进和具独创性的特点。④建立的油藏地球化学新技术方法所获得的微观信息，在对塔河、松潘和东部老油田进行评价研究中有了一些新的认识，地质应用效果良好。⑤轻烃单体烃碳同位素分析技术的应用。⑥高分子量烃类气相色谱分析技术的应用。

此专题的方法研究带来了对新型仪器功能和新方法的开发，为塔河油田、南方碳酸盐岩地区、东部老油区、松潘–阿坝地区等科研项目在研究中获得新的认识和突破提供了有力的方法支持和技术保障。

该项目负责人为张美珍、曹寅、郑冰，主要工作由钱志浩、蒋启贵、施伟军、郑伦举、张渠、陈伟钧、把立强等完成。

4. 油气地球化学定量分析技术

油气地球化学定量分析技术的研发是石油地质研究向更高层次发展的必然需要，它利用各种不断创新的实验分析手段，从众多的定量分析数据中获取和遴选石油地质研究领域所需的各种信息和评价参数，使其以油气微观地质研究的角度逐步逼近勘探实际和理性地指导勘探开发的实践过程。它源于油气勘探开发，进展于油气勘探开发，也一直服务于油气勘探开发。

本书系《油气实验地质新理论新方法丛书》之一，比较系统和集中地反映了笔者及其研发团队近十年来在油气地球化学分析技术的新方法及其地质应用方面的研究成果。重点介绍了从源岩中脱附各种不同赋存状态的气态烃，从源岩中提取 $C_6 \sim C_{15}$ 轻烃，地质样品中生物标志化合物的 GC-MS、GC-MS-MS 定量分析的技术方法，以及生物标志化合物定量指标的解释和应用。同时系统介绍了新发展的全二维气谱–飞行时间质谱分析技术和热解生烃组分动力学分析技术，以及这些新技术在油气地球化学不同研究领域应用探索的实例。最后结合我国油气勘探现实需求和国内外油气地球化学发展趋势，就有机地球化学定量分析前沿技术及发展进行了简要阐述。

本书前言由张美珍、秦建中执笔。第一章由蒋启贵、张渠等执笔，分别介绍顶空气、岩屑气组合采样脱气装置和岩石酸解气脱气制备仪的仪器结构、分析方法，以及含硫天然气中有机硫化物的定量分析技术。第二章由蒋启贵等执笔，阐明了"轻烃"的概念并介绍了岩石、原油和天然气中轻烃的定量分析技术，展示了岩石轻烃定量技术在资源评价、原油形成温度计算、有机质成熟度判别和油源对比等应用方面的重要作用。第三章由张志荣、张渠、张美珍、秦建中等执笔，系统详细地介绍了岩石、原油样品中生物标志化合物、含氮、含氧化合物以及高分子量烃类化合物的 GC-MS 和 GC-MS-MS 定量分析方法，并展示了无锡实验室与加拿大联邦地质调查局卡尔加里分部实验室的定量分析比对结果。此外，根据塔河原油生标定量数据，借助相关商业软件（如 Pirouette 4.0），采用数字模拟（多元数理统计学方法）技术，即生标浓度的变通最小二乘法（ALS-C）计算和综合识别塔河原油的混源比例；本章还介绍了含氮、含氧化合物在原油运移研究方面的应用。第四章由蒋启贵等执笔，介绍了全二维色谱–飞行时间质谱分析仪器的工作原理、参数选择、分析步骤以及样品处理方法等，并与普通色谱-质谱分析技术进行了比对试验。第五章由蒋启贵等执笔，介绍了利用 Rock-Eval 6 热解仪和 Optkin 动力学软件对中国南方海相烃源岩样品及模拟残样进行的动力学分析，以及利用热解色谱质谱仪和 Kinetics05 软件进行的热解生烃组分动力学分析技术开发与应用研究。第六章由张志荣、秦建中等执笔，介绍了有机地球化学定量分析新技术及展望，包括微区地球化学分析技术、傅里叶变换离子回旋共振质谱（FT-ICR-MS）分析技术、页岩气含气量分析等前沿技术的新进展，同时展望了页岩油气生成及相态分布动力学研究、页岩油极性化合物 FT-ICR-MS 定量分析技术与可动性研究、页岩含油率定量分析及页岩油赋存形式研究以及含硫化合物全二维色谱定量分析技术的发展趋势。本书由张志荣统稿。

  本书在研究、编写和出版过程中得到中国石化科技开发部、石油勘探开发研究院和无锡石油地质研究所的支持和帮助。对上述参与"油藏地球化学新技术方法研究及规范标准制定"、"石油有机地球化学新技术方法研究与应用"、"海相油气生物标志化合物定量技术及应用研究"课题和项目的全体人员和无锡石油地质研究所实验地质研究中心的全体人员表示深深的感谢。

  本书不当之处恳请读者指正！

目 录

序
前言

第一章 气态组分定量分析技术及其应用 … 1
    第一节 岩石气态烃脱气制备装置 … 1
    第二节 岩石气态烃气相色谱定量分析技术及其应用 … 6
    第三节 气体组分定量分析技术 … 10
    第四节 含硫天然气中有机硫化合物的定量分析技术 … 17

第二章 轻烃定量分析技术及其应用 … 23
    第一节 岩石轻烃（$C_6 \sim C_{15}$）定量分析方法 … 24
    第二节 原油轻烃分析 … 33
    第三节 天然气轻烃分析方法 … 36
    第四节 $C_6 \sim C_{15}$ 轻烃化合物的地质应用 … 38

第三章 生物标志化合物及高分子量烃类化合物定量分析技术 … 57
    第一节 生物标志物定量分析前处理技术 … 57
    第二节 生物标志物定量分析技术 … 60
    第三节 生物标志物定量分析技术应用 … 98
    第四节 高分子量烃类的气相色谱定量分析技术 … 159
    第五节 新疆塔河油田原油高分子烃组成特征 … 159

第四章 全二维色谱–飞行时间质谱分析技术及应用 … 165
    第一节 石油地质样品全二维色谱–飞行时间质谱分析 … 165
    第二节 原油样品的分析研究 … 178
    第三节 石油地质样品全二维色谱与传统色谱技术地化分析比较 … 194
    第四节 全二维色谱研究石油中难分辨复杂混合物 … 202

第五章 生烃动力学分析技术与应用 … 213
    第一节 热解生烃动力学分析与应用 … 215
    第二节 热解生烃组分动力学分析与应用 … 243
    第三节 密闭体系的组分动力学分析 … 302

第六章 有机地球化学定量分析前沿与展望 … 309
    第一节 地球化学微区分析技术 … 309

第二节　傅里叶变换离子回旋共振质谱分析技术 …………………………… 320
第三节　页岩含气量分析技术 …………………………………………… 330
第四节　有机地球化学实验新技术展望 …………………………………… 339
参考文献 ……………………………………………………………………… 349

第一章　气态组分定量分析技术及其应用

油气地球化学研究中常规气体组分分析技术包括烃类和非烃类气态组分的成分分析。在实际地质条件下，产出的天然气中除了甲烷以外，还存在乙烷及更高分子量的烃类化合物。此外天然气中还会含有非烃类气体，如 CO、CO_2、N_2、H_2 以及 H_2S 等。气态烃是指常温常压下呈气体状态存在的烃类化合物，通常为 $C_1 \sim C_4$ 的有机组分，一般把甲烷以外的其余烃类气体称为重烃气。习惯上还把天然气分为干气和湿气，当天然气中含有超过95%的甲烷时被称为干气，而重烃含量大于5%的则称为湿气。随着天然气地球化学研究的不断深入，烃类物质被发现以多种赋存状态存在于岩石中，在常规油气勘探中，为了区别它们，通常将从密闭于一定体积容器内的岩石或岩屑中自然脱出的游离态的天然气称为罐顶气（也称顶空气）；而被岩屑吸附通过岩屑样品粉碎后从中脱出的气态烃类称为吸附气（也称岩屑气）；此外，被岩石层里和晶间充填及矿物包裹束缚而在酸作用下被释放的气态烃类化合物称为酸解气。对于各种类型的天然气组分的定量分析，气相色谱技术是最为常用的，但是在进行分析测试前，要在样品采集、粉碎、吸取等诸多环节都加以控制，以减少待测组分的损耗。尤其对于岩石中的气体，研制新型岩石气态烃的脱气制备装置是提高分析测试精度的关键所在。

第一节　岩石气态烃脱气制备装置

一、顶空气、岩屑气组合采样脱气装置

目前，各实验室对顶空气和岩屑气的制备都是在两种不同的装置内分别进行的，且大多数采用两份样品分别进行制备，样品的代表性和岩屑气的合理性受到质疑；也有些实验室采用同份样品依次分别制备，但即使如此也是在敞开的环境中进行两种不同制备方法的衔接，在开启装置或在样品倒置过程中，势必有部分的气态烃散失。为改变目前岩石顶空气、岩屑气制备分析过程中的不足之处，实现岩石气态烃的定量分析，需要研制一体化的新型实用脱气制备装置。

顶空气、岩屑气的脱气制备均属物理过程，为了能对同一岩屑样品分别进行顶空气和岩屑气的完整收集，必须使两种脱气过程在同一密闭的装置内进行，也就是从样品采集，到顶空气（游离气）的收集，直至岩屑气的制备和收集等过程中不能更换容器。

图1.1是顶空气岩屑气组合脱气密闭装置。在密闭的容器内，安装有带搅拌器、刀片等的搅拌轴，容器的内上壁固定有齿形环，容器的顶盖带有阀门、针筒注水口和出气口，其中出气口由阀门控制。密闭容器的中间筒体和轴承套为透明塑料，二者可以拆装，具有

轻巧、便于换样和清洗等优点。在装入样品后，当密闭容器内的岩屑和水处于静止状态时，利用筒内水的浮力作用，可以把吸附于岩屑表面的游离气态烃脱附出来（即顶空气）。

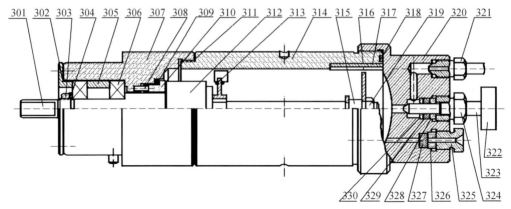

图 1.1　顶空气岩屑气组合脱气密闭容器

301. 搅拌轴；302. 端盖；303. 螺母；304. 垫圈；305. 轴承中间套；306. 轴承；307. 轴承座；308. 销子；309. O形圈；310. 静环；311. O形圈；312. 动环；313. 搅拌器；314. 中间筒体；315. 搅拌轴；316. 刀片；317. 齿形环；318. O形圈；319. 螺母；320. 顶盖；321. 气体收集接嘴；322. 阀门手柄；323. 阀杆；324. 阀门压帽；325. 针筒注射压帽；326. 压垫；327. 实心胶垫；328. 上压环；329. F4密封圈；330. 下压环。为减轻重量，便于携带和观察，中间筒体（314）和轴承座（307）均选用透明塑料

图 1.2 为岩屑气脱附装置的结构示意图，把密闭容器（201）装入底座（202）中，电机（203）经搅拌轴带动搅拌器、刀片等高速旋转时，容器内的岩屑和水剧烈运动，起到了粉碎岩屑的作用，迫使岩屑微孔中的吸附烃从中脱附出来（即岩屑气），由于从静态脱气转换到动态粉碎脱气是在同一容器内进行，因此顶空气和岩屑气两种脱附过程，没有气体物质逸散损失。通过试验，该装置密封性能好，可将样品的90%以上粉碎成100目，脱气效率高。

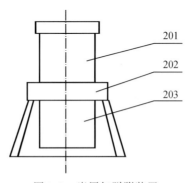

图 1.2　岩屑气脱附装置

201. 岩屑脱气装置；202. 底座；203. 电机

该组合采样脱气装置的创新点在于岩屑顶空气和岩屑气的收集在同一密闭的容器内进行。在静止状态下，靠水的浮力作用，即可收集吸附于岩石表面的顶空气；在运动状态下，靠高速旋转把岩屑粉碎成粉末状，即可收集残留吸附于岩屑微孔中的岩屑气；由于没

有倒置过程，避免了散失，从而大大提高了对岩屑气态烃定量分析的准确性。该装置已获得国家实用新型装置专利，专利号为 200620012068.2。

二、岩石酸解脱气制备仪

酸解脱气法就是用酸（如盐酸、磷酸）分解岩石、土壤等地质样品中的碳酸盐矿物，使被矿物吸附及包裹在其晶间中的气态烃随生成的 CO_2 一起释放出来，释放出来的混合气体经浓碱液（如氢氧化钾溶液）吸收 CO_2 气后，净化富集烃类气体。目前，在酸解气的制备过程中存在着气体收集不完全的缺点，结果无疑会带来定量结果的不准确。本装置采用输液排气系统确保酸解气体收集完全。该制备仪的结构示意图如图 1.3 所示，主要由酸解脱气组合装置（201）、气体收集器（206）、碱液净化平衡系统、输液排气系统以及抽真空系统等组成。其中酸解脱气组合装置（201）是本制备仪的核心装置，其结构如图 1.4 所示，主要由密闭容器、调节系统、搅拌装置、加温系统等组成。

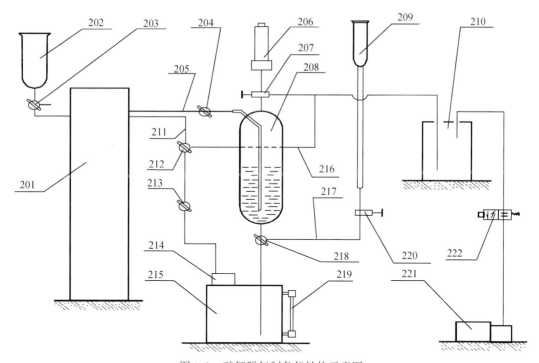

图 1.3 酸解脱气制备仪结构示意图

201. 酸解脱气组合装置；202. 储酸容器；203. 三通阀；204. 二通阀；205. 输气管；206. 气体收集器；207. 三通阀；208. 碱液净化器；209. 碱液压力平衡管；210. 真空缓冲器；211. 输液管；212. 三通阀；213. 二通阀；214. 磁力泵；215. 碱液储存箱；216. 抽真空管；217. 平衡软管；218. 三通阀；219. 液位计；220. 二通阀；221. 真空泵；222. 电磁阀

气体收集器（206）是本制备仪的重要装置，其结构如图 1.5 所示，酸解脱气制备仪的实物如图 1.6 所示。该气体收集器的主要作用就是把经碱液净化后的气态烃完全收集储存起来，并对储存的气态烃进行体积标定，以供后续项目分析。

碱液净化平衡系统主要由碱液净化器（208）、碱液压力平衡管（209）、平衡软管

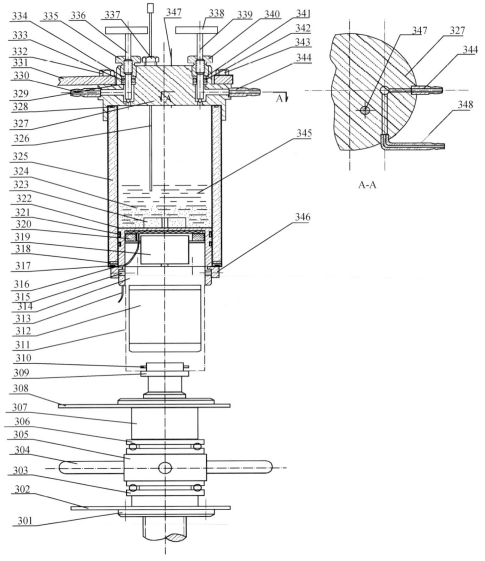

图 1.4 酸解脱气组合装置

301、307. 滑动轴承;302、308. 固定挡板;303、306. 平面推力轴承;304. 螺母手柄;305. 旋转螺母;309. 升降丝杆;310. 销子;311. 可御顶杆;312. 低速电机;313. 电热器引出线;314. 电机固定套;315. 固定套销子;316. 活塞;317. 螺钉;318. 限位端盖;319. 强磁铁;320. 螺栓;321. O形圈;322. 电热板;323. 磁力搅拌子;324. 样品;325. 筒体;326. 热电偶;327. 顶盖;328. O形圈;329. 垫片;330. 加酸液接嘴;331. 顶盖固定板;332. 紧固螺栓;333. 阀杆密封圈;334、335 阀杆压帽;336. 阀杆;337. 压帽;338. 阀门手柄;339. 排气阀杆;340. 阀杆压帽;341. 垫片;342. 密封圈;343. 紧固螺栓;344. 排气接嘴;345. 酸溶液;346. 限位卡环;347. 探针;348. 注液接嘴

(217)、三通阀(218)、二通阀(220)以及三通阀(207)等组成。它的主要作用就是把从酸解脱气组合装置(201)中酸解脱附出的混合气(即 CO_2 和气态烃)经输气管(205)和三通阀(204)输入到碱液净化器(208),其中的碱液把混合气中的 CO_2 中和吸收掉,

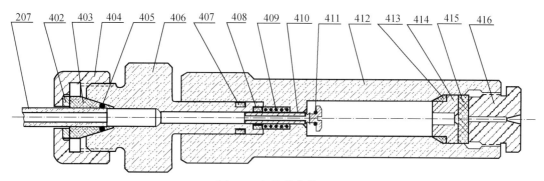

图 1.5 气体收集装置

207. 玻璃三通阀接管；402. 压圈；403. V 形密封垫；404. 压紧螺母；405. O 形圈；406. 柱塞；407. O 形圈；408. 螺母挡圈；409. 压缩弹簧；410. 微型带孔柱塞；411. O 形圈；412. 储气筒；413. O 形圈；414. 压垫；415. 取样密封垫；416. 抽气压帽

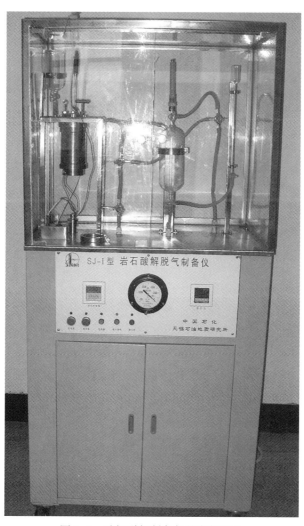

图 1.6 酸解脱气制备仪的实物照片

进而起到了净化混合气的作用。净化后的气体经三通阀（207）聚集到气体收集器（206），再打开三通阀（218）和二通阀（220），使聚集于气体收集器（206）中的气体压力与碱液压力平衡管（209）上端的大气压平衡。

输液排气系统主要由碱液储存箱（215）、磁力泵（214）、二通阀（213）、三通阀（212）以及输液管（211）等部件组成。它的主要作用就是通过磁力泵（214）输出的碱液，经过二通阀（213）和三通阀（212）及输液管（211），把残留在输气管（205）中的混合气驱赶到碱液净化器（208）中净化，从而达到完全收集酸解脱附气的目的。

真空系统主要由真空泵（221）、电磁阀（222）、真空缓冲器（210）等组成，它的主要作用就是把管路系统、气体收集器（206）、酸解脱气组合装置（201）等内部的空气抽干净，保证酸解脱附净化后的气态烃不含空气。

该制备仪的主要创新点在于其核心——酸解脱气组合装置，它具有加热、搅拌、底部活塞可移动等多项功能，因此可以把容器内酸解脱附后产生的混合气全部驱赶至碱液净化器，再经磁力泵的排液作用，把管路中的残留混合气也全部驱赶到碱液净化器，起到了可把酸解脱附后的气态烃全部收集的效果，解决了利用现有人工酸解脱气时气体收集不完全的不足之处，从而大大提高了定量分析的准确性。该制备仪已获得国家发明专利，专利号为 200610067176.4。

第二节 岩石气态烃气相色谱定量分析技术及其应用

一、岩石气态烃样品制备

样品手工粗碎至 20 目并混合均匀。将 30~50g 粗碎的样品放入顶空气、岩屑气组合采样脱气装置中，注入蒸馏水以驱赶空气并密封。用注射器抽出一定量的蒸馏水，使脱气制备装置内部产生负压。将脱气制备装置连接到岩屑密封切削装置，切削 4min 后静置 24h。将脱气制备装置连接到取气装置，收集气体并读数。收集的气体进行色谱或同位素分析，样品残渣晾干用以制备酸解气。

称取 15g 上述吸附气样品残渣于 500mL 平底烧瓶中，加入 30mL 蒸馏水，抽真空以去除空气，真空度接近 -0.1 MPa。烧瓶置于 40℃ 水浴中，电磁搅拌，缓慢加入浓磷酸进行酸解至无气泡产生。酸解气体进入洗气瓶中，CO_2 被 KOH 碱液（每 400mL 水溶入 500g KOH）吸收，将烃类气体富集并记录，放入盐水瓶中备用，待色谱和同位素分析。

二、岩石气态烃定量分析技术

用 VARIAN CP-3800 气相色谱仪对吸附气组分和酸解气组分分别进行分析。组分分离选用 HP Al_2O_3 色谱柱，柱长 50m，柱径 0.53mm；进样口温度为 120℃，检测器（FID）温度为 180℃，初始柱温 50℃，恒温 2.5min 后以 10.0℃/min 上升至 105℃，恒温 2.0min，再以 10.0℃/min 上升至 130℃。载气为 N_2，柱压：69kPa 保持 2.5min 后以 14kPa/min 升高至 110kPa。分流比为 2∶1。用标准气样外标法对烃类组分进行定量。

收集的气体同时进行气态烃的同位素分析,同位素分析条件:采用 HP6890 气相色谱仪和 MAT253 同位素质谱仪联用对吸附气和酸解气气体组分进行同位素分析。组分分离选用 HP-PLOT Q 色谱柱,柱长 60m,柱径 0.32mm,膜厚 20μm;进样口温度 150℃,初始柱温 30℃,恒温 7min 后以 5℃/min 上升至 135℃,再以 15℃/min 升至 250℃,恒温 5min。载气(He)流量 1mL/min,柱压 90kPa,分流比 10∶1。质谱电子轰击能量 70eV,发射电流 1.5mA,加速电压 10kV,多通道同时接收 m/z 44、45 和 46 的离子。样品分析时,用质谱工作标准 ST8301 作为标准参考。

三、岩石气态烃重复性实验

用上述方法对云南禄劝泥盆系泥灰岩(R_o = 0.62%,TOC = 2.91%,碳酸盐含量 = 29.95%)进行吸附气和酸解气处理,再进行烃类组分含量和碳同位素值的测定。重复实验结果为:甲烷、乙烷和丙烷组分含量 6 次测定的最大相对偏差小于 10%(表 1.1),甲烷、乙烷和丙烷组分碳同位素 6 次测定的最大绝对偏差小于 1‰,酸解气组分的平均碳同位素值轻于吸附气组分的平均碳同位素值,约在 -0.40‰ ~ -0.77‰(表 1.2)。说明吸附气和酸解气的分析方法是可信的。

表 1.1 吸附气和酸解气组分含量重复性实验数据

项目		实验编号						平均值
		1	2	3	4	5	6	
甲烷	吸附气含量/10^{-6}	401.91	413.47	410.91	404.18	410.80	427.79	411.51
	相对偏差/%	-2.33	0.48	-0.15	-1.78	-0.17	3.96	
	酸解气含量/10^{-6}	4419.72	4352.95	4391.06	4397.12	4433.52	4431.04	4404.23
	相对偏差/%	0.35	-1.16	-0.30	-0.16	0.66	0.61	
乙烷	吸附气含量/10^{-6}	217.70	209.57	213.60	207.36	211.37	230.02	214.94
	相对偏差/%	1.29	-2.50	-0.62	-3.53	-1.66	7.02	
	酸解气含量/10^{-6}	2785.38	2704.53	2731.06	2808.17	2755.28	2806.02	2765.07
	相对偏差/%	0.73	-2.19	-1.23	1.56	-0.35	1.48	
丙烷	吸附气含量/10^{-6}	508.51	472.56	506.71	490.30	474.76	464.10	486.16
	相对偏差/%	4.60	-2.80	4.23	0.85	-2.34	-4.54	
	酸解气含量/10^{-6}	3773.97	3708.11	3765.72	4041.67	3722.54	3909.75	3828.62
	相对偏差/%	-1.43	-3.15	-1.64	5.56	-1.46	2.12	

表 1.2 吸附气和酸解气组分碳同位素重复性实验数据

项目		实验编号						平均值
		1	2	3	4	5	6	
甲烷	吸附气 δ^{13}C/‰	-47.61	-47.07	-47.45	-46.28	-47.51	-46.07	-47.00
	绝对偏差/‰	-0.61	-0.07	-0.45	0.72	-0.51	0.93	
	酸解气 δ^{13}C/‰	-47.94	-47.45	-47.69	-47.95	-47.74	-47.84	-47.77
	绝对偏差/‰	-0.17	0.32	0.08	-0.18	0.03	-0.17	

续表

项目		实验编号						平均值
		1	2	3	4	5	6	
乙烷	吸附气 $\delta^{13}C/‰$	-43.18	-43.15	-43.19	-42.91	-43.20	-43.21	-43.14
	绝对偏差/%	-0.04	-0.01	-0.05	0.23	-0.06	-0.07	
	酸解气 $\delta^{13}C/‰$	-43.72	-43.93	-43.74	-43.86	-43.89	-44.10	-43.87
	绝对偏差/%	0.15	-0.06	0.13	0.01	-0.02	-0.23	
丙烷	吸附气 $\delta^{13}C/‰$	-34.33	-33.80	-34.30	-34.26	-34.23	-34.14	-34.18
	绝对偏差/%	-0.15	0.38	-0.12	-0.08	-0.05	0.04	
	酸解气 $\delta^{13}C/‰$	-34.52	-34.39	-34.47	-35.64	-34.58	-34.45	-34.68
	绝对偏差/%	0.15	0.28	0.20	-0.97	0.09	0.22	

四、岩石气态烃的应用范围和地质应用

（一）中国南方海相碳酸盐岩

南方海相碳酸盐岩地区，进行气源对比应选用酸解气分析，要选用有机碳含量大于1%，碳酸盐含量大于10%的样品，如灰岩、泥灰岩和含钙页岩等。

如对南方不同碳酸盐含量的海相高演化优质烃源岩进行酸解气组分碳同位素分析，结果表明：当烃源岩的碳酸盐含量小于10%时，其 $C_1 \sim C_3$ 组分碳同位素值明显偏重；当碳酸盐含量大于10%时，$C_1 \sim C_3$ 组分碳同位素值趋于正常稳定。说明碳酸盐含量低的样品不适合进行酸解气分析，应选择碳酸盐含量大于10%的烃源岩样品（图1.7）。

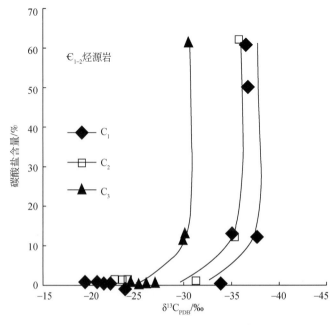

图1.7 碳酸盐含量与酸解气组分碳同位素值的关系

（二）煤系样品不适合酸解气分析

对凯里 P_1l 煤（$R_o=0.78\%$，TOC=69.28%，碳酸盐含量=3.55%）和重庆南川 P_2l 煤（$R_o=2.44\%$，TOC=65.72%，碳酸盐含量=4.70%）进行吸附气和酸解气分析。吸附气组分碳同位素随着演化程度的增加而变重，甲烷碳同位素分别为 -54.80‰（凯里 P_1l）和 -23.34‰（重庆南川 P_2l），乙烷碳同位素也呈同样趋势，分别为 -37.58‰ 和 -21.84‰。而酸解气甲烷碳同位素则分别为 -24.78‰（凯里 P_1l）和未检出（重庆南川 P_2l），乙烷碳同位素也是如此，分别为 -24.22‰（凯里 P_1l）和未检出（重庆南川 P_2l）。从吸附气和酸解气 $C_1 \sim C_5$ 组分的含量看，吸附气的组分含量也远大于酸解气的组分含量，前者为 $6973.76×10^{-6}$ mg/g，$171.95×10^{-6}$ mg/g；后者为 $43.81×10^{-6}$ mg/g，$65.56×10^{-6}$ mg/g。所以煤系样品只能进行吸附气分析，不适合进行酸解气分析。

（三）南方海相二叠系优质烃源岩脱气 $R_o\%$-$\delta^{13}C_1$ 模式

对南方海相二叠系不同演化程度的优质烃源岩进行了吸附气和酸解气的甲烷碳同位素分析，结果表明：随着演化程度的增加，甲烷碳同位素逐渐变重。当 R_o 值在 0.50% ~ 1.50% 时，吸附气和酸解气的甲烷碳同位素范围在 -45.5‰ ~ -48.5‰；当 R_o 值大于 1.50% 时，吸附气和酸解气的甲烷碳同位素逐渐变重；当 R_o 值到达 4.0% 后，吸附气和酸解气的甲烷碳同位素变重趋于平缓（图 1.8）。

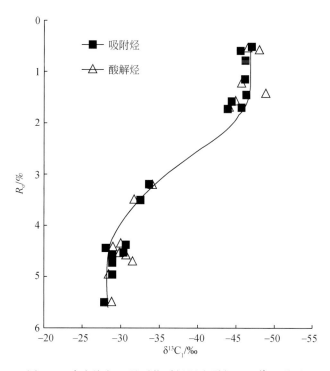

图 1.8　南方海相二叠系优质烃源岩脱气 R_o-$\delta^{13}C_1$ 关系

第三节 气体组分定量分析技术

气体组分分析包括气态烃和非烃气，对气态烃的检测，通常使用气相色谱氢火焰（FID）检测分析方法，而对于非烃气的分析通常使用气相色谱热导（TCD）检测分析。有多款天然气组成分析气相色谱仪把二者很好地组合在一起，如瓦里安CP3800、安捷伦6890等，都设计了具有一个FID检测器和两个TCD检测器，FID检测器用于检测烃类气体组分，TCD1用于检测非烃气体CO、CO_2、O_2、N_2、H_2S，TCD2用于检测H_2等，通过设置分析程序一次进样可实现上述组分的定量检测。在TCD1上虽然也可检测到部分烃类组分，如甲烷、乙烷及乙烯等，但这些组分定量需依据FID检测器的检测结果计算。

一、仪器分析原理

瓦里安CP3800色谱仪配置电子压力控制系统和程序升温控制装置，阀进样系统，检测器配备FID和TCD，以及相应的转换六（八）通阀和分离分析柱。附件有计算机、工作站和打印机。其系统结构及色谱柱配置如图1.9所示。分析组分包括$C_1 \sim C_5$气态烃，无机气体（O_2、N_2、CO、CO_2、H_2、H_2S）等。

二、分析条件

气体组成分析仪器条件见表1.3。通过时间程序设置实现阀进样及阀切换，从而达到一次进样实现烃气及非烃气的色谱分离分析。

表1.3　仪器分析条件

时间/min	阀1 进样+反吹至检测器	阀2 进样+反吹至出口	阀3 串联 旁道	阀4 进样+反吹至出口	阀5 样品	阀6 外部事件A
初始	填充+反吹	填充+反吹	串联	填充+反吹	关	关
0.1	填充+反吹	填充+反吹	串联	填充+反吹	开	开
0.9	填充+反吹	填充+反吹	串联	填充+反吹	关	开
1	进样	进样	串联	进样	关	开
1.6	进样	进样	串联	填充+反吹	关	开
2	进样	进样	旁道	填充+反吹	关	关
2.8	填充+反吹	进样	旁道	填充+反吹	关	关
4.2	填充+反吹	填充+反吹	旁道	填充+反吹	关	关
8	填充+反吹	填充+反吹	串联	填充+反吹	关	关

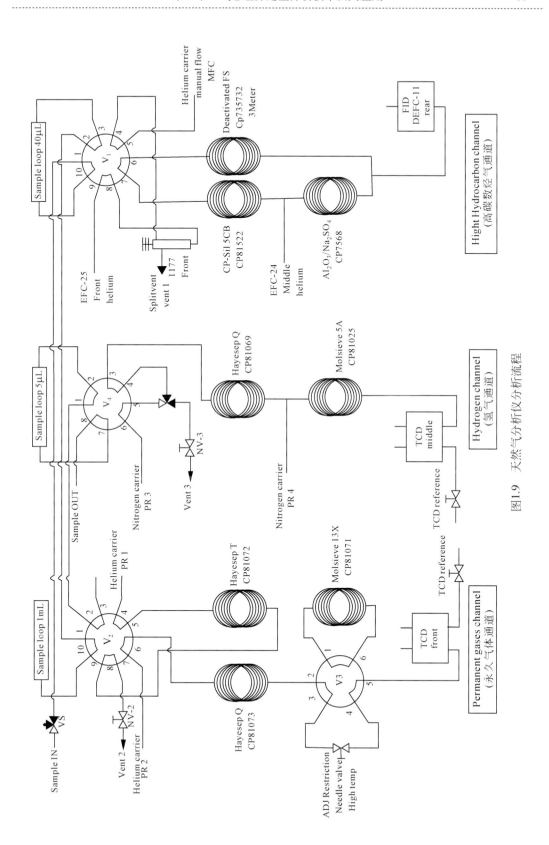

图1.9 天然气分析仪分析流程

三、天然气组成分析国标质量要求

国标 GB/T 13610—2003 规定了天然气组成的分析质量要求,由同一操作人员使用同一仪器,对于同一气样重复分析所获得的结果,如果连续两次测定结果的差值超过了表1.4 规定的数值,应视为可疑。如果差值在表1.4 要求范围内,说明仪器稳定。分析数据满足重复性要求。

表 1.4　GB/T 13610—2003 要求(精密度)

组分浓度范围(摩尔分数)y/%	重复性/%	再现性/%
0~0.1	0.01	0.02
0.1~1.0	0.04	0.07
1.0~5.0	0.07	0.10
5.0~10	0.08	0.12
>10	0.20	0.30

国标 GB/T 13610—2003 同时规定了再现性要求,对同一气样由两个实验室提供的分析结果对比,如果差值超过了表1.4 规定的数值,则每个实验室的结果都应视为可疑。实际工作中常进行同一实验室不同人员或不同仪器的比对分析来考察分析数据的再现性情况。

四、标准样品分析

用已知样品进行平行分析可以考察分析仪器的稳定性和数据的准确性,一般采用以1个标准样品作为外标,另一个标准气(已知组分含量)作为检测样品进行实验分析,通过考察其与标准值的误差来分析其准确性,同时不同次的平行分析结果反映了其重复性。

表 1.5、表 1.6 是 CP3800 气相色谱仪对标准气样的两次分析结果与标准值进行误差分析。可以看出,其相对偏差都在 10% 以内(表 1.5),同时其重复性分析也满足国标要求(表 1.6),说明分析结果准确可靠。标准气样的分析图谱如图 1.10~图 1.12 所示。

表 1.5　标准气样分析相对偏差

化合物	标准值/[(mol/mol)/%]	分析值1/[(mol/mol)/%]	相对偏差 E/%	分析值2/[(mol/mol)/%]	相对偏差 E/%
CO_2	5.11	5.19	1.48	5.18	1.46
O_2	1.02	1.03	1.46	1.09	6.66
N_2	4.09	4.04	1.22	4.03	1.46
CO	2.03	2.05	0.81	2.03	0.07
H_2	2.55	2.57	0.98	2.57	0.89
CH_4	41.6	41.75	0.36	41.74	0.34

续表

化合物	标准值 /[(mol/mol)/%]	分析值1 /[(mol/mol)/%]	相对偏差 E/%	分析值2 /[(mol/mol)/%]	相对偏差 E/%
C_2H_6	5.07	5.11	0.87	5.12	0.91
C_2H_4	2.04	2.05	0.71	2.06	0.83
C_3H_8	1.94	1.96	0.78	1.96	1.02
C_3H_6	1.09	1.10	1.06	1.11	1.51
iC_4H_{10}	1.03	1.04	1.15	1.05	1.47
nC_4H_{10}	1.01	1.03	2.31	1.04	3.23
C_4H_8	0.497	0.51	2.05	0.51	1.95
iC_5H_{12}	0.488	0.50	2.07	0.49	0.98
nC_5H_{12}	0.513	0.53	2.42	0.53	2.36

表1.6 标准气样重复性分析

化合物	分析值1 /[(mol/mol)/%]	分析值2 /[(mol/mol)/%]	重复性 /%	GB/T 13610—2003 要求/%	评价
CO_2	5.19	5.18	0.01	0.08	合格
O_2	1.03	1.09	0.06	0.07	合格
N_2	4.04	4.03	0.01	0.07	合格
CO	2.05	2.03	0.02	0.07	合格
H_2	2.57	2.57	0.00	0.07	合格
CH_4	41.75	41.74	0.01	0.2	合格
C_2H_6	5.11	5.12	0.01	0.08	合格
C_2H_4	2.05	2.06	0.01	0.07	合格
C_3H_8	1.96	1.96	0.00	0.07	合格
C_3H_6	1.10	1.11	0.01	0.07	合格
iC_4H_{10}	1.04	1.05	0.01	0.07	合格
nC_4H_{10}	1.03	1.04	0.01	0.07	合格
C_4H_8	0.51	0.51	0.00	0.04	合格
iC_5H_{12}	0.50	0.49	0.01	0.04	合格
nC_5H_{12}	0.53	0.53	0.00	0.04	合格

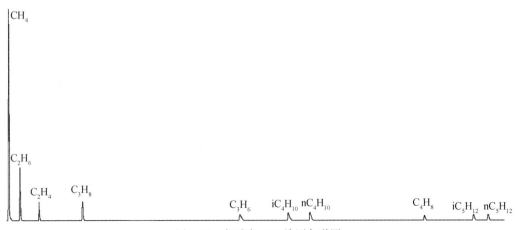

图 1.10　标准气 FID 检测色谱图

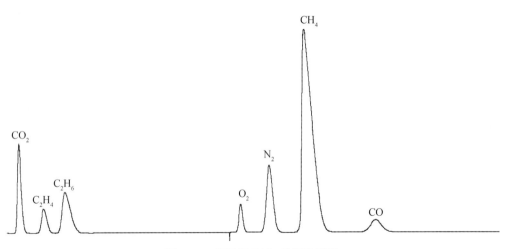

图 1.11　标准气 TCD_1 检测色谱图

图 1.12　标准气 TCD_2 检测图谱

五、天然气样品分析

(一) 重复性分析

用 CP3800 气相色谱仪对 YK-1 天然气样品进行了重复性实验分析,分析结果见表 1.7。样品各组分重复性检验完全满足国标要求,说明分析稳定可靠。YK-1 天然气组成分析图谱如图 1.13~图 1.15 所示。

表 1.7 天然气样品 YK-1 组成分析重复性实验

化合物	YK1-A /[(mol/mol)/10^{-2}]	YK1-B /[(mol/mol)/10^{-2}]	重复性 /%	GB/T 13610— 2003 要求/%	评价
CO_2	2.33	2.33	0.00	0.07	合格
O_2	0.03	0.03	0.00	0.01	合格
N_2	3.28	3.27	0.01	0.07	合格
CO	—	—	—	—	合格
H_2	4.62	4.60	0.02	0.07	合格
CH_4	82.41	82.45	−0.04	0.2	合格
C_2H_6	4.65	4.64	0.02	0.08	合格
C_2H_4	—	—	—	—	合格
C_3H_8	1.61	1.62	0.00	0.07	合格
C_3H_6	—	—	—	—	合格
iC_4H_{10}	0.24	0.24	0.00	0.04	合格
nC_4H_{10}	0.51	0.51	0.00	0.04	合格
C_4H_8	—	—	—	—	合格
iC_5H_{12}	0.13	0.13	0.00	0.04	合格
nC_5H_{12}	0.19	0.19	0.00	0.04	合格

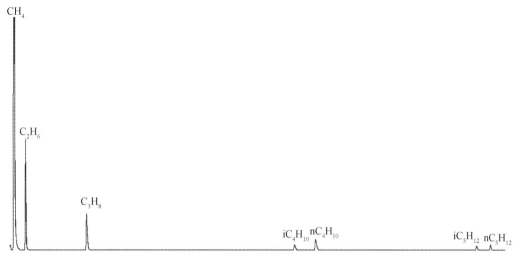

图 1.13 YK-1 天然气样品 FID 检测图谱

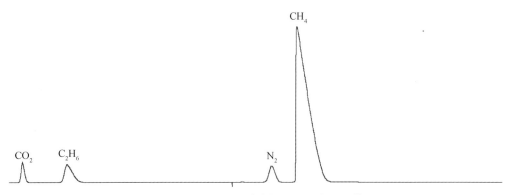

图 1.14　YK-1 天然气样品 TCD_1 检测图谱

图 1.15　YK-1 天然气样品 TCD_2 检测图谱

(二) 再现性分析

将 CP3800 天然气组成气相色谱仪的 TCD 检测器关闭，只采用 FID 检测器进行分析，对气态烃（脱附气）样品（0901705）进行分析，将测得的数值与 Agilent 6890 GC 测得的数值相比较，再现性满足国标 GB/T 13610—2003 规定的要求，结果见表 1.8。

表 1.8　样品（0901705）的再现性实验

化合物	Agilent 分析值 /[(mol/mol)/10^{-6}]	Varian 分析值 /[(mol/mol)/10^{-6}]	再现性 /%	GB/T 13610—2003 要求/%	评价
CH_4	3294.19	3453.13	0.02	0.02	合格
C_2H_6	352.92	352.56	0.00	0.02	合格
C_3H_8	277.28	270.69	0.001	0.02	合格
iC_4H_{10}	128.87	134.13	0.0006	0.02	合格
nC_4H_{10}	75.40	71.02	<0.02	0.02	合格
iC_5H_{12}	86.45	76.64	<0.02	0.02	合格
nC_5H_{12}	19.77	16.75	<0.02	0.02	合格

六、结 论

从标准物质和天然气样品分析结果可以看出，CP3800 天然气组成气相色谱仪性能稳定，分析数据稳定可靠，误差满足国标要求，且仪器分析自动化程度高，能很好地用于天然气样品的组成分析。需要指出的是，本方法主要适用于钢瓶气样品分析，对于样品体积较大的容器样品如气样袋、盐水瓶装气体样品也可采用该法进行测试，用注射器抽气后进行注射分析，但要注意在每次分析后用载气对进样系统进行吹扫清洗，排除前次样品残留的影响。体积较少的气体样品（如小于 10mL）建议使用微量注射器多次进样，分别分析烃类及其他非烃气的方法。

第四节 含硫天然气中有机硫化合物的定量分析技术

天然气中有机含硫化合物主要包括羰基硫、甲硫醇、乙硫醇、甲硫醚、叔丁硫醇、乙硫醚和二甲基二硫醚等。在天然气勘探开发研究中，了解不同地质构造的气层中有机硫化合物的组成，对于分析判断气田成因和储量也有一定的意义。而在以天然气为原料的化工生产中都要对天然气进行脱硫处理，准确测定天然气中有机硫化合物的分子组成及其含量，对脱硫工艺路线的选择具有十分重要的意义。目前，天然气中有机硫化合物的形态分析多采用气相色谱（GC）与硫选择性检测器结合的方法。硫选择性检测器包括火焰光度检测器（FPD）、脉冲火焰光度检测器（PFPD）、原子发射光谱检测器（AED）和硫化学发光检测器（SCD）等。PFPD 是近年来由 Amirav 等在 FPD 基础上发展起来的一种对硫化合物进行分析检测的新检测器。它与 AED 和 SCD 相比，具有价格低廉、仪器维修简单、操作简单、选择性好等优点。本节主要介绍硫化氢选择性吸收法和 GC-PFPD 法相结合进行有机含硫化合物的定量分析方法。该技术方法充分考虑硫组分吸附对定量产生的影响，能完全除去高含量的硫化氢，通过对川东北地区天然气中有机硫化合物的定性和定量分析，结果显示该方法具有很好的可靠性。

一、分析方法原理

高含硫天然气样品先通过选择性过滤器去除硫化氢，而后气样中脱除硫化氢后的各种有机硫化合物经过石英弹性毛细管色谱柱分离后依次进入 PFPD 检测器进行检测，由于在 PFPD 中只有硫滤光片，因此仅对硫组分有响应；同时脉冲式检测器设置为上火焰是富空气-氢气的火焰，燃烧稳定，下火焰为间歇燃烧的富氢气-空气火焰。化合物组分在富氢气火焰中燃烧时，首先是碳氢化合物的燃烧发光过程，然后才是硫的化合物发光过程。当硫化物发光时，碳氢化合物的发光过程已经结束，因此，有效地防止了高含量烃类组分导致的火焰淬灭现象，并相应地提高了检测器的灵敏度。

二、仪器和试剂

本方法需要配置的仪器以及化学器材：CP-3800 气相色谱仪（Varian 公司生产），配有脉冲火焰光度检测器（PFPD），Star 6.41 色谱工作站，转子流量计（苏州化工仪表厂，0~200mL/min）；电子天平（德国 Sartorius 公司生产，精度为 0.01mg）；恒温水浴锅；注射器（100μL、10mL、50mL）。

混合硫化合物钢瓶标准气（大连大特气体有限公司）：硫化氢，85.81mg/m³；羰基硫，141.33mg/m³；甲硫醇，108.44mg/m³；乙硫醇，145.62mg/m³；甲硫醚，143.98mg/m³；乙硫醚，194.45mg/m³；叔丁硫醇，190.04mg/m³；二甲基二硫醚，216.98mg/m³。

硅胶（60~100 目）；硫酸镉（$3CdSO_4·8H_2O$）；硼酸；丙酮；甘油。

载气：高纯氮气，体积分数为 99.999%；燃气：高纯氢气，体积分数为 99.999%；助燃气：高纯空气，体积分数为 99.999%。

三、选择性过滤器的制备

将 60~100 目的硅胶置于小烧杯中，在 150~160℃下活化 2h，加入 50g/L 硫酸镉和 20g/L 硼酸的混合水溶液，溶液浸过硅胶面，浸泡 2~3h 后，倾析出溶液，然后将浸过的硅胶在 70~80℃的烘箱中烘干，最后用 75%（V/V）的甘油水溶液润湿拌匀，装入事先经丙酮淋洗并吹干的聚四氟乙烯吸收管内即成，该过滤器能选择性脱除高含量的硫化氢。

四、仪器分析条件

色谱分析条件：色谱柱为 CP-Silicaplot 石英弹性毛细管色谱柱（长 30m，柱径 0.53mm，膜厚 6μm）；柱温：初始温度为 50℃，保持 3min，以 10℃/min 的速率升至 200℃，保持 15min；进样口温度：180℃；进样量：100μL，无分流进样；载气流速：4.0mL/min（恒流模式，50℃时的柱头压：2.8psi[①]）。

脉冲火焰光度法分析条件：检测器温度为 220℃；点火电压为 200mV；门延迟为 6.0ms；门宽度为 20.0ms；光电倍增管（PMT）电压为 550V；Air1 流速为 20mL/min；氢气流速为 15mL/min；Air2 流速为 10mL/min；数据的采集频率为 20Hz。调节 Air-H_2 针型阀使检测器恰好退出"Tick-Tock"模式，再顺时针旋转二分之一圈，使检测器的灵敏度最高且不淬火。

---

① 1psi=6.895MPa。

五、样品气的预处理操作

先将吸收管置于65℃的恒温水浴锅中保持20min以上,打开氮气阀以50mL/min左右的流量充分吹扫管路中的空气。将事先已排尽空气且内壁涂有甲基硅油的50mL注射器与橡皮管连接,同时关掉氮气阀,然后向进样器中注入5mL样品气,再次打开氮气阀以70mL/min的流量将样气载入到注射器中。当收集到15mL时,将氮气流量增加到100mL/min左右,继续收集直到50mL时立即停止。将注射器里的气体注入氟聚合物(FEP膜)气体采样袋中保存(氟聚合物气袋对硫组分的吸附性很小),此时收集的气体为脱除硫化氢后的有机硫化合物组分。样品气的预处理装置如图1.16所示。

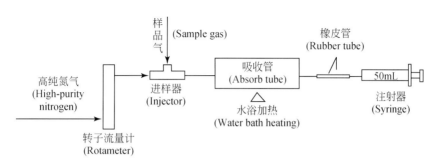

图1.16 样品气的预处理操作图

六、实 验 方 法

样品气首先在一定的条件下经选择性过滤器脱除硫化氢,脱除硫化氢后的有机硫化合物按上述仪器分析条件进行测定。利用标准物质保留时间对天然气中有机硫化合物进行定性分析,采用外标法进行定量分析,并用配套的色谱工作站进行图谱数据处理。

七、样品气中有机硫化合物的定性分析

(一) 标准物质保留时间的测定

为了消除预处理操作中的系统误差,同样品气一样,将混合硫化合物标准气体也做前述预处理,然后按上述仪器分析条件对预处理后的标气连续测定5次,计算相对标准偏差(RSD)。当所测标气中硫化物保留时间的RSD≤0.1%,保留时间的重复性完全满足ASTMD 5504标准的要求时才能确认所测标气中各硫化物的保留时间。所得到各标准物质的保留时间见表1.9。

(二) 高含硫天然气中有机硫化合物的定性分析

采用已知混合硫化合物标准物质与样品中硫化合物的保留时间进行对比定性,确定出了样品天然气中有机硫化合物的分布。图1.17为川东北地区某典型高含硫天然气中有机

硫化合物类型分布的色谱图。

表1.9 标准物质的保留时间

序号	有机硫化合物	保留时间/min
1	羰基硫	12.388
2	甲硫醇	15.425
3	乙硫醇	17.531
4	甲硫醚	19.427
5	叔丁硫醇	21.176
6	乙硫醚	25.704
7	二甲基二硫醚	26.542

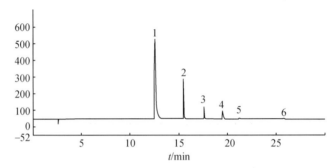

图1.17 某典型高含硫天然气中有机硫化合物类型分布的色谱图
1. 羰基硫；2. 甲硫醇；3. 乙硫醇；4. 甲硫醚；5. 叔丁硫醇；6. 乙硫醚

由图1.17可看出，对高含硫天然气进行预处理后，高含量的硫化氢气体已被完全脱除，有机硫化合物组分主要以羰基硫、硫醇和硫醚为主，且各组分都得到了较好的分离。另外可看出，PFPD检测器只对含硫化合物有响应信号，对烃类组分无任何响应，是一种十分理想的硫选择性检测器。

八、高含硫天然气中有机硫化合物的定量分析

（一）样品气中有机硫化合物含量的计算

采用外标法和峰面积校正的方法进行定量计算。预处理之后的样品气中各种有机硫化合物组分质量浓度的定量计算见式（1.1）。

$$X_i = X_s \cdot A_i / \mathrm{AE} \tag{1.1}$$

式中，X_i为预处理后的待测样品中有机硫化合物组分的质量浓度（mg/m³）；A_i为预处理后的待测样品中有机硫化合物组分的色谱峰积分面积（μV·S）；X_s为预处理后的标样中有机硫化合物组分的质量浓度（mg/m³）；AE为预处理后的标样中有机硫化合物组分的色谱峰积分面积（μV·S）。

样品气中各种有机硫化合物组分的质量浓度的计算见式（1.2）。

$$\rho_i = X_i \cdot V_1 / V_2 \tag{1.2}$$

式中，ρ_i 为样品气中有机硫化合物组分的质量浓度（mg/m^3）；X_i 为预处理后的样品中有机硫化合物组分的质量浓度（mg/m^3）；V_1 为预处理气样时收集的吸收管出口气的体积（50mL）；V_2 为预处理气样时的进样体积（5mL）。

（二）精密度试验

在选定的实验条件下，以川东北地区某典型高含硫天然气作为试样，平行测定 5 次，按定量方法计算样品气中各有机硫化合物组分含量，精密度试验结果见表 1.10。

表 1.10　精密度试验结果　　　　　　　　　　（单位：mg/m^3）

有机硫化合物	1	2	3	4	5	$\bar{X}$	RSD/%
羰基硫	264.96	258.63	254.26	268.52	267.35	262.74	2.3
甲硫醇	154.08	157.52	155.86	150.41	149.37	153.50	2.3
乙硫醇	24.67	24.17	25.36	23.72	22.68	24.12	4.2
甲硫醚	64.14	63.29	65.58	61.34	62.68	63.41	2.5
叔丁硫醇	12.31	13.68	13.25	12.86	11.59	12.74	6.4
乙硫醚	10.25	10.93	11.53	10.36	11.47	10.91	5.5

由表 1.10 可见，该样品气中共检测出 6 种有机硫化合物，对各有机硫化合物重复进行 5 次分析，其相对标准偏差（RSD）均在 10% 以内，精密度能满足实际分析工作要求。

（三）准确度试验

收集一定量的混合硫化合物钢瓶标准气，注入氟聚合物气体采样袋中，以高纯氮气为底气稀释，摇匀，配制成另一种一定浓度的混合硫化合物标准气体。根据加标回收试验的要求，在预处理后的川东北某典型高含硫样品气中加入一定量的标准气体，按照最佳的实验条件进行加标回收试验，结果见表 1.11。

表 1.11　含硫化合物定量分析方法回收率

有机硫化合物	测定值 /（mg/m^3）	加标量 /（mg/m^3）	测定总量 /（mg/m^3）	回收率/%
羰基硫	262.74	78.23	334.91	92
甲硫醇	153.50	65.06	214.74	94
乙硫醇	24.12	18.75	41.25	91
甲硫醚	63.41	42.17	102.68	93
叔丁硫醇	12.74	16.36	29.68	104
乙硫醚	10.91	14.82	25.17	96

由表 1.11 可见，对 6 种不同种类的有机硫化合物组分进行加标回收试验，方法的回

收率在91%~104%,说明方法的准确性较好,满足分析要求。

九、结　　论

(1)采用硫化氢选择性吸收法和GC-PFPD法相结合技术,建立了一种高含硫天然气中有机硫化合物形态分布的分析方法。该方法适用于任何硫化氢浓度的样品气,不仅能完全除去高含量的硫化氢,且操作简单,精密度和分析结果均能满足实际分析要求。

(2)将该方法应用于研究川东北不同来源的高含硫天然气中有机硫化合物的形态分布,为开展天然气脱硫工艺的研究以及分析判断气田成因提供了有利的技术支持。

第二章 轻烃定量分析技术及其应用

轻烃是指烃源岩或石油天然气中碳数小于 15 的烃类化合物。它们在化学理论上可能存在的种类随碳数的增加而迅速增加。C_1、C_2、C_3 各有 1 种，C_4 有 2 种，C_6 有 8 种，C_8 有 45 种，C_9 有 113 种，C_{10} 有 348 种，C_{10} 以上则更多，烃的种类越多，所包含的信息也越多。目前开展的轻烃实验测试包括岩石轻烃、原油轻烃及天然气轻烃等。对于轻烃的定量分析有报道的主要是指正辛烷以前的气液态烃，其中气态轻烃（主要指 $C_1 \sim C_5$）定量分析方法报道最多，基本都采用外标法进行定量分析，应用也很广；C_8 以前的液态烃定量分析主要有 IP344《气相色谱法测定稳定原油中的轻质烃》和 SY/T 7504《原油中正辛烷及其以前烃组分分析气相色谱法》，一般采用 2,2-二甲基丁烷做内标进行色谱定量分析；Canipa-Morales 等（2003）采用加入内标（1-hexene）法对原油蒸发烃进行了定量分析。

由于 $C_6 \sim C_{15}$ 液态烃定量分析在石油勘探研究中具有重要意义，一直以来众多学者都在尝试研究各种对 $C_6 \sim C_{15}$ 液态烃的定量分析。在模拟实验中凝析油的定量分析，过去主要采取重量法，因其沸点低容易挥发，溶剂挥发的同时轻组分也在散失，使定量操作很难掌握，不易准确定量。赵政璋等（2000）介绍了利用不同重量的 nC_{16} 色谱标样溶于 CH_2Cl_2 溶剂中进行色谱分析得出 CH_2Cl_2（面积%）与 nC_{16}（mg/mL）的关系曲线，然后分析样品的 CH_2Cl_2，根据 CH_2Cl_2 的面积百分数计算凝析油含量。其实质是以 nC_{16} 做外标。七五期间，无锡石油地质研究所在"东海陆架盆地生油气热模拟实验研究"工作中，对玻管模拟样轻烃进行了定量分析研究。玻管模拟样轻烃经液氮冷冻后开管，用溶剂浸泡抽提，过滤浓缩后采用外标法进行色谱定量分析，外标为含 $C_{10} \sim C_{24}$ 的凝析油。尽管上述方法和重量法相比有了长足的进步，但毕竟未能消除制样过程对烃类物质的影响，具有很大的缺陷。

轻烃的分析之中岩石轻烃分析存在较大技术难度，以往因从岩石中提取轻烃的前处理技术没有过关，在提取轻烃的前处理过程中挥发散失了许多轻烃，丢失了很多有价值的信息。针对岩石中 $C_6 \sim C_{15}$ 液态烃的定量分析，目前国际上鲜有报道。在岩石轻烃分析中，国内外目前大都采用热蒸发法进行 $C_6 \sim C_{15}$ 轻烃色谱分析，其方法概要是把岩样放在特制的样品管中用氢气或氦气洗提，或在气体洗提的同时进行加热，使轻烃从岩样中脱附出来，然后立刻进行色谱分析。这种方法的优点在于需要量少、操作简便、分析快速；缺点是受岩石中黏土矿物的干扰较大，重现性差，通常只进行相对含量的分析。作者从制备岩石轻烃组分的角度出发，通过相关设备研制和技术攻关建立了一种密封、低沸点溶剂冷抽提与气相色谱分析相结合的岩石 $C_6 \sim C_{15}$ 轻烃定量分析方法，在油气源岩对比中得到了很好应用，也为油气资源量估算提供过去所缺少的一部分定量计算参数。

第一节 岩石轻烃（$C_6 \sim C_{15}$）定量分析方法

一、基本原理及专用装置

（一）方法基本原理

利用专利轻烃抽提仪和 F11 溶剂在密封状态下对一定量的岩石样品进行粉碎抽提，采用多元内标进行定量分析。在样品中放入抽提罐后加入一定量的溶剂，然后再加入定量的内标物质。抽提一定时间后对抽提罐进行低温冷却，在低温下过滤，滤液在自主研制的轻烃浓缩仪中处理到一定体积后再在气相色谱仪上进行色谱分离分析或低温密封保存待用。分析后求取内标物质的校正因子，并由此计算出岩石中 $C_6 \sim C_{15}$ 轻烃含量。

（二）岩石轻烃分析专用装置

作者在调查研究的基础上，设计研制了一种新型的岩石轻烃抽提装置，进行岩石轻质烃类化合物的抽提。经过多年生产实践证明其应用效果良好。同时配套研制了低沸点溶剂纯化装置和密封低温旋转浓缩仪，以保证溶剂的纯度，防止获取轻烃的逸失。

1. 低沸点溶剂纯化装置

F11 溶剂中含有多种有机杂质，使用前必须对 F11 溶剂进行纯化，设计专用的纯化装置很有必要。利用试剂中各组分挥发能力的差异，通过液相和气相的回流，使气、液两相逆向多级接触，在热能驱动和相平衡关系的约束下，使得易挥发组分（轻组分）不断从液相往气相中转移，而难挥发组分却由气相向液相中转移，使混合物得到不断分离。设计适宜的精馏塔长度及塔内填料高度以达到理想的分离踏板数是实现试剂高效纯化的关键。根据溶剂的沸点，控制好试剂蒸发加热水浴的温度和试剂凝聚冷却循环水温度，使溶剂在蒸发和冷凝的过程中把杂质去掉，从而得到满足实验要求的纯化试剂。纯化好的试剂需要进行浓缩后色谱分析检验其纯度情况。图 2.1 是该纯化装置实物照片。图 2.2 为低沸点溶剂纯化装置的结构示意图。

该纯化装置主要由温控仪、恒温水浴、溶剂蒸发器、蒸馏器、冷凝分配器、净化收集器、循环水管、制冷装置、电热器等组成。

通过温控仪对恒温水浴加热，使其水温高于溶剂的沸点温度，再通过恒温水浴对溶剂室加热，使溶剂室内的溶剂慢慢蒸发；蒸馏管采用螺旋式盘管，在降低高度的同时保证精馏必需的塔板数，蒸馏管配有进出口，可抽真空保温或用恒温循环水控制温度（具体视室温而定）；冷凝器配有分液控制器，可将冷凝液体进行分配，小部分流入净化液收集器储存，大部分回流至蒸发器重新蒸馏；冷凝分配器的温度由制冷装置控制，通过循环冷却水使其温度低于溶剂的冷凝温度，使溶剂完全凝聚。

图 2.1 低沸点溶剂纯化装置的实物照片

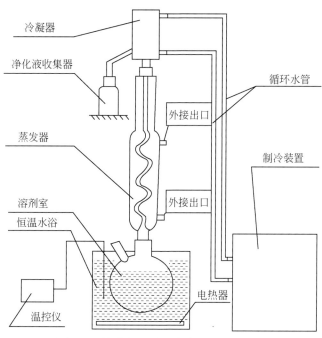

图 2.2 低沸点试剂纯化装置结构示意图

装置的技术指标。恒温水浴：室温~60℃；电热器功率：500W/220V；恒温水浴容量：24L；制冷装置温度：5~20℃。

2. 密封低温旋转浓缩仪

样品密封抽提后的滤液由于烃类物质浓度极低不能直接进行色谱分离分析，必须进行浓缩处理，为了保证溶剂的尽快挥发而又尽可能减少烃类物质的损失，设计研制了 MXN-1 型密封低温旋转浓缩仪。其技术特点体现在三个方面，一是密闭低真空系统，促使溶剂挥发；二是温度控制系统，三角瓶承载盘由导热性好的铜管盘绕而成，铜管内由循环机输出的恒温水控制承载盘温度，有效控制溶剂挥发，减少烃类物质损失；三是三角瓶承载盘处于欠水平状态，并且匀速旋转，增加溶剂的扰动，利于样品的浓缩。样品置于透明密闭箱内便于观察样品状态，当样品浓缩到一定体积后取出转移到分析瓶中密封低温保存待用，实验证实 4mL 样品在 -10℃下保存一周，损失量为 1mL 左右。整个装置仪器化，带有滚动底座，美观实用，如图 2.3 所示。

仪器的技术指标。抽气装置：主要由抽气泵、负压表、电磁阀、软管等组成，其作用在于对密闭旋转蒸发器中的密闭容器连续抽气过程中，使容器内产生低负压，有利于混合液中低沸点溶剂的蒸发（并把已蒸发的溶剂抽掉），提高混合液的浓缩效果；低温控制装置：主要由温度控制仪、低温水浴加热器、低温水浴制冷器以及微型循环水泵等组成。其作用在于由微型循环水泵、通过密闭旋转蒸发器内的转轴中的二内孔，把由温控仪控制的水浴中的低温水，连续循环输入到转盘背面的盘绕铜管内，由此可使盘绕铜管表面的温度保持在一定的范围内，而放置于密闭旋转蒸发器中转盘端面上的盛有混合液的三角玻璃皿的底部是直接与盘绕铜管表面接触的，从而可以有效地控制液体挥发温度；抽气负压：

图 2.3 MXN-1 型密封低温旋转浓缩仪

−0.02MPa；斜盘转速：0~10r/min；温度控制：10~20℃；浓缩样品：8个/次。

该仪器的创新点，就是由水浴低温控制装置制备的低温水，通过循环水泵给密闭旋转蒸发器输入连续的循环低温水，并控制低沸点溶剂蒸发和抑制轻烃逸失的温度。在抽气装置对密闭旋转蒸发器连续抽气过程中，使该蒸发器内产生低负压，有助于低沸点溶剂的蒸发，并把蒸发的溶剂抽掉，一次可做8个样品的浓缩处理。其浓缩效果好，浓缩效率高，该仪器的有关创新技术已获得发明专利，专利号为200510056779.X。

3. 岩石破碎密封萃取仪

图2.4是该仪器密封抽提装置的结构图，主要由组合式金属波纹管机械密封件组成，即由搅拌叶轮、刀片、内心形硬套、刀片轴、筒体、轴承套以及主轴等组成。主轴与刀片可以拆卸，便于筒内清洗。这里主要关键在于：一是既要密封，又要所有筒体内部的材料及密封件都不能与低沸点有机溶剂相作用，因此所用材料均为不锈钢、铜和聚四氟乙烯等。二要将岩石粉碎，我们把岩样加上溶剂，倒入筒内，装上顶盖和螺母并旋紧密封，然后将筒体安装在与电机连接的底座上。启动电机，经主轴带动搅拌叶轮高速旋转，使筒体岩样和介质一起剧烈向上运动，并与高速旋转的刀片、固定于筒壁上的内齿形硬套及顶盖等产生强烈碰撞，从而将粒状岩样粉碎。三要选择合适的低沸点有机溶剂，将岩样中 $C_{15}-$ 轻质烃类抽提出来，我们选择的是氟利昂11有机溶剂，其沸点仅24℃。该抽提筒周围还装有一套水冷装置，以降低抽提筒因切削岩样引起的升温作用。该仪器已获得国家专利号02160133.X。

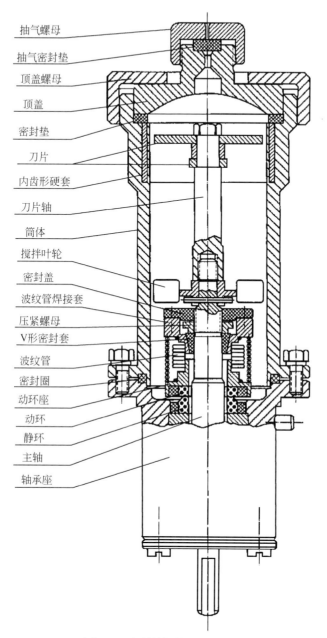

图 2.4 密封抽提装置结构图

二、岩石 C_6 ~ C_{15} 轻烃定量分析方法

(一) 样品制备方法

样品先粗碎到 4~5mm 左右,称样 40g 放入抽提罐中,加入已纯化好的 F-11 溶剂

150mL,盖紧罐盖进行破碎和密封抽提 2～3h。设定抽提时间结束,仪器将自动停止切削破碎。抽提罐置于冰柜中冷却,同时对罐内 F-11 溶液进行过滤,滤液用三角瓶承接,滤样用少量氟利昂 11 清洗数次。滤液在密封低温旋转浓缩仪中浓缩至 1～2mL,待气相色谱仪分析。

(二)气相色谱分析条件和定性分析

在 H5890 色谱仪上,采用 50m 的 PONA 毛细柱进行分离,氢火焰离子化检测。柱压 25psi,气化室温度 290℃,FID 温度 290℃,柱箱初始温度 30℃,恒温 15min 后以 1.5℃/min 上升到 70℃,再以 2.5℃/min 上升到 130℃,最后以 3.5℃/min 上升到 290℃,保持该温度直到所有峰都出完为止。所得 C_{4-3}～C_{10-1} 谱图如图 2.5 所示,色谱定性根据保留时间、保留指数、文献和 GC-MS 完成,C_1～C_{10-1} 轻烃定性见表 2.1。

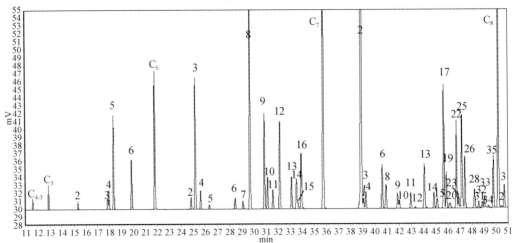

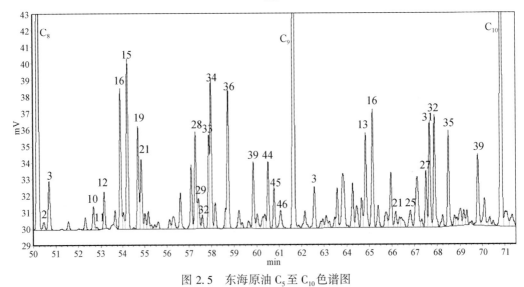

图 2.5 东海原油 C_5 至 C_{10} 色谱图

表 2.1 $C_1 \sim C_{10-1}$ 轻烃定性表

峰号	化合物	峰号	化合物
C_{1-1}	甲烷	C_{7-10}	3,3-二甲基己烷
C_{2-1}	乙烷	C_{7-11}	1,反2,顺3-三甲基环戊烷
C_{3-1}	丙烷	C_{7-12}	2,3,4-三甲基戊烷
C_{3-2}	异丁烷	C_{7-13}	甲苯
C_{4-1}	正丁烷	C_{7-14}	2,3-二甲基己烷
C_{4-2}	2,2-二甲基丙烷	C_{7-15}	2-甲基,3-乙基戊烷
C_{4-3}	2-甲基丁烷	C_{7-16}	1,1,2-三甲基环戊烷
C_{5-1}	正戊烷	C_{7-17}	2-甲基庚烷
C_{5-2}	2,2-二甲基丁烷	C_{7-18}	1,顺2,反4-三甲基环戊烷
C_{5-3}	环戊烷	C_{7-19}	4-甲基庚烷
C_{5-4}	2,3-二甲基丁烷	C_{7-20}	3,4-二甲基己烷
C_{5-5}	2-甲基戊烷	C_{7-21}	1,顺2,顺4-三甲基环戊烷
C_{5-6}	3-甲基戊烷	C_{7-22}	3-甲基庚烷
C_{6-1}	正己烷	C_{7-23}	3-乙基己烷
C_{6-2}	2,2-二甲基戊烷	C_{7-24}	1,顺2,反3-三甲基环戊烷
C_{6-3}	甲基环戊烷	C_{7-25}	1,顺3-二甲基己烷
C_{6-4}	2,4-二甲基戊烷	C_{7-26}	1,反4-二甲基己烷
C_{6-5}	2,2,3-三甲基丁烷	C_{7-27}	2,2,4,4-四甲基戊烷
C_{6-6}	苯	C_{7-28}	1,1-二甲基己烷
C_{6-7}	3,3-二甲基戊烷	C_{7-29}	1-甲基,顺3-乙基环戊烷
C_{6-8}	环己烷	C_{7-30}	2,2,5-三甲基戊烷
C_{6-9}	2-甲基己烷	C_{7-31}	1-甲基,反3-乙基环戊烷
C_{6-10}	2,3-二甲基戊烷	C_{7-32}	1-甲基,反2-乙基环戊烷
C_{6-11}	1,1-二甲基环戊烷	C_{7-33}	1-甲基,1-乙基环戊烷
C_{6-12}	3-甲基己烷	C_{7-34}	2,2,4-三甲基己烷
C_{6-13}	1,顺3-二甲基环戊烷	C_{7-35}	1,反2-二甲基环己烷
C_{6-14}	1,反3-二甲基环戊烷	C_{8-1}	正辛烷
C_{6-15}	3-乙基戊烷	C_{8-2}	1,反3-二甲基环己烷
C_{6-16}	1,反2-二甲基环戊烷	C_{8-3}	1,顺4-二甲基环己烷
C_{6-17}	2,2,4-三甲基戊烷	C_{8-4}	1,顺2,顺3-三甲基环戊烷
C_{7-1}	正庚烷	C_{8-5}	异丙基环戊烷
C_{7-2}	甲基环己烷	C_{8-6}	2,4,4-三甲基己烷
C_{7-3}	1,顺2-二甲基环戊烷	C_{8-7}	2,3,5-三甲基戊烷
C_{7-4}	2,2-二甲基己烷	C_{8-8}	2-甲基,4-乙基戊烷
C_{7-5}	1,1,3-三甲基环戊烷	C_{8-9}	1-甲基,顺2-乙基环戊烷
C_{7-6}	乙基环戊烷	C_{8-10}	2,2-二甲基庚烷
C_{7-7}	2,5-二甲基己烷	C_{8-11}	1,顺2-二甲基环己烷
C_{7-8}	2,4-二甲基己烷	C_{8-12}	2,4-二甲基庚烷
C_{7-9}	1,反2,顺4-三甲基环戊烷	C_{8-13}	2,2,3-三甲基己烷

续表

峰号	化合物	峰号	化合物
C_{8-14}	正丙基环戊烷	C_{8-44}	1-甲基,顺3-乙基环己烷
C_{8-15}	乙基环己烷	C_{8-45}	1-甲基,反4-乙基环己烷
C_{8-16}	2,6-二甲基庚烷	C_{8-46}	1,顺2,反3-三甲基环己烷
C_{8-17}	1,1,3-三甲基环己烷	C_{9-1}	正壬烷
C_{8-18}	1,顺3,顺5-三甲基环己烷	C_{9-2}	1,顺2,顺3-三甲基环己烷
C_{8-19}	2,5-二甲基庚烷	C_{9-3}	1-甲基,反2-乙基环己烷
C_{8-20}	3,5-二甲基庚烷	C_{9-4}	1-甲基,反3-乙基环己烷
C_{8-21}	1,1,4-三甲基环己烷	C_{9-5}	异丙苯
C_{8-22}	3,3-二甲基庚烷	C_{9-6}	3,3,5-三甲基庚烷
C_{8-23}	2,3,3-三甲基己烷	C_{9-7}	异丙苯环己烷
C_{8-24}	2-甲基,3-乙基己烷	C_{9-8}	十碳链烷
C_{8-25}	1,反2,反4-三甲基环己烷	C_{9-9}	九碳环烷
C_{8-26}	2,3,4-三甲基己烷	C_{9-10}	十碳链烷
C_{8-27}	1,顺3,反5-三甲基环己烷	C_{9-11}	九碳环烷
C_{8-27a}	乙苯	C_{9-12}	1-甲基,顺2-乙基环基烷
C_{8-28}	间二甲苯	C_{9-13}	正丙基环基烷
C_{8-29}	对二甲苯	C_{9-14}	九碳环烷
C_{8-30}	2,3-二甲基庚烷	C_{9-15}	九碳环烷
C_{8-31}	3-甲基,4-乙基己烷	C_{9-16}	2,6-二甲基辛烷
C_{8-32}	3,4-二甲基庚烷	C_{9-21}	正丙苯
C_{8-33}	4-甲基辛烷	C_{9-25}	1-甲基,3-乙基苯
C_{8-34}	3-乙基庚烷	C_{9-26}	1-甲基,4-乙基苯
C_{8-35}	3-乙基庚烷	C_{9-27}	1,3,5-三甲基苯
C_{8-36}	3-甲基辛烷	C_{9-30}	5-甲基壬烷
C_{8-37}	1,反2,顺4-三甲基环己烷	C_{9-31}	4-甲基壬烷
C_{8-38}	1,反2,顺3-三甲基环己烷	C_{9-32}	2-甲基壬烷
C_{8-39}	邻二甲苯	C_{9-33}	1-甲基,2-乙基苯
C_{8-40}	1,顺2,反4-三甲基环己烷	C_{9-35}	3-甲基壬烷
C_{8-41}	1,1,2-三甲基环己烷	C_{9-39}	1,2,4-三甲基苯
C_{8-42}	1,顺2,反4-三甲基环己烷	C_{9-42}	九碳环烷
C_{8-43}	1-甲基,2-丙基环戊烷	C_{10-1}	正葵烷

(三) 内标物的选定

岩石中 $C_6 \sim C_{15}$ 有机物质多达数百种,而且主要以链烷烃为主。文献资料显示,这些有机物沸点有显著差异。在样品制备特别是在浓缩过程中,溶剂挥发的同时轻组分也在散失。轻组分中,较轻的轻质烃类物质更容易逸失,而沸点相对较高不容易挥发的物质表现较稳定。因此不能用外标法进行色谱定量分析,而必须选用两个内标物分段分别控制 $C_6 \sim C_{15}$ 轻烃的定量分析。在原油轻质烃类定量分析工作中,常用2,2-二甲基丁烷来作为内标物控制正辛烷以前的烃类物质定量分析。但在岩石轻烃分析中，由于2,2-二甲基丁烷和溶剂峰临近，容易受到干扰而不宜作为内标物。研究表明，在岩石烃类物质中鲜有烯烃的报道，因此利用1-烯烃作为内标物是较好的选择。1-己烯和正己烷具有相似的物理性质，1-壬烯和正壬烷物化性质非常接近，所以本书以1-己烯作内标来控制$C_6 \sim C_7$烃类物质的定量分析，以1-壬烯作内标来控制$C_7 \sim C_{15}$烃类物质的定量分析。色谱分析表明，1-己烯作内标在样品中无重叠峰，能达到完全分离，和2,2-二甲基丁烷相比，不仅避开了溶剂峰的影响，而且和正己烷更接近［图2.6(a)］。1-壬烯和低含量物质有所重叠；但只要保证1-壬烯内标物加入的量适当就可忽略其影响［图2.6(b)］。

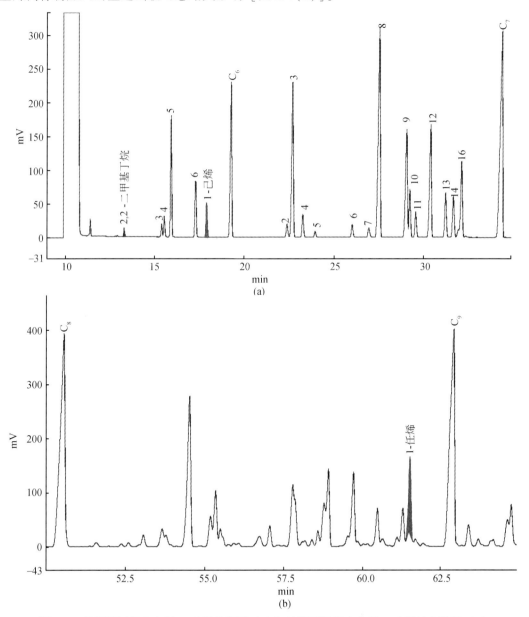

图2.6 某岩石轻烃中内标1-己烯色谱图（a）和某岩石轻烃中内标1-壬烯的色谱图（b）

（四）定 量 分 析

岩石轻烃色谱定量计算方法为：将内标物 1-己烯用于组分 C_6 的计算，内标物 1-壬烯用于 $C_7 \sim C_{15}$ 的计算，C_6 的相对校正因子为 1.09，1-己烯的相对校正因子为 1.14，1-壬烯的相对校正因子为 0.98，$C_7 \sim C_{15}$ 各物质的相对校正因子均取 1.14。据此可得到分析组分的含量计算公式：

$$W = W_{C6} + W_{C_7 \sim C_{15}} = \frac{1.09 A_{C_6}}{1.14 A_{s_1}} W_{s_1} + \frac{1.14 \sum_{C_7}^{C_{15}} A_i}{0.98 A_{s_2}} W_{s_2}$$

式中，A 为峰面积，W 为重量，s_1 指 1-己烯，s_2 指 1-壬烯。

定量分析方法回收率试验结果见表 2.2。由表 2.2 可以看出方法加标回收率超过 85%。

表 2.2　方法回收率试验

样品及编号	质量/mg		回收率 $R/\%$
	标准物质	回收量	
灰岩　OSL-D2	0.73362	0.69180	94.30
岩芯　040710	0.73362	0.70584	96.21
泥岩　OZB-12	0.73362	0.68310	93.11
页岩　00707129	0.73362	0.68964	94.00
碳质页岩　OTJ-07	0.73362	0.67920	92.58

注：样品体积均为 1mL，进样量均为 4μL

对 5 个烃源岩样品进行 $C_6 \sim C_{15}$ 轻烃定量分析，每个样品都处理成双份进行平行试验，计算公式参照上述轻烃定量计算公式，轻烃质量为 $C_6 \sim C_{15}$ 所有流出物质质量之和。从表 2.3 结果可以看出，5 个样品的平行分析相对误差均小于 5%，相对双差都小于 10%。

表 2.3　岩石样品中 $C_6 \sim C_{15}$ 轻烃定量分析

样品及编号	$m_{样品}/g$	$C_6 \sim C_{15}$ 轻烃含量 $w/$（mg/g）	相对误差 RE/%	相对双差 RD/%
灰岩　OSL-D2	40	0.1232	1.15	2.30
	40	0.1205		
岩芯　040710	40	0.2664	1.260	2.52
	40	0.2733		
泥岩　OZB-12	40	0.4911	0.788	1.576
	40	0.4998		
页岩　00707129	40	0.4724	1.213	2.426
	40	0.4841		

续表

样品及编号	$m_{样品}$/g	$C_6 \sim C_{15}$轻烃含量 w/(mg/g)	相对误差 RE/%	相对双差 RD/%
碳质页岩 OTJ-07	40	0.9986	3.601	7.202
	40	1.0733		

注：相对双差计算公式为 RD=2（A-B）/（A+B）×100。式中，A 为第一次测量值，B 为第二次测量值

上述两项试验结果表明，方法标样回收率大于85%，重复性分析相对误差小于10%。该方法稳定可靠，能准确提供烃源岩中 $C_6 \sim C_{15}$ 轻烃的定量分析数据。

第二节　原油轻烃分析

原油轻烃（C_{15} 以前的烃类物质）的分析一般都采用色谱分析技术，但在分析处理上各有不同。由于油品的差异，原油轻烃分析常根据原油物性的不同而采用不同的方法。对于轻质原油一般采用直接进样方式进行色谱分析，而对于中重质原油一般先通过蒸发切割或采用油顶气进行分析，由于存在高含量的极性化合物，原油直接进样将严重影响分析柱寿命。实验已证实原油油顶气和原油在轻烃组成上有较大差异，原油直接进样分析更能准确反映原油轻烃的原始分布形态。肖廷荣（2000）利用 PTV 反吹技术对原油部分轻烃进行了分析，取得了满意的轻烃指纹分析结果，但由于其主要关注的是 C_8 以前的轻质烃类物质，并不能完全取得原油轻烃信息而使其应用受到限制，尤其在苯系化合物分析上提供不了二甲苯和三甲苯等反映油气运移信息的指标参数。为了完善原油轻烃分析方法，我们利用 PTV 分馏反吹技术进行了原油轻烃分析实验研究，成功切除了重质烃类以及极性物质，取得了 C_{15} 以前的轻烃组分数据，丰富的参数信息在油气勘探研究中取得了很好的效果。原油轻烃定量分析可以参照岩石轻烃定量方法，采用相同的内标物质，在低沸点溶剂中加入定量原油样品和内标进行色谱分析来获取原油轻烃定量参数。

一、实验仪器和条件

实验仪器为美国瓦里安 CP3800 气相色谱仪，配备有两套 EFC 电子流量控制器和 1079PTV 程序升温进样器，分析柱为瓦里安 PONA 柱（柱长 50m，柱内径 0.2mm，膜厚 0.5μm）。仪器工作原理如图 2.7 所示。

样品进入进样器后轻-中质烃类物质汽化后进入预制柱，重质物质留存在进样室中，在 A 分析条件下由于 $P_1>P_2$，预制柱中轻质烃类物质逐渐进入分析柱中，当目标烃类物质完全进入分析柱后改变压力，进入 B 条件使 $P_2>P_1$，同时提高进样室温度，使残留的重质

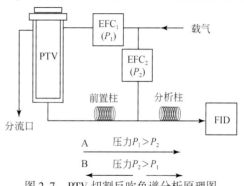

图 2.7　PTV 切割反吹色谱分析原理图

物质汽化并经分馏口流出，轻烃组分继续经分析柱分离、流出至 FID 检测器检测，而预制柱中残留的中质烃类物质则改变流向，反吹至进样室后也经分馏口流出。P_1、P_2 的设置和变压时间及速率的确定是方法成功的关键。

二、实验分析

（一）色谱分析分离度

利用 001843#原油进行色谱分离度实验，实验分析 $C_6 \sim C_8$ 色谱图如图 2.8 所示，系统分析难分离物质分离度见表 2.4。国标 GB/T 18430.1—2001 规定了 1,反 3-二甲基环戊烷和 1,反 2-二甲基环戊烷之间峰高分离度不小于 0.5，在实验中 1,反 3-二甲基环戊烷和 1,反 2-二甲基环戊烷不仅完全分离，而且还在它们中间成功分离出了一般很难分离的 3-乙基戊烷，3-乙基戊烷与 1,反 3-二甲基环戊烷分离度为 1.132，与 1,反 2-二甲基环戊烷分离度也达到了 1.085，同时乙基环戊烷和 2,4-二甲基己烷之间也分离出了 2,5-二甲基己烷，乙基环戊烷与 2,5-二甲基己烷的分离度达 1.184，2,5-二甲基己烷与 2,4-二甲基己烷分离度为 1.900，都优于 GB/T 18430.1—2001 和美国 1998 ASTM：D5134—98 的要求；2-甲基庚烷与 4-甲基庚烷分离度国标未做规定，美国 1998 ASTM：D5134—98 要求 2-甲基庚烷与 4-甲基庚烷的分离度不小于 1.35，而实验中 2-甲基庚烷与 4-甲基庚烷的分离度为 1.283，接近于 ASTM：D5134—98 要求。

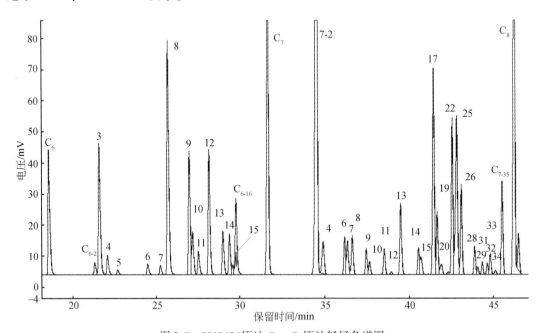

图 2.8　001843#原油 $C_6 \sim C_8$ 原油轻烃色谱图

表 2.4　部分化合物间的色谱分离度

组分名	保留时间/min	半峰宽/min	分离度	对称度
1,反 3-二甲基环戊烷	28.450	0.092	—	1.202
1,反 3-二甲基环戊烷	28.830	0.092	2.430	1.173
3-乙基戊烷	29.024	0.109	1.132	0.979
1,反 3-二甲基环戊烷	29.210	0.092	1.085	1.123
乙基环戊烷	35.485	0.084	—	0.831
2,5-二甲基己烷	35.650	0.080	1.184	1.247
2,4-二甲基己烷	35.929	0.092	1.900	1.032
2-甲基庚烷	40.684	0.099	—	0.692
4-甲基庚烷	40.884	0.085	1.283	1.002

（二）反吹与否两种色谱分析方法的比较

为了检验方法的可行性和稳定性，利用 JS1#油样进行了常规色谱分析和 PTV 压力切割反吹色谱分析的对比实验，方法采用相同仪器和分析色谱柱，分析图谱和分析结果分别见表 2.5 和图 2.9。

表 2.5　JS1#油样反吹与否色谱分析方法结果的比较

化合物	JS1#油样单体烃色谱峰面积比值							相对标准偏差/%
	PTV 切割反吹色谱分析法				常规色谱分析法		平均值	
C_8/C_6	2.13	2.14	2.10	2.21	2.31	2.22	2.185	3.53
C_8/C_7	1.17	1.18	1.17	1.19	1.2	1.19	1.183	1.02
C_8/C_9	0.96	0.96	0.97	0.96	0.94	0.94	0.955	1.28
C_8/C_{10}	1.01	1.01	1.02	1.01	1.03	1.00	1.013	1.02
C_8/C_{11}	0.99	0.99	0.99	1.00	1.03	0.98	0.998	1.73
C_8/C_{12}	0.97	0.97	0.98	0.99	1.03	0.96	0.983	2.55
C_8/C_{13}	1.07	1.07	1.06	1.06	1.08	1.01	1.063	2.64
C_8/C_{14}	1.19	1.21	1.17	1.2	1.18	1.11	1.177	3.02
C_8/C_{15}	1.24	1.28	1.21	1.25	1.22	1.19	1.232	2.59

从图 2.9 可以直观地看出 PTV 压力切割反吹分析成功切除了中-重质烃类物质，分析时间大为缩短，非高温特性的 PONA 柱也得到了保护。为了保证 C_{15} 前轻烃组分的稳定分析，在进行 PTV 压力切割反吹时将变压时间稍微延迟，以 C_{18} 峰出现为宜。表 2.5 的参数分析反映了同一样品在进行 PTV 压力切割反吹分析和常规色谱分析时各分析参数的变化情况，不同分析方法的六次分析结果相对标准偏差均小于 10%，既显示了 PTV 压力切割反吹色谱分析方法的稳定性，又表明了两种分析方法很好的可比性。如想得到姥鲛烷和植烷的相关信息，可将变压时间和柱箱升温程序做适当改变，方法具有较好的灵活性。

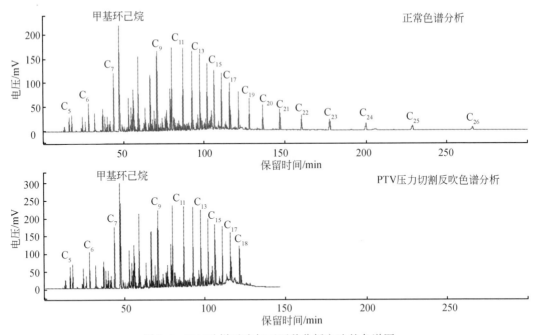

图 2.9 JS1#油样反吹与否两种分析方法的色谱图

从上述分析可以看出，原油轻烃分析方法由于研究目的以及原油物性的不同在色谱分析前有不同的处理方式，其中以直接进样色谱全烃分析最能反映油样组分的全貌特征，但重、稠油对分析柱有较大损害，特别是 PONA 柱，虽能对轻烃有较好地分离作用，但由于其非高温特性，价格昂贵，进入柱中的重质物质很难被赶出，这将极大地缩短其使用寿命；如采用蒸发切割的方法势必会造成轻烃的分馏，从而与其原始分布产生一定的差异；原油 C_{15} 前轻烃组分 PTV 压力切割反吹方法既能真实反映原油轻烃组分全貌特征，同时又能排除重质物质对分析柱的影响，延长了毛细柱使用寿命，减少分析时间，提高了工作效率，分析结果信息丰富，分离度满足国标要求，数据稳定可靠。

第三节　天然气轻烃分析方法

一、方法原理

天然气轻烃分析包括湿气和干气中轻烃的分析，样品在气相色谱仪中经高效毛细管柱使 $C_5 \sim C_8$ 的单体烃分离，用氢火焰离子化检测器对相继流出的各单体烃进行检测，用标准样品标定法或保留指数法定性，以面积归一化法计算各组分的相对百分含量，并按有关公式计算各项轻烃参数。天然气样品特别是干气样品直接进样无法获取轻烃组分［图2.10（a）］，需要对天然气样品进行冷冻富集后再进行色谱分析。

天然气轻烃指纹富集分析方法一般是在色谱仪上安上一个六通阀（图2.11），在3、4位接上富集管，载气接到2位，1位进色谱柱，5位通过气体净化管接天然气钢瓶，6位接放空口。将气瓶置于60℃的烘箱中,连接好气体净化管,使六通阀处于富集状态,天然气富集流速小于5mL/min,-30℃下富集3h左右,关闭气瓶。转动六通阀使之处于分析状态,快速加热富集管并进行色谱分析。

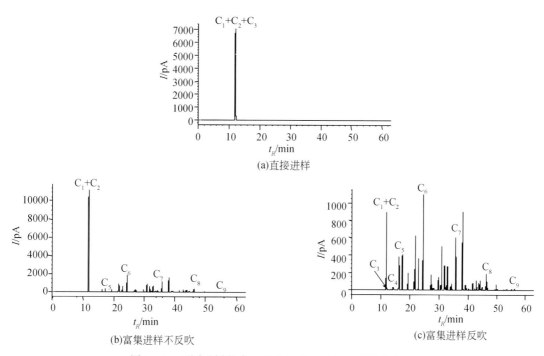

图2.10　不同进样状态下的PG7样品的轻烃指纹色谱图

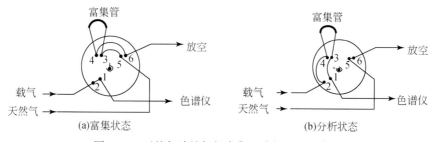

图2.11　天然气浓缩轻烃富集、分析流程示意图

二、实验分析

对川东北天然气样品进行了轻烃分析,样品采集于专用钢瓶中,为干气,无法直接进样分析,必须要对天然气样品进行富集处理。样品钢瓶气在加热装置内预热后,采用上述富集装置对样品中的轻烃进行富集,在富集状态的最后5min利用氮气吹扫未液化的气体(主要是甲烷、乙烷);然后对富集管加热,温度迅速上升到200℃,使液化的气体快速汽化,并进入色谱柱进行分离、分析。色谱分析在HP7890色谱仪完成。该色谱仪的工作条

件：色谱毛细柱为PONA柱（柱长50m，柱内径0.15mm，膜厚0.5um）；柱压25psi，气化室温度280℃，FID检测器温度为280℃，柱箱初始温度30℃，恒温15min后以1.5℃/min升到70℃，再以2.5℃/min升到130℃，然后以3.5℃/min升到280℃并保持该温度直到所有的峰出完为止。气样经富集得到的轻烃称浓缩轻烃。通过高演化天然气富集装置对样品富集后进行分析，达到了对C_{10}之前轻烃指纹进行分析的目的，$C_4 \sim C_{10}$的轻烃部分的相对信号强度（较甲烷峰）明显增强，解决了色谱峰定性困难的问题，同时提高了积分准确度，样品检测出峰一般能达到C_{10}［图2.10（b）］。同时，由于对富集后的样品进行了反吹，减弱了甲烷的溶剂效应，甲烷峰只影响乙烷的积分，和丙烷峰之间有较好的分离度［图2.10（c）］。

第四节　$C_6 \sim C_{15}$轻烃化合物的地质应用

一、资源量评价

在资源量评价中需要岩石的烃含量。岩石的烃含量由$C_1 \sim C_5$气态烃、$C_6 \sim C_{15}$轻烃和C_{15}以上重烃三部分组成，岩石轻烃定量分析，可以提供$C_6 \sim C_{15}$轻烃的含量，使资源量评价更能反映实际情况。

实验研究表明，以往的分析方法，实际上仅提供气态烃和氯仿沥青"A"，即C_{15}以上重烃的数据，而$C_6 \sim C_{15}$轻烃含量常常在操作过程中被人为地挥发掉了，因而被忽略，从而造成资源评价的缺失而失真。以东营G127井部分烃源岩样品进行了相关实验研究，实验分为三个步骤进行。

（1）先将样品粗碎至5mm左右粒径颗粒，在密封状态下进行粉碎脱气，对收集的气体进行$C_1 \sim C_5$的气态烃组分分析，脱气后的颗粒样品干燥后再进行酸解脱气，分析其酸解烃中$C_1 \sim C_5$的气态烃组分含量。

（2）另取部分原样粗碎至5mm左右的颗粒，放入轻烃抽提罐中加入内标和低沸点溶剂进行密封抽提，然后再进行色谱$C_6 \sim C_{15}$轻烃定量分析。

（3）将原样直接粉碎后进行氯仿沥青"A"分析。

岩石有机质组成分析分布特征结果见表2.6和图2.12。从中可看出，轻烃组分在整个有机质中占有相当的比重，大多数是氯仿沥青"A"的10%以上，个别甚至达到了30%以上，如果忽略轻烃的存在，资源量计算误差将非常可观。

表2.6　有机质组分分布特征

样品	有机碳/%	$C_1 \sim C_5$/(mg/g)	$C_6 \sim C_{15}$/(mg/g)	$C_{15}+$（饱和烃+芳香烃）/(mg/g)	含烃量/(mg/g)	气态烃含烃量/%	轻烃含烃量/%	$C_1 \sim C_{15}$含烃量/%	$C_{15}+$含烃量/%
G127-12	1.75	0.039	0.18	0.557	0.776	5.03	23.20	28.22	71.78
G127-13	1.47	0.045	0.16	0.448	0.653	6.89	24.50	31.39	68.61
G127-14	3.62	0.17	0.36	1.267	1.644	1.03	21.89	22.93	77.07

续表

样品	有机碳/%	$C_1 \sim C_5$/(mg/g)	$C_6 \sim C_{15}$/(mg/g)	$C_{15}+$(饱和烃+芳香烃)/(mg/g)	含烃量/(mg/g)	气态烃含烃量/%	轻烃含烃量/%	$C_1 \sim C_{15}$含烃量/%	$C_{15}+$含烃量/%
G127-15	2.59	0.066	0.46	2.260	2.786	2.37	16.51	18.88	81.12
G127-16	6.32	0.033	0.63	5.328	5.991	0.55	10.52	11.07	88.93
G127-17	2.82	0.048	0.32	0.613	0.981	4.89	32.62	37.51	62.49
平均值	—	—	—	—	—	3.46	21.54	25.00	75.00

注：$C_1 \sim C_5$ 为（脱附气+酸解气）气态烃；$C_6 \sim C_{15}$ 为轻烃；$C_{15}+$ 为重烃（饱和烃+芳香烃）；岩石含烃量为 $C_1 \sim C_5$ 气态烃+ $C_6 \sim C_{15}$ 轻烃+ $C_{15}+$ 重烃（饱和烃+芳香烃）

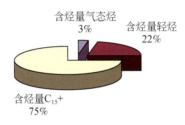

图 2.12　岩石含烃量组成分布图

二、原油成熟度的划分

1983 年 Thompson 应用石蜡指数和庚烷值两个指标，将原油成熟度划分成 4 种类型：低成熟原油（包括生物降解的变质油）、正常原油、高成熟原油（包括轻质油）和过成熟原油（包括凝析油）。划分的界限见表 2.7。

表 2.7　原油成熟度界限

原油类别	原油成熟度界限	
	石蜡指数/%	庚烷值/%
低成熟原油	0~0.8	0~18
正常原油	0.8~1.2	18~22
高成熟原油	1.2~2.0	22~30
过成熟原油	2.0~4.0	30~60

虽然它们已被广大地质工作者接受，但是需要注意的是，在原油运移过程中，各种烃类由于其极性或因岩石吸附能力的差异会产生分馏现象，即色层效应，环烷烃容易被吸附而造成在原油中的相对含量减少。因此，运移路径长的原油与运移路径短的原油相比，其庚烷值和石蜡指数易于偏高。如表 2.8 中，雅克拉白垩系和侏罗系产层的原油的石蜡指数和正庚烷值这两个指标比下古生界产层原油都偏高就是一例。

表 2.8 塔北地区原油轻烃参数表

地区	井号	产层	石蜡指数	庚烷值/%	C_7成分/% 正庚烷	C_7成分/% 二甲基环戊烷	C_7成分/% 甲基环己烷	甲基萘指标	甲基环己烷/甲苯
雅克拉	沙5	K	4.27	41.9	57.4	12.5	30.1	18.2	0.78
	沙5	J	7.18	45.7	63.1	9.6	27.3	3.7	6.05
	沙7	J	4.71	36.2	57.8	11.4	30.8	17.7	0.075
	沙4	J	4.21	36.3	56.4	12.0	31.7	11.6	1.15
	沙参2	O	2.97	35.6	54.8	11.4	33.8	7.5	1.22
	沙7	∈	3.50	35.6	56.5	11.6	31.9	7.0	1.11
	沙4	Z	2.70	42.0	51.8	7.0	40.2	7.5	0.99
轮台	沙3	E	1.83	18.5	26.2	14.3	59.5	20.2	1.03
阿克库勒阿克库木	沙9	T	2.99	41.2	58.9	14.0	27.1	5.6	9.53
	轮南1	T	4.25	40.5	62.7	12.8	25.0	—	9.77
	轮南2	T	3.13	43.0	62.1	9.8	28.1	3.9	11.16
	沙18	C—P	2.59	38.3	55.2	12.5	32.3	4.2	1.46
	沙9	O	2.40	21.3	29.8	15.7	54.7	13.8	1.67
	沙14	O	3.53	33.2	48.4	10.5	41.1	12.2	1.12
	轮南1	O	2.45	35.5	51.7	19.3	29.0	10.5	1.98
	轮南8	O	—	—	—	—	—	10.2	1.51
沙雅西	英买1	O	—	—	—	—	—	5.8	4.33
库车	依122	J	1.72	18.2	26.1	13.7	60.2	—	—
	依464	J	1.90	21.3	30.3	13.1	56.6	14.9	1.86

三、原油形成温度的计算

原油轻烃中2,4-二甲基戊烷（2,4-DMP）与2,3-二甲基戊烷（2,3-DMP）比值可作为温度的函数而不受时间和类型的影响（Mango，1990b），该值随原油成熟度的增加而减小。Mango（1997）提出了原油形成温度（℃）与2,4-DMP/2,3-DMP值的关系式为

$$温度/℃ = 140 + 15[\ln(2,4\text{-DMP}/2,3\text{-DMP})] \tag{2.1}$$

由该式计算出塔河地区的原油形成温度。塔河1号原油形成温度为121~125℃，平均122.3℃，塔河2号原油形成温度为123~125℃，平均124℃，塔河3号原油形成温度为119~125℃，平均123℃，塔河4号和6号原油形成温度分别为117.3℃和118℃。从原油形成温度看，塔河4号和6号原油形成温度低于1号和2号，更清楚地反映了塔河4号和6号原油成熟度低于1号和2号，即原油的形成温度可定量地表明塔河4号和6号原油形成期早于塔河1号和2号，塔河3号原油形成温度介于塔河4号和6号与1号和2号之间（图2.13）。

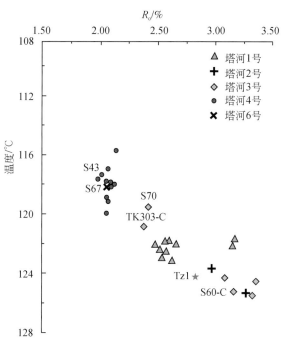

图 2.13 塔河油区原油形成温度

四、有机质类型判别

研究认为正庚烷主要来自藻类和细菌，或被细菌改造过的植物合成的类脂体。环戊烷化合物主要来自水生生物的甾族化合物的类脂体。因此，正庚烷和五元环烷烃都是Ⅰ、Ⅱ型母质的主要组成物之一；而六元环结构的甲基环己烷主要来自高等植物的木质素，纤维素和糖类，是类型差的有机物组成物之一。据此，并结合元素分析和碳同位素等资料，胡惕麟等（1990）提出了甲基环己烷指标 MCH-1，其定义为

$$\text{MCH-1} = \frac{(\text{MCH})}{(nC_7) + (\sum \text{RCPC}_7) + (\text{MCH})} \times 100\% \quad (2.2)$$

式中，nC_7 代表正庚烷含量，$(\sum \text{RCPC}_7)$ 代表二甲基环戊烷和乙基环戊烷含量的总和，MCH 代表甲基环己烷含量。用该指标可以划分有机质类型，其界限为

  MCH-1 = 35±2   为Ⅰ型
  MCH-1 = (35±2)–(50±2)   为Ⅱ型
  MCH-1 = (50±2)–(65±2)   为Ⅲ型
  MCH-1 > 65±2   为Ⅲ$_2$型或煤型

新疆塔里木盆地北部沙 14 井奥陶系浅灰色微晶灰岩和雅尔当山奥陶系和寒武系深灰色微晶灰岩经扫描电镜鉴定，其中有机质均呈各种集合形态的无结构的腐泥物质，干酪根元素和红外光谱特征也确认了它们为 Ⅰ 型干酪根，MCH-1 为 30.0，正好落在 Ⅰ 型母质范围内。而腐殖型的样品，MCH-1 相应地都较高，如塔北侏罗系 3 个生油岩样的 MCH-1 分布在 42.8～60.9，平均为 50.4，石炭系 3 个生油岩样的 MCH-1 值分布在 54.0～62.4，平均为 59.6（表 2.9）。东海平湖二井 4 个平湖组生油岩样的 MCH-1 值更高，分布在 61.9～68.4，平均为 65.8，这与该组地层中煤系较发育有密切关系。

表 2.9 塔北地区生油岩轻烃参数表

地区或井号	深度/m	层位	岩性	C_7 成分/% 正庚烷	C_7 成分/% 二甲基环戊烷	C_7 成分/% 甲基环己烷	甲基萘指标	甲基环己烷/甲苯
沙参 2	5346	J	深灰色泥岩	—	—	—	29.8	0.31
沙 4	5348	J	深灰色泥岩	20.9	18.2	60.9	43.8	0.24
依地 16-4	—	J	深灰色泥岩	38.4	18.8	42.8	27.7	1.08
六深 1	2326	J	灰黑色泥岩	41.7	10.7	47.6	40.7	0.64
沙参 1	4616	T	灰黑色泥岩	—	—	—	45.2	0.36
跃参 1	4722	T	黑色泥岩	—	—	—	17.0	0.55
沙 9	4712	T	灰黑色碳质泥岩	59.3	17.1	23.6	27.7	0.18
沙 16	4415	T	灰黑色碳质泥岩	—	—	—	32.0	0.20
曲 1	—	C	深灰色泥灰岩	21.4	16.2	62.4	35.0	2.08
甫参 1	3285	C	深灰色泥岩	25.9	11.6	62.4	20.3	0.82
和深 2	2700	C	深灰色泥岩	31.7	14.3	54.0	22.8	1.30
沙 14	5392	O_1	灰岩	43.6	21.2	35.4	15.1	1.25
沙 14	5465	O_1	浅灰色微晶灰岩	48.7	20.7	30.5	6.1	6.15
沙 14	5515	O_1	灰色微晶灰岩	39.7	22.0	38.3	12.6	1.45
沙 9	5197	O	深灰色微晶灰岩	37.9	28.9	33.2	14.7	0.83
大湾沟	—	O_2s	黑色泥岩	46.0	11.4	42.6	0	13.98
大湾沟	—	O_2q	深灰色微晶灰岩	51.7	11.9	36.4	3.7	2.94
大湾沟	—	O_1	深灰色微晶灰	52.5	16.0	31.5	—	—
沙 7	5448	∈	灰色云质泥岩	54.2	16.0	29.8	—	—
牙尔当	—	∈	黑灰色微晶灰岩	54.87	15.2	30.0	—	—

该指标也适用于原油有机质类型的划分。如塔北雅克拉、阿克库勒和阿克库木地区所产的 14 个海相原油的 MCH-1 值分布在 25.0～54.7，平均为 33.1（表 2.10），四川大安寨 8 个湖相原油 MCH-1 分布在 42.4～55.5，平均为 48.7，塔北库东拗陷依矿侏罗系 2 个油样 MCH-1 的平均值为 58.4，而东海平湖一井 4 个油样以及四川三叠系须家河组 5 个油样的 MCH-1 的平均值分别为 64.5 和 68.0。

表 2.10 塔北地区原油轻烃运移参数表

地区	井号	产层	异庚烷值	庚烷值/%	C_7成分/%			甲基萘指标	甲基环己烷/甲苯
					正庚烷	二甲基环戊烷	甲基环己烷		
雅克拉	沙5	K	4.27	41.9	57.4	12.5	30.1	18.2	0.78
	沙5	J	7.18	45.7	63.1	9.6	27.3	3.7	6.05
	沙7	J	4.71.	36.3	57.8	11.4	30.8	17.7	0.075
	沙4	J	4.21	36.3	56.3	12.0	31.7	11.6	1.15
	沙参2	O	2.97	35.6	54.8	11.4	33.8	7.5	1.22
	沙7	∈	3.50	35.6	56.5	11.6	31.9	7.0	1.11
	沙4	Z	2.70	42.0	51.8	7.6	40.2	7.5	0.99
轮台	沙3	E	1.83	18.5	26.2	14.3	59.5	20.2	1.03
阿克库勒阿克库木	沙9	T	2.99	41.2	58.9	14.0	27.1	5.6	9.53
	轮南1	T	4.25	40.5	62.7	12.8	25.0	—	9.77
	轮南2	T	3.13	43.0	62.1	9.8	28.1	3.9	11.16
	沙18	C—P	2.59	38.3	55.2	12.5	32.3	4.2	1.46
	沙9	O	2.40	21.3	29.8	15.7	54.7	13.8	1.67
	沙14	O	3.53	33.2	48.4	10.5	41.1	12.2	1.12
	轮南1	O	2.45	35.5	51.2	19.3	29.0	10.5	1.98
	轮南8	O	—	—	—	—	—	10.2	1.51
沙雅西	英买1	O	—	—	—	—	—	5.8	4.33
库车	依122	J	1.72	18.2	26.1	13.7	60.2	—	—
	依464	J	1.90	21.3	30.3	13.1	56.6	14.9	1.86

五、油源对比

轻烃组成结构的对比，对轻质原油来说是一种十分有用的油源对比手段。叶军和郭迪孝等（1994）采用：A_1=环己烷/正己烷；A_2=环己烷/甲基环己烷；A_3=正己烷/甲基环戊烷；A_4=苯/正庚烷；A_5=甲苯/正庚烷；A_6=3-甲基苯/正庚烷；A_7=正庚烷/甲基环戊烷；A_8=2-甲基己烷+3-甲基己烷/∑甲基环戊烷；A_9=间二甲苯+对二甲苯/正辛烷；A_{10}=3-甲基庚烷/正辛烷等10组轻烃特征比值进行对比。结果表明，东海西湖凹陷的油气源主要来自始新统暗色泥岩和煤，上部渐、中新统也提供了部分原油。始新统油气层属于自生自储型油气，渐新统油气则是以始新统产出为主、混入少量本统原油的混合型油气。

此外，蒋启贵（2005）等利用轻烃组成分析方法在"中国东部有效烃源岩"项目研究中也取得良好的效果。表2.11中的原油采自河南油田外围的周口拗陷沈丘凹陷下白垩统周参10井。周参10井位于周口拗陷沈丘凹陷娄堤构造西部。娄堤构造在Tg（上古生界底）构造图上为一东西向的穹窿背斜，被一南北向正断层切断，断层西部为上升盘，构造较落实，顶部海拔约为3000m，最低闭合线约为3600m，背斜闭合幅度为600m，闭合面积为24.6km^2；在T_E构造图（古近系底）上为一断鼻，上、下构造不吻合。丘云华用常规方法（饱和烃、生物标志化合物等）进行了对比，认为其原油是下白垩统源岩自生的，油源来自下白垩统的暗色湖相泥岩。笔者通过原油与下白垩统源岩轻烃组成的对比，发现下白垩统源岩与周参10井原油不具亲缘关系。由表2.10中$nC_6 \sim nC_8$轻烃组成及其相应指标可以看出，周参10井原油与下白垩统源岩的各类比值相差较大，甚至相差多个数量级，反映二者间不具成因联系；其异构烷烃单体的碳同位素值也有差异，表现出周参10井原油组分单体的碳同位素值比下白垩统生油岩重，这与丘云华的认识结果相矛盾。经初步分析认为周参10井的原油是由下白垩统暗色泥岩及其下伏煤系地层（3040m以下）中的煤、碳质泥岩和暗色泥岩两套生油层供源，混源的结果造成现今油-源岩对比中的矛盾。经过进一步的油-源岩对比，结合地震、钻井以及录井资料，我们认为这套煤系地层与上覆的白垩系是两套完全不同的地层，它究竟归属于侏罗系还是石炭系—二叠系尚有争议，还有待进一步确认。但可以肯定的是，周参10井的原油确实来源于下白垩统暗色泥岩及其下伏煤系地层。

表2.11 周口坳陷沈丘凹陷原油下白垩统源岩轻烃组成特征及油-源岩对比

类别	$nC_6 \sim nC_8$组成/%			苯/nC_6	苯/nC_7	苯/环己烷
	nC_6	nC_7	nC_8			
周参10井原油	19.2	0.007	0.04	0.007	0.04	0.009
沈1井K_1源岩	56.8	1.500	1.60	1.500	1.60	14.000
类别	甲基环戊烷/nC_6	甲基环己烷/nC_7	甲基环己烷指数	环己烷指数	异庚烷值	庚烷值/%
周参10井原油	0.27	2.15	52.9	39.3	1.88	30.4
沈1井K_1源岩	0.25	0.41	22.0	8.1	2.85	47.3

轻烃组成结构对比方法，用于含煤地层等轻质油气源对比具有较好的效果。但是，由于轻烃受运移富集作用影响较大，在某些情况下，对轻烃组成的变化究竟是受原始母质影响还是受运移作用影响难以区分，从而会得出模棱两可的结果，遇到这种情况必须运用其他的地球化学对比方法加以区别，才能得到正确的结论。

六、指示原油运移方向

轻烃的$C_6 \sim C_8$段单体烃化合物在原油运移过程中的分馏机理是，随原油运移距离增加，轻烃组分的异构化、环烷化趋势不断加剧。钱志浩和曹寅（2001）曾采用苯/正己烷（B/nC_6）、甲苯/正庚烷（T/nC_7）等6个轻烃指标作为原油运移参数，其共同特征是将易流动的正烷烃做分母，而将分子有效直径较大的、易被岩石吸附的、与正烷烃相同碳数的环烷烃类或烷基苯类化合物做分子。显而易见，这些运移参数都将随原油运移距离的增加而减小。同时原油轻烃的成熟度参数苯/环己烷和甲苯/甲基环己烷也同样可以作为原油运移的一个证据。

（一）甲苯/正庚烷

图 2.14 为塔河地区原油轻烃甲苯/正庚烷等值线图，从中可以看出，甲苯/正庚烷值东部最高，S14 井达到 0.43，S60 为 0.42，其次是南部 S116 和 S112-1，原油充注点为 S115、S72、S62，充注方向为由东向西、由南向北、东南到西北方向。

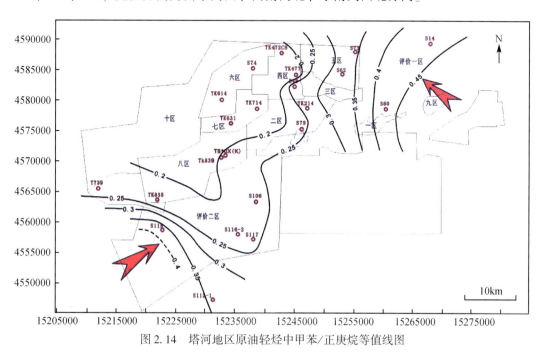

图 2.14 塔河地区原油轻烃中甲苯/正庚烷等值线图

（二）甲苯/甲基环己烷

环烷烃环稳定性的排列顺序为环己烷>环戊烷>环丁烷>环丙烷。环烷烃的性质与烷烃相似但稍活泼，在一定条件下，环己烷可以从分子中脱掉氢原子而转化为苯。随演化程度增高，环己烷从分子中脱掉氢原子而转化为苯，因此，可利用苯/环己烷、甲苯/甲基环己烷参数随演化程度的增高而减小的性质来判断运移方向。图 2.15 为塔河油田奥陶系原油轻烃中甲苯/甲基环己烷值等值线图，从中可以看出甲苯/甲基环己烷值反映的原油成熟度差异表现为演化程度相对最高的仍是东部 S14 井和 S60 井，甲苯和甲基环己烷比值分别为 0.70 和 0.60；其次是南部 S112-1 和 S115；塔河主体区原油甲苯/甲基环己烷值多分布在 0.27~0.45。在评价二区和塔河八区沿 S115→TK835、在东部沿 S14→S62/S60→TK214→S48、在塔河二区沿 S73→S79→S48 甲苯/甲基环己烷比值降低，推测为奥陶系原油的三个主要运移路径。

从原油轻烃中甲苯/甲基环己烷比值在塔河全区的整体变化规律表明，塔河奥陶系原油的主要运移方向为从西南向东北，从东南向西北，从东向西。在这三个主要运移方向上，原油成熟度随充注距离的增加逐渐降低。

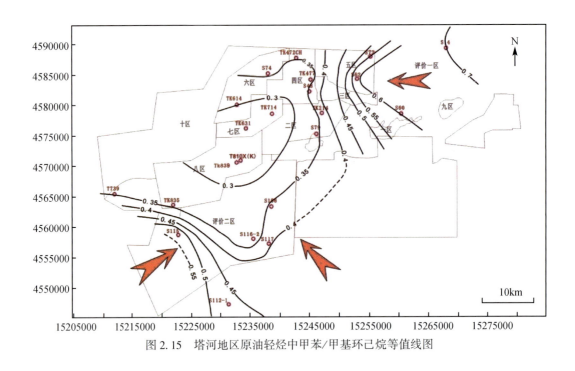

图 2.15 塔河地区原油轻烃中甲苯/甲基环己烷等值线图

七、天然气轻烃的地质应用

刘光祥等（2003）在川东北地区天然气的气/源对比研究中，为了得到该地区干气中轻烃信息，利用高演化气体富集分析方法，获得了干气中 $C_4 \sim C_{11}$ 轻烃化合物的大量信息。气样采自川东北的涪阳坝构造（川涪82、190井）、东岳寨构造（川岳83、84井）和川东区建南气田（5口井）。为了降低气样采集过程中由于分流效应导致的重烃损失。气样均为小钢瓶加压取气。

（一）天然气浓缩轻烃结构组成（系列）对比

川东建南气田长兴、飞三、嘉一产层天然气浓缩轻烃构成特征并不随层系的变化而变化，其构成面貌基本一致（图2.16）。正构烷烃碳数分布于 $C_4 \sim C_{12}$，呈前低后高的双峰形，前峰主峰碳为 nC_6，后峰主峰碳为 nC_{10}；苯系列化合物含量相对较高，以苯和甲苯占主导地位；环己烷系列、单支链烷烃也具较高的含量，且变化趋势一致。构成特征的一致性反映了它们的同源性。

石炭系产层天然气浓缩轻烃构成特征则完全不同，以丁烷为前主峰，后峰主峰碳为 nC_{12}，正戊烷、正己烷、正庚烷、正辛烷及对应的支链烷烃、环烷烃含量均较低，形成低谷，明显有别于上覆产层天然气，而且碳数分布较其上伏产层天然气重一个碳位；苯系列、环己烷系列、单支链烷烃系列含量均较低，反映了石炭系产层天然气气源与上覆层系产层存在差异，前者可能以水溶气为主要的气源（低含量的苯系列、单支链烷烃、环己烷化合物反映为长距离水溶相运移的结果），而后者苯和甲苯含量较高，并且异构烷烃相对

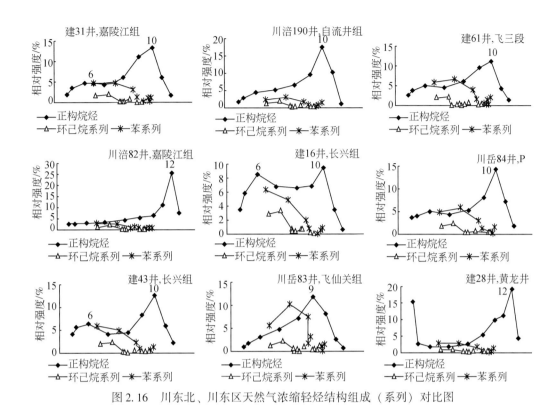

图 2.16 川东北、川东区天然气浓缩轻烃结构组成(系列)对比图

含量也较高,反映天然气可能并非经历长距离运移,具有就近捕集成藏的特点。

川东北区与川东区天然气轻烃构成特征不一,反映了两区天然气气源或成藏过程的差异。川东北区涪阳坝构造上的川涪 190 井(J_1z^1)、川涪 82 井(T_1j^2),东岳寨构造上的川岳 83 井(T_1f)、川岳 84 井(P)天然气中浓缩轻烃构成特征随层系的变化差异较大,尽管正构烷烃构成曲线均呈单峰形,但其主峰碳存在差异(nC_9、nC_{10} 或 nC_{12});苯系列化合物含量上,涪阳坝构造上的相对较低,而东岳寨构造上的相对较高,这可能主要归因于天然气产出层位的差异,前者层位较新,距下伏烃源岩层(二叠系)相对较远,天然气经过了一定距离的运移,苯和甲苯易溶于水而损耗,呈现出低含量特征,后者为就近捕获,运移距离较短,承袭了其原有特性。

(二)天然气浓缩轻烃指纹参数对比

由川东北、川东区天然气浓缩轻烃 C_{6+7} 正构烷烃、异构烷烃、环烷烃归一化百分含量(表 2.12)可见,川东北区 C_{6+7} 结构组成基本一致,反映主力气源大致相同;建南气田二叠系、三叠系产层天然气 C_{6+7} 结构组成基本一致,石炭系产层天然气与其他产层天然气明显有别,反映为不同成因类型的天然气。

用 Thompson(1983)提出的庚烷值和石蜡指数来判断。由表 2.12 可见,一方面,两区天然气演化程度较高,均属过成熟天然气。另一方面,由于庚烷值和石蜡指数不仅受成熟度的影响,而且还受母质类型的影响,在异庚烷值上,川东北区除川涪 190 井较高外,总体而言较建南气田的要低，可能是两区天然气成气母质差异的响应。

表 2.12 川东、川东北区天然气浓缩轻烃指纹参数表

井号	产层	庚烷值 H	异庚烷值 I	Mango 参数		甲基环己烷指数 $IMCC_6$	C_7			C_{6+7}		
				K_1	K_2		nC_7	MCC_6	$DMCC_5$	nC	iC	CC
建 31 井	T_1j	45.06	2.50	0.73	0.28	21.41	63.66	27.78	8.56	48.36	20.04	31.60
建 61 井	T_1f^3	46.68	2.79	0.93	0.27	21.69	63.13	26.81	7.06	51.26	31.50	17.24
建 16 井	P_2ch	42.03	4.56	0.95	0.54	24.73	62.87	31.61	5.52	50.11	20.75	29.14
建 43 井	P_2ch	43.86	3.77	0.91	0.33	24.07	62.95	30.51	6.54	50.53	20.59	28.89
建 28 井	C	33.70	2.82	1.42	0.45	25.34	53.30	37.23	9.47	33.82	34.26	31.92
川涪 82 井	T_1j	41.32	0.85	1.07	0.10	25.42	54.31	29.94	15.75	47.68	15.50	36.82
川涪 190 井	J_1z^1	49.88	4.40	1.32	0.14	18.83	70.53	23.96	5.51	55.51	19.95	24.54
川岳 83 井	T_1f	45.02	2.18	1.13	0.14	26.11	59.78	31.91	8.31	49.43	15.54	35.03
川岳 84 井	P_2	47.80	0.62	0.92	0.17	23.68	60.09	26.89	13.02	49.37	16.56	34.07

胡惕麟等（1990）认为腐殖型母质生成的天然气甲基环己烷指数大于 50% ±2%，小于该值则为腐泥型母质所生天然气。川东北区、川东天然气浓缩轻烃甲基环己烷指数均小于 50%（表 2.12），属腐泥型天然气。由于该参数仅能划分两端元母质类型的天然气，而对混源生源的烃源岩所生天然气以及不同来源的混合气难以进一步划分，其应用有一定的局限性。与此相类似，C_7 异构体化合物间的比值配对也往往用于判别原油、天然气的成因类型，但一般也仅能划分海相、陆相两大成因类型的原油或天然气，对于混合型干酪根生成的天然气和混合气则难以进一步区分，本次研究气样 $MCC_6/nC_7<1$，$DMCC_5/nC_7<0.3$，表明天然气均属海相成因类型。

Mango（1990a）对世界各地油田原油轻烃资料分析发现，2-甲基己烷、3-甲基己烷、2,3-二甲基戊烷、2,4-二甲基戊烷四个异庚烷值显示出极具规律的变化趋势，即 $K_1=$（2-MC_6+2，3-DMC_5）/（3-MC_6+2，4-DMC_5）≈1，这种规律与生成环境、原油的成熟度和生源类型无关。这一结果与热力学的平衡原理不符，也与地壳内天然产物热裂变的化学来源规律相矛盾，因此，Mango 推断，这些轻烃化合物是稳定状态下催化动力学反应的产物，并设计出催化动力学反应模型，用"母–女"（Parent-Daughter）关系来形容某些化合物之间的关系，得出 P_2 是 N_2、P_3 的函数［注：$P_2=$2-甲基己烷+3-甲基己烷；$P_3=$3-乙基戊烷+3,3-二甲基戊烷+2,3-二甲戊烷+2,4-二甲基戊烷+2,2-二甲基戊烷；$N_2=$1,1-二甲基环戊烷+1,3-二甲基环戊烷（顺、反）］，指出 $K_2=P_3/(P_2+N_2)$ 与成熟度无关，只与原油母质类型相关，腐泥型油的 K_2 值较高，腐殖型油的 K_2 较低。

川东建南气田天然气浓缩轻烃的计算表明（表 2.13、图 2.17），K_1 值往往出现异常，石炭系产层天然气 K_1 达 1.42（建 28 井），长兴、飞三、嘉一产层天然气 K_1 小于 1，最低为 0.73（建 31 井）；川东北区 K_1 值与鄂西渝东区相似，也往往出现异常，这与 Mango 大量的统计资料不符，究其缘由，其可能是天然气形成后，由于运移距离、方式以及所经历的水洗、生物降解、氧化等地质作用的差异，使轻烃遭受的进一步物理化学作用程度不一所致。

表 2.13　川东、川东北区烃源岩特征

烃源岩	川东北区		川东区（建南气田区）	
	$R_o/\%$	干酪根类型	$R_o/\%$	干酪根类型
T_{1+2}	主体处于高成熟	II	1.5～2.0	II
P（碳酸盐+泥质岩）	2.5 左右	II	2.0～3.0	II
S 泥质岩	>3.5	I	2.5～3.5	I
∈泥质岩	>4.0	I	3.0～3.5	I

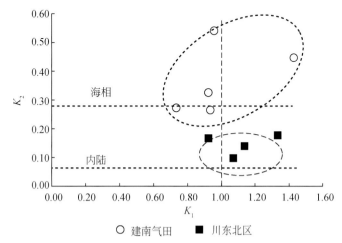

图 2.17　川东、川东北区天然气浓缩轻 Mango 参数（K_1、K_2）相关图

川东北区 K_2 参数值布于 0.10～0.18，平均为 0.1475，较 Mango 提供的源于腐殖母质（内陆的）的原油或天然气的值略高，但远低于腐泥型（海相的）的值，反映天然气的母质类型为混合型。建南气田 K_2 值较川东北区的要高，分布于 0.27～0.54，变化幅度较大，反映天然气为腐泥型母质为主、过渡型母质为辅的混源气。建 16 井、建 43 井长兴组天然气 K_2 差异较大，可能是不同来源的天然气的渗混比例不一造成的。总体而言，川东建南气田的 $K_2>0.2$，川东北区的 $K_2<0.2$，表征了两区供气主力烃源岩母质类型的差异。建南气田天然气的母质类型较川东北区的要好，具多源渗混的特征，气源复杂，而川东北区的气源则相对较单一。

八、东营凹陷烃源岩轻烃特征研究

东营凹陷新近系发育了多套生储盖组合，具备良好的成藏条件，特别是古近系发育了巨厚的沙四段上部和沙三段生油岩系，具有丰富的油气资源。研究表明沙四段上部烃源岩和沙三段下部烃源岩是东营凹陷各亿吨级大油田形成的物质基础。对东营凹陷这两套优质烃源岩的沉积和地球化学等方面特征的研究已进行了大量细致的工作，取得了许多共识，对指导油气勘探发挥了重要作用。但相比而言，对东营凹陷烃源岩轻烃特征的研究尚属空白。轻烃作为石油和天然气中的重要组成，由于其众多的不同结构和构型的单体化合物而在油气生成、运移和集聚过程研究中具有重要的地球化学意义。我们以建立的岩石轻烃定量分析技术为主要手段,对东营凹陷不同成熟度烃源岩的轻烃量化特征进行剖析,进一步丰富了烃源岩的研究。

(一) 研究样品

研究样品来自东营凹陷井下岩芯样,样品的基本特征见表2.14。样品有机碳(TOC)含量较高,均大于1.00%,最高至6.31%,多数在1.50%以上;样品类型包括泥岩和页岩两类,样品埋藏深度处于2372.2~4025.9m;T_{max}介于411~449℃;氢指数(HI)介于125~833mg/g,大部分大于300mg/g;研究样品的有机质类型包括Ⅰ型、Ⅱ1型和Ⅱ2型三种类型,并且以Ⅰ型、Ⅱ1型烃源岩样品为主,因此研究样品基本代表了东营凹陷两套烃源岩的特点。镜质体反射率和热解T_{max}值是进行源岩有机质成熟度研究的最常用手段,但研究表明东营凹陷沙三段下亚段—沙四段上亚段烃源岩有机质类型较好,镜质体反射率存在明显的抑制作用,并且部分样品根本找不到镜质体,同时其热解T_{max}值也多有异常,不能正确反映有机质的演化程度,利用FAMM技术分析获得的成熟度参数称等效镜质体反射率(EqVR),我们对东营凹陷的烃源岩成熟度进行了研究,得到了烃源岩样品的等效镜质体反射率,研究方法已另文发表。上述样品的等效镜质体反射率基本介于0.57%~1.12%(表2.14),属于低熟—成熟段。

表2.14 研究样品基本特征表

样品	岩性	地层	S_1/(mg/g)	S_2/(mg/g)	T_{max}/℃	TOC/%	HI/(mg/g_{TOC})	EqVR/%
G-12	灰黑色泥岩	Es$_4$	0.14	10.49	439	1.95	538	0.57
G-13	灰黑色泥岩	Es$_4$	0.09	7.71	438	1.58	488	0.60
G-14	黑色页泥岩	Es$_4$	0.40	25.59	435	3.65	701	0.57
G-15	黑色页泥岩	Es$_4$	0.60	16.00	423	2.64	606	0.61
G-16	黑色泥岩	Es$_4$	1.46	52.59	435	6.31	833	0.61
G-17	黑色页岩	Es$_4$	0.32	17.29	434	3.08	561	0.62
dy1-1	黑色夹粉砂质泥岩	Es$_4$	1.11	5.13	449	2.12	242	0.90
dy1-2	黑色泥岩	Es$_4$	3.48	2.39	428	1.91	125	1.12
dy2-91	灰黑色泥岩	Es$_3$	0.57	9.57	440	2.28	420	0.80
FS1	黑色泥岩	Es$_4$	3.31	2.65	440	1.97	135	1.1
F8	黑色泥岩	Es$_4$	2.36	1.57	411	1.41	111	1.08
S122	深灰色泥岩	Es$_3$	0.52	4.70	442	1.31	359	0.90
L-64	粉砂质泥岩	Es$_4$	1.04	2.69	436	1.03	261	1.0

(二) 分析方法

岩石样品分为两部分进行轻烃分析。将样品粗碎至5mm左右,取50g样品放入岩石脱气仪中进行脱附气处理,排水取气后进行脱附气C_1~C_5色谱定量分析,残样干燥后进行酸解处理,岩石酸解气收集后进行C_1~C_5色谱定量分析;另取50g粗碎样品放入岩石密封抽提仪中,加入低沸点溶剂后再加入内标 1-己烯和 1-壬烯,密封抽提 2h 后低温冷冻过滤,滤液在密封旋转浓缩仪上浓缩至一定体积后进行 $C_6 \sim C_{15}$ 色谱定量分析。分析条件如上文所述。

(三) 烃源岩样品轻烃特征

对岩石轻烃参数进行了计算,其中芳烃参数、链烷烃以及环烷烃参数等都是基于 C_{10} 以前的岩石轻烃分析数据,详细的分析参数见表 2.15。岩石轻烃中芳烃主要是苯、甲苯、二甲苯和三甲苯系列,占轻烃总量 3%~20%,大多在 6% 左右,其含量变化和母质类型关系密切;研究样品环烷烃量变化较大,占轻烃总量 12%~52%;异构链烷烃含量变化较小,占轻烃总量 35%~50%;岩石 $C_6 \sim C_{15}$ 轻烃总量在 0.16~0.96mg/g,其含量变化与样品有机碳和成熟度有关。

表 2.15 烃源岩轻烃组分特征统计表

样品	庚烷值 /%	石蜡指数	芳烃 /%	环烷烃 /%	正烷烃 /%	异构链烷烃 /%	$C_6 \sim C_{15}$ /(mg/g)
G-12	9.9	0.29	6.27	50	8.19	35.54	0.18
G-13	9.83	0.55	5.54	51.42	7.87	35.17	0.16
G-14	9.31	0.51	7.25	45.34	7.99	39.42	0.36
G-15	10.7	0.24	5.29	43.8	7.53	43.38	0.46
G-16	8.93	0.25	5.36	39.3	7.25	48.09	0.63
G-17	9.25	0.24	6.41	35.97	7.2	50.42	0.32
dy1-1	23.92	0.78	16.37	12.52	29.46	41.65	0.38
dy1-2	25.63	2.37	16.66	12.58	28.74	42.02	0.96
dy2-91	14.99	0.4	7.62	31.16	20.24	40.98	0.53
FS1	16.56	1.72	12.91	14.03	23.58	49.48	0.76
F8	25.27	2.79	19.29	17.07	25.66	37.98	0.59
S122	24.2	0.78	3.07	24.11	27.23	45.59	0.24
L-64	28.57	0.93	5.87	17.56	26.9	49.67	0.33

1. 成熟度参数

Thompson(1979)提出用石蜡指数和庚烷值来研究原油组成特征,这两种指标不仅能判断原油和源岩的母质类型和成熟度,而且可以作为油气源对比的指标。由于石蜡指数和庚烷值的计算都是考虑轻烃单体中链烷烃与环烷烃的比值,故两个指标的大小可作为其热成熟度的衡量标尺。程克明等(1987)对陆相原油及凝析油的轻烃组成特征及地质意义作了大量的分析研究以后,总结认为利用石蜡指数和庚烷值的相对百分含量,可把原油及凝析油划分为四类:其一是石蜡指数<1.0,庚烷值<20%,为低成熟原油(包括生物降解的重质油);其二是石蜡指数 1~3,庚烷值 20%~30%,为正常原油;其三是石蜡指数 3~10,庚烷值 30%~40%,为高成熟原油(轻质油);其四是石蜡指数>10,庚烷值>40%,为过成熟油。秦建中等(2000)在煤系烃源岩研究中以岩石轻烃参数石蜡指数和庚烷值为指标对烃源岩的成熟度阶段进行了划分,认为未成熟阶段石蜡指数<0.7,庚烷值<15%;低成熟阶段石蜡指数在 0.7~2.5,庚烷值在 15%~30%;成熟阶段石蜡指数在 2.5~5,庚烷值在 30%~40%;高过成熟阶段石蜡指数>5,庚烷值>40%。

对东营凹陷烃源岩样品的轻烃分析表明，庚烷值和成熟度的相关性比石蜡指数的更显著，石蜡指数在低成熟段变化不明显，进入成熟阶段则快速增大（图 2.18）。在本实例中，等效镜质体反射率<0.7%时（低熟阶段），石蜡指数<0.7，庚烷值<12%；等效镜质体反射率在 0.7%~1.2%时（成熟阶段），石蜡指数在 0.3~3，庚烷值在 12%~30%。上述分析说明利用石蜡指数和庚烷值进行成熟度判断时不同地区样品不能套用统一模式。

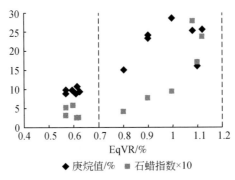

图 2.18　庚烷值、石蜡指数与成熟度的关系

东营烃源岩的轻烃链烷烃/环烷烃值与等效镜质体反射率有较好的正相关性［图 2.19 (a)］，反映了随着成熟度的增加链/环烷烃值增加的客观现象。进一步的分析可以发现，随着成熟度的增加，环烷烃含量逐渐降低［图 2.19 (c)］，链烷烃的含量的增加主要是正构烷烃的增加［图 2.19 (b)］，而异构链烷烃的含量变化不是很明显，表现为一个箱体内的波动［图 2.19 (d)］，支持了原油轻烃异构烷烃的恒定性的认识，其与成熟度无关，而与其母质类型的关系密切。

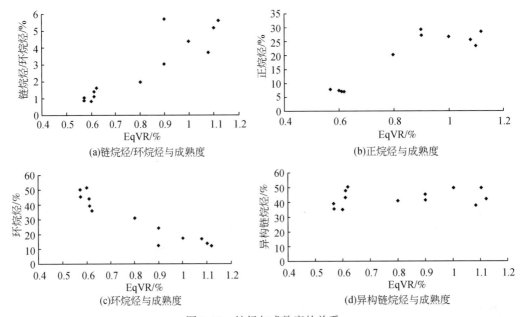

图 2.19　烷烃与成熟度的关系

Thompson (1979) 以类似甾烷和三萜烷的较高碳级的多环烃类裂解产生环戊烷为前提，他认为多环烷烃不如开链烷烃那样稳定，它在较低温度时就会分解，所以在较低成熟度时产生高浓度的环戊烷和环己烷。并进一步假设随着温度的增高 C_7 环烷烃会逐渐地经历开链过程（Thompson，1983）。但是 Mango（1990a）对这个解释提出了质疑，他主张环烷烃比开链烷烃更为稳定，这和 Thompson 的观点是截然对立的，他认为环烷烃分解作用是催化性的，酸性矿物或石油中的过渡金属会促进反应的进行（Mango，1996），环烷烃生成开链烷烃的催化选择性可以解释这一发现的趋势。张敏和林王子（1994）从分子结构上也论述了环烷烃比开链烷烃具有更高的热稳定性，认为异常的链烷烃、环烷烃含量可能反映了各个反应速率常数随地下变量（温度、压力和干酪根结构）的变化而发生的正常变化。

虽然存在众多争议，并且关于轻烃的催化成因越来越受到支持，但链/环烷烃值与成熟度良好的相关性却是不争的事实，利用其特性扩展到原油或天然气领域进行成熟度研究仍是一个有效的研究手段。在本地区研究中可认为 C_{10} 前轻烃链烷烃/环烷烃值小于 2 大于 1 时烃源处于低熟阶段，在 2 和 6 之间时烃源处于成熟阶段。

2. 2,4-二甲基戊烷/2,3-二甲基戊烷

Mango（1997）报道了 2,4-二甲基戊烷/2,3-二甲基戊烷（2,4-DMP/2,3-DMP）值与烃源岩经历的最高温度具有相关性，而 2-MH/3-MH 值与温度的相关性差，并从已发表的 2,4-DMP/2,3-DMP 分布（Mango，1990b）和 BeMent 等（1995）研究的统计温度（最高埋藏温度）分布中得出烃源所经历的最高温度计算公式：

$$温度(℃) = 140 + 15(\ln[2,4\text{-DMP}/2,3\text{-DMP}]) \tag{2.3}$$

其理论模型是降解反应最初发生在连接于干酪根结构中的直链石蜡烷烃的末端上，反应过程中的产物即为下一步降解过程的反应物，烷基环丙基是反应过程中的活性中间体（图 2.20），打开环中的 A 键生成 2,3-DMP，打开 B 键生成 2,4-DMP。其反应常数满足阿仑尼乌斯公式，因此其产物比值的对数和温度具有线性关系。

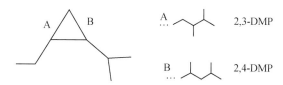

图 2.20 异庚烷稳态动力学机制示意图

东营烃源岩轻烃 2,4-DMP/2,3-DMP 值与源岩等效镜质体反射率表现为曲线关系 [图 2.21（a）]，其对数值表现为正相关 [图 2.21（b）]。充分印证了 Mango 的最高埋藏温度计算公式的科学性。利用式（2.3）对东营烃源的最高埋藏温度进行了计算，计算结果见表 2.16。

研究表明东营凹陷地下 2000m 等深度面上地温变化范围在 72~106℃；地下 2500m 等深度面上地温变化范围在 81~125℃；地下 3000m 等深度面上地温变化范围在 89~146℃；地下 3500m 等深度面上地温变化范围在 96~155℃；地下 4000m 等深度面上地温变化范围在 103~186℃，各深度地温在平面分布上普遍表现为盆地中央地温较盆地边缘的高，同时胜利油田

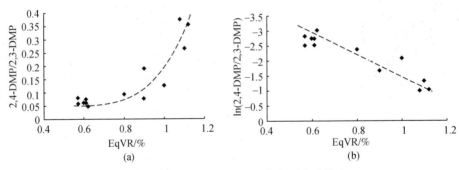

图 2.21 2,4-DMP/2,3-DMP 与烃源岩成熟度

表 2.16 烃源岩经历的最高热演化温度

分析样品	深度/m	2,4-DMP/2,3-DMP	最高温度/℃	EqVR/%
G-12	2372.7	0.05995	97.79	0.57
G-13	2374.5	0.06297	98.52	0.60
G-14	2377.2	0.08163	102.42	0.57
G-15	2378.9	0.0639	98.74	0.61
G-16	2377.7	0.07734	101.61	0.61
G-17	2379.2	0.04838	94.57	0.62
dy1-1	3762.8	0.07794	101.72	0.90
dy1-2	4025.9	0.35587	124.5	1.12
dy2-91	3186	0.09294	104.36	0.80
FS1	4023.9	0.26667	120.17	1.1
F8	3947	0.37175	125.16	1.08
S122	3402.2	0.18868	114.98	0.90
L-64	3746.4	0.12469	108.77	1.0

井下测温也得出了相同的结论（图 2.22）。表 2.16 计算结果和他们的研究相一致，进一步证实了 2,4-DMP/2,3-DMP 是温度函数的有效性。

3. 岩石轻烃量化特征

岩石轻烃在岩石有机质组分中占有相当质量的比例，实验研究表明沥青"A"只是其烃源岩所含可溶有机质的一部分，主要是以 C_{15} 以上的中重质成分为主，而烃源岩中存在的相当量的 $C_1 \sim C_{15}$ 烃类组分，却在沥青"A"制备过程中（包括样品碎样处理）损失了。这不仅丢失了重要的地球化学信息，而且对烃源岩的评价和资源量计算都有严重影响，因为无论是采用沥青"A"法还是热模拟法，样品中的轻烃都会因为采用的分析技术的限制而没有或是不能进行准确定量。在对东营部分烃源岩的分析中可以发现轻烃与可溶有机质（沥青"A"+轻烃）的比值在 5.00%~24.66%，平均达 14.59%，见表 2.17。如果将沥青"A"中饱和烃、芳烃组分与轻烃组分进行量化分析，则可以发现轻烃可以占到 18%（图 2.23），由此可见岩石轻烃准确定量分析的重要性。

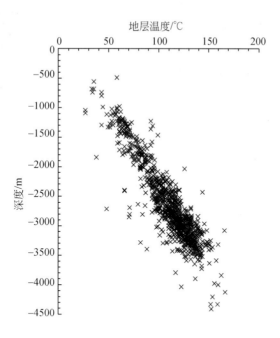

图 2.22 东营凹陷地层测试温度随深度变化图

表 2.17 有机质组分分布特征

样品	$C_1 \sim C_5$ 脱附气 /(mg/g)	$C_1 \sim C_5$ 酸解气 /(mg/g)	$C_6 \sim C_{15}$ 轻烃 /(mg/g)	饱和烃 /(mg/g)	芳烃 /(mg/g)
G127-12	0.025	0.014	0.180	0.325	0.232
G127-13	0.030	0.015	0.160	0.286	0.162
G127-14	0.008	0.009	0.360	0.758	0.508
G127-15	0.044	0.022	0.460	1.465	0.795
G127-16	0.018	0.015	0.630	3.021	2.304
G127-17	0.040	0.007	0.320	0.381	0.232

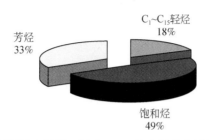

图 2.23 烃源岩中轻烃、沥青"A"饱和烃及芳烃量值比例图

4. 轻烃含量的变化特征

影响岩石轻烃 $C_6 \sim C_{15}$ 含量的主要因素是样品有机碳含量和样品演化程度,高丰度有

机质具有高生烃潜力，但不同演化阶段其生烃产物特征明显不同，在未熟低熟阶段干酪根降解产物主要是大分子稠油，而在高演化阶段主要以产凝析油气为主，因此岩石轻烃的量和成熟度具有正相关性。以研究样品轻烃 $C_6 \sim C_{15}$ 含量/有机碳值与等效镜质体反射率作图可直观地反映出这种趋势（图2.24）。此趋势同时说明高演化阶段的烃源岩其轻烃具有更高的量值［轻烃/(mg/g_{TOC})］。

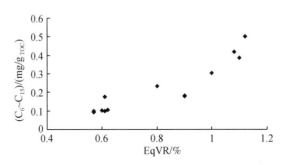

图2.24　轻烃 $C_6 \sim C_{15}$ 含量/有机碳与等效镜质体反射率的关系

九、结　论

东营有效烃源岩的轻烃定量分析结果表明，岩石轻烃在整个岩石可溶有机质中占有相当的比重，忽视轻烃的存在无疑会给油气资源估算带来严重偏差。岩石轻烃含量的变化特征既反映了有机质降解规律又客观地说明加强轻烃的研究对高演化烃源岩具有重要意义，随着演化程度的增加岩石轻烃含量逐渐增加，其在油气资源上的重要性将更加突出。

岩石轻烃指纹参数不仅可以用于油气源岩对比而且对研究烃源的演化史具有重要价值。链烷烃/环烷烃与烃源岩的成熟度具有很好的正相关性，通过烃源岩的轻烃研究，建立轻烃参数与岩石成熟度的关系图版，并通过轻烃参数拓展到油气的成熟度研究是一个科学的研究手段。东营烃源岩的轻烃研究证实 2,4-DMP/2,3-DMP 值是温度的函数，利用计算公式计算源岩或油气经历的最高演化温度对指导新区或构造复杂区域的油气勘探具有积极意义。岩石轻烃定量分析在准确获取 $C_1 \sim C_{15}$ 组分的绝对含量的同时又能得到有重要信息的轻烃指纹参数，具有很好的推广应用价值。

第三章 生物标志化合物及高分子量烃类化合物定量分析技术

生物标志化合物是从曾经一度有过生命的生物体中的生物化学物质—特别是类脂化合物，演化而成的复杂的分子化石（Peters and Moldowan，1995），这些化合物最初来自生物体。生物标志物是由碳、氢和/或其他元素（氮、氧、硫元素）组成的复杂有机化合物。这些化合物存在于岩石、沉积物和石油中，与生物体的母体有机分子的结构差异很小或没有差别。生物标志物主要是指 $C_{15} \sim C_{40}$ 的饱和烃、芳香烃、非烃等烃类化合物，这一群体是石油地质学研究极重要的内容之一。以往由于技术条件限制，如标样或者分析手段、仪器的缺乏，这类生物标志物的分析仅停留在定性分析的水平上。近年来，中国石化无锡石油地质研究所和加拿大联邦地质调查局卡尔加里分部合作，正确选择合适的内标物，通过国际实验室间分析对比工作，建立了生物标志物定量分析技术方法。本章主要介绍沉积岩或者原油中生物标志化合物定量分析技术的方法及其在石油勘探研究中的应用。

第一节 生物标志物定量分析前处理技术

一、饱和烃、芳烃生物标志物样品前处理

（一）岩石样品前处理

岩石样品需要进行碎样、沥青"A"抽提等过程，得到的沥青"A"抽提物再进行组分分离；原油样品则直接进行各组分分离（张志荣等，2008）。

1. 碎样

沥青"A"抽提用的岩石样品需要粉碎至100目（约为0.149mm）大小的颗粒。碎样过程中会使用到噪声较大的装置，这时需要佩戴隔音耳机保护罩并且正确使用排风扇保持噪声、粉尘对操作人员的危害程度最小。

2. 沥青"A"抽提

（1）将溶剂（如三氯甲烷）抽提过的滤纸制成滤纸筒并称重。

（2）粉碎的样品装入滤纸筒称重并计算加入的样品重量，样品量根据其有机质含量不同而有所不同，一般为 10~50g。

（3）将装好样品的滤纸筒放入索氏抽提器中，在样品上放置一块玻璃棉以防止样品粉末被溶剂带出。

（4）在500mL烧瓶中加入大约为350mL的三氯甲烷和甲醇混合溶剂（比例为87：

13），并加入适量的铜片，以去除抽提物中可能含有的单质硫。

（5）在65℃下抽提24h。

（6）抽提完毕后，用旋转蒸发仪浓缩抽提物溶液，溶剂可重蒸回收。

（7）将浓缩的抽提物抽滤至50mL圆底烧瓶中，蒸发滤液，在真空干燥器中放置过夜并恒重。其重量为总抽提物重量。

（8）晾干抽提过的岩样，并放置在贴有标签的容器中保存。

3. 组分分离

1）沉淀沥青质

（1）用少量（1~2mL）重蒸三氯甲烷溶解全部抽提物，并加入大约25mL的重蒸正戊烷以沉淀沥青质。

（2）用真空抽滤方式将沉淀的沥青质与滤液分离，抽滤装置上部覆盖一层玻璃纤维滤纸。沥青质沉淀物留在滤纸上，滤液被抽至50mL圆底烧瓶中。

（3）用正戊烷清洗滤纸上的沉淀物，以确保所有正戊烷可溶物质已经被过滤掉。

（4）将滤液旋转蒸发至干。

（5）用重蒸三氯甲烷溶解沥青质并真空抽滤至原烧瓶（已称过）中。

（6）旋转蒸发至干，将两种滤液放入真空干燥器干燥并恒重。

2）层析柱制备

（1）填料活化处理：重量百分比25%的28~200目硅胶与75%的80~200目氧化铝混合均匀，并放置在烘箱内100℃过夜、冷却后密封保存。

（2）用量：1g填充料/10mg沥青质抽提物。

（3）层析柱：底部装上玻璃棉和一层约1cm厚的石英砂。用正戊烷搅匀填料并装入柱子，轻拍柱身以赶走气泡并使填料充实。放掉柱子内正戊烷，直到液面刚好盖住填料。

3）分离步骤

（1）量取溶剂，用量为（/g填料）：3.5mL重蒸正戊烷；4mL体积比为1:1的正戊烷/二氯甲烷；4mL重蒸甲醇；4mL重蒸三氯甲烷。

（2）饱和烃分离：将沥青质样品用很少量的正戊烷溶解，并且小心地倒入层析柱内。用部分正戊烷清洗烧瓶并倒入柱内。打开柱开关，流出所有正戊烷直到液面刚好盖住填料。

（3）芳烃分离：用以上量取的正戊烷和二氯甲烷混合溶剂清洗烧瓶并加入到柱内，收集芳烃馏分的时候要尽量低流速，防止填料活性引起的热引发"柱裂"。加入剩余的混合溶剂并收集馏分，直到液面刚好盖住填料。馏分流出后可恢复高流速。

（4）非烃：用上面量取的甲醇清洗烧瓶并加入柱子，开始收集馏分，保持低流速直到馏分流出，防止"柱裂"，收集馏分直到溶剂刚好盖住填料。

（5）沥青质收集：加入三氯甲烷并开始收集沥青质馏分，直到柱子干为止。

（6）分别在旋转蒸发仪上蒸干各馏分。将馏分转移至称量过的样品瓶中，用低流速氮气吹干。可以低温稍微加热，但必须小心，特别是饱和烃、芳烃馏分。

（7）称量恒重所有馏分，以备进行生物标志物的定量分析。

（二）原油样品组分分离

原油样品用 20mL 二氯甲烷溶解，并抽滤至 50mL 烧瓶中，组分分离按上页的步骤进行。

以上所述样品前处理方法为参照加拿大联邦地质调查局（GSC）卡尔加里有机地球化学实验室的标准前处理方法并结合无锡石油地质研究所的实际情况进行了微小的调整制订而成的。既能体现 GSC 方法的优势，又能符合国内实验室的实际情况（如环境差异等）。

二、含氮化合物样品前处理

1. 沥青质沉淀

（1）称取 100~200mg 原油或沥青"A"样品，加入 0.5mL 氯仿使试样完全溶解，加入 50mL 正己烷使沥青质完全沉淀。

（2）过滤沥青质，滤液水浴浓缩。

2. 中性含氮化合物的组分分离

将样品转入 2g 硅胶+4g 氧化铝的层析柱中，依次用 50mL 正己烷、50mL 甲苯、70mL 氯仿/甲醇分 5 次淋洗脱饱和烃、芳烃和含氮非烃组分。非烃组分恒重后转入装填 2g 硅酸（100 目）的层析柱中，用 50mL 正己烷/甲苯混合溶剂分 5 次淋洗中性含氮化合物。中性氮组分恒重，以供色质分析用。

三、含氧化合物样品前处理

1. 沥青质沉淀

称取 50~100mg 原油或沥青"A"样品，加入 5mL 正己烷，经超声波溶解后使样品和正己烷完全混合。放置过夜使沥青质充分沉淀。样品用离心机以 3000r/min 离心 5min 使沥青质与溶液分层，然后把溶液转移到三角称瓶里。再用 5mL 正己烷对沥青质超声溶解、离心分离 3 次，将溶液合并。

用氮气吹干装置或真空抽干装置浓缩溶液至 5mL 左右，加入 4μL 含重氢（d3）2,4-二甲基酚（苯酚类化合物内标）。

2. 烷基酚类化合物的分离

1）非烃化合物分离

把浓缩液移入装填有 4g 氧化铝和 2g 硅胶的内径 7.5mm、长 400mm 的层析柱中。分别用 20mL 正己烷分 4~5 次淋洗饱和烃；20mL 二氯甲烷和正己烷（体积比 1∶1）分 4~5 次淋洗芳香烃；20mL 二氯甲烷和甲醇（体积比 90∶10）分 4~5 次淋洗非烃组分。非烃组分用氮气吹干或真空抽干浓缩溶液至 2mL 左右后备用。

2）烷基酚类化合物的分离

在内径 10mm、长 200mm 的层析柱中装入 1.5g 硅酸，轻击柱壁使吸附剂填充均匀，并立即加入 5mL 二氯甲烷润湿层析柱。

非烃组分用少量（大约 3mL）二氯甲烷溶解，转入装有 1.5g 硅酸的层析柱中使其充分吸附在固定相中。用 20mL 二氯甲烷分 5～6 次清洗装样瓶与柱子，用 20mL 小烧杯承接馏分，即为烷基酚类化合物组分。

3) 样品衍生化

烷基酚与 BSTFA N,O-双（三甲基硅烷基）三氟乙酰胺+1% TMCS（三甲基氯硅烷）进行硅烷化的反应机理如图 3.1。

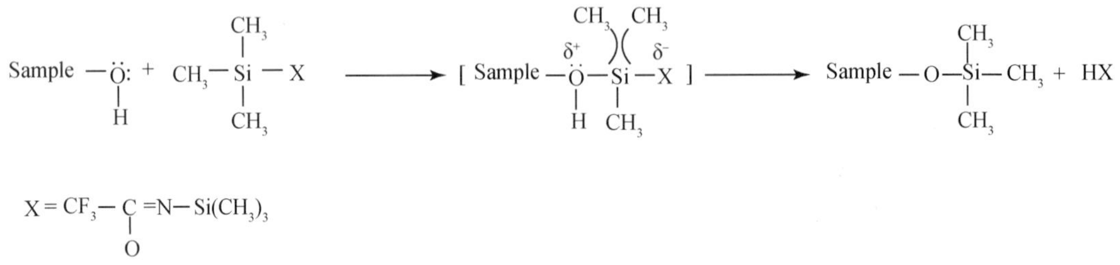

图 3.1 硅烷化反应机理图

烷基酚类化合物组分用氮气吹干至大约 500μL 并转入 1.5mL 色谱瓶，用 100μL BSTFA 试剂在 60℃ 衍生 1h，然后进行 GC-MS 分析。

第二节 生物标志物定量分析技术

一、饱和烃气相色谱定量分析

原油（或沥青"A"）组分中的正构烷烃可以用气相色谱仪（GC）进行分析，定量方法使用制备好的饱和烃组分加入内标物进行 GC 分析并根据各化合物的峰面积以及内标物的加入量（通常为几个 mg）计算化合物的绝对含量。通常情况下，正构烷烃的绝对含量（mg 级别）要比生物标志化合物的绝对含量（μg 级别）高 3 个数量级。

（一）定量方法选择

饱和烃色谱分析以往采取的是归一化的相对定量法，归一化的结果没有绝对量的概念，只是对所需要的化合物进行面积或峰高百分含量的归一化处理，所得数据是化合物的峰面积或峰高的相对百分含量。绝对定量法分为外标法和内标法两种，外标法是在相同的色谱条件下，分别注射相同量的标准样和试样进行色谱分析，求出峰面积，通过计算，求出试样中各化合物的含量。此方法操作简单，计算方便，但色谱条件及标样纯度要求高。内标定量法是将内标物加入到样品中，进行色谱分析后，用各组分和内标物各自的相对校正因子校准其峰值，进行计算得到各组分的含量。它的优点是定量准确，但操作相对较为繁琐。本书色谱定量方法的研究采用国外各实验室普遍使用的内标定量法。

(二) 内标物的选取

作为内标法定量的标样最好选用与正构烷烃性质相近的烯烃,要求为与被测化合物的色谱峰不重合,并且与 nC_{17}、nC_{18}、姥鲛烷、植烷等重要地化指标的色谱峰距离相近,碳数不宜太大,也不能太小,否则会影响到标样的可比性和代表性。

通过对现有标样的筛选和国外实验室的调研,选择了 $1-C_{18}$ 烯烃作为饱和烃色谱定量的内标物。内标物的稀释溶剂选取了沸点较高、不易挥发的异辛烷,这样大大提高了样品分析的准确度。

(三) 气相色谱定量分析的工作条件

(1) 分析仪器:HP6890 气相色谱仪。
(2) 色谱柱:HP5(25m 长,0.20mm 柱径,0.33μm 膜厚)弹性石英毛细管柱。
(3) 气相色谱仪分析条件:进样口 300℃,氢火焰检测器 310℃,起始柱温 80℃,程序升温 4℃/min,终温 310℃,无分流进样。

(四) 定 量 分 析

根据饱和烃含量的多少准确地加入含有内标的异辛烷溶剂,进行稀释,充分溶解,然后用微量注射器吸取一定量的试样注入气相色谱仪进样口,启动程序升温,同时用数据处理系统采集数据并绘制信号谱图,见图 3.2。

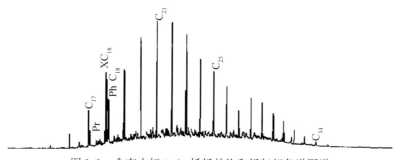

图 3.2　含有内标 $1-C_{18}$ 烯烃的饱和烃气相色谱图谱

1. 色谱定性

根据饱和烃的标样、保留时间以及色谱-质谱进行定性。

2. 色谱定量

色谱分析完成后,用各组分和内标物各自的相对校正因子校准其峰面积值,进行比较计算即得到各化合物组分的绝对含量。

$$X_i = X_s \times (F_i \times A_i / F_s \times A_s) \tag{3.1}$$

式中,X_i、A_i、F_i 分别为样品中各化合物的含量(mg/g)、峰面积和相对校正因子;X_s、A_s、F_s 分别为内标物的含量(mg/g)、峰面积和相对校正因子。

二、饱和烃生物标志物 GC-MS 定量分析技术

(一) 内标物的选定

常用的饱和烃生物标志化合物为 m/z 217、m/z 191 质量色谱图中的甾烷、萜烷以及藿烷等化合物。本书所述的定量方法对这些化合物均采用同一种内标物来进行定量计算，是国际上众多实验室普遍采用的定量分析方法，内标物为 D4-C_{27} 胆甾烷（四氘化胆甾烷）。该化合物结构图见图 3.3。

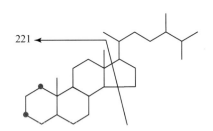

图 3.3　2,2,4,4-D4 胆甾烷结构图
●代表该位置的碳原子上结合有两个氘原子；←为断裂位置

从图 3.3 中可以看出，四个氘原子均在主要的碎片离子上面，所以该化合物的分子量为 376，其特征碎片离子为 221。该化合物在自然界中不存在，为人工合成的化合物，且在 GC-MS 分析的质量色谱图中和待测组分中（甾烷或者萜烷）能够完全分开。这符合定量分析对于内标物的要求。

内标物的加入量应根据样品的具体情况而有所不同。因为样品量的不同，进样分析的时候所用于稀释的溶剂量就有所不同，因此内标物的加入量也应有所差异，具体标准是使质量色谱图中内标物的峰高应和待测组分具有比较接近的峰高。

标样为加拿大 CND 公司生产，样品为固态粉末，采用 50mL 的容量瓶用正己烷定容并计算浓度，每次使用完成以后需放在冰箱内避光保存。使用之前需要放在室温下平衡并且重新定容和计算浓度。标样的加入采用美国 GILSON 公司生产的活塞式微量移液器，该器具采用活塞式吸入方式，适合于准确量取有机溶剂。

(二) 仪器分析

在饱和烃馏分中加入内标物，用正己烷稀释后进样分析。色谱–质谱仪器的分析条件参数如下。

色谱柱型号：DB-5ms；色谱柱规格：30m 长，0.25mm 柱径，0.25μm 膜厚；色谱炉温升温程序：80℃保持 3min，以 3℃/min 升温至 230℃后再以 2℃/min 升温至 310℃并保持 15min；进样口温度：280℃，无分流进样；载气为氦气，流量 0.8~1.0mL/min；离子源温度：280℃；电子能量：70eV；传输线温度：300℃；质谱扫描采用 SIM 选择离子扫描方式。

(三) 定　　性

色谱-质谱分析结束，分别提取内标物 m/z 221 和 m/z 123 的二环萜烷、m/z 217 的甾烷以及 m/z 191 的三环萜烷和五环藿烷等的质量色谱图，其图例见图 3.4，其中内标物质量色谱图为 3.4 (a)；生物标志化合物质量色谱图为图 3.4 (b) ~图 3.4 (f)。

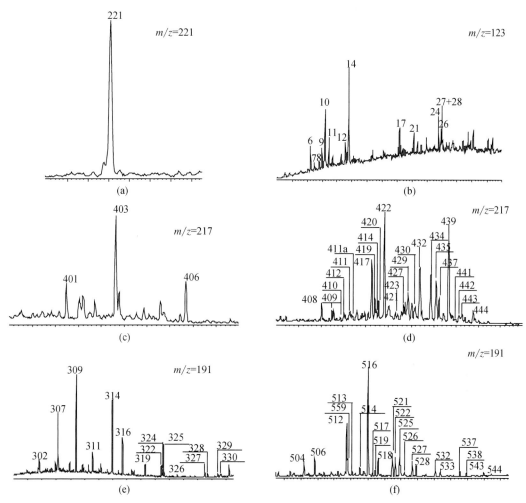

图 3.4　三环萜烷和五环藿烷等的质量色谱图

生物标志化合物的定性是根据质谱或质量色谱图中保留时间与标准图谱和文献资料相对比而确定。生物标志化合物质谱定性表见表 3.1。

表 3.1　生物标志化合物定性结果

峰号	m/z	化合物名称
1	123	A 降补身烷
2	123	A 降补身烷

续表

峰号	m/z	化合物名称
3	123	A 重排补身烷
4	123	A 降没药烷
5	123	A 降补身烷
6	123	A 重排补身烷
7	123	C_{15}-双环倍半萜烷
8	123	桉叶烷
9	123	C_{15}-双环倍半萜烷
10	123	A 重排补身烷
11	123	8β（H）-补身烷（锥满烷）
12	123	8α（H）-补身烷（锥满烷）
13	123	没药烷
14	123	异升补身烷
15	123	8β（H）-升补身烷（升锥满烷）
17	123	C_{18}-双环二萜烷
21	123	C_{19}-双环二萜烷
24	123	C_{19}-三环二萜烷
26	123	C_{19}-三环二萜烷
27+28	123	C_{20}-劳丹烷+C_{19}-三环二萜烷
401	217	C_{21}-5β（H），14α（H）孕甾烷
403	217	C_{21}-5α（H），14β（H）孕甾烷
406	217	C_{22}-甾烷
408	217	C_{27}-13β（H），17α（H）-20S-重排胆甾烷
409	217	C_{27}-13β（H），17α（H）-20R-重排胆甾烷
417	217	C_{27}-5α（H），14α（H），17α（H）-20S-胆甾烷
419	217	C_{27}-5α（H），14β（H），17β（H）-20R-胆甾烷
414	217	C_{29}-13β（H），17α（H）-20S-24-乙基重排胆甾烷
420	217	C_{27}-5α（H），14β（H），17β（H）-20S-胆甾烷
422	217	C_{27}-5α（H），14α（H），17α（H）-20R-胆甾烷
421	217	C_{29}-13β（H），17α（H）-20R-24-乙基重排胆甾烷
423	217	C_{29}-13α（H），17β（H）-20S-24-乙基重排胆甾烷
427	217	C_{28}-5α（H），14α（H），17α（H）-20S-24-甲基胆甾烷
429	217	C_{28}-5α（H），14β（H），17β（H）-20R-24-甲基胆甾烷
430	217	C_{28}-5α（H），14β（H），17β（H）-20S-24-甲基胆甾烷
432	217	C_{28}-5α（H），14α（H），17α（H）-20R-24-甲基胆甾烷
434	217	C_{29}-5α（H），14α（H），17α（H）-20S-24-乙基胆甾烷

续表

峰号	m/z	化合物名称
435	217	C_{29}-5α (H), 14β (H), 17β (H) -20R-24-乙基胆甾烷
437	217	C_{29}-5α (H), 14β (H), 17β (H) -20S-24-乙基胆甾烷
439	217	C_{29}-5α (H), 14α (H), 17α (H) -20R-24-乙基胆甾烷
441	217	C_{30}-4-甲基-24-乙基胆甾烷
442	217	C_{30}-4-甲基-24-乙基胆甾烷
443	217	C_{30}-4-甲基-24-乙基胆甾烷
444	217	C_{30}-4-甲基-24-乙基胆甾烷
302	191	C_{19}-三环萜烷
307	191	C_{20}-三环萜烷
309	191	C_{21}-三环萜烷
311	191	C_{22}-三环萜烷
314	191	C_{23}-三环萜烷
316	191	C_{24}-三环萜烷
319	191	C_{25}-三环萜烷
322	191	C_{24}-四环萜烷
324	191	C_{26}-三环萜烷
325	191	C_{26}-三环萜烷
326	191	C_{25}-四环萜烷
327	191	C_{28}-三环萜烷
328	191	C_{28}-三环萜烷
329	191	C_{29}-三环萜烷
330	191	C_{29}-三环萜烷
504	191	C_{27}-18α (H) -藿烷 (Ts)
506	191	C_{27}-17α (H) -藿烷 (Tm)
512	191	C_{29}-17α (H), 21β (H) -21-乙基藿烷
559	191	C_{29}-18α (H) -30-降新藿烷 (C_{29}Ts)
513	191	C_{30}-重排藿烷
514	191	C_{29}-17β (H), 21α (H) -21-乙基莫烷
516	191	C_{30}-17α (H), 21β (H) -21-异丙基藿烷
517	191	C_{30}-五环三萜烷
519	191	C_{29}-17β (H), 21β (H) -21-乙基藿烷
518	191	C_{30}-17β (H), 21α (H) -21-异丙基莫烷
521	191	C_{31}-17α (H), 21β (H) -22S-21-异丁基藿烷
522	191	C_{31}-17α (H), 21β (H) -22R-21-异丁基藿烷
525	191	γ-蜡烷-C_{30}

续表

峰号	m/z	化合物名称
526	191	C_{31}-17β(H),21α(H)-21-异丁基藿烷
527	191	C_{32}-17α(H),21β(H)-22S-21-异戊基藿烷
528	191	C_{32}-17α(H),21β(H)-22R-21-异戊基藿烷
532	191	C_{33}-17α(H),21β(H)-22S-21-异己基藿烷
533	191	C_{33}-17α(H),21β(H)-22R-21-异己基藿烷
537	191	C_{34}-17α(H),21β(H)-22S-21-异庚基藿烷
538	191	C_{34}-17α(H),21β(H)-22R-21-异庚基藿烷
543	191	C_{35}-17α(H),21β(H)-22S-21-异辛基藿烷
544	191	C_{35}-17α(H),21β(H)-22R-21-异辛基藿烷

(四)定量计算

以四氘化胆甾烷为内标物,用内标法分别对生物标志化合物进行定量分析[式(3.2)]。生物标志化合物的含量 X_i(μg/g)以式(3.2)进行计算:

$$X_i = (M_{IS} \times A_i / A_{IS} \times M) \times 1000 \tag{3.2}$$

式中,X_i 为单个生物标志化合物含量(μg/g);M_{IS} 为内标物的加入质量(μg);A_i 为单个生物标志化合物质量色谱图峰面积;A_{IS} 为内标物的峰面积;M 为沥青"A"或者原油的质量(mg)。

(五)实验室的重复性试验

1. 相对误差的计算

同一样品多次平行分析,单个生物标志化合物绝对含量误差符合表3.2的规定,按式(3.3)计算相对误差 R:

$$R\% = \frac{\sum_{i=1}^{n} |C_i - \bar{C}|}{n \times \bar{C}} \times 100 \tag{3.3}$$

式中,C_i 为单次检测的结果(μg/g);$\bar{C}$ 为 n 次检测单个生物标志化合物的平均值(μg/g)。

2. 实验室的重复试验

无锡石油地质研究所(WXS)对GY-07-10号样品进行统一粉碎,并且混合均匀,进行3次平行试验分析,所得的 m/z 191 和 m/z 217 质量色谱图基本一致(图3.5)。各生物标志化合物平行试验的定量计算结果见表3.2。除个别化合物定量分析结果误差大于10%以外,大多数生物标志化合物的分析结果能够控制在10%以下。同样的样品在加拿大联邦地质调查局(GSC)卡尔加里有机地球化学实验室进行了对比分析试验。两家实验室分析结果十分相似。具有如下的特征:误差较大的主要是低含量的化合物,一般情况下含量大于50μg/g的化合物其分析误差都不超过10%。

表3.2 无锡石油地质研究所平行试验（GY-07-10）结果表

化合物名称	m/z	化合物含量/($\mu g/g_{沥青"A"}$)				误差/%
		GY-07-10-1	GY-07-10-2	GY-07-10-3	平均	
C_{21}-5β(H),14α(H)孕甾烷	217	4.18	5.05	4.62	4.62	6.25
C_{21}-5α(H),14β(H)孕甾烷	217	13.36	16.45	13.63	14.48	9.07
C_{22}-甾烷	217	10.36	13.12	11.36	11.61	8.65
C_{27}-13β(H),17α(H)-20S-重排胆甾烷	217	6.84	8.30	7.41	7.52	6.95
C_{27}-13β(H),17α(H)-20R-重排胆甾烷	217	4.94	5.99	5.09	5.34	8.13
C_{27}-5α(H),14α(H),17α(H)-20S-胆甾烷	217	15.45	19.73	17.12	17.43	8.79
C_{27}-5α(H),14β(H),17β(H)-20R-胆甾烷	217	20.30	23.30	21.44	21.68	4.97
C_{29}-13β(H),17α(H)-20S-24-乙基重排胆甾烷	217	4.76	5.19	5.67	5.21	5.93
C_{27}-5α(H),14β(H),17β(H)-20S-胆甾烷	217	16.70	19.70	18.37	18.26	5.69
C_{27}-5α(H),14α(H),17α(H)-20R-胆甾烷	217	14.78	17.94	16.58	16.43	6.72
C_{29}-13β(H),17α(H)-20R-24-乙基重排胆甾烷	217	5.71	6.18	6.04	5.98	2.98
C_{29}-13α(H),17β(H)-20S-24-乙基重排胆甾烷	217	2.28	2.59	1.97	2.28	9.13
C_{28}-5α(H),14α(H),17α(H)-20S-24-甲基胆甾烷	217	3.48	3.78	3.14	3.47	6.34
C_{28}-5α(H),14β(H),17β(H)-20R-24-甲基胆甾烷	217	11.47	14.40	13.05	12.97	7.74
C_{28}-5α(H),14β(H),17β(H)-20S-24-甲基胆甾烷	217	6.47	7.80	7.00	7.09	6.67
C_{28}-5α(H),14α(H),17α(H)-20R-24-甲基胆甾烷	217	5.44	6.37	5.48	5.76	7.00
C_{29}-5α(H),14α(H),17α(H)-20S-24-乙基胆甾烷	217	14.55	18.26	15.25	16.02	9.33
C_{29}-5α(H),14β(H),17β(H)-20R-24-乙基胆甾烷	217	17.48	20.39	18.04	18.64	6.27
C_{29}-5α(H),14β(H),17β(H)-20S-24-乙基胆甾烷	217	13.80	16.89	15.19	15.29	6.96
C_{29}-5α(H),14α(H),17α(H)-20R-24-乙基胆甾烷	217	12.98	16.36	14.63	14.66	7.75

续表

化合物名称	m/z	化合物含量/(μg/g沥青"A")				误差/%
		GY-07-10-1	GY-07-10-2	GY-07-10-3	平均	
C_{19}-三环萜烷	191	6.03	6.38	5.82	6.08	3.33
C_{20}-三环萜烷	191	23.36	29.89	25.42	26.22	9.32
C_{21}-三环萜烷	191	34.98	45.05	38.59	39.54	9.29
C_{22}-三环萜烷	191	7.45	8.81	8.14	8.13	5.59
C_{23}-三环萜烷	191	37.39	46.24	40.93	41.52	7.58
C_{24}-三环萜烷	191	17.77	23.98	19.92	20.55	11.11
C_{25}-三环萜烷	191	17.05	21.29	18.41	18.92	8.36
C_{24}-四环萜烷	191	23.76	27.90	25.80	25.82	5.37
C_{26}-三环萜烷	191	7.73	8.51	7.82	8.02	4.11
C_{26}-三环萜烷	191	8.27	9.36	8.12	8.58	6.03
C_{25}-四环萜烷	191	5.90	7.02	6.11	6.34	7.15
C_{28}-三环萜烷	191	11.79	13.19	13.42	12.80	5.28
C_{28}-三环萜烷	191	5.98	7.72	6.75	6.82	8.88
C_{29}-三环萜烷	191	5.39	6.95	6.48	6.27	9.42
C_{29}-三环萜烷	191	8.59	10.47	9.41	9.49	6.89
C_{27}-18α(H)-藿烷(Ts)	191	39.51	49.30	44.55	44.45	7.42
C_{27}-17α(H)-藿烷(Tm)	191	147.89	177.33	160.17	161.80	6.40
C_{29}-17α(H),21β(H)-21-乙基藿烷	191	369.02	448.13	379.43	398.86	8.23
C_{29}-18α(H)-30-降新藿烷(C_{29}Ts)	191	31.77	26.25	33.53	30.52	9.32
C_{30}-重排藿烷	191	7.04	8.26	8.35	7.89	7.12
C_{29}-17β(H),21α(H)-21-乙基莫烷	191	29.72	40.43	34.33	34.83	10.73
C_{30}-17α(H),21β(H)-21-异丙基藿烷	191	488.82	604.95	522.07	538.61	8.21
C_{30}-五环三萜烷	191	9.56	12.91	11.86	11.44	10.98
C_{29}-17β(H),21β(H)-21-乙基藿烷	191	18.67	24.67	21.02	21.45	9.99
C_{30}-17β(H),21α(H)-21-异丙基莫烷	191	36.86	47.98	41.19	42.01	9.48
C_{31}-17α(H),21β(H)-22S-21-异丁基藿烷	191	253.84	318.14	272.67	281.55	8.66
C_{31}-17α(H),21β(H)-22R-21-异丁基藿烷	191	167.29	214.83	184.17	188.76	9.20
γ-蜡烷-C_{30}	191	20.96	25.17	23.23	23.12	6.23
C_{31}-17β(H),21α(H)-21-异丁基莫烷	191	17.27	19.98	19.54	18.93	5.84
C_{32}-17α(H),21β(H)-22S-21-异戊基藿烷	191	133.49	169.71	142.82	148.67	9.43
C_{32}-17α(H),21β(H)-22R-21-异戊基藿烷	191	89.56	116.41	96.00	100.66	10.43

续表

化合物名称	m/z	化合物含量/(μg/g沥青"A")				误差/%
		GY-07-10-1	GY-07-10-2	GY-07-10-3	平均	
C_{33}-17α(H),21β(H)-22S-21-异己基藿烷	191	71.50	90.91	76.86	79.76	9.32
C_{33}-17α(H),21β(H)-22R-21-异己基藿烷	191	49.77	56.71	53.02	53.17	4.44
C_{34}-17α(H),21β(H)-22S-21-异庚基藿烷	191	38.06	54.68	43.25	45.33	13.75
C_{34}-17α(H),21β(H)-22R-21-异庚基藿烷	191	27.06	33.36	28.18	29.53	8.63

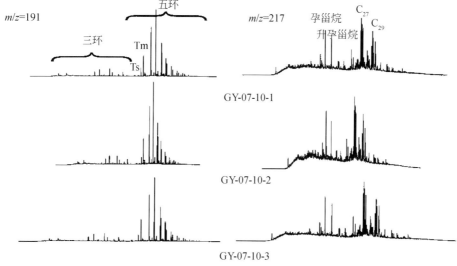

图 3.5 无锡石油地质研究所平行试验（GY-07-10）质量色谱图

三、芳烃化合物色谱-质谱定量分析技术

（一）内标物的选定

此处芳烃化合物包括苯、萘、菲、蒽、芘以及三芳甾烷等系列芳烃化合物。与饱和烃生物标志化合物定量分析方法类似，对这些芳烃化合物均采用同一种内标物来进行定量计算。内标物为八氘代二苯并噻吩（D8-DBT）。该化合物结构见图 3.6。

本书使用的八氘代二苯并噻吩标样由加拿大 CND 公司生产，样品为固态粉末，分子量为 192。该化合物在自然界中不存在，为人工合成的化合物，且在 GC-MS 分析的质量色谱图中和待测组分能够完全分开，这符合定量分析中对于内标物的要求。

内标物采用 50mL 的容量瓶，用异辛烷定容并计算浓度，每次使用之前需要放在室温下平衡并且重新定容和计算浓度，使用完以后需放在冰箱内避光保存。标样的加入同样采用美国 GILSON 公司生产的活塞式微量移液器，该器具采用活塞式吸入方式，适合于准确量取有机溶剂。内标物的加入量应根据样品的具体情况尽量使内标物的响应接近待测化

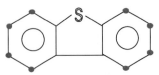

图 3.6　八氘代二苯并噻吩结构图
●代表该位置碳原子上的一个氢原子被氘原子取代

合物的响应。

(二) 仪 器 分 析

在芳烃馏分中加入内标物（D8-DBT），加入适量正己烷稀释后进行 GC-MS 分析。分析所使用的色谱–质谱仪为 TRACE MS 或 Agilent 6890-5975C Inert MSD。仪器分析条件参数如下。

色谱柱型号：HP-5ms；色谱柱规格：30m 长，0.25mm 柱径，0.25μm 膜厚；升温程序：60℃保持 5min，以 3℃/min 升至 310℃保持 22min；采用氦气作为分析用载气，柱流量为 1mL/min；进样口温度：300℃，无分流进样；传输线温度：300℃；质谱扫描采用全扫描方式，扫描范围为 50~550aum。

(三) 定　　性

仪器分析完成以后，提取目标化合物以及内标物的质量色谱图（图 3.7~图 3.9）。根据所得质量色谱图以及文献资料，确定这些化合物的结构。定性见表 3.3。

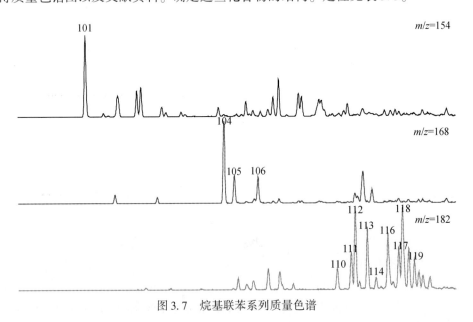

图 3.7　烷基联苯系列质量色谱

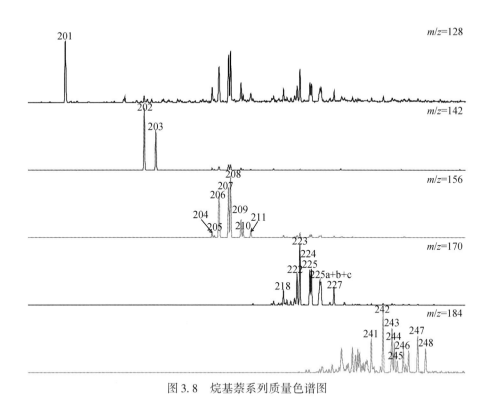

图 3.8　烷基萘系列质量色谱图

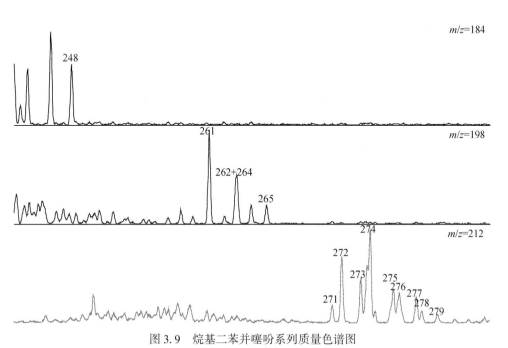

图 3.9　烷基二苯并噻吩系列质量色谱图

表3.3 常见芳烃化合物定性表

峰号	分子式	分子量	化合物名称
101	$C_{12}H_{10}$	154	1,1′-联苯
103	$C_{13}H_{12}$	168	2-甲基联苯
104	$C_{13}H_{12}$	168	3-甲基联苯
105	$C_{13}H_{12}$	168	4-甲基联苯
106	$C_{12}H_8O$	168	二苯并呋喃
110	$C_{14}H_{14}$	182	3-乙基联苯
111	$C_{14}H_{14}$	182	3,5-二甲基联苯
112	$C_{14}H_{14}$	182	3,3′-二甲基联苯
113	$C_{14}H_{14}$	182	3,4′-二甲基联苯
114	$C_{14}H_{14}$	182	4,4′-二甲基联苯
116	$C_{13}H_{10}O$	182	甲基二苯并呋喃
117	$C_{14}H_{14}$	182	乙基联苯
118	$C_{13}H_{10}O$	182	甲基二苯并呋喃
119	$C_{13}H_{10}O$	182	甲基二苯并呋喃
181	$C_{20}H_{12}$	252	苯并荧蒽
182	$C_{20}H_{12}$	252	苯并[e]芘
183	$C_{20}H_{12}$	252	苯并[a]芘
184	$C_{20}H_{12}$	252	苝
201	$C_{10}H_8$	128	萘
202	$C_{11}H_{10}$	142	2-甲基萘
203	$C_{11}H_{10}$	142	1-甲基萘
204	$C_{12}H_{12}$	156	2-乙基萘
205	$C_{12}H_{12}$	156	1-乙基萘
206	$C_{12}H_{12}$	156	2,6-二甲基萘+2,7-二甲基萘
207	$C_{12}H_{12}$	156	1,7-二甲基萘
208	$C_{12}H_{12}$	156	1,3-二甲基萘+1,6-二甲基萘
209	$C_{12}H_{12}$	156	1,4-二甲基萘+2,3-二甲基萘
210	$C_{12}H_{12}$	156	1,5-二甲基萘
211	$C_{12}H_{12}$	156	1,2-二甲基萘
218	$C_{13}H_{14}$	170	2,2′-甲基乙基萘
221	$C_{13}H_{14}$	170	1,2′-甲基乙基萘
222	$C_{13}H_{14}$	170	1,3,7-三甲基萘
223	$C_{13}H_{14}$	170	1,3,6-三甲基萘
224	$C_{13}H_{14}$	170	1,3,5-三甲基萘+1,4,6-三甲基萘
225	$C_{13}H_{14}$	170	2,3,6-三甲基萘

续表

峰号	分子式	分子量	化合物名称
225a	$C_{13}H_{14}$	170	1,2,7-三甲基萘
225b	$C_{13}H_{14}$	170	2,3,5-三甲基萘
225c	$C_{13}H_{14}$	170	1,2,6-三甲基萘
226	$C_{13}H_{14}$	170	1,2,4-三甲基萘
227	$C_{13}H_{14}$	170	1,2,5-三甲基萘
228	$C_{13}H_{14}$	170	1,2,3-三甲基萘+1,4,5-三甲基萘
241	$C_{14}H_{16}$	184	1,3,5,7-四甲基萘
242	$C_{14}H_{16}$	184	1,3,6,7-四甲基萘
243	$C_{14}H_{16}$	184	1,4,6,7-四甲基萘
244	$C_{14}H_{16}$	184	1,2,5,7-四甲基萘
245	$C_{14}H_{16}$	184	2,3,6,7-四甲基萘
246	$C_{14}H_{16}$	184	1,2,6,7-四甲基萘
246a	$C_{14}H_{16}$	184	1,2,3,7-四甲基萘
246b	$C_{14}H_{16}$	184	1,2,3,6-四甲基萘
247	$C_{14}H_{16}$	184	1,2,5,6-四甲基萘
248	$C_{12}H_8S$	184	二苯并噻吩
261	$C_{13}H_{10}S$	198	4-甲基二苯并噻吩
262+264	$C_{13}H_{10}S$	198	2-甲基二苯并噻吩+3-甲基二苯并噻吩
263	$C_{15}H_{18}$	198	五甲基萘
265	$C_{13}H_{10}S$	198	1-甲基二苯并噻吩
271	$C_{14}H_{12}S$	212	4-乙基二苯并噻吩
272	$C_{14}H_{12}S$	212	4,6-二甲基二苯并噻吩
273	$C_{14}H_{12}S$	212	2,4-二甲基二苯并噻吩
274	$C_{14}H_{12}S$	212	二甲基二苯并噻吩
275	$C_{14}H_{12}S$	212	1,4-二甲基二苯并噻吩
276	$C_{14}H_{12}S$	212	二甲基二苯并噻吩
277	$C_{14}H_{12}S$	212	二甲基二苯并噻吩
278	$C_{14}H_{12}S$	212	二甲基二苯并噻吩
279	$C_{14}H_{12}S$	212	二甲基二苯并噻吩
301	$C_{14}H_{10}$	178	菲
302	$C_{14}H_{10}$	178	蒽
303	$C_{15}H_{12}$	192	3-甲基菲
304	$C_{15}H_{12}$	192	2-甲基菲
305	$C_{15}H_{12}$	192	2-甲基蒽
306	$C_{15}H_{12}$	192	9-甲基菲

续表

峰号	分子式	分子量	化合物名称
307	$C_{15}H_{12}$	192	1-甲基菲
309	$C_{16}H_{14}$	206	乙基菲
311	$C_{16}H_{14}$	206	2-乙基菲+9-乙基菲
313	$C_{16}H_{14}$	206	3,6-二甲基菲
314	$C_{16}H_{14}$	206	3,5-二甲基菲
315	$C_{16}H_{14}$	206	2,7-二甲基菲
316	$C_{16}H_{14}$	206	2,10-二甲基菲
317	$C_{16}H_{14}$	206	2,5-二甲基菲
318	$C_{16}H_{14}$	206	1,7-二甲基菲
319	$C_{16}H_{14}$	206	2,3-二甲基菲
320	$C_{16}H_{14}$	206	1,9-二甲基菲
321	$C_{16}H_{14}$	206	1,8-二甲基菲
322	$C_{16}H_{14}$	206	1,2-二甲基菲
401	$C_{16}H_{10}$	202	荧蒽
402	$C_{16}H_{10}$	202	芘
405	$C_{17}H_{12}$	216	2-甲基芘
406	$C_{17}H_{12}$	216	4-甲基芘+甲基荧蒽
407	$C_{17}H_{12}$	216	1-甲基芘+甲基荧蒽
408	$C_{17}H_{12}$	216	甲基荧蒽
501	$C_{13}H_{10}$	166	芴
510	$C_{14}H_{12}$	180	9,10-二氢化菲
511	$C_{14}H_{12}$	180	甲基芴
512	$C_{14}H_{12}$	180	2-甲基芴
513	$C_{14}H_{12}$	180	1-甲基芴
514	$C_{14}H_{12}$	180	甲基芴
521	$C_{15}H_{14}$	194	乙基芴
522	$C_{15}H_{14}$	194	乙基芴
523	$C_{15}H_{14}$	194	C_2-芴
524	$C_{15}H_{14}$	194	C_2-芴
525	$C_{15}H_{14}$	194	C_2-芴
526	$C_{15}H_{14}$	194	C_2-芴
705	$C_{18}H_{12}$	228	苯并[a]蒽
706	$C_{18}H_{12}$	228	—
713	$C_{19}H_{14}$	242	3-甲基
714	$C_{19}H_{14}$	242	2-甲基

续表

峰号	分子式	分子量	化合物名称
715	$C_{19}H_{14}$	242	4-甲基+6-甲基
717	$C_{19}H_{14}$	242	1-甲基
770	$C_{24}H_{12}$	300	晕苯
971	$C_{20}H_{20}$	260	C_{20}-三芳甾烷
972	$C_{21}H_{22}$	274	C_{21}-三芳甾烷
973	$C_{26}H_{32}$	344	C_{26}-三芳甾烷(20S)
974+975	$C_{26}H_{32}$	344	C_{26}-三芳甾烷(20R)+C_{27}-三芳甾烷(20S)
976	$C_{28}H_{36}$	372	C_{28}-三芳甾烷(20S)
977	$C_{27}H_{34}$	358	C_{27}-三芳甾烷(20R)
978	$C_{28}H_{36}$	372	C_{28}-三芳甾烷(20R)
981	$C_{21}H_{22}$	274	4-甲基-C_{21}-三芳甾烷
982	$C_{22}H_{24}$	288	4-甲基-C_{22}-三芳甾烷
983	$C_{27}H_{34}$	358	1-甲基-C_{27}-三芳甾烷(20R)
984	$C_{27}H_{34}$	358	4-甲基-C_{27}-三芳甾烷(20R)
985	$C_{29}H_{38}$	386	C_{29}-三芳甾烷
986	$C_{28}H_{36}$	372	1-甲基-C_{28}-三芳甾烷(20R)
987	$C_{29}H_{38}$	386	C_{29}-三芳甾烷
988+989	$C_{28}H_{36}$	372	4-甲基-C_{28}-三芳甾烷(20R)+C_{29}-三芳甾烷
990	$C_{29}H_{38}$	386	1-甲基-C_{29}-三芳甾烷(20R)
991	$C_{29}H_{38}$	386	4-甲基-C_{29}-三芳甾烷(20R)
istd	$C_{12}D_8S$	192	八氘代二苯并噻吩

(四) 定量计算

根据提取的目标化合物和内标物的面积以及内标物的加入量,结合沥青"A"或者原油取样量计算目标化合物的绝对浓度。采用下式来计算单化合物的绝对浓度 C_i (μg/g):

$$C_i = \frac{m_S \times 1000}{A_S \times M} \times A_i \tag{3.4}$$

式中,m_S 为加入标样的质量 (μg);A_S 为标样峰面积 (质量色谱图中提取);M 为沥青"A"或原油的质量 (mg);A_i 为目标化合物峰面积。

(五) 实验室重复性试验

1. 相对误差计算

同一样品多次平行分析,按下式计算相对误差 R:

$$R\% = \frac{\sum_{i=1}^{n}(C_i - \overline{C})}{\overline{C} \times n} \times 100 \qquad (3.5)$$

式中，C_i 为单次检测某化合物的含量（μg/g）；$\overline{C}$ 为 n 次检测某化合物含量平均值。

2. 无锡所实验平行分析试验

无锡所实验室对 T5-373 井原油以间隔一周的频率分别进行 2 次平行分析，共进行 4 次，分析结果见图 3.10 和表 3.4。

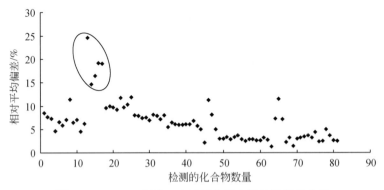

图 3.10　T5-373 原油 4 次平行分析定量结果误差分析

表 3.4　T5-373 原油样品 4 次平行定量分析结果

峰号	Q08009 /(μg/g沥青"A")	Q08010 /(μg/g沥青"A")	Q08017 /(μg/g沥青"A")	Q08018 /(μg/g沥青"A")	平均含量 /(μg/g沥青"A")	相对平均偏差 /%
101	50.65	52.54	44.49	42.53	47.55	8.50
104	62.35	61.89	53.71	52.89	57.71	7.64
105	20.53	19.99	17.51	17.50	18.88	7.31
110	5.60	5.49	5.07	5.04	5.30	4.66
111	10.19	10.30	8.88	9.08	9.61	6.59
112	23.01	22.83	20.20	20.59	21.66	5.83
113	18.35	18.39	15.66	16.24	17.16	7.07
114	3.56	3.94	2.89	3.07	3.36	11.46
116	19.46	19.12	16.81	17.05	18.11	6.53
117	12.67	12.44	10.62	11.19	11.73	7.04
118	27.85	26.68	24.76	25.00	26.07	4.57
119	9.37	8.67	8.01	7.90	8.49	6.25
201	37.80	35.93	21.26	23.40	29.60	24.55
202	319.33	338.62	242.06	247.63	286.91	14.66
203	205.10	219.68	149.17	155.71	182.42	16.43

续表

峰号	Q08009 /(μg/g沥青"A")	Q08010 /(μg/g沥青"A")	Q08017 /(μg/g沥青"A")	Q08018 /(μg/g沥青"A")	平均含量 /(μg/g沥青"A")	相对平均偏差 /%
204	36.83	40.54	25.27	27.17	32.45	19.20
205	12.03	13.65	8.55	8.89	10.78	19.09
206	379.44	392.49	319.36	317.14	352.11	9.62
207	319.83	327.20	262.55	267.20	294.19	9.97
208	379.01	392.78	315.85	318.85	351.62	9.75
209	118.17	119.59	99.38	98.28	108.85	9.21
210	52.30	53.89	41.20	42.57	47.49	11.81
211	50.79	50.61	42.30	41.12	46.20	9.73
218	56.69	60.11	46.02	48.97	52.95	10.30
221	26.52	29.42	20.82	23.20	24.99	11.92
222	133.51	134.02	112.90	114.88	123.83	8.03
223	255.50	256.80	217.01	219.93	237.31	7.94
224	151.14	146.83	127.52	129.30	138.70	7.42
225	153.74	152.19	132.14	130.82	142.22	7.55
225a+225b	151.75	152.24	135.55	128.60	142.04	7.01
225c	95.14	89.94	75.29	81.87	85.56	8.16
226	12.31	12.24	10.41	10.53	11.37	7.93
227	77.18	75.02	65.81	66.03	71.01	7.17
228	12.69	12.44	10.77	10.61	11.63	8.07
241	32.46	31.09	27.97	28.88	30.10	5.56
242	57.72	55.20	49.25	49.94	53.03	6.47
243	43.77	42.09	37.71	38.22	40.45	6.13
244	27.87	26.43	23.96	24.22	25.62	5.98
245	10.93	10.25	9.46	9.33	9.99	5.98
246	21.45	19.97	18.35	18.25	19.51	6.18
246a	6.97	6.86	6.14	6.11	6.52	6.09
246b	20.41	19.07	17.11	17.32	18.48	6.83
247	32.87	31.19	28.50	28.59	30.29	5.76
248	9.40	8.99	10.54	9.42	9.59	4.98
261	18.72	17.75	18.81	18.21	18.37	2.15
262+264	6.54	6.46	8.97	7.32	7.32	11.25
265	2.25	2.29	2.85	2.42	2.45	8.19
301	367.43	350.21	318.72	330.47	341.71	5.01
303	134.54	126.11	120.57	126.97	127.05	2.95

续表

峰号	Q08009 /(μg/g沥青"A")	Q08010 /(μg/g沥青"A")	Q08017 /(μg/g沥青"A")	Q08018 /(μg/g沥青"A")	平均含量 /(μg/g沥青"A")	相对平均偏差 /%
304	167.07	158.27	148.58	158.58	158.13	3.02
306	177.23	163.94	157.42	165.05	165.91	3.41
307	135.86	127.40	122.63	127.93	128.45	2.88
309	8.90	8.25	8.11	8.59	8.46	3.33
311+313	38.01	34.92	34.21	36.40	35.89	3.68
314	40.28	37.18	37.67	39.00	38.53	2.88
315	29.44	28.01	26.86	28.20	28.13	2.47
316	178.38	165.22	163.14	169.86	169.15	2.94
317	86.95	80.28	80.39	83.27	82.72	2.89
318	90.82	84.72	84.04	87.13	86.68	2.65
319	28.51	26.50	26.28	26.93	27.05	2.69
320	30.77	28.66	28.39	30.16	29.49	3.29
321	16.92	15.59	15.74	16.18	16.11	2.76
322	10.79	10.46	10.35	10.40	10.50	1.37
401	8.87	8.43	7.43	7.51	8.06	7.34
402	18.58	17.57	14.04	14.63	16.21	11.54
501	74.45	71.00	63.66	62.40	67.88	7.14
611	17.49	16.61	16.08	16.73	16.73	2.29
706	50.94	48.70	53.83	52.59	51.52	3.29
973	6.64	6.40	6.52	6.39	6.49	1.44
974+975	20.51	18.62	20.21	19.82	19.79	2.95
976	24.72	22.10	23.68	23.91	23.60	3.18
977	13.19	11.65	12.46	12.63	12.48	3.43
978	19.98	17.76	19.36	19.55	19.16	3.67
983	5.76	5.38	5.91	5.55	5.65	3.29
984	6.56	5.80	6.67	6.29	6.33	4.48
985	6.80	6.40	6.82	6.59	6.65	2.36
986	3.51	3.35	3.32	3.19	3.34	2.55
987	8.73	7.43	8.56	8.19	8.23	5.09
988+989	4.53	3.97	4.30	4.22	4.26	3.78
990	7.81	7.15	7.50	7.66	7.53	2.69
991	10.50	9.56	10.01	9.95	10.01	2.49

从表3.4和图3.10可以看出，80多个芳烃化合物定量分析结果中，除了几个低分子量烷基萘系列化合物有较大偏差之外，其余芳烃化合物定量分析的误差都小于10%。

3. 实验室间的比对试验

加拿大 GSC 实验室和无锡石油地质研究所实验室对同一原油（新疆 S73 井原油）进行前处理和 GC-MS 芳烃化合物的定量分析。定量分析的结果及误差见表 3.5 和图 3.11。

表 3.5 和图 3.11 也显示，烷基萘、联苯等低分子量的芳烃化合物出现较大的分析偏差，其余芳烃化合物的平均偏差基本都小于 10%。

通过平行试验以及实验室间的样品比对试验，可以得出以下结论。

（1）芳烃馏分中低分子量烷基萘、联苯等化合物由于其自身物理化学性质比较活泼，容易受环境条件影响，定量结果不稳定。

（2）芳烃馏分中除了低分子量烷基萘、联苯等化合物外，烷基菲、二苯并噻吩等芳烃类系列化合物的重复性和重现性都基本达到小于 10%。

（3）芳烃类化合物含量较低时，定量结果也容易出现较大偏差。

通过对大量的平行分析和实验室间比对数据分析，初步认为在地质应用中应该注意以下几点。

（1）地质研究中实际运用低分子量烷基萘参数时需要特别注意样品采集、保存的环境条件和实验分析的环境条件对其造成的影响。

（2）选取一些物理化学性质稳定的、定量分析重复性和重现性好的芳烃类化合物作为地质研究常用地化参数。

（3）运用低含量化合物参数时，要结合样品中芳烃类化合物整体相对分布情况和仪器分析谱图综合判断数据的有效性。

表 3.5　S73 原油实验室间对比定量分析结果及误差

峰号	质量数	GSC 含量 /($\mu g/g$沥青"A")	WXS 含量 /($\mu g/g$沥青"A")	偏差/%	化合物名称
101	154	59.54	150.77	43.38	1,1'-联苯
104	168	189.44	258.12	15.34	3-甲基联苯
105	168	91.07	121.55	14.34	4-甲基联苯
106	168	10.59	14.76	16.45	二苯并呋喃
110	182	14.00	14.59	2.06	3-乙基联苯
111	182	50.43	54.78	4.13	3,5-二甲基联苯
112	182	115.43	128.93	5.52	3,3'-二甲基联苯
113	182	122.99	131.95	3.51	3,4'-二甲基联苯
114	182	29.04	31.29	3.73	4,4'-二甲基联苯
116	182	30.84	32.72	2.95	甲基二苯并呋喃
117	182	34.90	38.33	4.69	乙基联苯
118	182	16.49	20.95	11.90	甲基二苯并呋喃
119	182	11.93	12.96	4.13	甲基二苯并呋喃
201	128	0.67	45.93	97.12	萘
202	142	58.93	434.77	76.13	2-甲基萘

续表

峰号	质量数	GSC含量 /(μg/g沥青"A")	WXS含量 /(μg/g沥青"A")	偏差/%	化合物名称
203	142	51.19	309.09	71.58	1-甲基萘
204	156	32.84	67.62	34.61	2-乙基萘
205	156	6.04	14.08	39.96	1-乙基萘
206	156	330.78	643.24	32.08	2,6-二甲基萘+2,7-二甲基萘
207	156	315.42	579.01	29.47	1,7-二甲基萘
208	156	309.05	548.32	27.91	1,3-二甲基萘+1,6-二甲基萘
209	156	118.90	185.73	21.94	1,4-二甲基萘+2,3-二甲基萘
210	156	53.89	101.59	30.68	1,5-二甲基萘
211	156	36.93	52.83	17.71	1,2-二甲基萘
218	170	115.29	121.02	2.42	2,2′-甲基乙基萘
221	170	55.72	65.22	7.85	1,2′-甲基乙基萘
222	170	226.11	273.18	9.43	1,3,7-三甲基萘
223	170	369.61	448.08	9.60	1,3,6-三甲基萘
224	170	269.49	327.15	9.66	1,3,5-三甲基萘+1,4,6-三甲基萘
225	170	223.53	257.87	7.13	2,3,6-三甲基萘
225a+b+c	170	255.39	292.11	6.71	1,2,7-三甲基萘+2,3,5-三甲基萘+1,2,6-三甲基萘
226	170	18.38	18.72	0.90	1,2,4-三甲基萘
227	170	75.32	80.76	3.48	1,2,5-三甲基萘
228	170	16.06	16.57	1.56	1,2,3-三甲基萘+1,4,5-三甲基萘
241	184	98.17	81.78	9.11	1,3,5,7-四甲基萘
242	184	118.76	122.41	1.51	1,3,6,7-四甲基萘
243	184	64.31	63.57	0.58	1,4,6,7-四甲基萘
244	184	33.60	32.74	1.31	1,2,5,7-四甲基萘
245	184	23.65	21.79	4.11	2,3,6,7-四甲基萘
246	184	26.33	24.83	2.93	1,2,6,7-四甲基萘
246a	184	14.88	13.21	5.94	1,2,3,7-四甲基萘
246b	184	16.84	13.81	9.90	1,2,3,6-四甲基萘
247	184	28.88	25.08	7.05	1,2,5,6-四甲基萘
248	184	182.40	177.14	1.46	二苯并噻吩
261	198	349.90	336.95	1.89	4-甲基二苯并噻吩
262+264	198	197.08	188.41	2.25	2-甲基二苯并噻吩+3-甲基二苯并噻吩
265	198	53.29	50.94	2.26	1-甲基二苯并噻吩
271	212	28.37	26.23	3.92	4-乙基二苯并噻吩

续表

峰号	质量数	GSC含量 /(μg/g沥青"A")	WXS含量 /(μg/g沥青"A")	偏差/%	化合物名称
272	212	240.03	235.05	1.05	4,6-二甲基二苯并噻吩
273	212	95.59	93.71	0.99	2,4-二甲基二苯并噻吩
274	212	235.39	230.86	0.97	二甲基二苯并噻吩
275+276	212	184.68	172.06	3.54	1,4-二甲基二苯并噻吩+二甲基二苯并噻吩
277	212	51.72	53.25	1.45	二甲基二苯并噻吩
278	212	17.79	16.37	4.16	二甲基二苯并噻吩
279	212	13.80	13.18	2.32	二甲基二苯并噻吩
301	178	257.72	262.74	0.96	菲
303	192	139.65	140.60	0.34	3-甲基菲
304	192	188.10	189.88	0.47	2-甲基菲
306	192	220.81	221.51	0.16	9-甲基菲
307	192	156.09	152.58	1.14	1-甲基菲
309	206	12.40	10.67	7.52	乙基菲
311+313	206	51.79	50.89	0.88	2-乙基菲+9-乙基菲+3,6-二甲基菲
314	206	67.01	65.70	0.99	3,5-二甲基菲
315	206	46.48	42.77	4.16	2,7-二甲基菲
316	206	292.74	281.18	2.01	2,10-二甲基菲
317	206	146.80	140.93	2.04	2,5-二甲基菲
318	206	135.88	129.67	2.34	1,7-二甲基菲
319+320	206	88.02	86.91	0.63	2,3-二甲基菲+1,9-二甲基菲
321	206	30.50	29.93	0.95	1,8-二甲基菲
322	206	13.11	14.80	6.06	1,2-二甲基菲
401	202	12.18	10.45	7.63	荧蒽
402	202	16.31	13.55	9.25	芘
407	216	26.75	24.17	5.05	1-甲基芘和甲基荧蒽
408	216	13.93	10.81	12.63	甲基荧蒽
501	166	81.65	99.78	9.99	芴
511+512	180	95.83	111.70	7.65	甲基芴+2-甲基芴
513	180	146.65	168.31	6.88	1-甲基芴
514	180	26.53	32.51	10.13	甲基芴
523	194	100.42	82.42	9.84	C_2-芴
524	194	87.40	89.00	0.91	C_2-芴
525+526	194	158.29	194.65	10.30	C_2-芴
971	231	8.97	8.70	1.54	C_{20}-三芳甾烷

续表

峰号	质量数	GSC 含量/($\mu g/g_{沥青"A"}$)	WXS 含量/($\mu g/g_{沥青"A"}$)	偏差/%	化合物名称
972	231	8.31	7.60	4.44	C_{21}-三芳甾烷
973	231	2.22	2.43	4.53	C_{26}-三芳甾烷(20S)
974+975	231	6.99	6.03	7.38	C_{26}-三芳甾烷(20R)+C_{27}-三芳甾烷(20S)
976	231	24.11	22.86	2.67	C_{28}-三芳甾烷(20S)
977	231	4.40	3.84	6.71	C_{27}-三芳甾烷(20R)
978	231	19.73	19.16	1.47	C_{28}-三芳甾烷(20R)
981	245	6.74	7.42	4.81	4-甲基-C_{21}-三芳甾烷
982	245	6.23	7.12	6.66	4-甲基-C_{22}-三芳甾烷

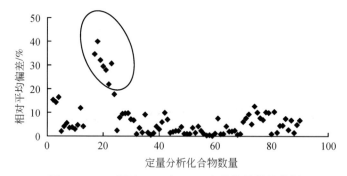

图 3.11　S73 原油 GSC 和 WXS 定量结果误差分析

四、海相特殊生源生物标志物定量分析技术

海相特殊生源生物标志物是指一些具有时代意义的生物标志物。它们在定量分析时，样品前处理和内标物加入法，与饱和烃生物标志物的样品前处理和内标加入法相同。但是，由于这些特殊生物标志物的浓度都比较低，而且它们的气相色谱保留时间常与其他生物标志物色谱峰的保留时间重叠。因此，不能再采用多离子检测（GC-MS-MID）方式进行分析检测，要选用色谱-质谱-质谱（GC-MS-MS）分析技术进行检测。

（一）GC-MS-MS 检测原理

GC-MS-MS 仪器的主要结构特点是把两个普通质谱仪的质量分析器通过碰撞室连接起来，组成串联的质量分析器，其他部分，如离子源和检测器等与普通质谱仪相同。

这种色谱-质谱-质谱分析仪器的工作原理是被测样品由气相色谱仪进行分离，依次流出的化合物经过质谱仪离子源轰击形成各种离子，而后被扫描的离子相继通过四极杆 MS1—碰撞室—MS2，在光电倍增器上聚焦并得到检测。对于母离子的 GC-MS-MS 方式而言，质谱仪离子源中所产生的离子由第一个四极杆（Q1）选择固定的特定质量离子（母离子）

进入碰撞室与惰性气体(氩气)反应形成一种多离子,由第二个四极杆(Q2)进行质量分离并选择所需要离子在光电倍增器上聚焦并得到测定(图3.12)。

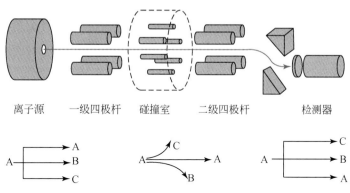

图 3.12　GC-MS-MS 工作原理示意图

例如,$C_{26} \sim C_{30}$ 每一种甾烷系列的假同系物与相邻的假同系物相差一个亚甲基($-CH_2-$,即质量为14amu)。GC-MS-MS 可以区分这些假同系物,$C_{26} \sim C_{30}$ 的分子离子(母离子)分别由 m/z 358,m/z 372,m/z 386,m/z 400 和 m/z 414 组成(表3.6),每一种母离子与碰撞室内的惰性气体碰撞后形成一个子离子。

表 3.6　应用 $C_{26} \sim C_{30}$ 作为解释 GC-MS-MS 母离子(MRM)方式原理的例子

甾烷的碳原子	母离子(m/z)	子离子(m/z)
26	358	217
27	372	217
28	386	217
29	400	217
30	414	217

m/z 217（表3.6）可以用子四极杆（Q2）检测。母离子和子离子均可被选择性检测以提高信噪比。因此，如果只让 m/z 372 的离子通过母四极杆（Q1），而且子四极杆（Q2）只检测 m/z 217，那么就可以得到仅有 C_{27} 甾烷的 m/z 217 质量色谱图。

将 GC-MS-MS 的质量色谱与 GC-MS-MID 的 m/z 217 质量色谱图进行对比,可以明显地发现 GC-MS-MS 具有以下优势。

（1）诱导第一级质谱产生的分子离子裂解，有利于研究子离子和母离子的关系，进而给出该分子离子的结构信息。

（2）从干扰严重的质谱中抽取有用数据，大大提高质谱检测的选择性，从而能够测定混合物中的痕量物质。

从图 3.13 可以看出，当用传统 GC-MS 单极四级杆检测的时候，C_{26} 降胆甾烷与 C_{27} 和 C_{28} 重排甾烷流出时间相同（表3.7）。也就是说在 GC-MS 检测的时候 C_{26} 降胆甾烷与重排甾烷相互干扰。相对于高碳数甾烷（$C_{27} \sim C_{29}$）来说 C_{26} 降胆甾烷是属于痕量物质，而从 C_{26} 质量色谱图（m/z 358→m/z 217）可以看出其信噪比能够满足分析要求。因此，对相对含量很低的特殊生物标志化合物必须使用 GC-MS-MS 进行检测。

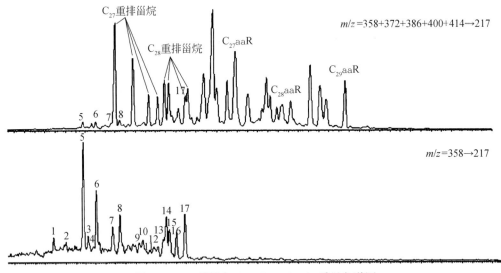

图 3.13 C_{26} 甾烷与 TIC（m/z 217）质量色谱图

表 3.7 C_{26} 降胆甾烷定性表

峰号	$M^+ \rightarrow m/z$	化合物名称
1	358→217	13β,17α-重排-24-降胆甾烷 20S
2	358→217	13β,17α-重排-24-降胆甾烷 20R
3	358→217	13α,17β-重排-24-降胆甾烷 20S
4	358→217	13α,17β-重排-24-降胆甾烷 20R
5	358→217	13β,17α-重排-27-降胆甾烷 20S
6	358→217	13β,17α-重排-27-降胆甾烷 20R
7	358→217	13α,17β-重排-27-降胆甾烷 20S
8	358→217	13α,17β-重排-27-降胆甾烷 20R
9	358→217	5α,14α,17α-24-降胆甾烷 20S
10	358→217	5α,14β,17β-24-降胆甾烷 20R
11	358→217	5α,14β,17β-24-降胆甾烷 20S
12	358→217	5α,14α,17α-24-降胆甾烷 20R
13	358→217	5α,14α,17α+5α,14β,17β,21-降胆甾烷
14	358→217	5α,14α,17α-27-降胆甾烷 20S
15	358→217	5α,14β,17β-27-降胆甾烷 20R
16	358→217	5α,14β,17β-27-降胆甾烷 20S
17	358→217	5α,14α,17α-27-降胆甾烷 20R

(二) GC-MS-MS 分析条件

所用检测仪器为 Waters 公司的 Quattro Micro GC 双质谱仪。仪器分析条件设置如下。色谱柱型号：DB-5ms；色谱柱规格：30m 长，0.25mm 柱径，0.25μm 膜厚；升温程序：80℃保持 3min 后以 3℃/min 升温至 230℃，再以 2℃/min 升温至 310℃并保持 15min；离子源温度：250℃；传输线温度：300℃；扫描方式：MRM；电子能量：70eV；扫描周期：2s。

(三) 采集的样品

本书介绍样品基本覆盖了我国南方上扬子地区海相层系地层分布范围，样品涉及的地层时代贯穿了新生代—元古代所有层位，样品系统齐全，剖面样品和井下样品并举。样品既全面又重点突出，寒武系、志留系、泥盆系和二叠系样品占有较大比重。根据面上样品基础分析数据的综合研究对比，选择一批典型样品进行生物标志物的定性和定量分析。

(四) 检测出的特殊生源生物标志物

1. C_{26} 降胆甾烷系列

C_{26} 甾烷系列是真核生物和可能的原核生物输入非常特征的标志物，用 GC-MS-MS m/z 358→m/z 217 来检测。

目前比较常用的有三个系列的 C_{26} 甾烷分别为 21-，24- 以及 27-降胆甾烷。如前所述，C_{26} 甾烷唯一实用的分析方法是通过 GC-MS-MS 的 MRM 检测方式，因为通常情况下 C_{26} 甾烷的浓度要比 $C_{27} \sim C_{29}$ 甾烷低很多，而且他们的气相色谱保留时间与 $C_{27} \sim C_{29}$ 重排甾烷一样，因此很难通过 GC-MS-MID（多离子检测）进行检测。C_{26} 甾烷的质量色谱图见图 3.13，鉴定表见表 3.7，表中 21-降胆甾烷没有 S 或者 R 构型之分，其原因为在 C-20 位上没有甲基。分子结构见图 3.14，在正常的色谱条件下，αα 和 ββ21-降胆甾烷同时流出，即 13 号峰。

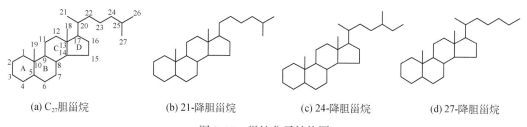

(a) C_{27} 胆甾烷   (b) 21-降胆甾烷   (c) 24-降胆甾烷   (d) 27-降胆甾烷

图 3.14 甾烷分子结构图

2. $C_{27} \sim C_{29}$ 甾烷系列

此系列化合物是石油有机地球化学中经常使用的，可以使用 GC-MS-MS（M^+→217，M^+代表 $C_{27} \sim C_{29}$ 甾烷的分子量，分别为 372，386 和 400）检测（表 3.8、图 3.15），也可以用常规的 GC-MS 多离子检测（m/z 217），然而用后者进行检测的时候有些参数可能会出现干扰（图 3.15）。

表 3.8　$C_{27} \sim C_{29}$ 甾烷定性表

峰号	$M^+ \to m/z$	化合物名称
18	372→217	13β,17α-重排胆甾烷 20S
19	372→217	13β,17α-重排胆甾烷 20R
20	372→217	13α,17β-重排胆甾烷 20S
21	372→217	13α,17β-重排胆甾烷 20R
22	372→217	5α,14α,17α-胆甾烷 20S
23	372→217	5α,14β,17β-胆甾烷 20R
24	372→217	5α,14β,17β-胆甾烷 20S
25	372→217	5α,14α,17α-胆甾烷 20R
26	386→217	13β,17α-重排麦角甾烷 20S(24S)
27	386→217	13β,17α-重排麦角甾烷 20R(24S+24R)
28	386→217	13β,17α-重排麦角甾烷 20R(24S)
29	386→217	13β,17α-重排麦角甾烷 20R(24R)
30	386→217	13α,17β-重排麦角甾烷 20S(24S+24R)
31	386→217	13α,17β-重排麦角甾烷 20R(24S+24R)
32	386→217	5α,14α,17α-麦角甾烷 20S
33	386→217	5α,14β,17β-麦角甾烷 20R
34	386→217	5α,14β,17β-麦角甾烷 20S
35	386→217	5α,14α,17α-麦角甾烷 20R
36	400→217	13β,17α-重排豆甾烷 20S
37	400→217	13β,17α-重排豆甾烷 20R
38	400→217	13α,17β-重排豆甾烷 20S
39	400→217	13α,17β-重排豆甾烷 20R
40	400→217	5α,14α,17α-豆甾烷 20S
41	400→217	5α,14β,17β-豆甾烷 20R
42	400→217	5α,14β,17β-豆甾烷 20S
43	400→217	5α,14α,17α-豆甾烷 20R

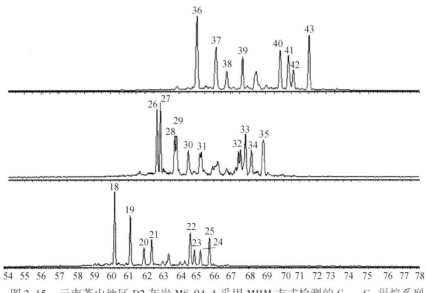

图 3.15 云南茂山地区 D2 灰岩 MS-04-4 采用 MRM 方式检测的 $C_{27} \sim C_{29}$ 甾烷系列

从图 3.16 可以看出，两种检测方式检测的甾烷系列确实有所不同，MID 方式得到的 C_{29} 甾烷部分明显有所增强，$C_{27} \sim C_{29}$ 甾烷最常使用方式是做三角图，而三角图中用到的 $C_{27}/(C_{27} \sim C_{29})$、$C_{28}/(C_{27} \sim C_{29})$、$C_{29}/(C_{27} \sim C_{29})$ 甾烷比值的精度取决于是否能从干扰峰中将各个碳数的化合物分离出来。用传统的 GC-MS-MID 扫描可以得出 $C_{27} \sim C_{29}$ 甾烷的信息，但是 GC-MS-MS 可以改善甾烷分析的精确度。需要指出的是，如果数据出自不同的仪器或者仪器相同但分析时间不同，最好先做标准校正，否则就不要用这些数据做三角图。

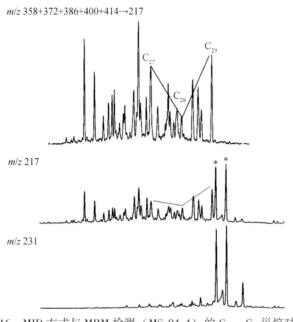

图 3.16 MID 方式与 MRM 检测（MS-04-4）的 $C_{27} \sim C_{29}$ 甾烷对比图

* 为 m/z 231 产生的干扰

3. C_{30} 正丙基胆甾烷

C_{30} 甾烷可以用作是海相有机质输入的非常特征的标志,用 GC-MS-MS 414→217 进行检测。24-正丙基胆甾烷(结构式见图 3.17)样品为云南茂山地区泥盆系灰岩,它与 24-正丙基胆甾烯醇有成因联系,而后者可通过海相金藻生物合成。与其他一些生物标志化合物,例如 $C_{27} \sim C_{29}$ 甾烷或者 C_{30} 的 4-甲基甾烷相比较,24-正丙基胆甾烷的含量通常是很低的,因而更加需要用 GC-MS-MS 进行检测。

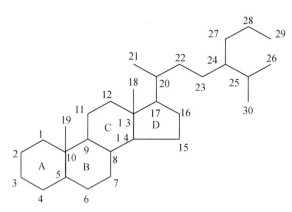

图 3.17 24-正丙基胆甾烷分子结构图

图 3.17 为 24-丙基胆甾烷分子结构图,图 3.18 为 C_{30} 正丙基胆甾烷质量色谱图。从图 3.18 看出,通常情况下 C_{30} 正丙基胆甾烷的含量很低且容易受干扰。与 $C_{27} \sim C_{29}$ 甾烷相比,其质量色谱图的信噪比较低,而且经常会出现基线鼓包的情况,这对于此系列化合物的定性以及定量分析来说都是不利的。表 3.9 为 C_{30} 正丙基胆甾烷的定性表。

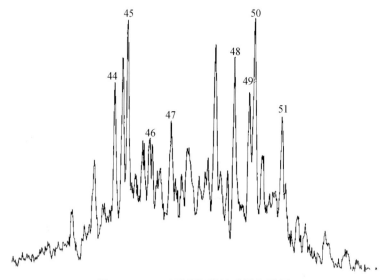

图 3.18 C_{30} 正丙基胆甾烷质量色谱图

表3.9 C_{30}正丙基胆甾烷定性表

峰号	$M^+ \to m/z$	化合物名称
44	414→217	13β,17α-重排-24-正丙基胆甾烷 20S
45	414→217	13β,17α-重排-24-正丙基胆甾烷 20R
46	414→217	13α,17β-重排-24-正丙基胆甾烷 20S
47	414→217	13α,17β-重排-24-正丙基胆甾烷 20R
48	414→217	5α,14α,17α,24-正丙基胆甾烷 20S
49	414→217	5α,14β,17β,24-正丙基胆甾烷 20R
50	414→217	5α,14β,17β,24-正丙基胆甾烷 20S
51	414→217	5α,14α,17α,24-正丙基胆甾烷 20R

4. C_{30} 4-甲基甾烷

4-甲基甾烷在地球化学研究中的应用还比较少见，但其进展速度很快。资料显示4-甲基甾烷在中国湖相沉积岩中的丰度较高，其很可能是海相或非海相沟鞭藻类或细菌的特征标志。然而在一般的样品中，此类化合物的含量相对于其他甾烷来说是非常低的，例如M96样品为海底沉积物。使用GC-MS-MS对它进行检测，能得到信噪比很低的质量色谱图（图3.19）。甲基甾烷系列各化合物的含量虽然很低，但分离效果很好，可以进行定量分析。其中4-甲基，24-乙基甾烷的结构见图3.20，化合物定性见表3.10。在甾烷系列中，4,23,24-三甲基胆甾烷通常被称之为甲藻甾烷。其结构见图3.21。

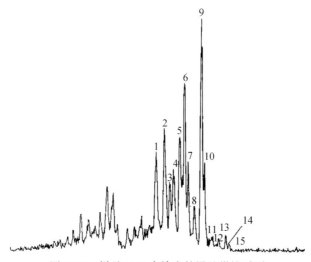

图3.19 样品M96中检出的甲基甾烷系列

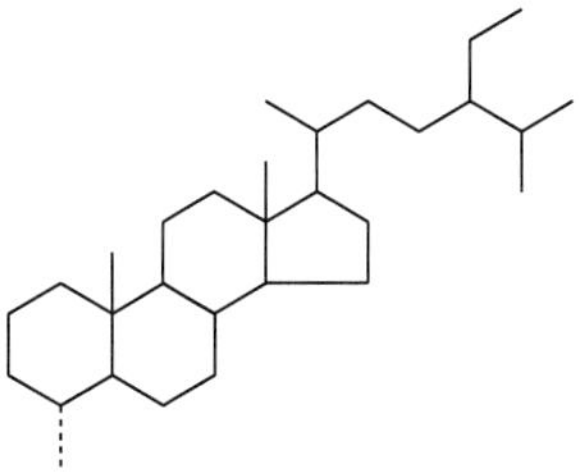

图3.20 C_{30} 4-甲基，24-乙基甾烷结构图

表 3.10　甲基甾烷定性表

峰号	M⁺→m/z	化合物名称
1	414→231	2α-甲基-24-乙基甾烷 20S
2	414→231	3β-甲基-24-乙基胆甾烷 20S
3	414→231	2β,14β,17β(H)-甲基-24-乙基胆甾烷 20R
4	414→231	2α,14β,17β(H)-甲基-24-乙基胆甾烷 20S
5	414→231	3β,14β,17β(H)-甲基-24-乙基胆甾烷 20R
6	414→231	3β,14β,17β(H)-甲基-24-乙基胆甾烷 20S
7	414→231	4α-甲基-24-乙基胆甾烷 20S
8	414→231	4α,14β,17β(H)-甲基-24-乙基胆甾烷 20R
9	414→231	2α-甲基-24-乙基胆甾烷 20R+4α,14β,17β(H)-甲基-24-乙基胆甾烷 20S
10	414→231	3β-甲基-24-乙基胆甾烷 20R
11	414→231	4α,23S,24S-三甲基胆甾烷 20R
12	414→231	4α,23S,24R-三甲基胆甾烷 20R
13	414→231	4α-甲基,24-乙基甾烷 20R
14	414→231	4α,23R,24R-三甲基胆甾烷 20R
15	414→231	4α,23R,24S-三甲基胆甾烷 20R

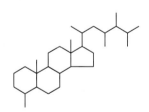

图 3.21　甲藻甾烷结构图

　　从图 3.19 可以看出，4-甲基甾烷的含量是相当低的，其中甲藻甾烷更是有数量级的差异，即使使用灵敏度极高的 GC-MS-MS 得到的质量色谱图中也只有面积极小的峰。因此我们认为，目前使用传统柱层析方法制备出的饱和烃样品直接进行 GC-MS 或者 GC-MS-MS 的检测方法，可能不适用于 4-甲基甾烷以及 C_{30} 甾烷的检测。

5. 重排藿烷系列

　　在云南茂山地区 D2 灰岩的饱和烃馏分中检测出了含量极低的重排藿烷系列化合物（图 3.22），化合物结构见图 3.23。

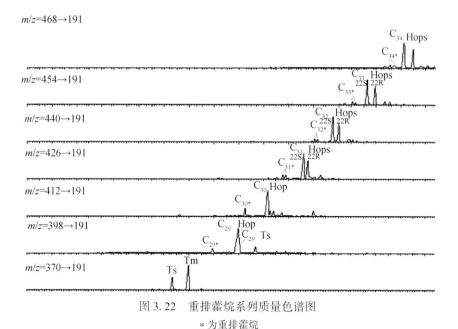

图 3.22 重排藿烷系列质量色谱图

* 为重排藿烷

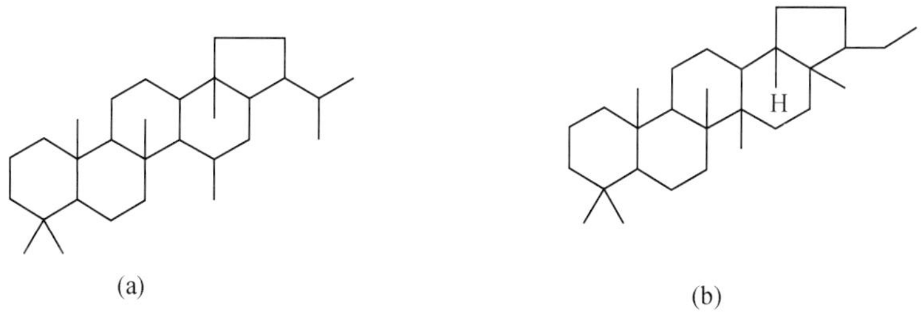

图 3.23 17α（H）-重排藿烷（C_{30*}）和 18α（H）-30-降新藿烷（$C_{29}Ts$）结构示意图

（五）C_{26} 降胆甾烷系列化合物定量分析

GC-MS-MS 定量分析方法，其分析方法可参考生物标志物 GC-MS 定量分析的方法。所使用的样品，前处理的方法以及选用的内标物两者都相同。但是由于特殊生源生物标志化合物在岩样中的含量极低，尽管采用高灵敏度的 GC-MS-MS 方式进行检测，许多特殊生源生物标志物还是不能得到非常满意的质量色谱图。鉴于上述因素，我们仅对 MS-04-4 号样品的 C_{26} 降胆甾烷进行了重复性分析。其重复性分析数据见表 3.11。

表 3.11　MS-04-4 C_{26} 甾烷重复分析数据　　（单位：μg/g 沥青"A"）

峰号	MS-04-4-1-1	MS-04-4-2-1	MS-04-4-3-1	MS-04-4-4-1	平均值	误差/%
1	2.53	2.29	3.15	2.52	2.62	10.02
2	4.57	4.09	2.73	3.30	3.67	17.91
5	16.41	15.85	16.16	15.39	15.95	1.45
3	2.79	3.08	2.80	4.09	3.44	14.68

续表

峰号	MS-04-4-1-1	MS-04-4-2-1	MS-04-4-3-1	MS-04-4-4-1	平均值	误差/%
4	2.00	1.69	1.48	1.68	1.71	8.33
6	14.92	12.27	11.03	15.59	13.45	13.40
7	6.93	5.89	4.46	3.28	5.14	24.70
8	10.82	8.43	7.64	7.15	8.51	13.57
13	2.97	3.05	3.98	3.59	3.15	7.06
14	13.13	10.02	9.65	8.92	10.43	12.94
15	10.76	9.67	7.34	7.99	8.94	14.26
16	5.99	7.16	5.29	9.51	6.99	19.27
17	15.96	10.64	10.98	9.66	11.82	17.60

注：化合物鉴定见表 3.7

由表 3.11 的 GC-MS-MS 重复性分析数据可见，它的分析误差比 GC-MS 定量分析的误差稍大，但大多数还可控制在 15% 以内。

五、含氮和含氧化合物定量分析技术

地质体中的含氮化合物一般指吡咯型、吡啶型两个化合物系列（图 3.24）。在原油中前者的含量要比后者高 1.44~4.26 倍。吡咯是含有一个氮的五元环化合物，吡咯型化合物指缩聚的吡咯（或吡咯苯并物）及其衍生物，如咔唑，苯并咔唑和二苯并咔唑。

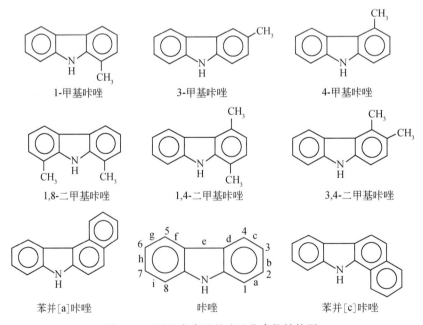

图 3.24　原油中常见的咔唑化合物结构图

地质体中的含氧化合物一般指烷基酚类和脂肪酸类化合物，它们的共同特征是化合物不仅含有碳原子和氢原子，还含有氧原子。

近年来，由于分离的分析技术进一步发展和完善，国内外石油地质学家发现该类化合物蕴藏着丰富的地球化学信息，尤其在油气运移、油藏聚集史等研究中显示了独特的优势和潜力。

（一）含氮和含氧化合物色谱-质谱分析条件

含氮和含氧化合物分离选用 30~60m 长、0.25mm 柱径的 HP-5 石英毛细柱；色谱条件：进样温度 300℃；载气（He）流量：0.8mL/min；初始炉温两者有所不同，含氮化合物为 80℃，而含氧化合物低一些为 40℃；升温速率相同，均为 3℃/min，终温为 310℃；两者的质谱分析条件相同；电子轰击能量：70eV；离子源温度 230~250℃；传输线温度：250℃；光电倍增电压：350V；扫描方式：SIM。

（二）含氮化合物的色谱-质谱定性定量分析

1. 质谱定性

含氮化合物的定性依据质谱或质量色谱图及保留时间与标准图谱对比，以及文献资料定性。分别提供咔唑、甲基咔唑、二甲基咔唑和三甲基咔唑以及苯并咔唑、甲基苯并咔唑和二甲基苯并咔唑的定性结果和质量色谱图（表 3.12、图 3.25、图 3.26）。

表 3.12 原油中性含氮化合物鉴定表

峰号	分子式	分子量	名称	类型	峰号	分子式	分子量	名称	类型
1	$C_{12}H_9N$	167	咔唑	全裸露	13	$C_{14}H_{13}N$	195	1,5-二甲基咔唑	部分屏蔽
2	$C_{13}H_{11}N$	181	1-甲基咔唑	部分屏蔽	14	$C_{14}H_{13}N$	195	3-乙基咔唑	部分屏蔽
3	$C_{13}H_{11}N$	181	2-甲基咔唑	裸露	15	$C_{14}H_{13}N$	195	2,6-二甲基咔唑	裸露
4	$C_{13}H_{11}N$	181	3-甲基咔唑	裸露	16	$C_{14}H_{13}N$	195	2,7-二甲基咔唑	裸露
5	$C_{13}H_{11}N$	181	4-甲基咔唑	裸露	17	$C_{14}H_{13}N$	195	1,2-二甲基咔唑	部分屏蔽
6	$C_{14}H_{13}N$	195	1,8-二甲基咔唑	屏蔽	18	$C_{14}H_{13}N$	195	2,4-二甲基咔唑	裸露
7	$C_{14}H_{13}N$	195	1-乙基咔唑	部分屏蔽	19	$C_{14}H_{13}N$	195	2,5-二甲基咔唑	裸露
8	$C_{14}H_{13}N$	195	1,3-二甲基咔唑	部分屏蔽	20	$C_{14}H_{13}N$	195	2,3-二甲基咔唑	裸露
9	$C_{14}H_{13}N$	195	1,6-二甲基咔唑	部分屏蔽	21	$C_{14}H_{13}N$	195	2,4-二甲基咔唑	裸露
10	$C_{14}H_{13}N$	195	1,7-二甲基咔唑	部分屏蔽	22	$C_{16}H_{11}N$	217	苯并[a]咔唑	
11	$C_{14}H_{13}N$	195	1,4-二甲基咔唑	部分屏蔽	23	$C_{16}H_{11}N$	217	苯并[b]咔唑	
12	$C_{14}H_{13}N$	195	4-乙基咔唑	部分屏蔽	24	$C_{16}H_{11}N$	217	苯并[c]咔唑	

咔唑中 a 位置被苯取代则称苯并[a]咔唑（表 3.12）。在咔唑系列化合物中 1,8 位置上的氢原子若被烷基取代，那么咔唑中的 H-N 基团将被有效地遮蔽住，因此称 1,8-二甲基咔唑为屏蔽化合物。同理若 1,8 位置上的氢原子没有被烷基取代的化合物称裸露化合物，而 1,8 位置上的氢原子有一个被烷基取代的化合物则称部分屏蔽化合物（表 3.12）。以咔唑、苯并咔唑为标准，9-苯基咔唑为内标物，用内标法分别对咔唑类化合物和苯并咔唑类化合物进行定量。

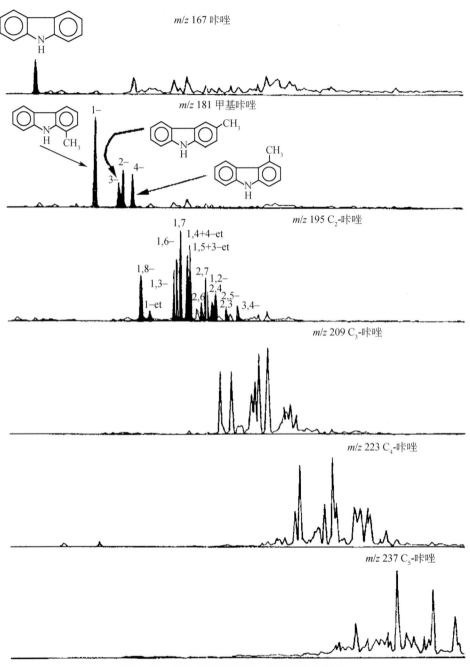

图 3.25　原油中咔唑系列化合物质量色谱图

2. 质谱定量

以 9-苯基咔唑为内标物，用内标法分别对咔唑、烷基咔唑、苯并咔唑及烷基苯咔唑化合物进行定量分析。

在制备的中性氮组分中加入适量内标物进行色谱–质谱分析，用式（3.6）分别计算咔唑类化合物含量 X_i（μg/g）。

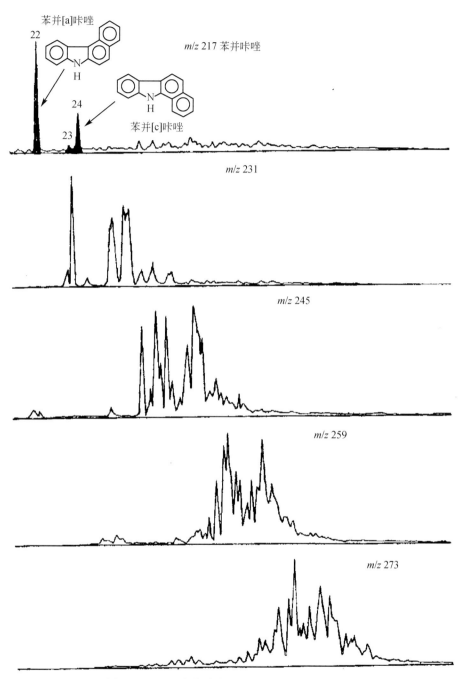

图 3.26 原油中苯并咔唑系列化合物质量色谱图

$$X_i = \frac{M_s \cdot F_i \cdot A_i}{M \cdot F_s \cdot A_s} \quad (3.6)$$

式中，A_i，F_i 分别代表组分峰面积和相对校正因子；M_s，A_s，F_s 分别代表内标物 S 的质量（μg）、峰面积和相对校正因子；M 为试样的质量（称样量 mg）。

(三) 含氧化合物的色谱-质谱定性定量分析

1. 质谱定性

含氧化合物的定性依据质谱或质量色谱图及保留时间与标准图谱对比以及文献资料定性，分别提供苯酚、甲基苯酚、二甲基苯酚（C_2-苯酚）和三甲基苯酚（C_3-苯酚）的质量色谱图和定性结果（图 3.27、图 3.28、表 3.13）。

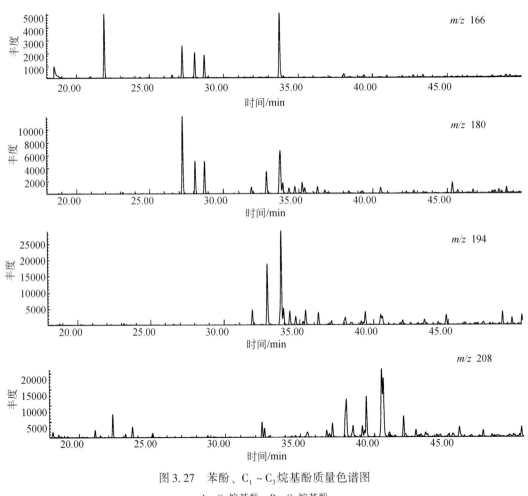

图 3.27　苯酚、$C_1 \sim C_3$ 烷基酚质量色谱图

A—C_2 烷基酚；B—C_3 烷基酚

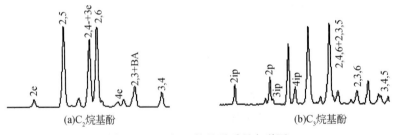

图 3.28　C_2 和 C_3 烷基酚质量色谱图

表 3.13　烷基酚类化合物定性结果

峰号	分子式	分子量	化合物名称 英文名称	化合物名称 中文名称
1	C_6H_6O	94	Phenol	苯酚
2	$C_7H_{20}O$	108	o-Cresol	邻-甲酚
3	$C_7H_{20}O$	108	m-Cresol	间-甲酚
4	$C_7H_{20}O$	108	p-Cresol	对-甲酚
5	$C_8H_{34}O$	122	2-Ethylphenol	2-乙基苯酚
6	$C_8H_{34}O$	122	2,5-Dimethylphenol	2,5-二甲基苯酚
7	$C_8H_{34}O$	122	3-Ethylphenol+2,4-Dimethylphenol	3-乙基苯酚+2,4二甲基苯酚
8	$C_8H_{34}O$	122	2,6-Dimethylphenol	2,6-二甲基苯酚
9	$C_8H_{34}O$	122	3,5-Dimethylphenol	3,5-二甲基苯酚
10	$C_8H_{34}O$	122	4-Ethylphenol	4-乙基苯酚
11	$C_8H_{34}O$	122	2,3-Dimethylphenol	2,3-二甲基苯酚
12	$C_8H_{34}O$	122	3,4-Dimethylphenol	3,4-二甲基苯酚
13	$C_9H_{48}O$	136	2-Isopropylphenol	2-异丙基苯酚
14	$C_9H_{48}O$	136	2-n-Propylphenol	2-正丙基苯酚
15	$C_9H_{48}O$	136	3-Isopropylphenol	3-异丙基苯酚
16	$C_9H_{48}O$	136	4-Isopropylphenol	4-异丙基苯酚
17	$C_9H_{48}O$	136	2,4,6-Trimethylphenol	2,4,6-三甲基苯酚
18	$C_9H_{48}O$	136	2,3,5-Trimethylphenol	2,3,5-三甲基苯酚
19	$C_9H_{48}O$	136	2,3,6-Trimethylphenol	2,3,6-三甲基苯酚
20	$C_9H_{48}O$	136	3,4,5-Trimethylphenol	3,4,5-三甲基苯酚

2. 质谱定量

以苯酚、2,4-二甲基苯酚为标准，2,4-二甲基苯酚（d3）为内标物，用内标法分别对苯酚、烷基酚化合物进行定量分析。

配置苯酚、2,4-二甲基苯酚和 2,4-二甲基苯酚（d3）的混合标准溶液，用 $100\mu L$ BSTFA 在 60℃ 衍生 1h。

将衍生好的标准溶液和样品分别进行色谱-质谱分析，用式（3.7）分别计算苯酚和 $C_1 \sim C_3$ 烷基酚的含量 X_i（$\mu g/g$）。

$$X_i = \frac{M_s \cdot F_i \cdot A_i}{M \cdot F_s \cdot A_s} \tag{3.7}$$

式中，A_i、F_i分别代表组分峰面积和相对校正因子；M_s、A_s、F_s分别代表内标物S的质量（μg）、峰面积和相对校正因子；M为试样的质量（称样量mg）。

第三节 生物标志物定量分析技术应用

一、特殊生物标志化合物定量参数的解释和应用

本书在塔河油田和南方上扬子地区大量原油、抽提物和沥青样品的GC-MS、GC-MS-MS等实验分析基础上，结合上扬子区和塔里木盆地地质实际开展了相关分析技术及其地球化学解释工作，总结出了一系列有价值的如具有特殊环境、时代意义的生物标志化合物指标，力图为解决有争议的油气来源、混源油气、油气运移等科学问题提供重要的分子地球化学证据。

（一）指示原核生物来源和古生态环境的萜烷指纹

大量研究表明，几乎所有岩石抽提物和石油中都存在萜烷。通常认为萜烷来自细菌（原核生物）细胞壁的类脂化合物。而细菌在不同地质时代沉积物中普遍存在。因此，利用m/z 191质量色谱图可以反映原核生物（细菌）的贡献，指示原核生物来源和古生态环境。

1. 高浓度的三环萜烷

如图3.29所示在塔河油田S14原油中，短链三环萜烷明显占优势，C_{23}高峰；高分子量中长链三环萜烷也占优势，使藿烷系列分布不明显。从生标定量分析数据来看，此油样的三环萜烷（C_{28}、C_{29}三环萜烷四个同系物之和）和藿烷（C_{29}~C_{33}藿烷之和）总量分别为44.6μg/g、74.0μg/g，与其他油样相比明显偏低，其余19个油样二者数据分别为72.3~274.0μg/g（均值151.1μg/g）和488.2~1223.3μg/g（均值917.0μg/g），但S14原油的三环萜烷/17α(H)-藿烷值（0.6）远高于其余样品的比值（0.1~0.3）。在南方部分原油中也发现了类似的三环萜烷分布，如镇巴地区下三叠统飞仙关组油苗（ZB-18-06）和黔东南虎47井下奥陶统原油中，短链三环萜烷含量高，发育长链三环萜烷，尤其在虎47井中三环萜烷/17α(H)-藿烷值高达1.3，而藿烷和甾烷浓度也很低（图3.29）。

萜烷系列化合物主要来源于菌藻类，分布范围和来源广泛，但是长链的萜类优势可能与特殊的生物种类有关。高浓度的三环萜烷及其芳香烃同类物与富含塔斯马尼亚藻（Tasmanite）的岩石有关，这就说明它们可能与原始藻类有关，而不一定是细菌（Aquino Neto et al., 1989; Azevedo et al., 1992）。

三环萜烷/17α(H)-藿烷值主要作为母源参数，用来比较细菌或藻类脂体（三环萜烷）和来源于不同原核生物的生物标志物（藿烷）。三环萜烷的抗生物降解能力很强，因而可用于强烈生物降解油的油源对比（Serfeit et al., 1979）。在高成熟情况下，低碳数的三环萜烷更稳定，与升藿烷相比受成熟度的影响更小，是干酪根在相对更高的成熟度下生成的（Peters et al., 1990）。

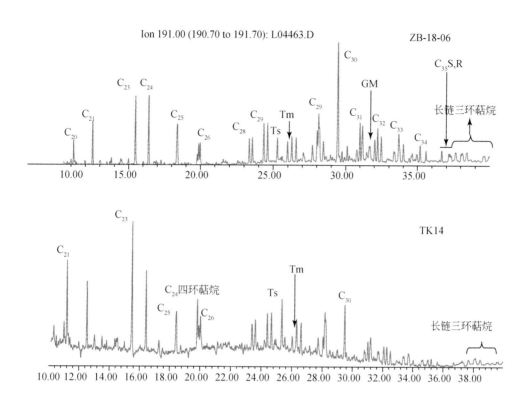
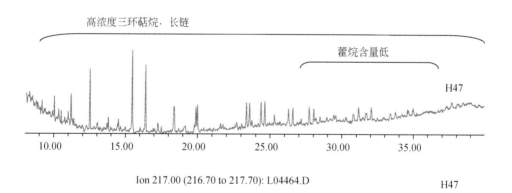
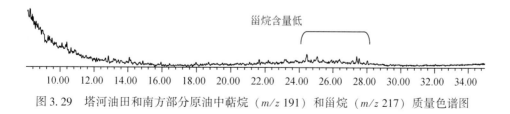

图 3.29　塔河油田和南方部分原油中萜烷（m/z 191）和甾烷（m/z 217）质量色谱图

2. C_{35} 升藿烷优势

通常认为石油中的藿烷来自原核生物类脂膜中的细菌藿四醇。升藿烷（$C_{31} \sim C_{35}$）被认为是来自细菌藿四醇和一般存在于原核微生物中的其他官能团 C_{35} 藿烷类化合物

(Ourisoon，1984）。高丰度的 C_{35} 升藿烷一般与海相碳酸盐岩或蒸发岩有关（傅家谟，1989）。这可能与沉积环境中强烈的细菌活动有关，升藿烷指数即 $C_{35}/(C_{31} \sim C_{35})$ 被认为是沉积时期海相高还原环境的一般性指标。成熟度相近的原油和沥青中，$C_{31} \sim C_{35}$ 升藿烷相对丰度高，特别是 C_{35} 升藿烷，指示着一种无有效游离氧的强还原海相沉积环境；C_{32} 或 C_{31} 优势指示亚氧化环境（Demason et al.，1983），而 C_{33} 或 C_{34} 优势指示不同类型的细菌输入。

在塔河油田和南方油苗中，部分原油和沥青具有明显的 C_{35} 优势，如南方广元和城口寒武系中的原油和沥青（GY-07-1 油）、塔河油田主产区的奥陶系原油（S74 原油）中藿烷系列中 C_{35} 藿烷占优势（图 3.30）。生标定量分析表明，在塔河油田 4、6、7 区块原油中 C_{35} 藿烷绝对丰度在 59.8～122.3μg/g 范围内变化，与 C_{34} 含量相比多高出 1.1～1.37 倍，升藿烷指数为 0.111～0.144，而无 C_{35} 藿烷优势的原油升藿烷指数为 0.069～0.082。南方广元和城口寒武系原油 C_{35} 藿烷绝对丰度远低于塔河油田奥陶系原油，多为几个 μg/g 至十几个 μg/g，最高达 35.1μg/g，但与低碳数同系物相比较优势更为明显，C_{35}/C_{34} 值多为 1.33～1.82，升藿烷指数为 0.152～0.213。C_{35} 藿烷在下古生界地层中显现优势，反映水体分层明显，底水处于还原环境，有利于有机质聚集保存，同时往往与生物降解过程中产生的二降藿烷伴生（如 S74 井），具有厌氧降解的特征，随着时代变新，这种优势逐渐消失。

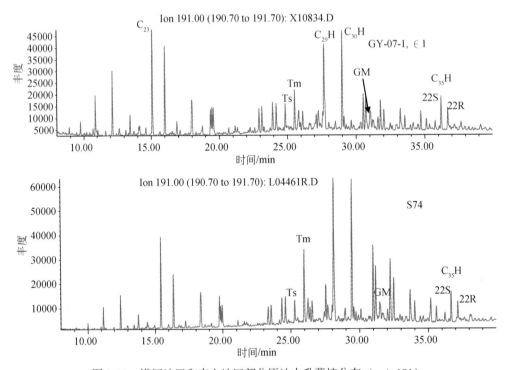

图 3.30　塔河油田和南方地区部分原油中升藿烷分布（m/z 191）

3. 高 C_{29}/C_{30} 17(H)-藿烷值

在大部分石油中 C_{29}/C_{30} 17(H)-藿烷值小于 1，但在富含有机质的蒸发岩和碳酸盐源岩生成的石油中该值大于 1（Zumberger，1984）。在本书涉及的样品中，塔河油田 4、6、7 区原油基本上都显示 C_{29}/C_{30} 17(H)-藿烷值大于 1，变化在 1.06~1.18 范围内，呈 C_{29} 比 C_{30} 的相对浓度高或二者相近，绝对含量变化在 156.4~303.6μg/g 范围内，而南部和东部轻质油中该值多为 0.65~0.89，绝对含量也相对较低，变化范围为 65.3~155.1μg/g，仅 S116-2 井原油中 C_{30} 藿烷含量达 215.9μg/g。在南方广元寒武系原油和沥青、城口寒武系原油和黔东南虎 47 井奥陶系原油都具有高的 C_{29}/C_{30} 17(H)-藿烷值，变化范围为 1.14~1.68，而下三叠统飞仙关组原油中此比值均小于 0.9，这些原油 C_{29}、C_{30} 藿烷绝对含量较塔河油田低，处于十几个 μg/g 至数十个 μg/g 的变化范围内。C_{29} 与 C_{30} 藿烷的相对浓度可能反映了时代的特征，地层越老，C_{29} 与 C_{30} 藿烷的相对优势明显，随着时代变新，优势逐渐消失。

4. 伽马蜡烷

伽马蜡烷通常在高盐度海相和非海相沉积环境中丰富，来源于四膜虫醇（Tetrahymanol）还原，指示有机质沉积时的强还原超盐度条件（Moldowan et al.，1985）。伽马蜡烷在某些源于碳酸盐岩或蒸发岩的海相石油中也很丰富（Rohrback et al.，1983；Moldowan et al.，1992）。最近的研究表明其主要反映沉积水体分层的状况，而并不一定与高盐度有关。水体分层，底水还原，可能导致高伽马蜡烷指数、低姥鲛烷/植烷值和 C_{35} 升藿烷优势。在本章检测的原油和抽提物中，均未出现类似湖相石油和沥青中异常丰富的伽马蜡烷，但其分布仍有一定的规律性的，如在塔河原油中，相对高丰度伽马蜡烷主要出现在主体产区 4、6、7 区块，绝对含量为 44.4~66.3μg/g，而南部和东部区块原油中伽马蜡烷含量多为 20μg/g 以下。在南方原油中，只有镇巴地区飞仙关组原油（ZB-18-06）出现伽马蜡烷丰度的相对高值，达 77.2μg/g，这也是本章所有原油测试中的最高值，而其余样品均小于 20μg/g。

（二）甾类化合物

甾类化合物可作为地质年代和生物体的特征标志物。在自然界大多数甾体化合物以游离的或酯化的甾醇形式出现，而游离甾醇很可能是微生物改造和成岩作用形成的矿物甾体生物前身物。甾烷起源于甾醇，是真核生物（包括植物、藻类和动物）的沉积标志物。由于甾烷具有更为明确的生物学意义，作为地质年代和生物体的特征标志物一直是国内外有机地球化学界的研究热点，包括甲藻甾烷、三芳甲藻甾烷、24-n-丙基胆甾烷及 24-降胆甾烷等。

1. C_{27}-C_{28}-C_{29} 甾烷分布

原油中的 C_{27}-C_{28}-C_{29} 甾烷同系物的相对丰度通常用来反映其源岩有机质中甾烷的碳数分布，可以区分不同源岩的石油或相同源岩不同有机相的原油。与 C_{27} 和 C_{28} 甾烷比较，高含量的 C_{29} 甾烷（24-乙基胆甾烷）往往可以指示高等植物生源，因为在高等植物以及沉积物中 C_{29} 甾醇占很大优势。但是，由于 24-乙基甾-5-烯-3β-醇（C_{29} 甾醇）在混合硅藻的培养物中很丰富，C_{29} 甾醇作为陆源标志物不一定十分可靠。同时，许多来源于古生界和更老时代的原油和碳酸盐岩来源的原油,尽管它们的源岩中没有或很少有高等植物输入,也含有丰富的 C_{29} 甾烷(Grantham,1986;Buchardt et al.,1989;Moldowan et al.,1990)。本项目检测的大部分原油、沥青和抽提物显示 C_{29} 甾烷优势,呈 V 字形或反 L 形分布(图3.31)。生标定量分析表明,塔河原油中 C_{28} 甾烷有两个分布范围,一是 S14、TK614、S74、S79、T912 和 S117 井原油中 C_{28} 占 C_{27}-C_{28}-C_{29} 甾烷总量的 19.2%~23.6%,绝对含量在主体区相对较高达 94.4~128.3μg/g,南部和东部轻质油为 24.2~66.1μg/g;二是其余原油的 C_{28} 比例为 12.8%~15.9%,绝对含量在主体区相对较高达 91.0~183.5μg/g,南部和东部轻质油为 42.4~69.0μg/g。根据前人研究(张水昌等,2000),在塔里木盆地寒武系岩石抽提物中的 C_{28} 甾烷含量也普遍较高,占 C_{27}-C_{28}-C_{29} 甾烷的 20%~26%,明显高于 Grantham 和 Wakefield 所报道的早古生代及更老时代地层中的 3%~17%,也高于塔里木盆地大多数中上奥陶统的岩石样品。另外,在南方川岳 84 井原油中,C_{27}、C_{28} 占优势,绝对丰度分别为 92.5μg/g、87.4μg/g,而 C_{29} 为 78.7μg/g,C_{28}/C_{29} 值达 1.11(图3.32)。由于泥盆纪以前缺乏陆生植物,所以泥盆纪以前岩石和原油中的 C_{29} 甾烷很可能也来源于

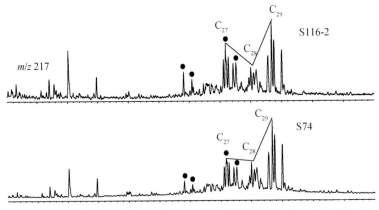

图 3.31 塔河油田部分原油 C_{27}-C_{28}-C_{29} 规则甾烷分布（m/z 217）

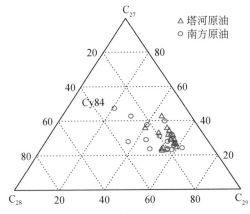

图 3.32 塔河油田和南方部分原油 C_{27}-C_{28}-C_{29} 规则甾烷相对含量三角图

藻类（Vlierbloom et al.，1986）。另外有资料表明，海相石油中的 C_{28} 甾烷相对含量随地质年代而增加，而 C_{29} 甾烷则相对减少（Peters et al.，1986；Czochanska et al.，1988）。在白垩系和侏罗系中，C_{28} 甾烷含量的增加可能与不断增加的浮游植物群有关，这些植物群包括硅藻、颗石藻和沟鞭藻。尽管这种研究并不能确定油源岩的准确年代，但可以把早白垩世和新近纪的油与古生代和更老时代的油区分开来（Grantham and Wakefield，1988）。

2. 规则甾烷/17α(H)-藿烷值

该比值可以大体反映真核生物和原核生物对沉积有机质贡献的大小。规则甾烷主要来源于真核生物（主要是藻类和高等植物），而 17α(H)-藿烷则来源于原核生物（细菌）的贡献。不同成熟度但成因相关的油源岩和原油样品点在规则甾烷-藿烷含量坐标图上往往落在一条曲线上，而不相关的原油和源岩则可能落在也可能不落在这条线上。如图 3.33、图 3.34 所示，在甾烷-藿烷含量坐标图上，塔河油田的大部分原油落在一条线上，表明主要来源的可比性，而南方原油相对分散，这与地质实际吻合的，因为它们大部分都是在不同的盆地或者区域构造带上，沉积构造背景差异大，应该来自不同时代或者沉积有机相的源岩。由于生物体中的甾醇和藿类的含量变化很大，所以只有当甾/藿烷值变化很大时，有关真核生物和原核生物对源岩的相对贡献评价结果才比较可信。一般情况下，高含量的

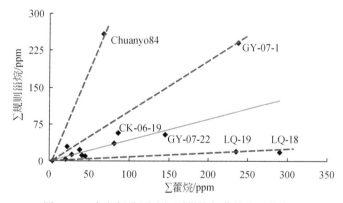

图 3.33　南方部分原油规则甾烷与藿烷含量分布图

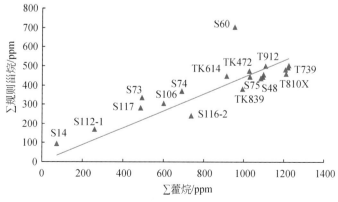

图 3.34　塔河油田原油规则甾烷与藿烷含量分布图

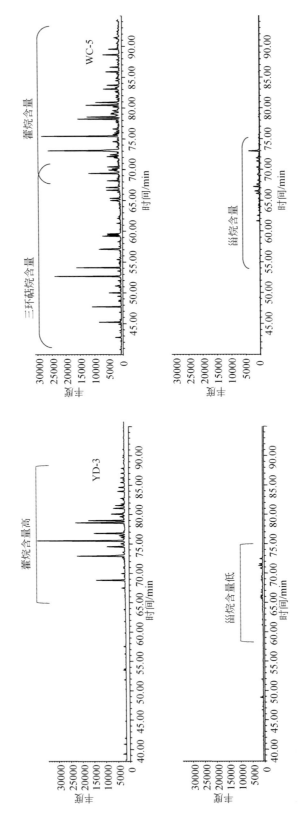

图 3.35 南方原油和抽提物中萜烷(m/z 191)和甾烷(m/z 217)质量色谱图

甾烷以及高的甾/藿烷值（≥1）似乎是主要来源于浮游或底栖藻类生物的海相有机质的特征（Czochanska et al.，1988）。从生标定量数据可知，在塔河油田 S60、S14 原油中甾烷相对含量较高，S60 高达 700.8μg/g，与其他样品相比高出近 2 倍，S14 原油的甾/藿烷值则较高（1.3）；在南方扬子地区，川岳 84 井轻质油（凝析油）的甾/藿烷值更高，达 3.8 [258.5/67.4（μg/g）]，表明了浮游或底栖藻类生物的海相有机质的来源性。相反，低含量甾烷和低的甾/藿值主要指示细菌来源或微生物改造过的有机质。图 3.35 表明，黔东南地区上二叠统吴家坪组两个煤样的抽提物（YD-1、YD-3）均显示类似特征，即藿烷含量高，甾烷和三环萜烷含量很低，与其陆源、氧化、酸性环境相吻合。该地区二叠系油苗（WC-5）也具有低含量甾烷和低的甾/藿值，三环萜烷含量相对较高，暗示水体浅、亚氧化环境，成熟度较高。

3. 重排甾烷和规则甾烷的相对比例

甾醇在成岩作用期间向重排甾烯的转化被认为是黏土的酸性催化作用的结果，重排甾烯最终被还原成重排甾烷（Rubinstein and Albrecht，1975）。重排甾烷/规则甾烷值常被用来鉴别原油是来自碳酸盐岩还是源于碎屑岩生油岩。重排甾烷/规则甾烷值也可反映源岩的矿物学和氧化程度，原油中低的重排甾烷/规则甾烷值指示着生油岩沉积时缺氧，为贫黏土的碳酸盐岩（Berner et al.，1970）。它们在成岩期间由于细菌活动产生了重碳酸盐和铵离子，使水中的碱度增加。在这种低 Eh 和高 pH 环境下，方解石大量沉淀，有机质得以保存。而高重排甾烷/规则甾烷值是原油来源于富含黏土的生油岩的典型特征。但是，在高能环境下沉积的贫有机质碳酸盐岩生成的沥青抽提物常具有高重排甾烷/规则甾烷值（Chosson et al.，1992），可能与开阔环境下的亚氧化-氧化条件有关。此外，如果某些原油具有重排甾烷/规则甾烷值，还可以由高成熟度或严重生物降解作用所致，如一系列相似的页岩状碳酸盐岩的埋藏熟化作用使镜质体反射率和 C_{27} 重排甾烷/（C_{27} 重排甾烷+规则甾烷）值都增加（Goodarzi et al.，1989）。因此，只有在样品的成熟度相当的情况下重排甾烷/规则甾烷值才可用于判断生油岩的沉积条件。我们测试的原油中，塔河油田 4、6、7 区经历过严重生物降解的原油均表现为低的重排/规则甾烷值，以 C_{27} 甾烷为例，C_{27} 规则甾烷绝对含量为 89.1~132.0μg/g，C_{27} 重排甾烷为 5.0~10.7μg/g，重排甾烷/规则甾烷值为 0.06~0.08；塔河油田南部和东部轻质油的 C_{27} 规则甾烷和重排甾烷绝对含量与前者相当，S112-1 和 S73 轻质油的重排/规则甾烷值也相近，但南部 11 区的 S116-2、S117、S106 和东部 S14 井原油具有相对高的重排/规则甾烷值，为 0.22~0.36，暗示着本区重排甾烷和规则甾烷的分布差异主要归因于有机质来源烃源岩形成时沉积相的不同，而并不完全是成熟度或者生物降解原因，至少严重的生物降解作用未造成早期原油中重排甾烷的相对富集（图 3.36）。

4. C_{26} 甾烷和 C_{30} 甲基甾烷

近年来，随着双质谱（GC-MS-MS）技术的发展，原油和岩石抽提物中很多以前难以检测到的一些微量生物标志物不断被有效地检测出来，并基于其更具特征性的生源意义而广泛应用在油气源对比分析中，如 C_{26} 甾烷、C_{30} 甲基甾烷和三芳甾烷等，这些化合物在原油中常以很低的浓度存在，一般难以通过常规的 GC-MS 多离子扫描来获得，而需要用 GC-MS-MS 检测技术来分析才取得可靠的数据。前几年，针对这些特殊生物标志物，黎茂稳对

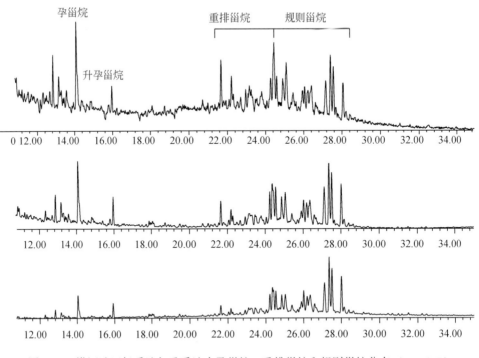

图 3.36 塔河油田轻质油与重质油中孕甾烷、重排甾烷和规则甾烷分布（m/z 217）

塔里木盆地台盆区古生界烃源岩和原油开展了大量的双质谱分析及其地球化学解释工作。下面以黎茂稳的前期工作成果为基础重点讨论 2-, 3- 和 4- 甲基甾烷、C_{26} 甾烷和 24- 正丙基胆甾烷的地质意义。

1) 2-, 3- 和 4- 甲基甾烷

沉积有机质中的 3β- 甲基、3β- 乙基和 2α- 甲基甾烷是通过细菌作用由甾醇经过 Δ2 甾烯甲基化形成的，并且 2α- 甲基和 3β- 甲基甾烷可能具有相同的 Δ2- 甾烯前驱物（Summons and Capon, 1988, 1991）。目前在现代生物中还没有发现类似于 2- 或 3- 甲基甾烷的天然产物。4- 甲基甾烷胺结构可分为两大类：一是取代基位置在 4 和 24 碳位上的 $C_{28} \sim C_{30}$ 甾烷（如 4α- 甲基-24- 乙基胆甾烷），二是 C_{30} 甲藻甾烷（如 4α,23,24- 三甲基胆甾烷）。目前人们对于 4,24- 碳位取代的甲基甾烷的成因尚不清楚，可能的来源包括沟鞭藻或 Pavlova 属的定鞭金藻微藻中的 4α- 甲基甾醇（Withers, 1983; Summons and Capon, 1988）。甲藻甾烷则来源于海相和非海相沉积的沟鞭藻中的甲藻甾醇或甲藻甾烷醇（Tappan, 1980）。当原油不含 4- 甲基甾烷但 2- 和 3- 甲基甾烷相对富集时，可能指示该原油是由中生代以前的生油岩生成的，因为在许多古生代和前寒武纪原油中，2- 和 3- 甲基甾烷是主要的甲基甾烷，而 4α- 甲基甾烷则在中生界和新近系系原油中占优势（Summons and Capon, 1991）。然而，尽管这种认识与沟鞭藻化石最早在三叠纪大量出现的证据相符，沟鞭藻化石在古生代也有零星分布（Tappan, 1980）。

在"九五"攻关期间，张水昌等（2000）深入研究了塔里木盆地中下寒武统、下奥陶统和中上奥陶统三套烃源岩层富有机质岩石抽提物中 C_{30} 甲基甾烷（m/z 414→231）、$C_{26} \sim C_{29}$ 甾烷（m/z M^+→217）和 C_{26} 降胆甾烷（m/z 358→217）化合物的分布。这些化合物的相对含量随地层时代呈现出明显的变化规律（图 3.37）。很显然，寒武系和下奥陶统抽提物具有非常一致的分布，明显有别于上奥陶统。从寒武系—下奥陶统至上奥陶统，C_{30} 甲藻甾烷（4α，23，24-三甲基胆甾烷）和 4α-甲基-24-乙基胆甾烷强度急剧减小直至痕量，$C_{27} \sim C_{29}$ 重排甾烷浓度从低到高，C_{28} 甾烷和 24-降胆甾烷从强到弱（图 3.37）。除此之外，三芳甲藻甾烷等在这些岩石抽提物中也有规律的变化。虽然造成这种变化的

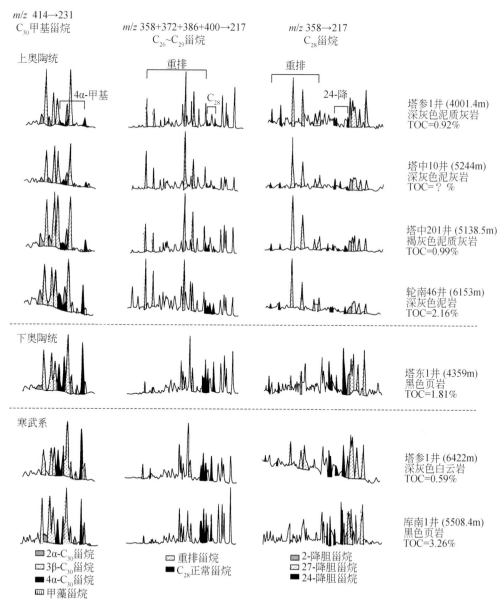

图 3.37　塔里木盆地寒武系和奥陶系岩石抽提物中 C_{30} 甲基甾烷、$C_{26} \sim C_{29}$ 甾烷和 C_{26} 降胆甾烷分布

原因还不十分清楚，但这些差异显然可以作为细分寒武系—下奥陶统与上奥陶统生油岩的标志。

甲藻甾烷和4α-甲基-24-乙基胆甾烷常被作为沟鞭藻生源的特征标志物。沟鞭藻一般被认为是起源于中三叠世，但由于在前寒武纪至泥盆纪富有机质的沉积岩石中鉴定出丰富的甲藻甾烷和4α-甲基-24-乙基胆甾烷，因而认为沟鞭藻的起源可能更古老。塔里木盆地两套源岩抽提物中，甲藻甾烷和4α-甲基-24-乙基胆甾烷的相对浓度具有明显的差异。在所有寒武系抽提物中，甲藻甾烷的相对含量高，而中上奥陶统抽提物中，该类化合物的含量一般较低。这种差异构成了油源对比的基础。图3.38是两组岩石抽提物和原油中C_{30}甲基甾烷分布对比图。可以看出，TD2井寒武系重油与同一口井4647.2m处的岩石抽提物之间具有非常好的对比性，表现出甲藻甾烷和4α-甲基-24-乙基胆甾烷的高丰度[图3.38(a)]；而以LG9井为代表的塔北隆起上的原油（无论是稠油还是正常油和凝析油）却以低丰度的甲藻甾烷、4α-甲基-24-乙基胆甾烷和高浓度的3α-甲基-24-乙基胆甾烷为显著特征，与TZ6井中上奥陶统源岩抽提物的分布特征非常一致[图3.38(b)]，分别指示两组样品之间在甲基甾烷分布上的相似性。

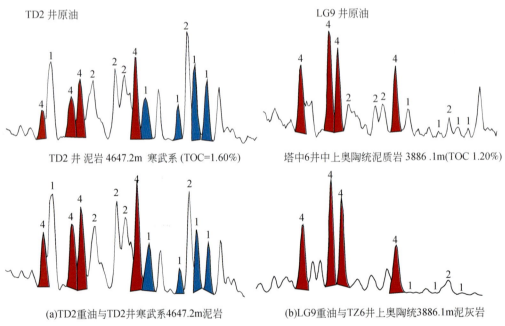

图3.38 塔里木盆地原油与岩石抽提物中甲基甾烷（C_{30}）的分布（m/z 231）

1为4,23,24-三甲基胆甾烷（甲藻甾烷）；2为4-甲基-24-乙基胆甾烷；4为3-甲基-24-乙基胆甾烷

2）C_{26}甾烷分布

由于C_{26}甾烷在地质样品中的含量较低结构见图3.39，且不同碳数规则甾烷和重排甾烷可能出现的气相色谱保留时间重叠干扰，C_{26}甾烷分布一般很难通过常规的GC-MS多离子扫描获得，而需要用GC-MS-MS技术的母离子/子离子检测（m/z 358→217）分析，它可以反映特定的真核生物和可能的原核生物的输入，作为有效的油源对比参数。

24-降胆甾醇被认为来源于真核生物，在古生界及较老的石油中几乎没有 24-降胆甾烷。Holba 等发现，24-降胆甾烷及其衍生物主要出现于现代或古生代的硅藻土以及硅质岩生成的原油中，这说明硅藻可能是 24-降胆甾烷的直接或间接生源。在塔里木盆地所有寒武系和某些奥陶系抽提物中都检测出了明显的降胆甾烷系列。如图 3.37、图 3.38 所示，寒武系与下奥陶统和上奥陶统之间的明显差异是前者具有较高丰度的 24-降胆甾烷，后者具有相对丰富的 27-降胆甾烷，故利用 24-/27-降胆甾烷值可以区分两套源岩生成的石油（黎茂稳等，1999；张水昌等，2000）。

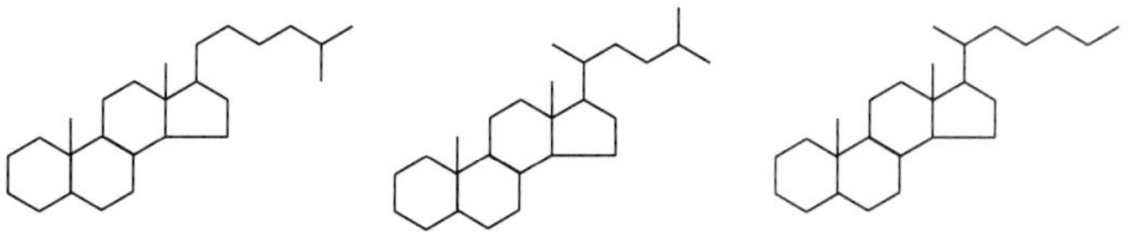

图 3.39 塔里木盆地寒武系和奥陶系岩石抽提物中检测到的 C_{26} 降胆甾烷结构图

3) 24-正-丙基胆甾烷

这类化合物是识别海相有机质对源岩输入非常有用的参数（Peters et al., 1986; Czochanska et al., 1988）。它们与 24-正-丙基胆甾烯醇有成因联系（Moldowan et al., 1990），而后者则来源于海相的金藻（Sarcinochrysidales）生物合成，常通过食物链的关系而保存于海相无脊椎动物体内（Raederstorff and Rohmer, 1984）。来源于海相生油岩的原油或沥青通常含有 24-正丙基胆甾烷，如近年通过 GC-MS-MS 分析在加拿大西北部马肯齐盆地上白垩统原油的饱和烃组分中检测出 24-正丙基胆甾烷，证实了其海相来源，而湖相和沼泽相成因的石油通常不含这些化合物。在有些原油和源岩中出现此类特殊生物标志化合物时，可能指示源岩沉积时特殊的海侵事件（Hou et al., 2000）。如果原油中 C_{30} 甾烷浓度为零，一般来说是非海相油。由于含有 C_{30} 4-甲基甾醇的海相有机体在演化上的滞后，或者当时占优势的少数几种海相生物群不含这类 C_{30} 甾醇（Czochanska et al., 1988），许多寒武系和前寒武系原油中没有检测到相应的 C_{30} 甾烷。不过 Moldowan 等（1985）在亚利桑那前寒武系 Chuar 岩石抽提物的沥青中检测到了 C_{30} 甾烷。

（三）芳烃指纹可指示特殊生源和特定环境

以往国内外对芳烃指纹着重于作为成熟度参数方面的研究。近年来，通过标准物质的选择以及样品处理技术的改进，建立了芳烃 GC-MS 绝对定量分析方法和地球化学解释技术，使得芳烃指纹应用领域有了较大的拓宽。下面主要从特殊生源和特定成岩地质环境的角度，讨论芳香烃类化合物及其对沉积物和石油中烷基苯的贡献。

在自然界，大多数甾体化合物以游离的或者酯化的甾醇形式出现，而游离甾醇很可能是微生物改造和成岩作用形成的矿物甾体之生物前身物。生物甾醇在经过化学或微生物作用脱水后，在早期成岩作用阶段很容易形成单芳和三芳甾类烃。而这些化学反应可以持续到后生作用阶段。在沉积岩和石油中最常见的芳香甾烷是单芳甾烷（MA）和三芳甾烷

(TA)。尽管已从法国巴黎盆地的页岩样品中检测到了 B-C 环二芳甾烷,但它们在石油中并不常见。以 m/z 253 为质谱基峰的主要单芳甾烷系列,具有一个芳构化的 C 环,而且甲基从 13β 位转移到了 17β 位,在适当的气相色谱–质谱条件下可以分离出 12 个 C_{27}、C_{28} 和 C_{29} 的 5α、5β-20R 和-20S 四种差向异构体。而以 m/z 231 质谱基峰为特征的三芳甾烷系列,具有芳构化的 A、B、C 环,丢掉了 10β 甲基,还有 1 个甲基从 13β 位转移到 17β 位;对于 C_{26}、C_{27} 和 C_{28} 化合物而言,每一碳数都有一对 20R 和 20S 差向异构体。

实验室人工模拟实验通过强酸催化甾烷脱氢可以得到芳构化甾烷,但一般无法得到重排甾烷,因此在成岩作用后期甾烷脱氢转变成单芳甾烷顶多只能是石油中芳香甾烷形成的次要途径。由于很多地质样品中规则甾烷、单芳甾烷和三芳甾烷系列的碳数分布并不一致,说明它们的成因并不完全相同。在含有甾烯的未成熟沉积物中单芳甾烷的存在表明,单芳甾烷的形成很可能主要发生在早期成岩作用阶段。由于单芳甾烷和三芳甾烷在成因上与甾烷无关,它们的同系物分布特征往往可以作为独立的沉积有机质来源参数。据此,在阿拉斯加普拉德霍湾几种油源的原油中,就曾应用 C_{28}/C_{27} ~ C_{29} 单芳甾烷值(20R)、C_{27}/C_{28} 三芳甾烷值定量地确定这些油源的相对贡献。

后生作用阶段热成熟作用导致的甾体结构芳构化主要表现在以下三方面。

(1)单芳甾烷的芳构化形成三芳甾烷(图 3.40):这种转化机理可以从石油中单芳甾烷(MA)和三芳甾烷(TA)的绝对浓度得到证实。在热成熟过程中,TA/(TA+MA)值从 0% 增到 100%。利用甾烷芳构化参数[TA/(TA+MA)]值和 C_{29} 甾烷异构化参数[20S/(20S+20R)]值,可以研究沉积盆地特定岩石的温度历史。这是因为饱和甾烷骨架在 C-20 位的异构化作用主要发生在低温下长时间的成熟作用,而芳构化作用则对高温下快速的成熟作用比较敏感。

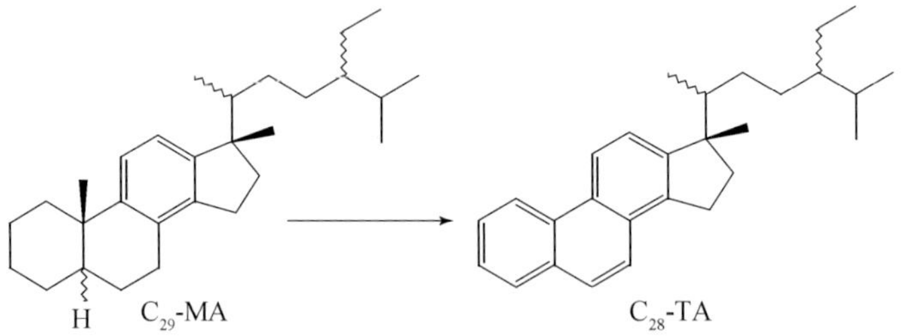

图 3.40 热力作用下单芳甾烷(MA)向三芳甾烷转化

单芳甾烷(MA)在 C-10 甲基上丢失的同时,失去 C-5 位的不对称中心

(2)单芳甾烷的侧链断裂(图 3.41):随着热成熟度的增加,岩石和原油中的短链(C_{20} 和 C_{21})/规则(C_{27} ~ C_{29})单芳甾烷值也随之增加,从 0% 变到 100%。这种变化可能是由于长链上 C—C 链断裂向短链转化,也可能是长侧链比短侧链易于热降解,还可能是二者兼有。该参数还受成岩条件特别是沉积物中 Eh 的影响。目前尚不清楚短链芳香甾烷的来源,它们可能是由 C_{27} ~ C_{29} 单芳甾烷及其他前驱物转化而来,也可能由分子量更大的芳香甾烷在 C-20 和 C-22 位之间发生键的均裂而成(自由基反应)。然而,大量的 C_{21} 单芳甾烷的存在说明它们主要是在成岩作用阶段由侧链上带官能团的甾醇通过 C-22 双键的氧化断裂而成。同时,C_{21} 和 C_{22} 甾类化合物的自然产物也可以直接产生短侧链单芳甾烷。由

于芳香甾烷侧链的断裂反应建立在 C—C 链裂解的基础之上，通常比异构化反应需要更高的热能才能进行，它们在生油窗晚期最有用，届时大多数其他生物标志物参数作为成熟度指标已经失效。

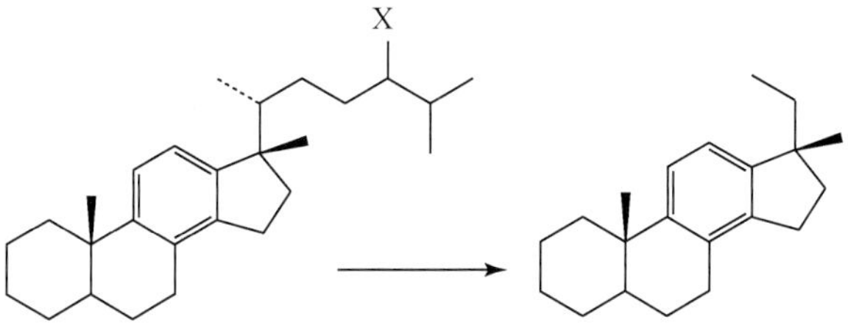

图 3.41　热力作用下单芳甾烷（MA）的侧链断裂

（3）三芳甾烷的侧链断裂（图 3.42）：与单芳甾烷类似，随着热成熟度的增加，岩石和原油中的短链/规则三芳甾烷值也随之增加。由于三芳甾烷可能是由单芳甾烷转化而来，故在较高成熟阶段，短链/规则三芳甾烷值比短链/规则单芳甾烷值更为灵敏。加热实验表明，短链/规则三芳甾烷值的增加，是由于长链三芳甾同系物的降解，而不是长链向短链同系物转变造成的。

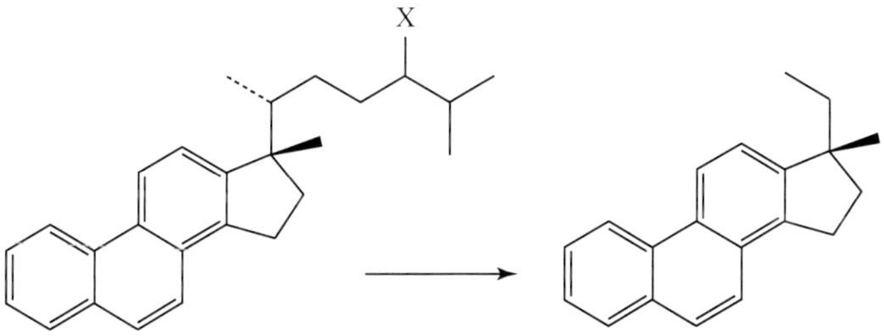

图 3.42　热力作用下三芳甾烷（TA）的侧链断裂

上述甾体结构芳构化，一方面逐渐导致甾体结构的瓦解，最终形成结构更加稳定的烷基菲化合物；另一方面，导致一系列部分芳构化烃类，而这些烃类衍生物的分布同样地可以用来作沉积有机质生源和环境的特征标志物。例如，在塔里木盆地的样品中，三芳甲基甾烷的质量色谱图（m/z 245）也表现出与前述甲藻甾烷和 4α-甲基-24-乙基胆甾烷非常一致的结果。如图 3.43 所示，在 TD2 原油和寒武系源岩抽提物中，三芳甲藻甾烷（7 号峰）是谱图中最为显眼的化合物，含量相当丰富，含量次之的是 4-甲基-24-乙基三芳胆甾烷（8 和 11 号峰），最低的是 3-甲基-24-乙基三芳胆甾烷（9 号峰）；油-岩之间的对应性良好；同样，LG9 原油与上奥陶统岩石抽提物中芳构化甾烷的分布却十分相象，最显著的特征是 3-甲基-24-乙基三芳胆甾烷（9 号峰）占绝对优势，其他化合物的含量均较低，三芳甲藻甾烷几乎检测不到，但出现"＊"化合物，推测可能是 2-甲基-24-乙基三芳胆甾烷。

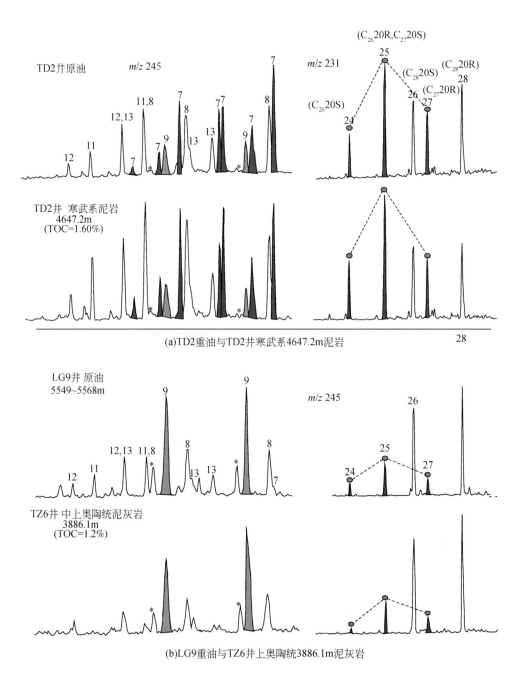

图 3.43 原油与岩石抽提物中甲基三芳甾烷（m/z 245）和三芳甾烷（m/z 231）的分布

（a）和（b）分别指示两组样品之间在三芳甾烷分布上的相似性；7 为 4,23,24-三甲基三芳甾烷（C_{29} 三芳甲藻甾烷）；8 为 4-甲基-24-乙基三芳甾烷（C_{29}）；9 为 3-甲基-24-乙基三芳甾烷（C_{29}）；11 为 4-甲基三芳甾烷（C_{27}）；12 为 3-甲基三芳甾烷（C_{27}）；13 为 3-甲基-24-甲基三芳甾烷（C_{28}）

黎茂稳等（1999）前期研究成果表明，寒武系及下奥陶统岩石抽提物中的 Dino-TAS/（Dino-TAS+3-甲基-24-乙基 TAS）值及 4-甲基-24-乙基 TAS/（4-甲基-24-乙基-+3-甲基-24-乙基-）TAS 值均达 60% 以上，而这两个比值在中上奥陶统抽提物中分别只有 5%~25% 和 30%~60%。三芳甲藻甾烷以及 4-甲基-24-乙基 TAS 在两套源岩中存在明显的差异。Moldowan 等认为，在某些古生界岩石中，丰富的 Dino-TAS 可能与海相疑源类（未确定种属的光合浮游藻类）有关，后者很可能衍源于在古生代海洋中作为初始生产者的沟鞭藻。边立曾等（2000）研究发现，塔里木盆地早中寒武世地层中甲藻甾烷的来源极可能与这一时期在塔里木海洋中广泛分布的似球状沟鞭藻有成因联系。因此，塔里木盆地寒武系相对于奥陶系在三芳甲藻甾烷含量上具有差异的根本原因被推测是与寒武纪和奥陶纪之间的古海洋条件改变有关。

在对 m/z 231 质量色谱图上的三芳甾烷化合物的分布进行分析时，我们注意到两组样品也具有显著的不同，如图 3.43 所示，24、25 和 27 号峰（代表的化合物见图中标示）在寒武系源岩及其对应的原油中浓度相当高，而在上奥陶统源岩及其对应的 LG9 井原油中，这些化合物含量变得很低，占优势的成分是 26 和 28 号化合物。虽然我们还不是很清楚这种差异分布的成因，但它们作为油-岩对比参数与前述其他化合物的应用效果完全相同。

本书对塔河油田 20 个奥陶系原油样品的芳烃绝对定量分析表明，三芳甾烷系列中呈现出 C_{28}-三芳甾烷含量高，C_{27}-三芳甾烷、C_{26}-三芳甾烷含量低的分布特征（图 3.44），

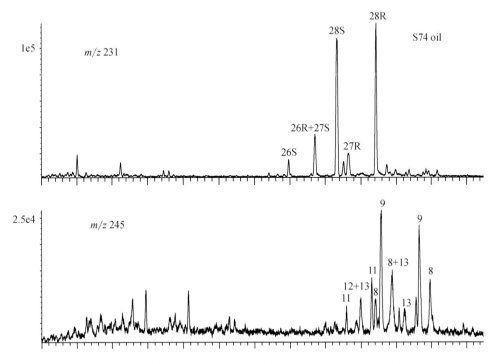

图 3.44 塔河油田原油三芳甾烷和甲基三芳甾烷系列化合物分布图
8 为 4-甲基-24-乙基三芳甾烷；9 为 3-甲基-24-乙基三芳甾烷；11 为 4-甲基三芳甾烷；
12 为 3-甲基三芳甾烷；13 为 3-甲基-24-乙基三芳甾烷

C_{26}/C_{28} 三芳甾烷值为 0.2 以下，其中轻质油中 C_{28}-三芳甾烷含量变化在 $3.2 \sim 48.4 \mu g/g$ 之间，而重质油为 $93.2 \sim 357.6 \mu g/g$。如图 3.44 所示，S74 井原油中，甲基-三芳甾分布呈现 3-甲基-24-乙基三芳甾含量高，只含痕量或不含三芳甲藻甾烷。

总之，三芳甾烷是由生物先质甾烯、甾醇芳构化的产物，时代越老，三芳甾的含量越高，在同源的情况下，其含量的高低反映了成熟度的高低，体现了由生物构型造成的演化特征，成熟度越高，三芳甾的浓度越低。另外 C_{28} 三芳甾高，同时伴有 C_{29} 甾烷高，可能代表了寒武系的特征。

（四）绿硫菌的类异戊二烯苯指示光合作用带缺氧环境

具有分子标志意义的四萜类，主要由类胡萝卜素组成。目前在地质体中已经见到的类胡萝卜素化合物包括胡萝卜烷（C_{40}，含两个全饱和环）、番茄红烷（C_{40}，没有环），以及 3 个局部还原的芳构化产物（Ⅴ、Ⅱ、Ⅵ，图 3.45）。后三者是海洋细菌三种类胡萝卜素（分别是 φ,χ-胡萝卜素、异 φ,χ-胡萝卜素和 φ,χ-胡萝卜素紫精）的十八氢化衍生物。同时还有许多其他类似化合物在饱和烃和芳烃馏分中作为相对比较次要的成分。由于有些类胡萝卜素来自特定的浮游植物，它们在现代沉积研究时常常作为检测特定生物种群的标志物。

在油气地化研究中特别有意义的一组类胡萝卜素化合物是芳基和二芳基化合物，分别形成于 χ,ψ-胡萝卜素（Chlorobactene）和 χ,χ-胡萝卜素（Isorenieratene），来源于绿硫菌（Chlorobiaceae），它们是光合作用带水体缺氧沉积环境的特征标志物，是一类具有明确生源和环境意义的特殊生物标志化合物。如图 3.46 至图 3.48 所示，在塔河油田，20 个油样中均检测到异戊间二烯烷烃（类异戊二烯苯），以芳基类为主，基本见不到二芳基化合物，其中大部分样品呈现出芳基异戊间二烯烷烃优势，如 S116-2（轻质油）和 S79（重质油）等，暗示水体分层，底水含 H_2S 的强还原环境，生源中有光合硫细菌输入，而有些原油如 S60 和 S106 井原油芳基异戊间二烯烷烃与烷基苯相近分布或者烷基苯优势，究其原因可能有两种：一是表明它们之间可能存在源岩沉积环境的差异，属于水体相对开阔的沉积环境，烷基苯本身没有专属的来源；第二种可能是成熟度原因。在南方原油中，这两种分布形式都存在，如图 3.49 所示，黔东南地能是成熟度原因。在南方原油中，这两种分布形式都存在，如图 3.49 所示，黔东南地区虎 47 井奥陶系原油中芳基异戊间二烯烷烃与烷基苯化合物相比较异常丰富，指示来源于专属的绿硫菌，水体分层明显，强还原环境，有机质保存条件好；而禄劝地区中泥盆统油苗显示丰富的烷基苯，类异戊二烯苯含量较低，表明源岩形成于水体相对开阔环境。据以往研究发现在加拿大威利斯屯盆地的 Bakken 页岩中异戊间二烯烷烃与常见的烷基苯化合物相比较异常丰富，而且芳基和二芳基化合物均有分布，而另一类烃源岩（Lodgepole）中烷基苯占优势，芳基异戊间二烯烃含量低，二芳基化合物含量更低或者无，指示前者更有利于有机质保存的缺氧沉积环境（图 3.50）。

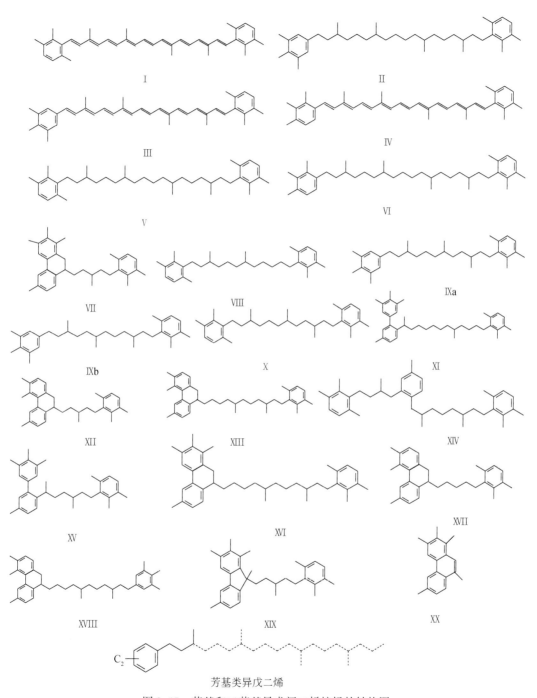

图 3.45 芳基和二芳基异戊间二烯烷烃的结构图

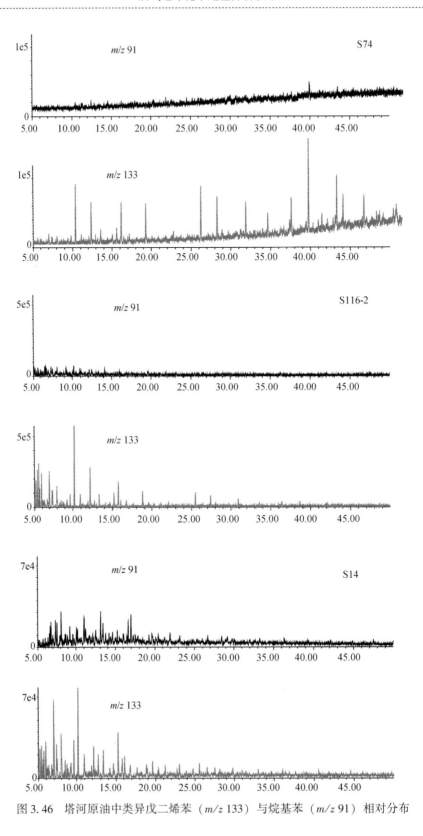

图 3.46 塔河原油中类异戊二烯苯（m/z 133）与烷基苯（m/z 91）相对分布

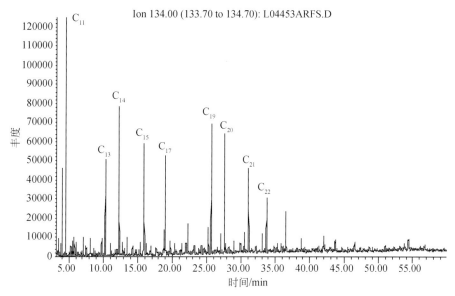

图 3.47 塔河油田 S79 井原油中的类异戊二烯苯分布

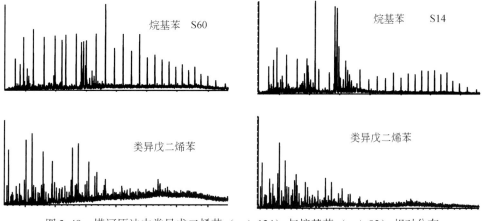

图 3.48 塔河原油中类异戊二烯苯（m/z 134）与烷基苯（m/z 92）相对分布
芳基异戊间二烯烃占优势

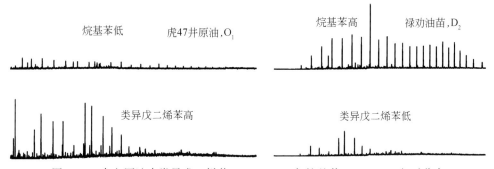

图 3.49 南方原油中类异戊二烯苯（m/z 134）与烷基苯（m/z 92）相对分布
二类化合物相近分布或者烷基苯优势

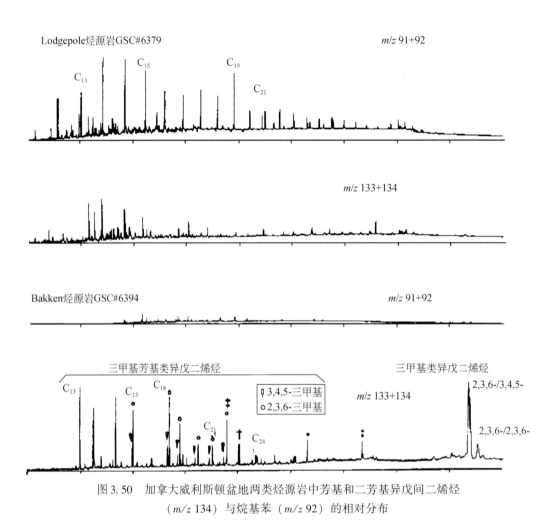

图 3.50 加拿大威利斯顿盆地两类烃源岩中芳基和二芳基异戊间二烯烃
（m/z 134）与烷基苯（m/z 92）的相对分布

（五）含硫化合物指示碳酸盐岩—蒸发岩源岩的还原环境

含硫芳烃是源岩沉积有机质及原油中一类重要杂原子化合物，二苯并噻吩系列是目前已检测到的有机硫化合物中最常见的一类，广泛分布于从元古代至新近纪的各个时代的地层中。自从 1977 年 Milner 等提出二苯并噻吩由于具有对称的分子结构，具有很高的热稳定性和抗微生物降解性以来，此系列含硫化合物就逐渐被有机地球化学家认识，尤其是 20 世纪 80 年代随着相关分析手段取得突破性进展，Hughes（1984）对二苯并噻吩系列化合物进行了较为系统、深入研究以后，其地球化学意义（包括沉积环境、成熟度和油气运移）的研究日益引人注目，并取得了丰硕成果（Milner et al.，1977；Hughes，1984；Fan et al.，1990；Kohnen et al.，1991；吴治君等，1995；包建平等，1996；张敏、张俊，1999；罗健等，2001；李景贵等，2004；王铁冠等，2005；周树青等，2008）。其中一个重要的认识就是石油中丰富的苯并噻吩和二苯并噻吩已被推荐作为碳酸盐岩-蒸发岩源岩的环境标志（Hughes，1984）。一般认为，二苯并噻吩系列化合物属于较稳定的含硫有机

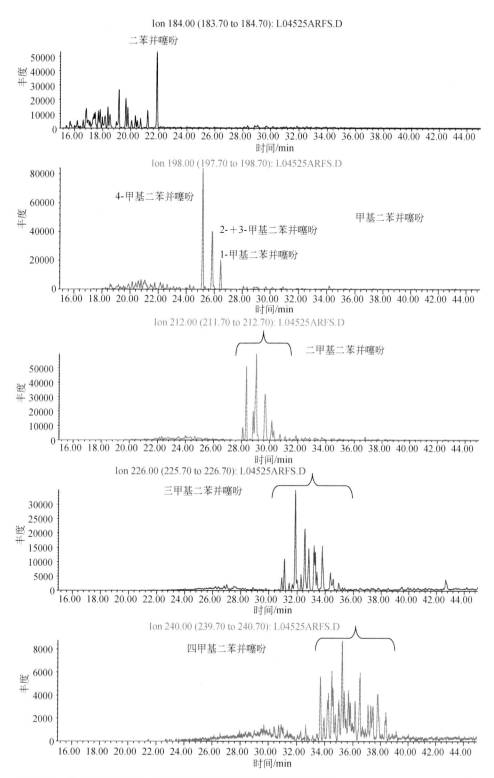

图 3.51 塔河油田原油中二苯并噻吩系列化合物质量色谱图（m/z 184/198/212/226/240）

化合物，主要指示沉积环境，与菲相比较，其高含量和高噻吩/菲值代表了碳酸盐岩的沉积环境，反之代表了碎屑岩的沉积环境，同时也可以反映成熟度的高低。前人对塔里木盆地不同成因原油中含硫化合物的研究结果表明，海相原油中二苯并噻吩系列化合物相对丰度的平均值大于20%，陆相原油中该类化合物相对丰度的平均值小于3（朱扬明等，1996，1998）。烃源岩中含硫杂原子芳烃的含量与其碳酸盐含量间存在良好的正相关性，在碳酸盐含量低于20%的泥质岩中，含硫杂原子芳烃的相对丰度介于5%~15%，而在碳酸盐含量较高的泥灰岩和碳酸盐岩中，含硫杂原子芳烃的相对丰度大于25%（包建平等，1996）。显然，含硫芳烃丰度与源岩的矿物学和沉积环境有成因联系，碳酸盐岩沉积环境中，由于缺少黏土矿物成岩作用释放的 Fe 等过渡金属离子与有机官能团竞争还原态硫，导致碳酸盐岩较泥页岩有相对较高的有机硫含量。

在塔河油田的原油芳烃馏分中含硫化合物普遍存在，检测到完整的二苯并噻吩及烷基二苯并噻吩系列化合物，包括二苯并噻吩、甲基二苯并噻吩、二甲二苯并噻吩、三甲基二苯并噻吩和四甲基二苯并噻吩等（图3.51）。如图3.52、图3.53所示，塔河油田20个原油中二苯并噻吩与菲之间具有良好的线性关系，而且集中在3区和4区中，表明了它们形成环境上的相似性及其还原性，也反映出成熟度上的差异性，二苯并噻吩与菲含量增加的趋势就是成熟度变高的方向。

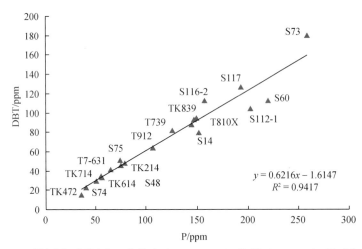

图3.52　塔河油田原油中二苯并噻吩（m/z 184）及菲（m/z 178）相对分布图

在四川盆地及其周缘几个钻井原油和油苗中含硫芳烃分布相对复杂，图3.54、图3.55表明，各点展布相对分散，结合地质背景考虑，有些样品之间还是存在某种联系，如广元古生界3个油苗处于一条线上，相对集中于2区，表明母源上可能有可比性。其他油苗相对分散是符合地质实际的，因为它们都处于不同的构造带上，沉积构造演化上有明显的差别。其中，虎47井原油落在广元古生界三个油苗点线上，广元和镇巴地区的两个油苗（下三叠统）GY22和ZB则与图3.54中比较相近，暗示形成环境的相似性。

综上所述，特殊生物标志化合物具有生源、环境和时代意义。基于上述涉及的各种萜烷、甾烷和芳烃的特殊生标的详细讨论，将部分生物标志化合物部分特征碎片离子的主要地质意义概括于表3.14。

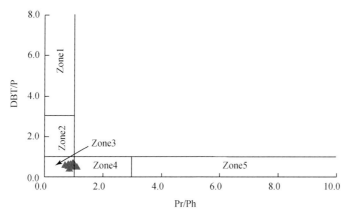

图 3.53　塔河油田原油中二苯并噻吩/菲与姥/植值关系图

Zone1 为海相碳酸盐岩；Zone2 为海相碳酸盐和泥灰岩；Zone3 为湖相膏岩；
Zone4 为海相页岩和其他湖相；Zone5 为河流-三角洲页岩和煤岩

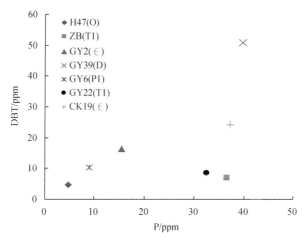

图 3.54　四川盆地及周缘原油中二苯并噻吩（m/z 184）及菲（m/z 178）相对分布图

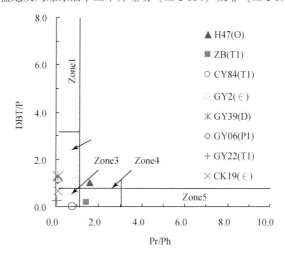

图 3.55　四川盆地及周缘原油中二苯并噻吩/菲与姥/植值关系图

Zone1 为海相碳酸盐岩；Zone2 为海相碳酸盐和泥灰岩；Zone3 为湖相膏岩；
Zone4 为海相页岩和其他湖相；Zone5 为河流-三角洲页岩和煤岩

表 3.14 部分生物标志化合物部分特征碎片离子的地质意义

化合物类别		部分特征碎片离子	地质意义
特殊生物标志物	孕甾烷	m/z 217	主要来源于在高盐环境下生存的细菌,成熟度高的情况下,其含量也会增加
	$C_{27}/C_{28}/C_{29}$ 甾烷		$C_{27}+C_{28}$ 甾烷主要来源于藻类,特别是 C_{29} 甾烷是高等植物的主要来源,在下古生界地层中也有优势
	C_{35} 藿烷	m/z 191	藿烷系列化合物主要来源于细菌;C_{30} 以上藿烷系列化合物含量高,烃源岩的保存条件比较好,特别是 C_{35} 藿烷在下古生界地层中显优势,反映水体分层明显;同时往往与生物降解过程中产生的 2-降藿烷伴生,具有厌氧降解的特征;随着时代变新,这种优势逐渐消失
	C_{29}、C_{30} 藿烷		C_{29} 藿烷与 C_{30} 藿烷的相对浓度同样反映了时代的特征,地层越老,C_{29} 与 C_{30} 藿烷的相对优势明显,随着时代变新,优势逐渐消失
	Ts、Tm		在正常热演化阶段,Ts、Tm 的含量指示了不同的沉积环境,Tm 高代表了沉积物中缺少催化矿物(如黏土矿物),Ts 高反映了沉积物中富含催化矿物。在成熟度较高的情况下,同源物中可以反映成熟度的高低
	萜烷系列		萜烷系列化合物主要来源于细菌和藻类,分布范围广,来源广泛,但是长链的萜类优势与特殊的生物种类有关
	γ-蜡烷		主要来源于细菌,指示超盐的沉积环境。水体分层明显,处于厌氧环境
	C_{25} 降藿烷	m/z 177	指示遭受到严重的生物降解,降解程度达到 6 级以上
芳烃生物标志物	菲系列化合物	m/z 178	菲可以反映热演化特征,也可反映沉积环境,特别是二苯并噻吩与菲的比值可以反映沉积环境的特征,比值高的为海相碳酸盐岩沉积环境,比值低的为碎屑岩沉积环境
	二苯并噻吩系列化合物	m/z 184	属于较稳定的化合物,主要指示沉积环境,其含量高代表了碳酸盐的沉积环境,反之代表了碎屑岩的沉积环境。同时也可以反映成熟度的高低
	三芳甾系列化合物	m/z 231	它们是由生物先质甾烯、甾醇芳构化的产物,时代越老,三芳甾的含量越高,在同源的情况下,其含量的高低反映了成熟度的高低,体现了由生物构型造成的演化特征,成熟度越高,三芳甾的浓度越低。另外 C_{28} 三芳甾高,同时伴有 C_{29} 甾烷高,代表了寒武系的特征
	烷基苯系列化合物	m/z 92	指示水体相对开阔的碳酸盐/蒸发岩的沉积环境
	类异戊二烯苯系列化合物	m/z 192	主要来源于绿硫菌,反映了超盐的沉积环境,水体分层明显,属强还原环境,保存条件好

二、生物标志化合物定量分析技术在塔河油源识别中的应用

（一）地质概况、存在问题及样品采集

1. 地质概况

塔河油田地处新疆维吾尔自治区库车县和轮台县境内，北东距轮台县城约 50km，地理位置约为东经 83°30′~84°20′、北纬 41°05′~41°20′，面积约 2400km²。构造上处于塔里木盆地沙雅隆起中段阿克库勒凸起西南部斜坡，西邻哈拉哈塘凹陷，东靠草湖凹陷，南接满加尔凹陷，北部为雅克拉断凸（图 3.56）。油田周边已发现有轮南、阿克库勒、达里亚等油气田。中下奥陶统碳酸盐岩层、下石炭统及三叠系砂岩层是塔河油田的主要含油气层及产层。至 2005 年年底，塔河探区三级储量达 12 亿 t，目前探明储量已达 7 亿 t 油当量。

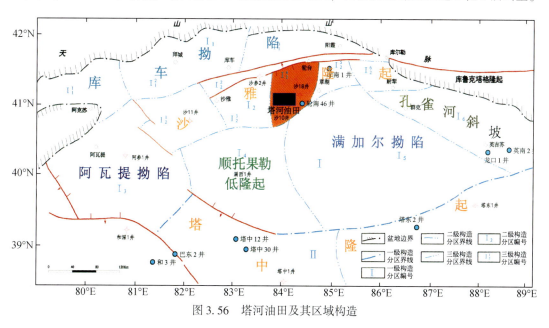

图 3.56 塔河油田及其区域构造

阿克库勒凸起为前震旦系变质基底上发育的一个长期发展的、经历了多期构造运动、变形叠加的古凸起，先后经历了加里东期、海西期、印支—燕山期及喜马拉雅期等多次构造运动，并形成了震旦系—泥盆系海相沉积、石炭系—二叠系海陆交互相沉积及三叠系及其后的陆相沉积等 3 个不同的沉积期（图 3.57）。

（1）在加里东晚期—海西早期，以区域抬升为主的构造运动形成了本区早古生界的隆起，造成沉积间断和剥蚀，缺失志留系、泥盆系，大面积缺失中-上奥陶统，下奥陶统遭到不同程度的剥蚀。同时，碳酸盐岩的古岩溶作用十分普遍，对下古生界碳酸盐岩成藏起到十分重要的作用。

（2）石炭纪时期，又一次较大规模的海侵自西向东侵进，在本区沉积一套以砂泥岩为主夹灰岩的海陆交互相地层披覆在下古生界之上，其下部的厚层泥质岩为奥陶系良好的区

域性盖层。

（3）海西晚期，以区域挤压和褶皱为主的构造运动，使本区又一次遭到沉积间断和剥蚀，缺失二叠系，石炭系遭到不同程度的剥蚀。

（4）印支—燕山期，三叠纪阿克库勒处于库车前陆拗陷东段，主要为扇三角洲-半深湖和深湖相沉积。侏罗纪—早新近纪进入拉张断陷盆地发育阶段，主要为一套岩相岩性变化较大的粗碎屑沉积。并经长期风化剥蚀，到古近纪时统一的塔里木拗陷盆地已具雏形。

（5）喜马拉雅期，喜马拉雅晚期库车前陆盆地沉降中心向塔里木盆地腹地迁移导致阿克库勒凸起形成南高北低的北倾单斜构造格局，反映燕山晚期至喜马拉雅早期阿克库勒凸起早期北高南低的构造面貌已开始发生根本改变。新近纪—第四纪，在盆地边缘山系前形成多个前陆盆地，主要为一套洪积-河流相沉积。

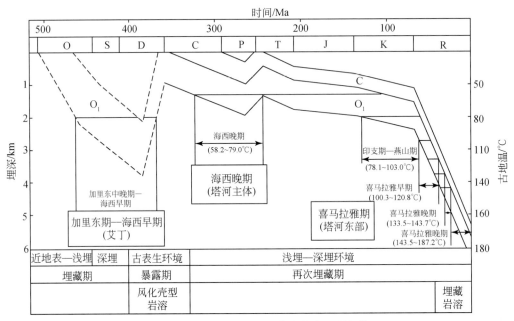

图3.57　塔河油田沉积-构造及成藏演化史（顾忆等，2006）

2. 主要存在的石油地质问题

自1984年沙雅隆起沙参2井突破以来，塔里木盆地台盆区海相领域已发现大中型油气田13个，包括油田9个（>1000万t），气田4个（>50亿m^3）。对这些油气田的主力烃源岩，自康玉柱等1985年最早提出"寒武系—奥陶系"观点以来，一直存在寒武系—下奥陶统（新地层划分方案：寒武系—中奥陶统）与中上奥陶统（新地层划分方案：上奥陶统）两种基本观点的主力烃源岩之争。特别是，近年来塔河油田及其周缘轮南油田（藏）等的油源问题已成为各家讨论的热点。从诸家提出的观点综合分析来看，争论的焦点主要体现在3个方面：①油源对比的地球化学依据；②寒武系—中奥陶统烃源岩的生烃高峰期及其主成藏期的确定；③上奥陶统烃源岩发育程度及空间展布。

第一种观点主要认为，塔里木盆地海相油气主要来自寒武系—中奥陶统烃源岩，海西晚期是现存古生界海相油藏的主要形成时期，上奥陶统烃源岩在沙雅隆起上发育有限，难以成为塔北隆起海相工业性油气藏的主力烃源层和主要贡献者（赵孟军等，1997；顾忆，2000；张宝民等，2000）。

第二种观点则提出塔里木盆地目前保存下来的工业性海相油田主要来自于上奥陶统烃源岩，都属白垩纪以后晚期成藏的产物，并强调海相工业性烃源岩不必很厚，但w（TOC）应大于等于0.5%，碳酸盐岩要含泥质（王铁冠等，2005；马安来等，2004）。

上述诸家观点中，有两个问题值得关注的。

（1）指标问题。在两种观点所提出的地球化学依据中，油源对比使用的地球化学参数如萜烷、甾烷两大类生物标志物系列得出截然不同的观点。

第一种观点者主要使用萜烷系列生标和碳同位素组成等地球化学参数，包括C_{21}/C_{23}三环萜烷、Pr/Ph、Pr/nC_{17}、Ph/nC_{18}、甲基菲指数、C_{15}/C_{16}倍半萜、C_{24}四环萜烷/C_{26}三环萜烷、伽马蜡烷/C_{30}藿烷、原油碳同位素等，其主要依据：①原油与$\in$-O_1烃源岩的轻烃指纹贫甲基环己烷，而O_3烃源岩具正烷烃明显的双峰特征，表明生源差异；②原油与$\in$-O_1均具C_{15}补身烷优势，C_{15}补身烷>C_{16}补身烷；③原油与$\in$-O_1三环萜烷系列丰富，C_{24}四环萜烷/C_{26}三环萜烷<1.0；④原油与$\in$-O_1烃源岩的γ-蜡烷指数（γ-蜡烷/C_{30}H）明显大于O_3烃源岩；⑤原油与$\in$-O_1烃源岩的甾、萜烷绝对浓度明显低于O_3烃源岩；⑥除S60井石炭系$\delta^{13}C$较重外，塔河原油$\delta^{13}C$主要分布在-32.7‰~-31.4‰，不同区块、不同产层、不同性质的原油都与下奥陶统具有相似的碳同位素分布特征，而区别于中上奥陶统、石炭系及三叠系烃源岩。

第二种观点者主要使用甾烷系列生标参数，包括C_{26}甾烷、C_{28}甾烷、重排甾烷/规则甾烷、甲藻甾烷、甲藻三芳甾烷、4-甲基-24-乙基-胆甾烷及芳构化甾烷，强调甾烷系列比萜藿烷更具生源意义，后者分布广泛易受后生蚀变影响如成熟度、生物降解和运移分馏等。其主要依据：①原油与O_3烃源岩规则甾烷C_{27}>C_{28}<C_{29}，呈"V"字形分布，而寒武系呈"斜线"形或者反"L"形分布；②原油与O_3烃源岩贫甲藻甾烷及芳构化甲藻甾烷，而寒武系甲藻甾烷及三芳甲藻甾烷含量较高；③原油与O_3烃源岩贫24-降胆甾烷，而寒武系富24-降胆甾烷；④原油与O_3烃源岩具有较高的24-异丙基胆甾烷。

（2）混合问题。前人研究表明（顾忆等，2000），塔河油田奥陶系油藏多期次成藏，原油至少具有两期充注的特征。由于奥陶系缝洞型碳酸盐岩储集空间的非均质性，加上原油本身多期充注、多期成藏又经历了不同的后生变化，如生物降解、水洗、氧化、运移分馏、保存条件及多次成藏分异作用等，因而造成原油的物理化学性质在全区差异性较大，流体非均质性强，不同区块具有不同的油气性质，同一区块的不同井区和不同层位油气性质差异亦较大。总体而言，在空间分布上，在全区范围内从轻质油到重质油均有分布，并且在地球化学特征上明显显示出降解油与正常油（非降解油）的两种原油特点，它们时空展布上也有一定的规律性。据顾忆等（2006）资料，在塔河探区内，中下奥陶统油层中，重质油（密度≥0.9340g/cm³，稠油，严重降解）主要分布于4区、6区以及6区西北方向的广大地区，中质油（密度0.8700~0.9340g/cm³）主要分布于2、3区，轻质-凝析油气（密度<0.8700g/cm³）主要分布于9区东部，南部7、8区是不同类型原油混成区块，以中质油为主；中上奥陶统油层，在8区、2区以北以重质油为主，8区、2区南部以中质油为主，11区和5区及其以东地区，包括9区都为轻质油为主，表明总体由北而南、自西

向东原油密度降低。

显然，奥陶系原油明显存在不同来源或者不同成熟度原油的掺混现象，而且人们对现今原油是由两期充注的原油不同程度掺混而成的混合油是有基本共识的，主要矛盾在于同一来源是不同成熟油的混合（顾忆，2000；顾忆等，2006）还是不同来源油的混合（赵孟军等，1997）。如果是同源油的混合，那么问题在于混合油是来自寒武系—下奥陶统烃源岩的原油还是中上奥陶统烃源岩的原油。就单一烃源层（或烃源灶）向同一个油藏分两期（或多期）充注成藏而言，由于早、晚两期充注原油的化学组成具相似性，再加上不同期次充注的石油遭受了不同程度的后生改造（如塔河油田早期原油遭受强烈生物降解），致使原油各类地球化学特征指标更加复杂化，使如何判识两期（或多期）原油的充注比例难度也很大，有待于进一步的探索。

上述两个问题都直接关系到塔河油田主力烃源岩的有效识别，是目前塔北隆起海相油气勘探研究中亟待解决的科学问题之一。因此，本项目希望通过对塔河探区所选原油样品的饱和烃和芳烃绝对定量分析和特殊生标的研究，讨论塔河原油的分子生物地球化学特征及其地质意义，重点探寻生源、环境或者成熟度意义明确的特征指标，结合目前国际上流行的混源油识别及其比例计算技术，开展塔河原油的混源识别及其比例计算工作，探讨究竟是不同来源的原油混合还是同源不同成熟的原油混合，探索塔河奥陶系油藏流体非均质性原因，预测不同期次原油对塔河油田的贡献，为本地区海相油气勘探研究提供有意义的信息。

3. 代表性样品的选取及实验分析

中下奥陶统是塔河油田的主要含油气层，也是主要工业产层。塔河油田由于经历了多期的充注成藏和后生改造过程，原油性质在全区差异性较大，非均质性强。基于前人有关全区原油特性的研究成果，根据不同性质及其空间分布特征，作者从中下奥陶统储层中采集 20 个代表性的原油样品。这些样品涉及塔河油田二、三、四、五、六、七、八、九区及其外围十一、九区等，在无锡所实验室和加拿大联邦地质调查局实验室平行开展了一系列饱和烃和芳烃生物标志物绝对定量实验分析和地球化学解释工作。所采样品空间分布及其基础地质资料如图 3.58 和表 3.15 所示。相关实验分析方法、前处理等方面在第一节、第二节中已详细叙述，在此不再赘述。

表 3.15 塔河油田原油样品基本情况表

区块	编号	层位	深度/m	含水率/%	密度/（g/mL）	类别
四区	TK472CH	$O_{1-2}y$	5543~5620	—	0.97	重质油
	TK477	$O_{1-2}y$	—	—	0.90	中质油
	S48	$O_{1-2}y$	5363~5370	—	0.96	重质油
六区	TK614	$O_{1-2}y$	5574~5584	—	0.96	重质油
	S74	$O_{1-2}y$	5484~5518	—	0.99	重质油
二区	S79	O_2yj	5930~6185	33.4	0.95	重质油
	TK214	O_1	5675~5680	0	0.96	重质油

续表

区块	编号	层位	深度/m	含水率/%	密度/(g/mL)	类别
七区	T7-631	$O_{1-2}y$	5530~5534	—	0.95	重质油
	TK714	$O_{1-2}y$	5561~5590	—	0.91	重质油
十区	T739	O	—	9.3	0.95	中质油
八区	TK839	O_2yj	5687~5718	0	0.88	中质油
	TK835	O_2yj	—	—	0.92	中质油
	T810X(K)	O_2yj	5628~5710	0	0.86	中质油
十一区	S106	O_2yj	5863~5925	—	0.84	中质油
	S115	O_2	—	—	—	轻质油
	S117	O_2y	5989~6101	—	0.84	轻质油
	S116-2	O_3l	5931~6007	—	0.84	轻质油
	S112-1	$O_{1-2}y$	6289~6292	60	0.84	轻质油
九区	S60	O	5392~5543	—	0.79	轻质油
	S14	O_1	5295~5454	—	0.83	轻质油
五区	S73	O_1	5281~5289	1.5	0.82	中质油
	S62	O_1	—	—	0.85	中质油

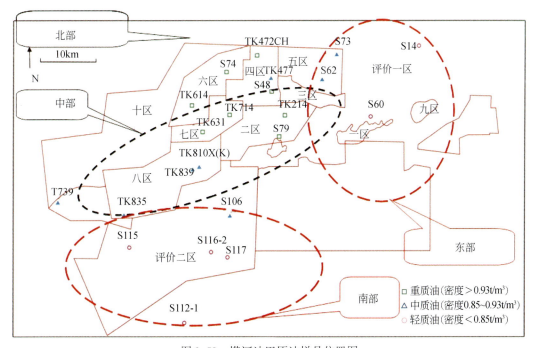

图 3.58 塔河油田原油样品位置图

(二) 生标定量分析在塔河油源识别中的应用

由于塔河原油的成熟度较高，常规的生标指标基本失效，表 3.16 是塔河地区 22 个原油的常规生标指标，从表中可以看出这些常用的类型和成熟度指标基本都趋于一致。我们对塔河 22 个原油用生物标志物定量分析的结果在沉积环境、成熟度和生物降解方面进行了应用。

表 3.16 塔河油田 22 个原油常规生标指标

区块	编号	Pr/Ph	22S/22R	20S/20S+20R	ββ/ββ+αα	甲基菲指数	甲基菲比值
四区	TK472CH	0.93	1.24	0.48	0.55	0.73	0.89
	TK477	0.79	1.28	0.49	0.56	0.69	0.86
	S48	0.91	1.23	0.48	0.55	0.67	0.81
六区	TK614	0.81	1.22	0.48	0.56	0.67	0.80
	S74	0.72	1.33	0.49	0.57	0.64	0.82
二区	S79	0.81	1.27	0.46	0.55	0.64	0.80
	TK214	0.93	1.27	0.46	0.56	0.66	0.78
七区	TK714	0.86	1.19	0.48	0.57	0.64	0.83
	T7-631	0.81	1.22	0.48	0.56	0.67	0.80
十区	T739	0.83	1.06	0.49	0.56	0.60	0.67
八区	T810X（K）	0.88	1.18	0.47	0.54	0.62	0.74
	TK839	0.86	1.23	0.47	0.55	0.63	0.70
	TK835	0.87	1.22	0.48	0.56	0.62	0.69
十一区	S106	0.84	1.07	0.48	0.55	0.62	0.69
	S115	0.79	0.99	0.48	0.56	0.73	0.88
	S116-2	1.12	1.21	0.49	0.55	0.60	0.68
	S117	0.80	1.01	0.48	0.55	0.62	0.68
	S112-1	1.00	0.90	0.48	0.55	0.78	0.85
九区	S60	1.03	0.77	0.48	0.56	0.80	0.90
	S14	0.90	0.64	0.49	0.55	0.85	1.04
五区	S73	1.06	1.05	0.48	0.56	0.78	0.88
	S62	1.01	0.81	0.48	0.56	0.79	0.89

1. 沉积环境

1）二苯并噻吩-C_{35}升藿烷

图 3.59 是塔河 22 个原油的二苯并噻吩含量-C_{35}升藿烷含量分布图，正如前面所述，二苯并噻吩属于较稳定的化合物，主要指示沉积环境，其含量高代表了碳酸盐的沉积环

境,反之代表了碎屑岩的沉积环境。C_{35}升藿烷在下古生界地层中显现优势,反映水体分层明显,指示无效游离氧的强还原海相沉积环境。

从图3.59中可以看出,以中北部二区、四区、六区和七区原油的二苯并噻吩含量较低,基本在20~80ppm,其中以S79井的二苯并噻吩含量最高,为76.6ppm;TK477井的含量最低,为22.5ppm;可能应以碎屑岩沉积为主。而中南部和东部的原油的二苯并噻吩含量相对要高得多,在90~180ppm,以S73井的二苯并噻吩含量为最高,达177.1ppm,S14的二苯并噻吩含量29.4ppm为最低,可能以碳酸盐或蒸发岩沉积为主。而中北部地区原油的C_{35}升藿烷含量则高于东南部地区的原油,说明中北部地区原油的水体分层更明显,其还原程度更强。

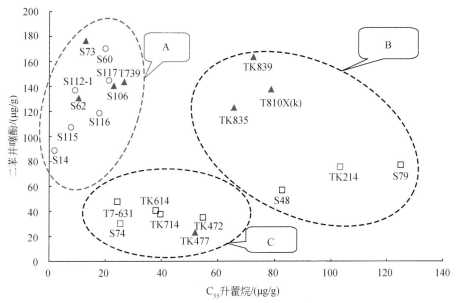

图3.59 塔河原油二苯并噻吩含量-C_{35}升藿烷含量分布图
A为塔河油田东南部地区原油;B为塔河油田中部地区原油;C为塔河油田北部地区原油

2) 姥鲛烷-C_{35}升藿烷

低的姥植比指示源岩沉积有机质及原油的还原至缺氧、高盐度沉积环境,姥/植值(Pr/Ph)可反映其形成时氧化还原状态,Pr/Ph<1(植烷优势),为缺氧环境;Pr/Ph>1(姥鲛烷优势)为氧化环境;Pr/Ph值接近1被认为出现于氧化与缺氧条件交替变化时期(Johns,1991;Peters and Moldowan,1995;腾格尔等,2004),还原-强还原环境为w(Pr)/w(Ph)<3,弱氧化-氧化环境为w(Pr)/w(Ph)>3(王秉海和钱凯,1992;李守军,1999)。塔河地区22个原油的姥植比为0.84~1.12,且分布不一(表3.16)。使用姥鲛烷定量数据则可以较好地区分氧化还原程度,中北部的二区、四区、六区和七区原油的姥鲛烷含量低,全部小于1ppm,说明其还原至缺氧程度更高,其他原油除十区的T739井的含量为1.5ppm外,均大于2ppm,以S73井最高,达4.11ppm,说明它们的还原至缺氧程度要小于二区、四区、六区和七区原油,见图3.60。

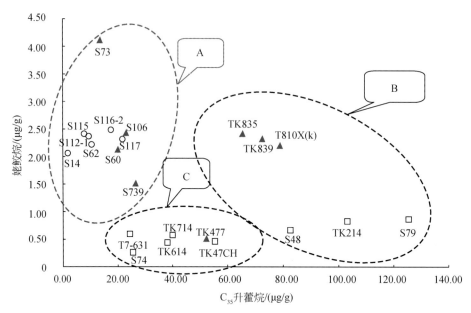

图 3.60 塔河原油姥鲛烷含量-C_{35}升藿烷含量分布图

A 为塔河油田东南部地区原油；B 为塔河油田中部地区原油；C 为塔河油田北部地区原油

根据上述结果并结合塔河地区的烃源岩分布资料，我们认为塔河北部原油主要来源于下寒武统的泥页岩，东南部原油主要来源于中-上奥陶统的泥灰岩、中部原油则来源于下寒武统的泥页岩和中-上奥陶统的泥灰岩。

2. 成熟度

1) C_{29}甾烷

C_{29}甾烷异构化值 20S/(20S+20R) 和 ββ/(ββ+αα) 常用作源岩或原油的成熟度指标，适用于未熟—成熟范围，随着成熟度的增加，20S/(20S+20R) 值和 ββ/(ββ+αα) 值增加（Peters and Moldowan, 1995）。塔河地区 22 个原油的 20S/(20S+20R) 值为 0.46~0.49，ββ/(ββ+αα) 值为 0.54~0.56（表 3.16），基本无差异。图 3.61 是塔河 22 个原油的 C_{29}ββS 含量和 C_{29}ββS 含量分布图，从图中可以看出，C_{29}ββS 和 C_{29}ββS 含量均落在同一曲线上，表明其成因相关但成熟度不同，随 C_{29}ββS 和 C_{29}ββS 含量减少成熟度增加，这与塔河油田原油规则甾烷与藿烷含量分布情况也是相吻合的（图 3.33）。

2) 二苯并噻吩-甲基菲

二苯并噻吩可以指示沉积环境，也可以反映成熟度的高低。甲基菲指数作为成熟度参数具有较广的适用范围（Radke and Welte, 1981）。由于甲基菲比值与镜质体反射率及埋深之间的相关性优于甲基菲指数，应用甲基菲比值研究原油成熟度更为有效（包建平等，1992）。塔河地区 22 个原油的甲基菲指数为 0.60~0.79，甲基菲比值为 0.67~1.04（表 3.16），图 3.62 是塔河地区原油甲基菲指数-甲基菲比值分布图，虽然甲基菲指数和甲基菲比值基本落在同一曲线上，但仅反映其成因相关，其成熟度趋势与 C_{29}ααS 含量和 C_{29}ββS 含量关系（图 3.61）、二苯并噻吩含量-3+2 甲基菲含量关系（图 3.63）、塔河油田原油规则甾烷与藿烷含量分布和二苯并噻吩含量–菲含量相对分布的成熟度趋势不相吻合，说明甲基菲指数–甲基菲比值可能受生源或沉积环境差异的影响，因而对于高成熟–过成熟的源岩或原油不太适用。

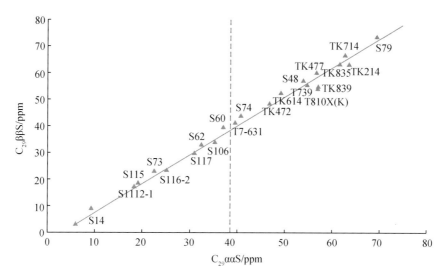

图 3.61　塔河原油 $C_{29}\alpha\alpha S$ 含量和 $C_{29}\beta\beta S$ 含量分布图

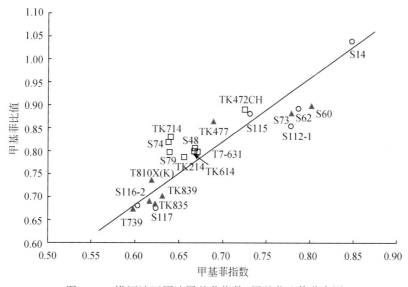

图 3.62　塔河地区原油甲基菲指数–甲基菲比值分布图

图 3.63 为塔河原油二苯并噻吩含量–3+2 甲基菲含量分布图，其二苯并噻吩含量–3+2 甲基菲含量基本落在同一曲线上，随着二苯并噻吩量和 3+2 甲基菲含量的增加其成熟度也增加，与塔河油田二苯并噻吩含量–菲含量相对分布情况也是吻合的。

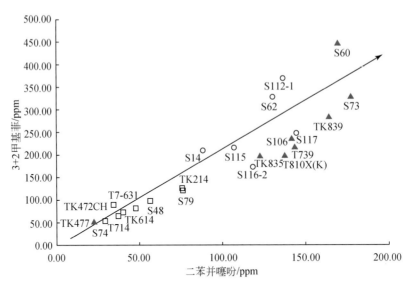

图 3.63　塔河原油二苯并噻吩含量-3+2 甲基菲含量分布图

3) 结论

通过上述论述，我们认为：①$C_{29}SR$ 构型甾烷的绝对浓度可用于塔河原油的成熟度识别，塔河东南部原油的 $C_{29}S$ 甾烷含量低成熟度高，塔河中北部原油的 $C_{29}S$ 甾烷含量高成熟度低。②二苯并噻吩、2+3 甲基菲的绝对浓度也可用于塔河原油的成熟度识别，塔河地区东南部原油的二苯并噻吩和 2+3 甲基菲含量高于塔河中北部地区原油的二苯并噻吩和 2+3甲基菲含量，其成熟度也高。

3. 生物降解

25-降藿烷和二降藿烷系列化合物是目前应用最广泛的生标生物降解参数。一般认为，此类化合物的出现和高丰度指示原油或沥青遭受过强烈的生物降解。塔河油田原油的生标定量分析表明，在塔河原油中普遍存在二降藿烷和 25-降藿烷，降解油与正常油混合是普遍的，如北部六区的 S74 井重质油中二降藿烷和 25-降藿烷存在，丰度高，说明遭受过严重生物降解（图 3.64）。在塔河探区不同区块其含量不同，25-降藿烷和二降藿烷在西北部二、四、六、七、十区丰度高，二降藿烷的含量在 80～180ppm，TK714 井的含量达 176.7ppm，以降解油为主，而在中部的八区、南部和东部外围区丰度较低，二降藿烷含量均在 201ppm 以下，以正常油为主（图 3.65）。

（三）塔河原油生标定量与混源油识别

以往的研究表明，由于烃源岩空间上的非均质性、成熟度和沉积微相的变化以及钻井位置的关系，源岩中生物标志物分布和含量往往变化很大，所采集到的烃源岩样品往往无法代表真正生成石油的烃源岩，以烃源岩中生物标志物的分布特征来拟合混源油中生标分布并以此评估各类烃源岩的贡献也就缺乏可靠性。混源比例定量判析技术主要有实验室人工混源配比的物理模拟和根据各端元的组成差异特征进行数学模拟技术。

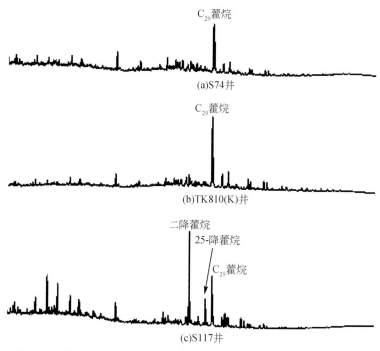

图 3.64 塔河油田原油典型二降藿烷和 25-降藿烷质量色谱图 m/z 177

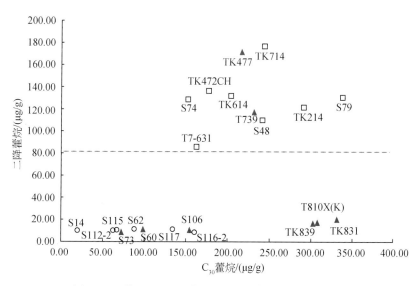

图 3.65 塔河原油 C_{30} 藿烷含量-二降藿烷含量分布图

最新的研究成果表明，利用生物标志物浓度的变通最小二乘法（ALS-C）可以有效地计算具有两个以上端元组分的原油混合物中各端元组分的相对含量，同时在计算开始前并不需要知道单一的端元油组分是什么模样的。

鉴于塔河油田原油属于多元、多期混合，尚无查明端元组分，也缺乏典型的端元烃源样品等客观因素,本项目基于 20 个原油的生标绝对定量分析,借助于相关商业软件(Pirouette 4.0),采用数字模拟(多元数理统计学方法)技术即生标浓度的变通最小二乘法(ALS-C)来计算塔河原油的混源比例。

1. 塔河原油生标定量分析

本书对选取的塔河油田 20 个原油样品的饱和烃和芳烃进行了系统的绝对定量分析,相关实验测试结果分别列于表 3.17、表 3.18,均涉及 50 余个参数,是本次混源识别和混源比例计算的基本数据。

表 3.17 塔河油田部分油样饱和烃甾萜烷生标参数及绝对浓度 (单位:$\mu g/g_{原油}$)

井号	S116-2	S14	S117	S106	S79	TK214	T912	S73	S60	T810X(K)
层位	O	O	O	O	O_2yj	O_1	O_2jy	O_1	O	O_2yj
Ts/(Ts+Tm)	0.43	0.72	0.54	0.52	0.28	0.26	0.31	0.46	0.66	0.35
H29/H30	0.65	0.89	0.77	0.75	1.08	1.06	1.09	0.99	0.95	0.92
M29/M30	0.10	0.18	0.12	0.11	0.09	0.09	0.11	0.11	0.11	0.09
22S	0.54	0.35	0.50	0.51	0.53	0.54	0.52	0.49	0.44	0.54
2G/H31	0.20	0.15	0.25	0.16	0.41	0.44	0.42	0.44	0.36	0.38
S27/S29	0.54	0.90	0.70	0.67	0.46	0.47	0.46	0.61	0.60	0.58
S28/S29	0.29	0.59	0.40	0.27	0.40	0.27	0.40	0.30	0.27	0.25
20S	0.52	0.51	0.53	0.52	0.51	0.52	0.52	0.53	0.52	0.51
$\alpha\beta\beta$	0.56	0.57	0.56	0.55	0.55	0.56	0.58	0.57	0.56	0.56
S27	29	36	33	35	25	27	25	32	32	32
S28	16	24	19	14	22	16	22	16	14	14
S29	55	40	48	51	54	57	54	52	53	55
C19	15.3	18.3	25.5	26.3	15.6	17.3	20.6	34.9	57.4	22.5
C20	36.0	20.8	48.9	57.2	48.5	52.7	57.0	67.1	84.1	59.7
C21	34.2	18.6	47.5	52.0	62.7	70.0	68.9	70.0	88.0	60.0
C22	11.7	2.5	16.5	17.2	26.3	30.9	30.2	24.8	26.0	23.7
C23	74.6	39.3	111.8	114.5	165.3	179.2	177.8	156.2	194.1	147.3
C24	45.8	21.8	65.8	64.4	93.0	102.3	99.3	93.7	129.1	89.2
C25	43.3	18.1	58.9	61.4	92.2	100.4	99.1	83.0	118.4	84.4
T24	35.2	16.3	44.4	45.9	48.5	54.0	53.2	40.4	83.6	53.4
C26S	15.1	8.0	20.0	21.9	33.2	35.4	33.9	29.7	44.0	30.4
C26R	21.5	13.3	28.1	29.4	36.4	42.9	45.5	35.6	61.9	37.7
C28S	21.6	10.1	23.5	26.8	33.6	37.0	36.6	30.0	57.0	36.2
C28R	18.4	11.2	22.4	25.1	31.4	32.8	35.2	28.8	62.4	32.8
C29S	27.4	12.5	31.1	35.3	41.5	49.6	48.4	39.9	79.2	46.56
C29R	27.8	10.9	31.1	35.8	44.2	49.0	47.4	46.4	75.3	46.8
Ts	37.1	17.6	42.5	47.2	38.4	40.1	45.2	32.4	114.6	48.6

续表

井号	S116-2	S14	S117	S106	S79	TK214	T912	S73	S60	T810X (K)
Tm	50.1	7.0	36.7	42.9	100.6	111.6	99.1	38.4	59.7	89.8
BisnorH	26.2	13.7	34.8	37.5	48.2	54.2	53.4	40.0	84.7	46.2
25-NorH	18.6	8.4	24.3	26.3	29.4	34.6	30.2	25.1	62.0	33.7
H29	141.1	16.4	102.6	117.0	270.0	293.4	275.1	122.2	232.9	279.3
M29	16.5	3.6	15.0	15.5	25.2	28.4	31.2	14.1	30.3	26.8
H30	215.9	18.4	133.4	155.1	250.2	277.6	253.3	123.4	244.2	304.6
M30	20.7	2.6	14.0	15.0	21.9	24.0	25.6	11.7	22.0	28.2
H31S	90.7	6.7	55.6	77.8	134.4	150.0	134.4	53.9	91.4	149.6
H31R	77.6	12.3	55.6	73.5	118.8	130.3	122.4	57.0	116.8	128.6
Gamma	16.8	1.4	13.8	11.9	51.4	61.1	53.3	24.4	37.2	52.6
H32S	74.1	6.4	47.8	63.1	115.0	128.8	115.8	48.2	85.2	125.6
H32R	56.6	4.8	35.7	46.2	86.2	95.3	86.9	35.3	69.6	92.5
H33S	50.0	7.1	37.6	41.9	74.2	80.9	75.4	35.8	76.8	82.9
H33R	29.9	1.9	18.8	24.6	44.9	50.2	44.3	18.4	36.1	47.9
H34S	37.4	2.5	21.7	31.2	46.3	51.7	47.1	17.0	38.3	51.8
H34R	22.5	1.9	15.7	18.3	31.7	35.0	31.3	13.4	27.5	36.8
H35S	22.2	2.4	14.4	18.4	58.7	63.1	55.2	16.2	29.5	48.7
H35R	16.5	0.9	10.0	8.1	43.7	49.5	46.2	12.9	20.9	40.6
C21	22.2	13.5	29.0	33.1	50.3	54.6	56.8	54.4	77.8	47.5
C22	10.2	4.1	14.0	14.1	20.5	21.96	22.4	17.1	23.9	18.0
C27βαS	10.6	7.7	11.0	12.4	4.0	4.8	4.5	2.4	9.1	4.8
C27βαR	7.4	4.8	8.5	8.5	4.1	3.0	3.6	4.1	6.3	4.3
C27ααS	17.2	6.6	19.5	20.4	28.4	29.2	29.7	23.4	44.6	31.0
C27ββR	30.5	16.9	34.5	38.5	28.3	31.0	31.7	26.5	53.1	32.2
C29dS	30.5	16.9	34.5	38.5	28.3	31.00	31.7	26.5	53.1	32.2
C27ββS	14.1	4.9	16.9	17.4	25.3	32.1	29.3	28.1	47.4	32.3
C27ααR	12.7	6.5	18.2	19.9	22.6	25.0	23.9	19.2	52.4	28.6
C29dR	19.3	11.1	23.1	25.4	31.3	33.7	35.4	29.9	68.9	31.9
C28ααS	11.1	3.4	12.1	14.1	27.3	25.2	26.4	16.0	39.1	22.7
C28ββR	11.8	6.2	16.5	15.6	26.4	29.0	31.3	22.6	55.0	27.8
C28ββS	24.1	10.5	27.0	31.3	40.1	47.9	49.9	35.2	70.7	43.9
C28ααR	6.9	4.3	10.5	7.9	19.8	14.3	20.8	9.3	18.7	12.1
C29ααS	26.0	7.6	29.3	32.2	51.6	56.5	56.1	35.3	75.0	51.7
C29ββR	34.7	10.7	39.2	42.8	69.5	77.5	74.4	48.4	101.4	70.9

表 3.18　塔河油田部分油样芳烃生标绝对浓度　　　　　　（单位：μg/g原油）

井号	S73	S14	S60	T912	S112-1	S116-2	S117	S106	T810X（K）	TK839
层位	O_1	O	O	O_2yj	$O_{1-2}y$	O	O	O	O_2yj	O_2y
2-MN	59	204.13	196.9	60.4	515.4	288.39	353.27	48.67	205.7	222.6
1-MN	50.7	126.62	131.2	45.3	338.6	229.06	281.2	47.06	163.4	179.2
2-+1-EtN	38.9	31.9	33.1	21.6	73.5	58.06	57.4	22.78	48.5	48.3
2,6-DMN	168.1	203.2	165.8	70.8	321.8	141.97	197.04	85.17	128	121.8
2,7-DMN	162.9	108.65	121.3	64.3	254.2	125.54	130.14	65.58	87.9	104.2
1,7-DMN	315.9	267.49	259.1	124.1	526.1	270.89	332.19	158.52	220.6	234.8
1,3+1,6-DMN	309.5	231.94	243.7	118.2	475	270.49	336.07	161.97	224.1	237
1,4+2,3+1,5-DMN	170	133.35	134	69.6	253.2	156.18	187.95	96.15	128.7	134.7
1,2-DMN	37.5	25.59	27.6	20	52.1	49.48	53.06	28.41	39.6	41.9
EtMeN	139.6	71.76	71.4	47.6	124.3	89.48	98.14	61.15	78.6	79.9
EtMeN	31.4	15.22	15.6	10.9	25.2	19.71	22.14	13.77	18.2	17.3
EtMeN	55.7	25.89	28	19.3	51.5	40.67	44.07	27.32	35.4	35.4
1,3,7-TMN	221.1	132.5	123.1	66.5	201.2	114.02	141.65	93.61	103.1	104.3
1,3,6-TMN	377.6	203.59	194.9	110.4	329.7	188.94	235.06	156.05	168.5	175.9
1,4,6-TMN	267.9	134.4	138.3	83.6	238.7	155.47	193.18	129.05	142.4	146.9
2,3,6-TMN	221.4	132.46	124.9	66.9	190.9	108.47	136.35	92.63	95.2	99.1
1,2,7-TMN	33.6	14.34	21.3	11.3	30.4	26.3	28.51	20.04	24.9	23
2,3,5-TMN	221.1	127.69	123.1	74.8	186.7	133.18	159.01	111.07	117.7	122.6
1,2,4-TMN	17.8	7.85	8.7	8.3	14.7	16.26	15.39	10.91	14.6	14.2
1,2,5-TMN	79.8	33.74	40.6	31.3	56.8	67.77	72.17	52.22	61.6	63.1
1,4,5-TMN	16.4	6.13	6.8	8.3	10.6	14.28	12.16	9	12.6	12.1
1 DBT	179.7	79.45	112.2	64	104.5	112.19	126.42	87.89	93	94.7
Phenanthrene	259.2	151.79	220.3	106.6	202.4	157.65	192.82	145.17	147	149.9
3-MP	141.9	85.69	121	55.1	105	70.65	93.53	69.41	66.7	66.5
2-MP	190.1	121.09	167.6	75.8	142.7	95.32	124.11	95.11	92.6	88.4
9-MP	223.5	120.38	188.9	86	165	137.11	182.98	136.91	130.9	130.1
1-MP	224	80.82	134.9	66.8	118.8	99.81	133.31	100.68	94.4	94.8
C_{20}-TAS	9	2.74	4.7	11.7	3.3	9.05	9.68	6.83	13.4	9.3
21-TAS	7.8	2.78	6	11.3	4.2	5.7	9.12	7.6	10.8	7.7
C_{22}a-TAS	0.2	0.04	0.2	3.5	0.1	1.36	0.36	1.47	1.8	1.4
C_{22}b-TAS	0.2	0.42	0.6	3.4	0.1	0.56	0.59	1.22	2.8	1.7
C_{26}S-TAS	0.2	0.31	0.7	10	0.1	2.33	0.56	0.53	4.8	4.4
C_{26}R+C_{27}S-TAS	6.5	1.09	2.4	30.9	1.1	6.51	3.36	2.52	19.1	13.4
C_{28}S-TAS	22.7	1.75	6.4	109.7	2.7	26.31	13.72	11.98	76.8	50.8
C_{27}R-TAS	5.1	0.73	2.1	20.5	0.1	4.94	2.77	2.16	14.9	8.8
C_{22}Sa-TAS	2.7	0.03	0.9	1.9	0.1	0.32	0.37	0.16	2.1	1.2
C_{22}Sb-TAS	2.3	0.06	0.4	2.5	0	0.11	0.18	0.14	2.2	2
C_{28}R-TAS	20.4	1.48	5.1	94	2.5	22.13	10.71	9.46	65.1	42.4
C_{29}R-TAS	1.5	0.11	0.9	5.8	0.1	0.97	0.88	1.16	5.6	1.9

续表

井号	T739	S75	TK714	T7-631	S79	TK214	S74	TK614	TK472CH	S48
层位	O	$O_{1-2}y$	$O_{1-2}y$	$O_{1-2}y$	O_2yj	O_1	$O_{1-2}y$	$O_{1-2}y$	$O_{1-2}y$	$O_{1-2}y$
2-MN	127.2	115.7	24.7	16.3	107.3	94.7	7.0	23.1	54.7	30.5
1-MN	114.5	89.5	21.7	15.5	83.0	73.6	6.0	17.8	39.1	27.7
2-+1-EtN	43.7	32.4	12.6	11.3	26.1	24.9	4.0	8.0	14.2	14.8
2,6-DMN	85.0	76.4	24.0	32.9	54.9	49.5	10.8	24.5	24.4	31.2
2,7-DMN	78.0	72.9	23.2	25.9	47.2	46.2	8.2	16.8	23.4	31.2
1,7-DMN	177.3	154.9	49.1	60.2	105.1	96.0	19.0	39.8	47.9	63.9
1,3+1,6-DMN	186.2	144.4	53.2	63.6	106.8	97.5	21.0	41.2	47.6	67.1
1,4+2,3+1,5-DMN	106.6	88.0	30.2	37.3	60.8	55.3	12.1	23.6	27.4	38.1
1,2-DMN	34.9	26.8	11.6	11.4	20.3	19.7	4.9	8.2	11.1	13.4
EtMeN	75.6	55.3	24.2	28.1	37.4	36.1	10.4	17.1	20.9	28.3
EtMeN	17.5	14.3	5.9	7.1	9.0	8.8	2.3	3.8	5.6	6.7
EtMeN	33.0	23.6	10.3	12.1	17.1	16.4	4.2	6.7	8.0	13.0
1,3,7-TMN	87.2	73.4	28.9	40.2	48.5	44.4	13.6	23.8	22.6	34.7
1,3,6-TMN	150.0	123.3	51.8	69.0	84.3	78.5	24.8	41.4	39.5	61.8
1,4,6-TMN	131.1	99.6	40.8	53.4	67.1	63.0	19.4	32.5	31.8	49.5
2,3,6-TMN	75.9	68.4	28.0	39.6	45.5	41.7	14.3	24.5	21.2	33.9
1,2,7-TMN	22.2	15.3	7.3	7.9	12.6	11.4	4.1	5.3	6.0	7.8
2,3,5-TMN	113.1	78.4	37.6	45.9	58.2	54.8	19.3	30.5	30.0	44.4
1,2,4-TMN	14.4	10.5	5.5	5.9	8.1	7.3	2.7	4.2	4.2	5.9
1,2,5-TMN	59.0	41.8	18.8	21.6	29.1	27.1	10.6	14.7	14.7	21.8
1,4,5-TMN	12.3	10.1	5.1	5.1	7.6	7.5	3.1	4.1	4.3	5.5
1 DBT	81.5	50.6	29.2	41.2	48.0	45.8	22.2	32.8	14.7	34.5
Phenanthrene	125.7	74.6	50.7	64.9	79.5	75.5	40.4	56.5	35.9	55.5
3-MP	52.6	36.2	21.8	30.8	35.7	34.5	20.8	29.3	18.2	25.1
2-MP	74.2	48.4	31.1	43.0	48.6	47.2	30.7	41.9	24.1	34.7
9-MP	109.1	65.7	37.7	52.3	63.7	61.5	36.1	50.8	28.6	42.9
1-MP	80.8	48.8	26.2	38.5	47.2	44.1	27.3	37.2	20.3	31.7
C_{20}-TAS	13.2	10.1	11.9	11.6	12.0	13.5	18.0	16.9	8.8	10.4
21-TAS	10.3	7.9	8.7	8.7	8.8	8.0	13.5	12.5	7.6	7.2
C_{22}a-TAS	1.7	1.5	2.9	2.9	3.4	2.9	4.2	4.6	2.5	2.4
C_{22}b-TAS	1.7	2.1	3.6	4.0	3.4	3.7	6.3	5.1	3.0	3.1
C_{26}S-TAS	2.6	6.0	10.7	10.0	8.4	8.5	15.9	14.3	10.5	8.2
C_{26}R+C_{27}S-TAS	10.1	18.1	34.9	33.2	26.8	31.6	52.2	49.4	30.4	29.6
C_{28}S-TAS	41.3	65.6	129.3	124.1	111.7	113.4	192.2	181.5	107.0	106.1
C_{27}R-TAS	7.3	10.0	26.3	24.1	18.5	20.9	37.4	34.6	20.8	19.9
C_{22}Sa-TAS	1.9	0.2	24.4	23.1	0.4	1.5	0.7	0.7	0.4	0.4
C_{22}Sb-TAS	2.1	0.2	0.1	0.7	0.7	1.8	0.2	0.5	0.1	0.5
C_{28}R-TAS	37.4	56.3	113.7	108.6	95.6	100.0	165.4	156.8	92.2	91.8
C_{29}R-TAS	2.2	1.9	4.1	3.6	3.5	6.8	6.8	6.1	4.1	3.2

2. 塔河原油混源识别与混源比例计算

无锡石油地质研究所引进美国 Infometrix 公司研发的多元数理统计学的商业软件 Pirouette 4.0，利用生标浓度的变通最小二乘法（ALS-C），计算塔河油田原油混合物中各端元组分的相对含量。

原始数据包括了塔河油田 20 个原油的饱和烃和芳烃馏分常见生物标志物绝对浓度数据（表 3.17、表 3.18）。通过比较计算结果和与前人交流，我们在混源比例计算前对定量的浓度数据进行了归一化处理。

1) 与比值参数相比用定量浓度参数计算混源比例更合理

在计算混源比例过程中，生标参数的选择是否合理也是至关重要的。利用变通最小二乘法分别对饱和烃 54 个定量浓度参数（ALS-C）和 12 个传统的比值参数（ALS-R）进行了混源比例计算结果对比。

由表 3.19 和图 3.66 可以看出，假设塔河油田的油具有 3 个端元，利用饱和烃的定量参数与比值参数的计算结果具有较明显的差异，不但代表 3 个端元油的典型油样有所差异（ALS-C 计算结果端元油代表分别为 S14，S116-2，S74；ALS-R 计算结果 3 个端元油的代表样品分别为 S14，S116-2，TK714），而且对于各井油样两种方法计算出的各端元的贡献比也不同，如图 3.66 所示，利用比值参数（ALS-R）计算出的结果相对于定量浓度参数的计算结果（ALS-C），端元 2（Source 2）的贡献在用比值参数结算的结果中大多被低估了。出现这种差异的原因在于化合物浓度的变通二乘方与混合物中该化合物的比例呈线性关系，而化合物比值的最小二乘方与混合物中该化合物的比例呈非线性关系。因而利用定量数据计算时，化合物浓度增加带来的贡献率增加准确地体现出来，但如利用比值参数进行计算，则不能线性地体现出这种浓度变化带来的贡献比增加。因而在进行混源比例计算时，利用定量浓度参数计算更为合理。

表 3.19　用饱和烃生标绝对定量参数与比值参数计算混源比例结果对比

原油编号	ALS-C			ALS-R		
	Source 1	Source 2	Source 3	Source 1	Source 2	Source 3
S14	0.99	0.01	0.00	0.76	0.02	0.22
S112-1	0.58	0.28	0.14	0.45	0.40	0.15
S60	0.47	0.28	0.25	0.40	0.60	0.00
S116-2	0.00	1.00	0.00	0.00	0.63	0.37
S73	0.57	0.20	0.23	0.46	0.08	0.46
S117	0.45	0.49	0.06	0.35	0.48	0.17
S106	0.38	0.60	0.01	0.29	0.53	0.18
S74	0.00	0.06	0.94	0.07	0.23	0.71
TK839	0.06	0.72	0.22	0.02	0.38	0.60
S79	0.06	0.29	0.65	0.03	0.15	0.81
TK214	0.05	0.29	0.66	0.02	0.15	0.83
T912	0.12	0.27	0.62	0.10	0.20	0.70

续表

原油编号	ALS-C			ALS-R		
	Source 1	Source 2	Source 3	Source 1	Source 2	Source 3
T810X（K）	0.03	0.74	0.23	0.00	0.38	0.62
T739	0.13	0.32	0.55	0.08	0.27	0.66
TK472CH	0.19	0.00	0.81	0.16	0.10	0.74
S48	0.07	0.23	0.70	0.03	0.13	0.84
S75	0.21	0.50	0.29	0.14	0.30	0.56
TK714	0.09	0.12	0.79	0.04	0.06	0.89
T7-631	0.08	0.28	0.65	0.04	0.11	0.85
TK614	0.15	0.12	0.73	0.13	0.06	0.81

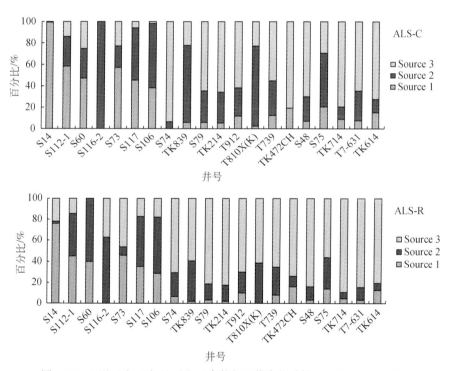

图 3.66 用饱和烃生标绝对定量参数与比值参数计算混源比例结果对比

2) 计算参数及端元数的确定

在利用 Pirouette 4.0 软件进行混源比例计算时，端元数的确定是其中一个重要的问题，单纯从数学关系上来说，它的选取要求尽量满足模拟端元组分特征与各样品的实际组分特征值的方差和尽量趋近于零。但并不是说方差越小时对应的端元数就越合理，它还需要有各方面的地质条件约束，尤其是研究区烃源岩的时空分布、烃源岩的套数、生烃史及油田的成藏史等。

利用生标定量数据，分别采用饱和烃生标数据、芳烃数据、综合饱和烃和芳烃数据来计算 2 端元、3 端元和 4 端元情况下的混合比例。需要指出的是，这里所说的端元仅为一数学统计的理论端元，由于缺乏塔河及周围地区各时代烃源岩的生标特征参数作为对比，因而这里的端元只能体现为某一井的油样最能代表这种端元油的特征，而不能直接指示来源于某一套烃源岩。

图 3.67 为分别采用饱和烃、芳烃、饱和烃+芳烃的生标定量参数计算时端元选取情况与方差关系图。图 3.67 表明，无论是以哪种方式计算，虽然存在一定差异，但端元数为 3 之后，方差都基本接近于零。也就是说，选取端元数为 3 时，各生标定量参数已经能满足变通最小二乘法的基本数学关系。在充分考虑塔河油田及其周缘烃源岩（$\mathcal{E}-O_1$、O_{2+3}）的时空分布、生烃史、成藏史等各种地质约束基础上，下面将重点讨论二元和三元混合情况。

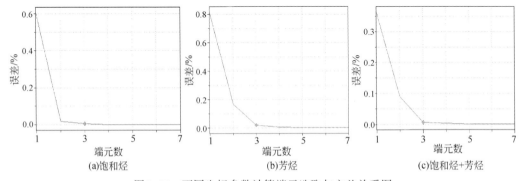

图 3.67　不同生标参数计算端元选取与方差关系图

（1）二端元混合比例和端元组成。表 3.20 分别列出了利用上述三类数据计算的二元混合比例。虽然不同数据计算结果有细微差异，但结论大体一致，显示最可能的端元组分为 S14 和 S74 井原油，分别代表了晚期和早期注入的原油，也可能是不同生源环境的两种原油。另外，通过芳烃和芳烃+饱和烃参数计算出来的端元 1 中，S14 和 S112-1（或 S116-2）的计算结果都是 1，结合两个井原油产出的空间展布考虑（图 3.58），二者应代表来自不同方向或沉积相带的原油，S14 原油产于塔河油田最东北部，代表了主要从东部生烃区运移来的晚期轻质油，而 S112-1（或 S116-2）原油产于塔河最南部，代表来自南部生烃区的晚期充注的轻质油。

（2）端元混合比例和端元组成。表 3.21 分别列出了利用上述三类数据计算的三元混合比例。显然，计算结果显示最可能的端元组分原油为 S14、S116-2 和 S74 井原油，分别代表了两个晚期和一个早期注入的原油。S74 井原油，由于塔河主体区接受了来自不同方向、不同期次充注的原油，故其具有明显的多元混合的特征。

（3）端元数的确定。分别按照端元 2 与端元 3 计算可见，在按端元 2 时，饱和烃计算的结果方差较低，但芳烃以及饱和烃+芳烃的计算结果方差都很高，不太满足变通最小二乘法数学计算方法的关系。按端元 3 计算时，无论是饱和烃还是芳烃，以及饱和烃+芳烃的计算结果方差都接近于零，满足基本的数学关系。同时，结合塔河油田及周边寒武系及奥陶系烃源岩的分布、生烃史和成藏史等地质背景综合分析，认为其可能存在 2~3 套端元烃源岩向塔河油田供烃，它们可能是不同时代（$\mathcal{E}-O_1$ 和 O_{2+3}）或者同时代（$\mathcal{E}-O_1$

或 O_{2+3}）不同沉积相带的烃源岩，塔河油田存在 3 个生标特征不同的端元油较能符合实际地质情况。

表 3.20 塔河油田原油二元混合比例计算结果

原油编号	饱和烃		芳烃		饱和烃+芳烃	
	Source 1	Source 2	Source 1	Source 2	Source 1	Source 2
S14	1.00	0.00	1.00	0.00	1.00	0.00
S112-1	0.61	0.39	1.00	0.00	1.00	0.00
S60	0.51	0.49	0.97	0.03	0.78	0.22
S116-2	0.11	0.89	0.98	0.02	0.71	0.29
S73	0.60	0.40	0.93	0.07	0.75	0.25
S117	0.50	0.50	1.00	0.00	0.83	0.17
S106	0.44	0.56	0.94	0.06	0.56	0.44
S74	0.04	0.96	0.01	0.99	0.02	0.98
TK839	0.15	0.85	0.92	0.08	0.53	0.47
S79	0.12	0.88	0.69	0.31	0.25	0.75
TK214	0.12	0.88	0.66	0.34	0.20	0.80
T912	0.17	0.83	0.70	0.30	0.27	0.73
T810X（K）	0.12	0.88	0.88	0.12	0.46	0.54
T739	0.19	0.81	0.90	0.10	0.36	0.64
TK472CH	0.24	0.76	0.47	0.53	0.08	0.92
S48	0.13	0.87	0.54	0.46	0.13	0.87
S75	0.27	0.73	0.85	0.15	0.34	0.66
TK714	0.14	0.86	0.41	0.59	0.08	0.92
T7-631	0.14	0.86	0.49	0.51	0.11	0.89
TK614	0.20	0.80	0.24	0.76	0.08	0.92

表 3.21 塔河油田原油三元混合比例计算结果

原油编号	饱和烃			芳烃			饱和烃+芳烃		
	Source 1	Source 2	Source 3	Source 1	Source 2	Source 3	Source 1	Source 2	Source 3
S14	0.99	0.01	0.00	0.61	0.39	0.00	0.64	0.36	0.00
S112-1	0.58	0.28	0.14	0.93	0.07	0.00	0.96	0.00	0.04
S60	0.47	0.28	0.25	0.44	0.54	0.02	0.37	0.54	0.09
S116-2	0.00	1.00	0.00	0.87	0.10	0.03	0.65	0.04	0.30
S73	0.57	0.20	0.23	0.00	0.98	0.02	0.01	0.99	0.00
S117	0.45	0.49	0.06	0.86	0.12	0.01	0.72	0.10	0.18
S106	0.38	0.60	0.01	0.14	0.84	0.02	0.06	0.70	0.23

续表

原油编号	饱和烃			芳烃			饱和烃+芳烃		
	Source 1	Source 2	Source 3	Source 1	Source 2	Source 3	Source 1	Source 2	Source 3
S74	0.00	0.06	0.94	0.00	0.11	0.89	0.00	0.13	0.87
TK839	0.06	0.72	0.22	0.69	0.23	0.08	0.39	0.20	0.41
S79	0.06	0.29	0.65	0.58	0.13	0.29	0.18	0.14	0.68
TK214	0.05	0.29	0.66	0.54	0.14	0.32	0.14	0.15	0.71
T912	0.12	0.27	0.62	0.22	0.52	0.25	0.05	0.36	0.59
T810X	0.03	0.74	0.23	0.63	0.25	0.12	0.32	0.21	0.47
T739	0.13	0.32	0.55	0.48	0.43	0.08	0.17	0.31	0.52
TK472	0.19	0.00	0.81	0.52	0.00	0.48	0.05	0.13	0.82
S48	0.07	0.23	0.70	0.22	0.38	0.40	0.01	0.25	0.74
S75	0.21	0.50	0.29	0.58	0.28	0.14	0.19	0.25	0.56
TK714	0.09	0.12	0.79	0.18	0.30	0.53	0.00	0.21	0.79
T7-631	0.08	0.28	0.65	0.05	0.51	0.44	0.00	0.29	0.71
TK614	0.15	0.12	0.73	0.10	0.22	0.68	0.00	0.21	0.79

需要指出的是，由于塔河油田地区钻井目前没能直接取到寒武系—奥陶系各套烃源岩样品，因而我们在用该方法进行混源油混源比例计算时缺少烃源岩的生标定量参数，因而无法直接确定计算结果中的端元1、端元2和端元3究竟对应着地质实际上的哪套烃源岩。如果有该地区较系统的各时代烃源岩生标定量参数与现有的油样参数一起进行数理统计计算，则可将计算结果中的端元油与地质实际的烃源岩直接关联。

3) 塔河地区端元组分原油特征及源岩性质推断

仔细分析塔河油田及外围地区原油的分子地化特征，在上述原油性质的多样性与某些生标指纹相似性的基础上，我们初步确定下列原油样品可能代表本区存在的端元组分原油（表3.22）。它们分别是S74、S14和S116-2钻井原油样品，结合前面各种特殊生标生源环境意义的解释研究，对3个端元油的饱和烃、芳烃生标特征进行了综合对比分析。

如前所述，塔河油田的不同物性原油在正构烷烃、异戊间二烯烷烃和碳氢同位素组成上具相关性。但是，特殊生源生标的定量分析结果显示，这些端元组分的甾萜烷组成丰度和分布仍然存在一定差别（表3.22）。

表3.22 塔河油田可能端元组分原油生标特征及母源特征预测

m/z	化合物或比值	S74	S14	S116-2
177	二降藿烷（BNH）	丰富	无—微量	无—微量
	25-降藿烷	丰富	无—微量	无—微量

续表

m/z	化合物或比值	S74	S14	S116-2
191	$C_{29}H/C_{30}H$	~1	低	低
	$17\alpha(H)$升藿烷($C_{31}\sim C_{35}$)	C_{35}优势	受三环萜影响显示很弱	正常梯状级数分布
	三环萜烷/五环萜烷	低	高	低
	长链三环萜烷	—	出现并占优势	—
	Ts/TmC_{27}	很低,<1	高,>1	低,<1
	伽马蜡烷	高(33.7μg/g)	低(1.4μg/g)	低(16.8μg/g)
205	三甲基藿烷	丰富	—	—
217	C_{27}-C_{28}-C_{29}甾烷	反"L"形	"V"字形	"V"字形
	重排/规则甾烷	低(0.27)	高(0.8)	低(0.44)
	孕甾烷/长链甾烷	低	高	低
	规则甾烷/藿烷	低(0.5)	高(1.3)	低(0.3)
231	三芳甾烷	C_{28}为主,丰度高	C_{28}为主,丰度较低	C_{28}为主,丰度高
184,178	二苯并噻吩/菲	<1(0.55)	<1(0.52)	<1(0.71)
134,92	类异戊二烯苯/烷基苯	高	低	高
	烷基萘/烷基菲	低	高	高
	源岩特征	水体分层,缺氧,局限台地,Ⅱ-S型干酪根,生烃活化能低,成熟度低	富黏土,开阔环境,富含藻类,生烃活化能高,成熟度高	贫黏土,还原,有机质类型好,生烃活化能低,成熟度高
	可能时代	$\in$—O_1	O	O
	成烃期	海西期后	喜马拉雅期	喜马拉雅期

S74井原油：代表了早期注入原油的端元组分，位于塔河油田主体区6区，具有明显的C_{29}甾烷优势（图3.68、图3.69），C_{28}甾烷相对丰富（图3.68、图3.69），C_{28}三芳甾烷亦丰富（图3.43），类似于以往在世界其他地区常见到的下古生界如寒武系来源的原油特征。同时，相同样品又具有C_{35}藿烷优势（图3.69），具有高丰度的三甲基藿烷系列和伽马蜡烷，高的类异戊二烯苯/烷基苯值（图3.48）等，其来源解释似乎应与水体分层明显且底部缺氧的局限台地相或潟湖相的含Ⅰ-Ⅱ型有机质的源岩有关。同时，25-降藿烷和完整的正构烷烃系列共存说明这个端元组分混有后来注入的原油。

20个原油中，主体区及其邻近区块的13个原油都可以与S74井原油对比：六区TK614；四区TK472和S48；七区TK714、S75和T7-631；二区TK214和S79；八区TK839和T810X（K）；九区T912等。其中，八区TK839和T810X（K）正常原油显示无遭受生物降解，但仍具有C_{35}藿烷优势；五区S73和十一区S116-2井轻质油明显具有$C_{27}17\alpha$（H）-三降藿烷（Tm）优势，表明这些特征是原生的，而不是因生物降解或者成熟度造成的。

可见，塔河主体区原油主要显示水体分层、缺氧的沉积环境，贫黏土，有机质丰度高，母质类型好的碳酸盐岩烃源岩特征，这类烃源岩具有较低的活化能，排烃时间较早，

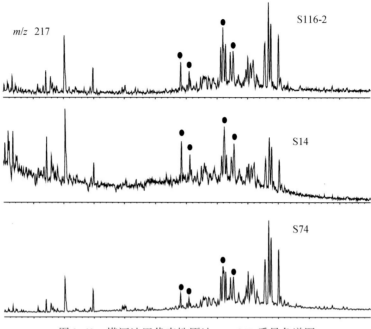

图3.68 塔河油田代表性原油 m/z 217 质量色谱图

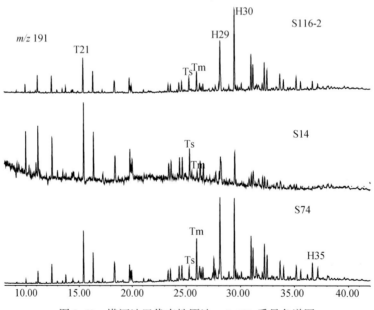

图3.69 塔河油田代表性原油 m/z 191 质量色谱图

生成的油气成熟度较低。这些原油形成时间较早,并且充注时储层较浅,使得其经历了一定的生物降解。值得关注的是,此类原油中高丰度的二降藿烷及 25-降藿烷与二苯并噻吩系列化合物共存(表3.22),暗示其降解机制主要是无机矿物还原有关,而不是水洗,也不是靠氧化,而是厌氧条件下的微生物降解为主。结合台盆区地史、热史和生烃史综合分析（图3.70），如果是加里东期形成的原油应该早就降解没有了，这些原油可能属于二叠纪抬升剥蚀以后形成并充注的。

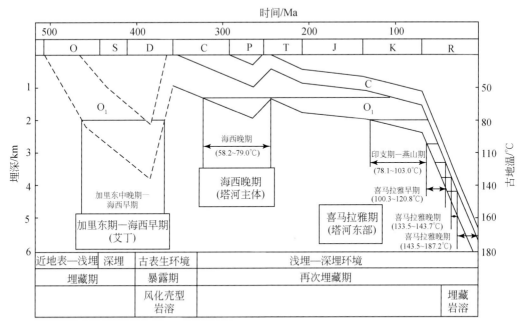

图 3.70 塔河油田沉积-构造及成藏演化史（顾忆等，2006）

S14 井原油：代表了后期注入原油的 1 个端元组分，位于塔河油田东北部 9 区北侧，主要来自东部和南部生烃区，其中特征的长链三环萜烷的出现可能代表了富含塔斯玛尼亚藻（Tasmanites）或光面球藻（Leiospheridia）的烃源岩的贡献。同时，表现出四高一低的特征，即具有高的 Ts/Tm、规则甾烷/藿烷、重排/规则甾烷和孕甾烷/长链甾烷值，而伽马蜡烷含量低（表 3.22）。高含量的甾烷以及高的甾/藿烷值（≥1）似乎是主要来源于浮游或底栖藻类生物的海相有机质的特征（Czochanska et al.，1988）。这类烃源岩生烃要求的活化能高，一般排烃较晚，生成的油气成熟度较高。另外，上述 3 个比值高，除了高成熟度外，还有可能与富含黏土的烃源岩有联系。

与此端元组分可对比的原油主要有东部的 S73、S60，还有南部的 S112-1、S117 原油等。它们表现出富黏土矿物，水体开阔环境，富含浮游或底栖藻类，丰度不高，质量较差的源岩特征，这类烃源岩生烃要求的活化能高，排烃较晚，裂解程度高，故生成的油轻，成熟度较高。根据无生物降解和完整的正构烷烃分布特征等，结合地史、热史和生烃史综合分析，这些原油主要形成于喜马拉雅期。

S116-2 井原油：代表了另一个后期注入的原油端元组分，处于塔河油田南部十一区，主要来自南部生烃区。如表 3.22 所示，三环萜烷、Ts/Tm、重排甾烷、孕甾烷、规则甾烷和芳烃组成，如三芳甾烷、二苯并噻吩、类异戊二烯苯等分布特征均与 S14 表现出有所不同，但二者都无生物降解藿烷系列，或者二降藿烷、25-降藿烷含量很低，表明了它们之间还是存在有机质输入或源岩沉积环境上的差异，且主要是未遭受过生物降解的后期充注原油。实际上，S116-2 端元油表现出上述两个端元油的混合特性，如在 Ts/Tm、重排/规则甾烷、类异戊二烯苯/烷基苯值和三芳甾烷分布上与 S74 井端元油具有可比性，表明贫黏土，缺氧环境特点。而 C_{27}-C_{28}-C_{29} 甾烷和 C_{29}/C_{30} 藿烷分布上又与 S14 原油相似，有别于 S74 井端元油，与其邻近的 S117、S106 井原油也呈类似特征，结合两个端元油成熟度和物性亦具相近特性，可以预测二者之间存在同一层位源岩的沉积微相差异，S14 端元油主要形成于水体相对开阔的环境，富黏土矿物，有机质类型和保存条件相对差，多为碎屑岩烃源岩。

总之，3 个端元油中，初步认定，S116-2、S14 是同一层位源岩不同沉积相带的产物，均属于后期注入的高成熟的轻质油。S74 与前两个明显不同，应该是来自不同的生源，主要形成于闭塞环境，贫黏土，有机质丰度高，有机质类型和保存条件好。以往人们对海相烃源岩的研究表明，此类端元组分的源岩一般以富含有机质的烃源岩形式存在，多为油页岩。

4) 源岩时代和贡献程度的确定

从原油生标特征预测其烃源时代时，我们主要遵循了这样 3 个原则：①不同时代，同一沉积相（环境）的烃源岩可能具有相似的地球化学特征；②同一时代，不同沉积相（环境）的烃源岩存在有机地球化学特征的差异；③不同成熟度，不同期次的原油可能具有不同的地球化学特征。

3. 塔河油田及源岩形成环境的对比分析

1) 塔河油田及其周缘烃源岩发育情况

以往的大量研究表明（张水昌等，2000），台盆区寒武系—奥陶系烃源岩主要发育寒武系—下奥陶统（新方案：中下寒武统、中下奥陶统）、中上奥陶统（新方案：上奥陶统）2 套（新方案：3 套）烃源岩层位（图 3.71）。从它们的空间分布来看，寒武系—中下奥陶统烃源岩在台盆区中西部主要为水体分层，缺氧的碳酸盐岩和泥质烃源岩，而东部主要为深水、缺氧沉积的泥质烃源岩，上奥陶统烃源岩在西部局部存在缺氧沉积的烃源岩，而中东部主要是相对开阔、亚氧化环境的斜坡灰泥丘相。海相源岩的形成模式有"保存模式"和"生产力模式"两种，在塔里木分别对应于寒武系和中上奥陶统烃源岩。前者特点是水体分层，缺氧事件，浮游生物为主，且表层水高生产力产生的丰富有机质，容易在有硫化氢渲染的强还原水底中保存。而中上奥陶统烃源岩形成于台缘斜坡带，受上升洋流控制，底层水有氧，浮游、底栖动、植物都很发育，藻类勃发（梁狄刚等，2000）。由于大量原始贫氢的底栖藻类的混入，中上奥陶统烃源岩的有机质类型较差多呈偏腐殖型和腐殖型（王飞宇等，2001）。

根据台盆区下古生界烃源岩成熟度的时空演化平面图，在台盆区中西部包括塔北隆起斜坡区带，中下寒武统的主生油期在加里东期，海西期末（二叠纪末）处于高-过成熟阶段；中下奥陶统，海西期末（二叠纪末）进入生油高峰阶段，现今处于生油窗后期-高过成熟阶段；上奥陶统在燕山期末（白垩纪末）尚处于成熟阶段早期，其主生油期在喜马拉雅期。

2) 塔河原油及其可能源岩形成环境的对比分析

本书主要基于 20 个原油样品的生标定量分析及其相关的常规分析研究，推测了塔河

发育层段			烃源岩类型	沉积相	发育地区	代表井、剖面	备注
系	统	组					
奥陶系	上统	印干组	泥质岩	陆棚	柯坪、顺托果勒低隆塘古巴斯拗陷北缘	大湾沟剖面顺1井、塘参1井	中上奥陶统
		良里塔格组	瘤状灰岩灰泥丘	台地边缘斜坡	塔河轮南东南缘	LN46、LN48 LN14等	
			灰泥丘烃源岩	台地边缘斜坡	卡塔克隆起北坡	TZ10、TZ12 TZ37、TZ6等	
	中下统	萨尔干组	泥质岩	滞留盆地相	柯坪、阿瓦提拗陷	柯坪大湾沟剖面	寒武系—下奥陶统
		黑土凹组	泥页岩	盆地相	满加尔拗陷	TD1、TD2 雅尔当山剖面	
寒武系	中下统	—	泥质灰岩白云岩	局限台地相	巴楚、卡塔克隆起	和4、方1	
		玉尔吐斯组	泥质岩灰岩	陆棚斜坡相	柯坪、满加尔	肖尔布拉克 TD1、TD2	

图 3.71 塔里木盆地台盆区发育 ϵ_{1-2}、O_{1-2}、O_3 三套海相烃源岩

油田原油的形成环境及其源岩特征，并与台盆区下古生界三套烃源岩的沉积有机相进行了对比分析。

塔河主体区的 S74 端元油：早期的重质油，主要表现为水体分层、缺氧、高盐度、贫黏土的碳酸盐岩烃源岩特征，显然，其与中下奥陶统、寒武系局限台地相碳酸盐岩烃源岩更相近，与上奥陶统烃源岩存在显著差异，结合三套烃源岩的有机质热演化史、主生烃期的时空演化特征考虑，S74 端元油与寒武系—下奥陶统更具亲缘关系。

塔河外围原油即南部的 S116-2 油及东部的 S14 油：晚期的轻质油，S14 油主要表现出中上奥陶统的形成环境。中上奥陶统烃源岩由于贫氢宏观藻类的输入而干酪根类型相对较差，生烃活化能要求高，而且亚氧化的沉积环境和各种藻类的勃发也可能引起 S14 井油所体现的四高一低的分子地球化学特征。S116-2 油具有与 S74 端元油类似的海相优质烃源岩的形成环境特点，但综合地史、热史、生烃史的时空演化特征及其油源对比分析，应该来自中上奥陶统烃源岩。

4. 塔河油田的油源对比分析

由于塔河地区目前取得的可能烃源岩样品非常有限，本区油–源对比的工作主要借鉴了黎茂稳等以往在中石油区块所作的数据。

前已述及，C_{30} 甲藻甾烷、C_{30} 4-甲基-24-乙基胆甾烷及其芳构化甾烷、C_{26} 24-降胆甾烷、C_{28} 甾烷及 C_{30} 异丙基胆甾烷等已被作为沟鞭藻、硅藻和海绵等的生源标志。这些具有特殊结构和很强专属性的分子生物标志物在塔里木盆地寒武系和奥陶系岩石抽提物中普遍存在，且有明显的差异分布，这些差异成为区分中上奥陶统和寒武系源岩的重要标志。

塔河油田 S74 井原油的三芳甾烷呈现 C_{28}-三芳甾烷含量高，C_{27}-三芳甾烷、C_{26}-三芳甾烷含量低的分布特征，甲基–三芳甾分布呈现 3-甲基-24-乙基三芳甾含量高，只含痕量或不含三芳甲藻甾烷，表现出中上奥陶统源岩的特征。通过饱和烃组分的 GC-MS-MS 分析资料（图 3.72）的初步整理，同样发现塔河油田原油的特殊甾烷分子组成明显与黎茂稳等研究过的中上奥陶统源岩相关，主要是未检测到 C_{30} 甲藻甾烷、C_{30} 4-甲基-24-乙基胆甾烷

等，这与寒武系源岩和以往认为主要为寒武系来源的塔东 2 井原油存在差异。

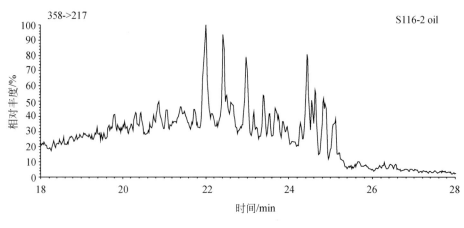

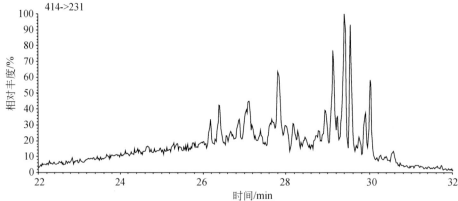

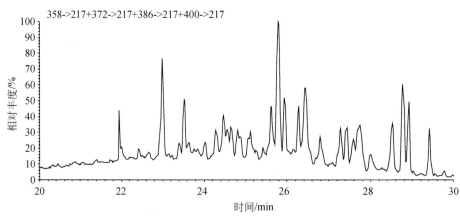

图 3.72　塔河油田 S116-2 井原油饱和烃组分的 GC-MS-MS 分析结果

因此，根据现有资料，可以明确两点，一是塔河油田之原油至少有两期原油充注：一是来源于 $\text{Є}—\text{O}_1$ 局限台地相碳酸盐源岩的相对低熟原油，在现今油田主体部位遭受了严重生物降解；二是喜马拉雅期中–上奥陶统来源之原油后期充注，主要聚集于本区西南部和东部（如 S112-1、S116-2、S14、S60、S73 井），成熟度较高，并在现今油田主体部位形成混源油。

5. 两期充注时间的宏观分析

从上述讨论可知，塔河油田的重质油和轻质油是两期充注产物。其中，重质油主要储集于中下奥陶统并集中在四、六区块，而轻质油主要集中在中下奥陶统及以上层位中，包括石炭系和三叠系。同时表明轻质油主要充注于石炭系储层形成以后，而重质油主要充注于石炭系储层形成之前、中下奥陶统储层形成之后。那么塔河中下奥陶统储层何时形成？重质油何时充注成藏？从塔里木盆地的地层对比图可以看出，中奥陶统与上奥陶统之间有一个沉积间断，说明中奥陶统形成之后经历了一个抬升剥蚀阶段，可以形成地表溶蚀孔、孔洞等，而且目前其上部上奥陶统厚度只有 150m 左右，沉积盖层薄有利于地表水渗入形成地表溶蚀或者浅埋溶蚀而生成大量优质储层。这暗示着储层形成是在加里东期上奥陶统之前就已形成，并在加里东晚期进入生烃高峰期时充注成藏形成了早期油藏，这与志留系油砂是同期的。此套油藏至海西晚期后又受到抬升剥蚀使得这些油气藏遭受生物降解、水洗、氧化等后生改造作用。但此期油藏因海西期的大规模抬升剥蚀而早已被破坏，残留下来的是严重降解的沥青等。现今生物降解油不是由其残留下来的原油，而是比其更为晚期的产物，即二叠纪以后充注的原油，因此，现今原油中普遍检测不到寒武系烃源岩特有的生物标志物如甲藻甾烷等。另外，塔河主体区早期原油（S74 端元油）中富含二降藿烷及 25-降藿烷与二苯并噻吩系列化合物，指示其是厌氧条件下的微生物降解的产物，而不是水洗或有氧氧化形成的。至喜马拉雅期，晚期油气从南向北、由东向西等不同方向第二次大量充注，聚集于塔河油田南部和东部，并在现今油田主体区形成混源油，造就了现今特大型塔河油田。

6. 两期充注的贡献程度的分析

如图 3.73 所示，表示了塔河油田的 3 个端元油（S71、S14、S116-2）的贡献比例，其中，S74 井端元油的比例主要代表了早期原油的贡献程度，S116-2 井端元油基本代表了来自南部的晚期原油贡献程度，S14 井端元油的比例代表了来自东部的晚期原油的贡献程度。

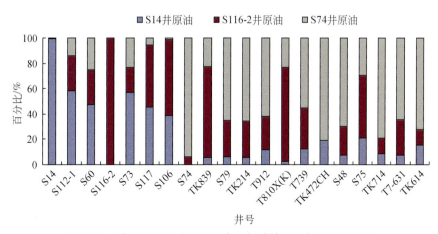

图 3.73　塔河油田三端元油混合比例计算及贡献程度预测 A

在塔河主体区（四、六、七、二区）内，来自南部轻质油贡献至少10%~40%，东部轻质油贡献至少5%~15%，早期原油贡献不会大于50%~80%，其中，由于主体区的早期原油（S74井端元油）具有明显的混合特征，故计算结果可能会低于后期注入原油的贡献。同时，结合上述源岩和充注期的对比分析，认为塔河油田主体区以早期重质油为主，来源于下奥陶统—寒武系海相优质烃源岩，有主要来自南部的晚期轻质油混入；在塔河油田南部评价二区以及东部评价一区，主要聚集晚期轻质油，它们来自中上奥陶统不同沉积相带的烃源岩。

（四）塔河油田奥陶系原油的运移示踪

石油与天然气作为流体矿产，其最大的特征就是具有流动性。油气运移贯穿于整个油气地质历史，是连接生、排、聚、散各个环节的纽带，也是石油地质学研究的核心问题之一。油气从烃源区运移到圈闭聚集成藏，经过了由烃源岩到储层的初次运移和在输导层中的二次运移。

油气在运移过程中导致组成发生变化的因素主要有地层色层作用、石油组成在水中的溶解作用以及相控分馏作用等。这些因素的综合作用使得石油组成的差异在从烃源岩到油藏的各个地质体中得以保留下来。具体表现在油藏内的石油富含轻质馏分，如轻烃组成、饱和烃组成增高，而极性化合物含量降低，残留在输导层内的残留体中轻烃和饱和烃含量减小，极性化合物含量相对较高。垂向上不同油藏之间由于所处的物理化学环境的不同，使油气存在的环境发生变化，由于油气水中的不同物质的溶解度不同，同样造成石油组成的差异性。

因此，由于油气运移造成石油组成的差异，使得各地质体中保留有各种石油运移的地球化学信息，如轻烃组成中的C_5~C_{10}烃类指纹特征，饱和烃组成中的正构烷烃、异构烷烃的分布，烃类的碳同位素组成特征，生物标记化合物中的甾烷、萜烷的分布、非烃组成中的含氮化合物、含氧化合物特征等。这就为油气二次运移研究提供了基础。

油气地球化学特征是油气运移研究的基础。塔河油区奥陶系不同区块原油的物理性质差别很大，从凝析油—轻质油—正常油—重质油均有分布，但原油饱和烃组成、生物标志化合物特征、轻烃分布特征及碳同位素分布等均表明其来源于同一套海相寒武系—奥陶系烃源岩（顾忆等，2003）。

1. 原油物理性质示踪原油运移方向

油气物理性质是油气生成、演化、运移、聚集、保存、破坏、调整直至最终成藏，经历一系列地质作用（包括化学、物理作用）最终结果的表现。随烃源岩的成熟度不断增加，气油比增加，运移的原油成分也不断变化。由于大多数储集层油气都是由一侧注入的，沿充注路径，原油成分相应发生梯度性的变化，石油到达的时间越晚，原油成熟度越高，原油密度越轻，越靠近有效烃源岩。

从图3.74可以看出，密度$\geq 0.94 g/cm^3$的奥陶系重质原油从层位上来看，主要集中于中下奥陶统鹰山组（$O_{1-2}y$）以下，而中奥陶统一间房组（O_2yj）组以上层位的原油以中质油和轻质油为主，从分布区域上来看主要分布于二区、四区、六区、七区、八区北部，原油密度由东南向西北方向不断增大的趋势明显。

密度在 0.87~0.94g/cm³ 的中质油分布范围较窄，仅分布在二区南部、三区、七区、八区、十区南部，原油密度变化同样具有由东南向西北方向增大的趋势，并且邻近井之间原油密度变化幅度较大。

密度≤0.87g/cm³ 的轻质油主要分布于塔河 5 区南部以及南部的评价一区和二区，由南向北，由东向西，原油密度不断增大。

图 3.74 所示为塔河油区奥陶系产层原油密度从东往西、从东南往西北，原油密度逐渐增大，排除原油降解变重的因素，已有研究认为奥陶系主力油藏原油降解是在海西晚期由于当时石炭系封盖条件所限而形成的。因此，可以认为至少最后一期原油充注的方向应该是由东向西、由南向北进行的。

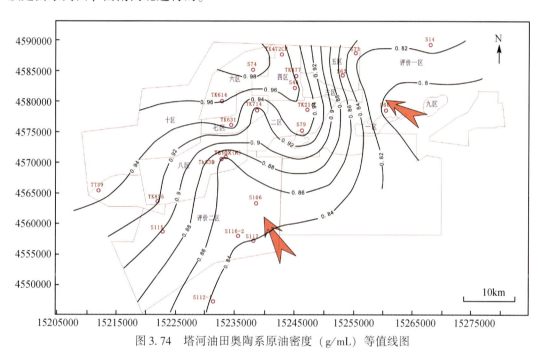

图 3.74 塔河油田奥陶系原油密度（g/mL）等值线图

2. 含氮化合物（咔唑类）示踪原油运移方向

石油地球化学研究的中性含氮化合物是指含吡咯环的化合物系列，吡咯是含有一个氮的五元环化合物，吡咯型化合物是指缩聚的吡咯（或吡咯苯并物）及其衍生物，如咔唑、苯并咔唑和二苯并咔唑。地质体中的吡咯型含氮化合物源自高等植物及蓝绿藻中生物碱的化学降解作用或有机质中类脂物的成岩作用。原油含氮化合物用于油气运移研究的有效性在国内也已见多篇文献报道（顾忆等，2006）。

含有氮原子杂环的咔唑类分子具有较强的极性，通过氮原子上键合的氢原子与地层中的有机质或黏土矿物的负电性原子（如氧原子）构成氢键，使得部分咔唑类分子滞留于输导层或储层中（图 3.75），从而在油气运移途中出现咔唑类的地色层分馏效应。咔唑类地色层分馏效应的表现形式有以下四种。

（1）随运移距离的增加，原油中含氮化合物的绝对丰度（μg/g）逐渐降低。

（2）根据咔唑类分子中氮原子周缘烷基取代位差异，可以分为三类。第一类，C1、

C_8位氢原子全部被烷基取代，称为屏蔽性异构体，如1,8-DMCA（二甲基咔唑）；第二类，C_1或C_8氢原子任意一个被烷基取代，称为半屏蔽型异构体，如1-MCA（甲基咔唑）；第三类，C1或C8氢原子均未被烷基取代，称为裸露型异构体，如2-甲基咔唑、2,5-二甲基咔唑。随着运移距离的增加，屏蔽型异构体相对富集，暴露型异构体相对减少。

（3）苯并咔唑（BCA）中，苯环与咔唑并合的碳位差异，造成不同的苯并咔唑结构异构体，一般常见有呈接近线状的苯并［a］咔唑和呈半球状的苯并［c］咔唑两类异构体。前者的分子扩散速度高于后者，而在有机溶剂中的溶解度则远低于后者，随油气运移距离的增加，原油中半球状分子异构体相对富集。

（4）通常咔唑类烷基化程度越高（或烷基链越长），对N-H原子形成氢键的屏蔽效应也越大。因此随着油气运移距离的增加，烷基咔唑系列和苯并咔唑系列的主峰碳数会向高碳数方向转移，(C_5+C_6)-咔唑/(C_1+C_2)-咔唑、(C_3+C_4)-苯并咔唑/(C_0+C_1)-苯并咔唑两项参数也会增大（李素梅等，2001）。

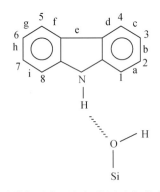

图3.75 咔唑类与硅表面氢氧基团反应形成氢键示意图

因此，咔唑化合物浓度、1,8-DMCA/2,5-DMCA值、1,8-DMCA/1,7-DMCA值、苯并［a］咔唑/(苯并［a］+苯并［c］咔唑) 值、1,8-DMCA/NEX'S-DMCA（1,8-DMCA/半屏蔽型二甲基咔唑）值、1,8-DMCA/NPE'S（1,8-DMCA/暴露型二甲基咔唑）值都可以作为原油的运移评价指标。塔河油田各指标指示运移方向示意图如图3.76~图3.79所示。

（1）苯并［a］咔唑/(苯并［a］+苯并［c］咔唑) 值。

（2）咔唑总浓度。

（3）NPE'S（暴露型二甲基咔唑）浓度。

（4）NEX'S（半屏蔽型二甲基咔唑）浓度。

从反映原油运移方向的各项含氮化合物运移参数分布（图3.76~图3.79）上看，塔河主体区的各项运移参数表明其为运移的指向区。原油主要存在三个运移方向：一是以S73为充注点，由南偏东向北塔河五区运移；二是以S117、S116-1为充注点，由东偏南向西运移；三是以S115为充注点，由西南向东北运移。

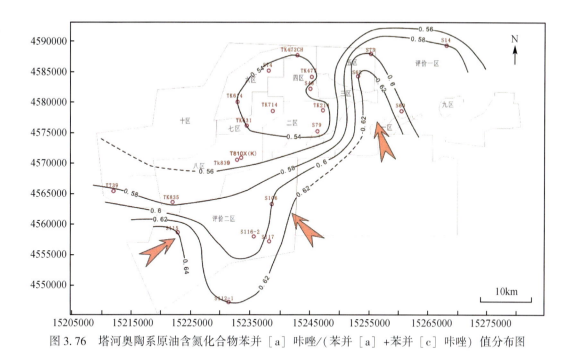

图 3.76 塔河奥陶系原油含氮化合物苯并[a]咔唑/(苯并[a]+苯并[c]咔唑)值分布图

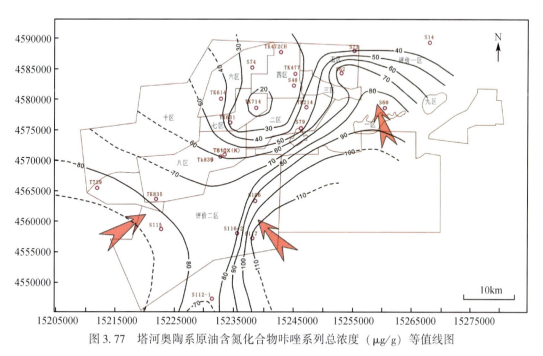

图 3.77 塔河奥陶系原油含氮化合物咔唑系列总浓度（μg/g）等值线图

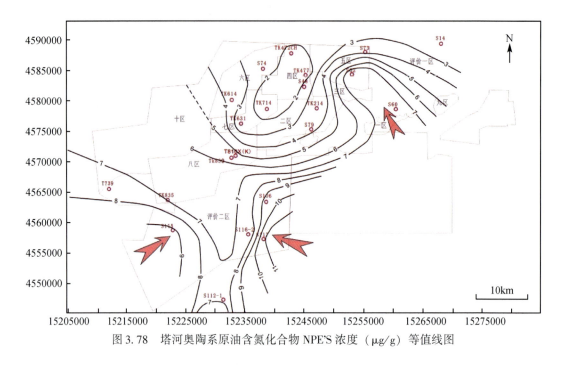

图 3.78　塔河奥陶系原油含氮化合物 NPE'S 浓度（μg/g）等值线图

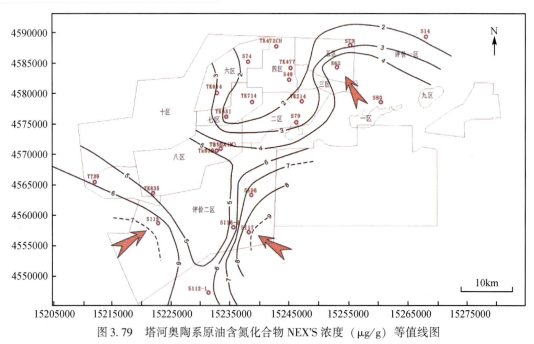

图 3.79　塔河奥陶系原油含氮化合物 NEX'S 浓度（μg/g）等值线图

三、含氧化合物（苯酚类）示踪原油运移方向

烷基苯酚化合物中的羟基（—OH）与中性含氮化合物中的氮（—N）具有相似的立体化学行为，由于在苯基上带一个羟基，使得酚和烷基酚类化合物因为氧原子的负电性而易和水分子形成氢键，从而水溶性高于烃类化合物。在石油运移过程中或在油水界面处，$C_0 \sim C_3$ 烷基酚比烃类化合物更易于从油相中分离进入水相。在亲油体系中，非遮蔽型的异构体如烷基酚、间-甲基苯酚、对-甲基苯酚和 3,4-二甲基苯酚等，它们会优先吸附到岩石，并且进入水相的速度也最快，具有很强的分馏效应。而邻-甲基苯酚和 2,6-二甲基苯酚由于甲基对苯酚羟基的屏蔽效应，所以邻-甲基苯酚和 2,6-二甲基苯酚的损失要小于非遮蔽型的烷基酚等化合物。

这样，我们可以用邻-甲基苯酚/间-甲基苯酚、邻-甲基苯酚/对-甲基苯酚和 2,6-二甲基苯酚/3,4-二甲基苯酚的值来对运移距离进行评价，比值越大，油气运移距离越远（图 3.80）。同时也可以使用苯酚含量或单体苯酚含量来评价原油的运移方向，苯酚含量越小，油气运移距离越远（图 3.80～图 3.82）。

（1）邻-/对-甲基苯酚值。

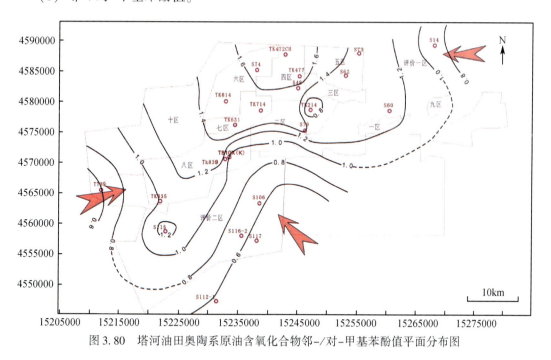

图 3.80　塔河油田奥陶系原油含氧化合物邻-/对-甲基苯酚值平面分布图

（2）苯酚系列化合物浓度。
（3）苯酚单体浓度。

从含氧化合物中邻-/对-甲基苯酚值等值线图在塔河全区的整体变化规律可以看出，塔河油田东部、南部和西南部邻-/对-甲基苯酚值较小，距离烃源岩较近，而塔河主体区的样品的该值都比较大，是运移的远端。从图 3.81～图 3.82 苯酚类化合物浓度分布图可

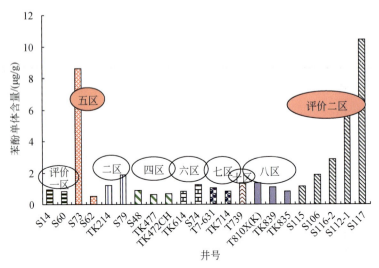

图 3.81　塔河地区奥陶系原油含氧化合物苯酚系列总浓度（μg/g）分布图

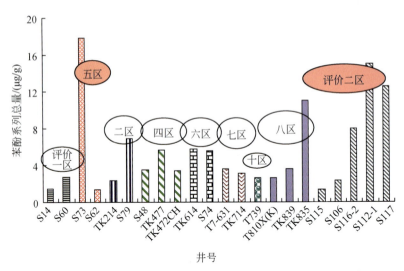

图 3.82　塔河奥陶系原油含氧化合物苯酚单体浓度（μg/g）分布图

以看出，浓度的高值都分布在油田南部的评价二区、东部的五区和西南部的八区，表明这些地区是油气运移的近端，油气充注点在 TK835、S116-2、S112-1、S73 等处。综合含氧化合物的信息表明，塔河油田原油的运移方向是东→西、南→北、西南→东北方向。与含氮化合物、成熟度参数和含硫化合物示踪方向一致。

综合原油物性、色质和二维色质生物标志物的成熟度参数、芳烃中三甲基萘系列、二苯并噻吩系列、轻烃参数以及非烃中含氮化合物、含氧化合物参数及浓度特性进行的原油运移示踪得到基本一致的运移方向，即从南（南东、南西）到北，从东（东偏南、东偏北）到西方向，评价一区、评价二区、塔河五区是油气运移的近端，塔河主体区是多方向原油运移指向区。综合包裹体、热演化史等多方面的地质资料，塔河油田早期的原油运移方向为由南向北、晚期油气运移同时具有由南到北、由东到西两个方向。

综上所述,采用定量数据能够将原油的运移方向较好地展现出来,那么它与定性的化合物比值参数示踪油气运移有什么优势呢? 下面以含氮化合物为例进行比较。

含氮化合物中 1,8-DMCA/1,7-DMCA 值和 NEX'S-DMCA/NPE'S-DMCA 值是常用的运移示踪的参数,根据地色层效应原理,咔唑类化合物随着运移距离的增加,浓度逐渐降低。暴露型、半屏蔽型和屏蔽型的化合物在矿物表面和固相有机质上的吸附性依次减弱,因此,随着运移距离的增大,半屏蔽型咔唑化合物(如 1,7-DMCA)的含量相对于屏蔽型的咔唑化合物(如 1,8-DMCA)减少得更多。因此,采用 1,8-DMCA/1,7-DMCA 值和 NEX'S-DMCA/NPE'S-DMCA 值,油气运移的方向应该是朝向比值增大的方向。

由图 3.83~图 3.84 和图 3.85~图 3.86 可以看出,无论是对于单个化合物还是系列化合物,采用定量方法进行原油运移示踪均能够很好地指示运移方向,这也与前人作出的方向一致,并与区域地质背景吻合。但是如果两种化合物之间浓度相近(例如,1,8-DMCA、1,7-DMCA 的浓度均在 1~4μg/g),它们的比值(集中在 0.75~1.1)在运移过程中就会变化很小(图 3.85),用其来分析运移方向就会变得非常困难。或者两者随运移方向减小的速率不同,或者由于样品本身的特质,化合物比值方法可能会掩盖了化合物本身的分馏规律,扭曲了原来的地化特征。

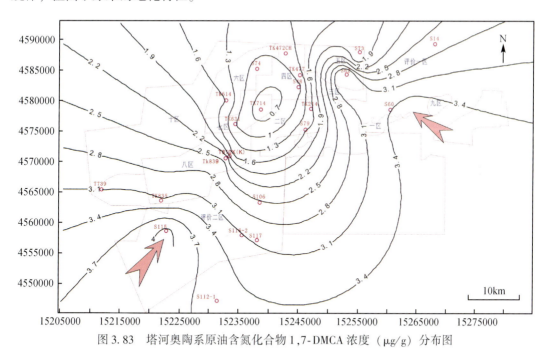

图 3.83 塔河奥陶系原油含氮化合物 1,7-DMCA 浓度(μg/g)分布图

前人常用的定性方法(化合物比值参数)对塔河油田奥陶系原油运移示踪取得了长足的进展,但是并不是所有参数在所有地区均能使用,这也需与两个化合物分馏规律和研究区域本身特征结合进行分析。定量方法进行原油运移示踪则从分子级别分析,能更精确地展示原油运移过程中的细微变化,能更详尽深入地讨论样品之间的区别,而且定量方法能够分析绝大部分单个化合物和化合物系列总量的变化特征,应用到油气示踪分析中去。因

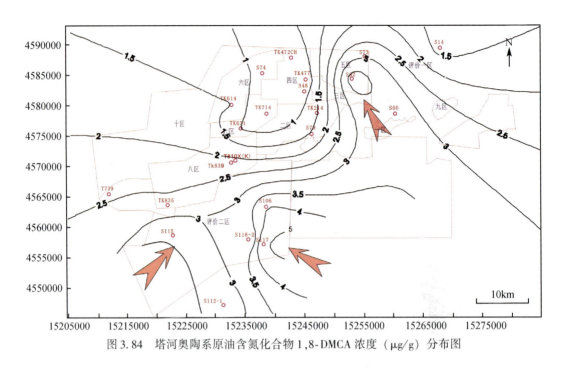

图 3.84 塔河奥陶系原油含氮化合物 1,8-DMCA 浓度（μg/g）分布图

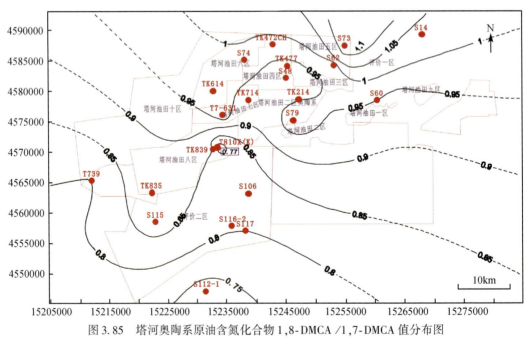

图 3.85 塔河奥陶系原油含氮化合物 1,8-DMCA/1,7-DMCA 值分布图

此，开展定量方法进行原油运移示踪并不是否定了原来的方法，而是在原先的基础上探索了一种新的方法和指标，是对定性分析方法的进一步有效的补充。

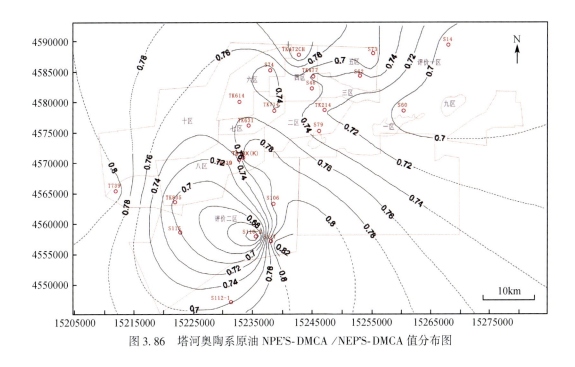

图 3.86 塔河奥陶系原油 NPE'S-DMCA /NEP'S-DMCA 值分布图

第四节 高分子量烃类的气相色谱定量分析技术

高分子量烃类化合物一般是指碳数在 C_{40} 以上的正构烷烃化合物。由于分子量及其沸点都很高，难以在一般进样口温度设置条件下气化，因此采用传统的气相色谱分析方法很难得到高分子量烃类的部分信息，但是与其他烃类化合物的定量分析相类似，高分子量烃类化合物也可以采用气相色谱分析方法进行定量分析。色谱仪为美国瓦里安公司生产的 CP3800 型高温气相色谱仪，并配备有 1079 进样器和 TL9800 色谱工作站，色谱柱为 SGE 公司生产的 HT-5（60m 长，0.53mm 柱径，0.1μm 膜厚）镀铝弹性石英毛细管柱。

分析仪器条件设置如下。进样器温度 390℃；氢火焰离子化检测器温度 425℃；载气流速 20mL/min；柱温箱：60℃恒温 5min，以 10℃/min 升至 420℃ 后再恒温 20min。用 $C_{12} \sim C_{60}$ 的色谱标样进行定性。

第五节 新疆塔河油田原油高分子烃组成特征

一、样品选择

挑选了塔河油田最南部的 S112 井及油田北部于奇地区 YQ4 井原油样品，均为高蜡原油（表 3.23），含蜡量分别高达 14.83%、10.65%。其饱和烃气相色谱谱图非常相似（图 3.87），各种参数除 Pr/Ph、C_{21}-/C_{22}+YQ4 井略高于 S112 井外，基本一致（表 3.24）。

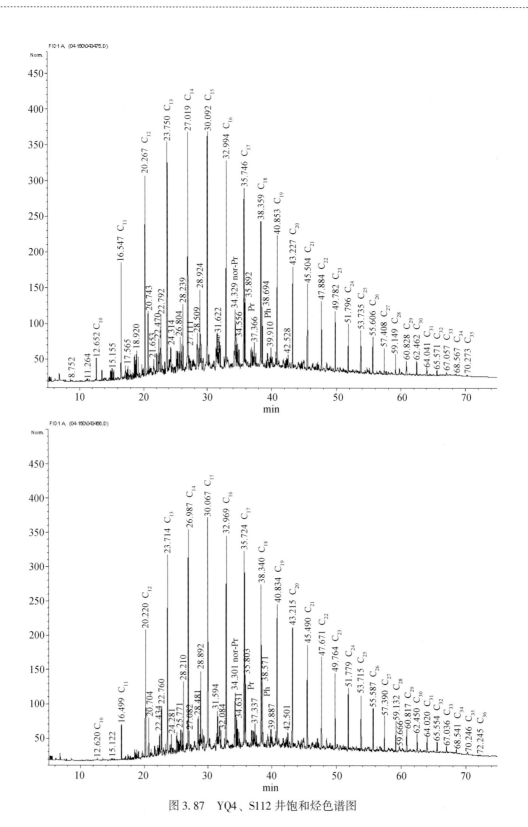

图 3.87　YQ4、S112 井饱和烃色谱图

表 3.23 原油常规物性

井号	井深/m	层位	地面密度/(g/cm³)	含硫量/%	含蜡量/%
YQ4	5178-5180	T_3h	0.8082 ~ 0.8160 0.8124（7）	0.37 ~ 0.47 0.42（7）	8.91 ~ 12.80 10.65（7）
S112	6147-6186	O_3l	0.8181	3.93	14.83

表 3.24 S112 井与 YQ4 井饱和烃气相色谱参数表

井号	碳数范围	主峰碳	Pr/Ph	Pr/nC_{17}	Ph/nC_{18}	OEP	$Ph/nC_{18}-Pr/nC_{17}$（D）	$C_{21}-/C_{22}+$
S112	10 ~ 36	C_{15}	0.81	0.33	0.47	1.06	0.14	3.70
YQ4	10 ~ 35	C_{15}	0.98	0.36	0.45	1.05	0.10	5.46

二、高分子烃组成特征

对于这两个饱和烃特征相似的高蜡原油，高分子烃（>C_{40}）分别进行了两次试验与测试，第一次以饱和烃色谱的最高碳数 C_{35} ~ C_{36} 为起点，对比它们>C_{36} 以后的高分子烃类特征，YQ4 井原油经切割浓缩后的高分子烃类到 C_{75}，主峰碳为 C_{42}，而密度、含蜡量及饱和烃 GC 与其相似的 S112 井则没有检测出高分子烃类，这表明 S112 井高分子烃类（>C_{40}）含量极微（图 3.88）。

第二次调整切割浓缩的前处理技术，以 C_{14} 为起点，两个原油主峰碳为 C_{29} 时，可以看到两个原油样品从低分子—高分子烃类的全貌（图 3.89，表 3.25）。

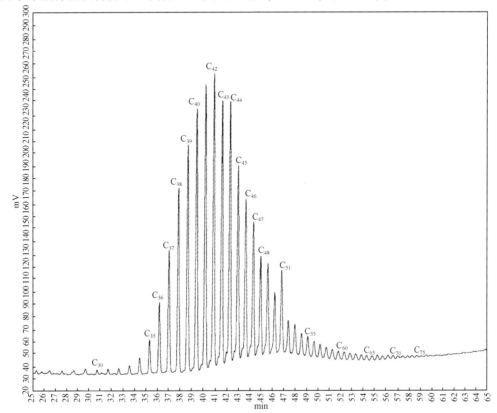

· 162 ·　油气地球化学定量分析技术

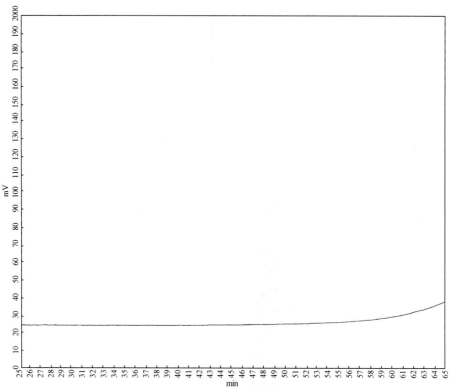

图 3.88　YQ4、S112 井原油高温气相色谱图

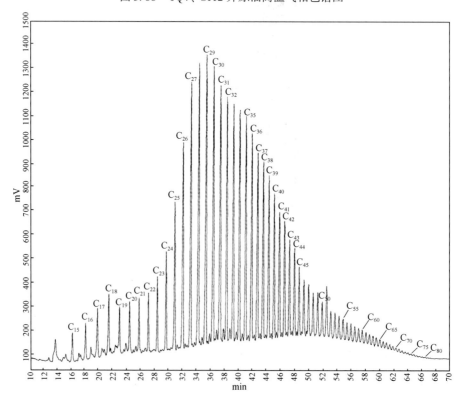

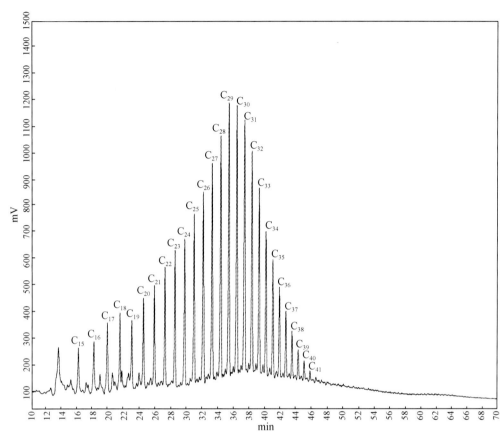

图 3.89 YQ4、S112 井原油高温气相色谱图

表 3.25 高温色谱高分子正构烷烃分布特征

井号	碳数分布	主峰碳	正构烷烃分布/%			石蜡烷烃分布/%			蜡质烃分布/%	
			$nC_{15} \sim nC_{21}$	$nC_{22} \sim nC_{40}$	$nC_{41} \sim nC_{83}$	$nC_{22} \sim nC_{29}$	$nC_{30} \sim nC_{40}$	$nC_{41} \sim nC_{83}$	蜡质油	非蜡质油
YQ4	$C_{14} \sim C_{83}$	C_{29}	7.50	71.87	20.63	28.7	49.0	22.3	92.50	7.50
S112	$C_{14} \sim C_{43}$	C_{29}	14.59	85.01	0.40	50.3	49.2	0.5	85.41	14.59

YQ4 井原油碳数分布 $C_{14} \sim C_{83}$，蜡质烃（$\geqslant nC_{22}$）占92.50%，非蜡质烃占7.5%，在石蜡烷烃中中分子烃类（$nC_{22} \sim nC_{40}$）占77.7%，高分子石蜡烃（$>C_{40}$）占22.3%，表明YQ4 井蜡由中分子烃类及高分子烃类两部分构成。S112 井原油碳数分布于 $C_{14} \sim C_{43}$，蜡质烃（$\geqslant nC_{22}$）占85.41%，非蜡质烃（$<nC_{22}$）占14.59%，在石蜡烷烃中，中分子烃类（$C_{22} \sim C_{40}$）占99.5%，几乎不含高分子烃类（$>C_{40}$ 的仅占0.5%左右），表明S112 原油的蜡均由中分子烃类组成。

三、塔里木盆地高分子量烃类的初步认识

塔里木盆地部分原油高蜡的成因，经过很多人的研究，首先是蜡质的来源，研究认为

与下古生界主要成烃母质为藻类（以绿藻为主）、藻菌类（蓝细菌）和细菌有关。低等水生生物富集可以生成高蜡原油（段毅等，1997；黄海平等，2003）；其次是塔里木海相原油并不是普遍的高蜡，仅用母质类型是无法解释的，对部分高蜡的普遍认识是油气运移过程中地质色层（运移分馏）效应使蜡质烃的相对富集造成的，特别是塔河地区多期次油气充注成藏的地层色层效应，位于烃源区较近的油田南部、东南部奥陶系储层起到了"过滤塞"的作用，使高分子烃类不断富集，而造成局部高蜡。对于轻质-凝析油气藏，气侵蒸发作用可能是蜡质烃富集的主要原因（张水昌等，2000）。总之，前期（我们和其他研究者）的研究始终没有涉及这些海相蜡的组成这一基础性问题。我们在具备高温气相色谱及相关设备等条件后，积极开展工作进行了初步的探索与研究，并取得了意想不到的成果。从塔河油田南北两口钻井原油高分子烃类的研究，初步有如下几点认识。

第一，YQ4 井为 T 产层原油，其高蜡的分子组成既有中分子烃类，还有相当比例的高分子烃类（>C_{40}），而 S112 井为 O_3l 产层原油其含蜡量高于 YQ4 井的蜡含量，而且几乎全部由中分子烃类组成，显然不能用蒸发分馏的说法解释，结合其他指标都表明 YQ4 井的生油母质类型（芳烃、轻烃的碳同位素 $\delta^{13}C$）与 S112 有一定的差别，这说明两者蜡的分子组成上的差别同样可能是生源有机质类型的反映。

第二，蜡易沉淀是油田开发中的一大问题，历年来主要是从含蜡量上来决定应采取的措施，通过高分子烃的研究，相同的含蜡量，其分子组成可以大相径庭，而高分子烃类的比例越高，就更易脱出沉淀。因此其分子组成应是油田开发中应有的基础资料，仅有含蜡量是不够的。必须说明的是此次只是初步探索性研究，如有条件，此项工作应进行专题研究，对塔河油田不同产层、不同含蜡量的原油进行高分子烃类研究，还可结合库车陆相原油进行对比研究，从一个新的视角认识塔北海相油气分布的特点，并为油田开发提供有关的资料和技术依据。

第四章 全二维色谱-飞行时间质谱分析技术及应用

全二维气相色谱（GC×GC，简称二维色谱）是20世纪90年代初开发出的一种色谱分析技术，它将分离机理不同而又互相独立的两根色谱柱以串联的方式结合成二维色谱，第一支色谱柱分离后的馏分，经调制器聚焦后以脉冲方式进入第二支色谱柱中进行进一步分离，通过温度和极性的改变实现气相色谱分离特性的正交化。与传统的气相色谱相比，它的灵敏度，比通常的一维色谱提高20～50倍。同时不同性质化合物在二维谱图上分布在不同的区域，因而对化合物的定性更有规律可循。Pegasus4D飞行时间质谱仪每秒钟可以得到多达500幅的全谱质谱图，因而采集数据更为完整快捷。全二维色谱与飞行时间质谱的联用，给复杂样品的分离创造了有利条件，同时又可能解决化合物结构鉴定的难题。近年来，全二维色谱技术在油品族组成分析及含硫化合物等分析中得到了很好的应用（花瑞香等，2002；Colombe，2004），但在石油地质研究中开发应用得很少。2008年以来，我国石油勘探开发领域先后引进开发了全二维色谱分析技术，通过对不同地区的原油和岩石抽提样品的分析，建立了相关的一系列组分分析方法，并探讨了全二维色谱-飞行时间质谱技术在有机地球化学研究领域的适用性，为油气勘探开发提供新的技术支撑手段。

第一节 石油地质样品全二维色谱-飞行时间质谱分析

一、仪器结构及工作原理

分析仪器由Agilent7890气相色谱仪和Leco公司的Pegasus4D飞行时间质谱仪组成，其结构原理见图4.1所示。色谱柱1和色谱柱2是两个不同极性的毛细柱，可根据分析需要对极性和柱参数进行合理配置。分析过程中经色谱柱1流出的化合物组分在调制器冷冻聚焦后再以脉冲的方式热解析进入色谱柱2再分离，调制周期是重要的分析参数，应根据样品性质合理设置，一般在6～12s，冷冻时间与热解析时间之和是调制周期的一半，对高沸点物质的分析可适当增加热解析时间。

1. 调制器

在GC×GC中，调制器是关键部件，用于聚焦从第一根柱流出的馏分和控制馏分流进第二根柱进行分离。调制器需满足的条件有以下3个：

(1) 能定时浓缩从第一柱流出的分析物。
(2) 能转移很窄的区带到第二柱的柱头，起第二维的进样器的作用。
(3) 聚焦和再进样的操作应是可再现的，且非歧视性的。

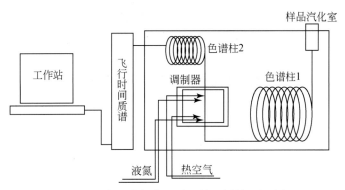

图 4.1 全二维色谱–飞行时间质谱仪原理图

有多种方式可实现上述目的。至目前为止，主要的在研或在用的调制方式有阀调制、热调制和冷阱调制器，在 Pegasus4D 全二维色谱–飞行时间质谱仪中所使用的调制器为冷阱调制器。调制器由液氮冷阱控制部件和热空气吹扫部件组成，有两级冷冻解吸过程，第一根柱流出的馏分谱带以很窄的区带宽度保留在冷阱调制器中，进行一级冷冻富集，在设定的调制时间内（每隔几秒），进行一级解吸，同时进入下一级冷冻富集状态，冷冻周期结束后也在设定的调制时间内从捕集状态到热解析释放状态，并进入第二根色谱柱进行分离分析。这个过程将重复进行，直到第一根柱分析的结束，其原理如图 4.2 所示。

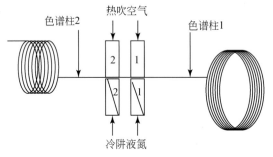

图 4.2 调制器工作原理

2. 飞行时间质谱仪

飞行时间质谱仪是一种很常用的质谱仪。这种质谱仪的质量分析器是一个离子漂移管。由离子源产生的离子加速后进入无场漂移管，并以恒定速度飞向离子接收器。离子质量越大，到达接收器所用时间越长，离子质量越小，到达接收器所用时间越短，根据这一原理，可以把不同质量的离子按 m/z 值大小进行分离。飞行时间质谱仪可检测的分子量范围大，扫描速度快，仪器结构简单。这种飞行时间质谱仪的主要缺点是分辨率低，因为离子在离开离子源时初始能量不同，使得具有相同质荷比的离子达到检测器的时间有一定分布，造成分辨能力下降。改进的方法之一是在线性检测器前面加上一组静电场反射镜，将自由飞行中的离子反推回去，初始能量大的离子由于初始速度快，进入静电场反射镜的距离长，返回时的路程也就长，初始能量小的离子进入静电场反射镜的距离短，所以其返回时的路程短，这样就会在返回路程的一定位置聚焦，从而改善了仪器的分辨能力。这种带有静电场反射镜飞行时间的质谱仪被称为反射式飞行时间质谱仪（Reflection time-of-flight mass spectrometer)。这种仪器,即使有机质谱分析中的质量范围很宽,每秒钟仍然可以得到多达 1000 幅的全谱质谱图。Pegasus4D 全二维色谱–飞行时间质谱仪采用的是反射式飞行时间质谱仪。

3. 全二维色谱–飞行时间质谱分析原理

石油地质样品的全二维色谱分析技术一般采用一根非极性(或弱极性)毛细柱通过调制器与另一根中等极性(或极性)的毛细柱相串联,调制器具有冷冻富集和解析功能,样品经过第一根柱的分离后依次进入调制器,在调制周期内被冷冻富集,然后再解析后进入下一根毛细柱进行再分离,这样在前柱未能很好分离的组分由于后柱柱性的改变从而得到满意的分离效果。由于前柱组分进入调制器后被切割富集再进入后柱分离,因而峰形尖锐,不会出现 GC×GC 简单串联条件下的峰形变宽拖尾的情形,峰容量更大,经后柱分离后的组分依次进入飞行时间质谱室进行分析鉴定。工作站软件根据质谱鉴定结果再将相同组分进行归并处理,给出相应的组分面积和 2D 图谱和 3D 图像。仪器工作原理见图 4.1,图谱处理过程见图 4.3。

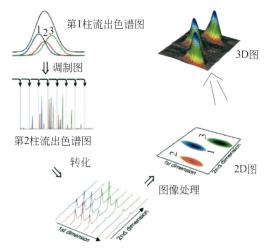

图 4.3 全二维色谱–飞行时间质谱分析图谱处理过程示意图

4. 指标及调试

以六氯苯做基准试剂进行仪器的灵敏度检验,一维分析模式时 1pg[①] 六氯苯信噪比 S/N 不得低于 10,在二维分析模式下 1pg 六氯苯信噪比 S/N 应该是一维模式条件下的 3 倍以上。我们在两种模式下分别进行了 3 次重复实验,分析结果见表 4.1。可以看出,两种模式下的信噪比 S/N 都满足仪器要求。

表 4.1 灵敏度实验结果

标样	保留时间/s	特征离子	定量离子	信噪比
六氯苯	314,1.070	284	284	131.8

① 1pg=1×10^{-12}g。

续表

标样	保留时间/s	特征离子	定量离子	信噪比
六氯苯	314, 1.085	284	284	156.68
六氯苯	314, 1.085	284	284	136.17
六氯苯	313.4	284	284	32.719
六氯苯	313.3	284	284	28.583
六氯苯	313.3	284	284	28.914

仪器进行样品分析前，以全氟三丁胺标准试剂对系统进行优化调试，包括：自动离子源聚焦、自动离子透镜聚焦、自动质量校正、自动检漏和自动调谐。仪器自动设计了优化校验程序，执行校验后，自动离子源聚焦、自动离子透镜聚焦和自动质量校正必须通过优化，否则将继续进行优化调试，直至通过。上述三项通过优化校验后，再进行自动检漏和自动调谐调试，自动检漏和自动调谐调试结果必须满足表4.2和表4.3的要求，才说明仪器处于稳定可靠状态，才能进行样品分析。

表4.2 PFTBA Leak 全氟三丁胺检漏

质量数	参考质量数	范围	相对强度	通过/不通过
28	69	>0.00% and <5.00% of mass 69	0.81（如）	Pass（如）
18	69	>0.00% and<15.00% of mass 69	6.77（如）	Pass（如）
32	69	>0.00% and<3.00% of mass 69	0.26（如）	Pass（如）

表4.3 PFTBA Tune 全氟三丁胺调谐

质量数	参考质量数	范围	相对强度	通过/不通过
69	69	基准离子	100	—
131	69	>35.00% and <55.00% of mass 69	39.05（如）	Pass（如）
219	69	>20.00% and <45.00% of mass 69	27.14（如）	Pass（如）
502	69	>0.00% and <10.00% of mass 69	0.91（如）	Pass（如）

二、样品处理及仪器分析参数

1. 样品处理

石油地质分析样品主要是原油样品和岩石中可溶有机质样品，根据分析目的的不同，需对样品进行必要的前处理，对于原油样品分析，要根据分析项目确定是否前处理，如原油饱和烃、原油芳烃组分分析，应先进行族组分分离；原油轻烃及烃组成分析则无需前处理；而岩石样品必须按标准抽提获取样品沥青"A"。获取的沥青"A"建议按前文所述方法制备饱和烃及芳烃组分。

与常规生物标志化合物定量分析方法相同，选用 C_{27} 四氘代胆甾烷做内标进行饱和烃生物标志化合物的定量分析，选用八氘代二苯并噻吩做内标进行芳烃化合物的分析。内标加入量按每mg饱和烃或芳烃加入0.1μg左右的标准样品为宜。

2. 仪器分析参数设置

原油轻烃及烃组成分析则无需前处理，可用微量注射器直接吸取原油进样，进样量小于 $0.3\mu L$，分析条件见表 4.4。饱和烃和芳烃组分分析是按每 mg 样品加入 $100\mu L$ 正己烷溶液稀释并充分溶解后，用微量注射器进样，进样量为 $0.5\mu L$ 左右，启动仪器运行。饱和烃和芳烃化合物分析条件参见表 4.5。根据研究需要提取各相关组分的质量色谱图获取各类化合物的峰面积，按 $C_x = C_S \times A_x/A_S$ 计算各组分的含量，C_x 为关注组分 x 的含量，A_x 为组分 x 的峰面积，C_S 为加入的内标浓度，A_S 为内标峰面积。需要说明的是，由于分析对象和研究目的的不同，色谱柱的匹配、调制周期的设置以及色谱条件等都应该做相应改变，以求达到最佳的分离效果。

表 4.4 原油轻烃及烃组成二维色谱分析条件

柱1		DB-PETRO50m×0.20mm×0.50μm	检测器电压	1350V
柱2		DB-17ht2.5m×0.10mm×0.10μm	采集频率	100spectra/S
分流方式		split/splitless	离子源温度	200℃
柱流量		恒流1mL/min	电子能量	−70ev
色谱箱	起始温度：30℃，恒温3min		传输线温度	310℃
	终止温度：305℃，恒温20min		调制周期	6s
	升温速率：3℃/min		冷冻时间	1.5s
调制器	起始温度：40℃，恒温3min		热解析时间	1.5s
	终止温度：315℃，恒温20min		扫描方式	全扫描
	升温速率：3℃/min		定量离子	特征离子
二维柱箱	起始温度：35℃，恒温3min		液氮压力	0.2kPa
	终止温度：310℃，恒温20min		空气压力	0.2MPa
	升温速率：3℃/min		氮气压力	0.1kPa

表 4.5 有机抽提物饱和烃、芳烃化合物二维色谱分析仪器条件

柱1		HP-5MS30m×0.25mm×0.25μm	检测器电压	1350V
柱2		DB-17ht2.5m×0.10mm×0.10μm	采集频率	100spectra/S
分流方式		split/splitless	离子源温度	200℃
柱流量		恒流1mL/min	电子能量	−70e
色谱箱	起始温度：80℃，恒温3min		传输线温度	310℃
	终止温度：305℃，恒温60min		调制周期	12s
	升温速率：3℃/min		冷冻时间	3s
调制器	起始温度：90℃，恒温3min		热解析时间	3s
	终止温度：315℃，恒温60min		扫描方式	全扫描
	升温速率：3℃/min		定量离子	特征离子或分子离子（芳烃）
二维柱箱	起始温度：85℃，恒温3min		液氮压力	0.2kPa
	终止温度：310℃，恒温60min		空气压力	0.2MPa
	升温速率：3℃/min		氮气压力	0.1kPa

三、不同类型样品全二维色谱-飞行时间质谱分析

1. 轻烃分析

轻烃是指 C_{15} 以前的烃类物质，有机地球化学工作者研究发现轻烃指纹参数不仅可以用来进行原油分类和气-油-源岩对比，还可用于判别同源油气形成后经水洗、生物降解、热蚀变等的影响而造成的细微化学差异，反映油气的运移和保存条件，以及进行成熟度研究等。对原油轻烃的分析主要是采用气相色谱分析方法（如前文所述），关注的焦点主要集中于 $C_6 \sim C_{10}$ 之间的各烃类组分，但限于分析技术，$C_6 \sim C_{10}$ 之间尤其是 $C_8 \sim C_{10}$ 之间的化合物常规色谱都无法得到很好的分离，因而也无法对 $C_6 \sim C_{10}$ 之间的各烃类组分进行准确的鉴别。图 4.4 是利用 PONA 毛细柱进行传统色谱分析的原油轻烃色谱图，样品是 S14 原油，从中可以看出，$C_7 \sim C_8$ 之间的化合物未得到很好分离，而 $C_8 \sim C_{10}$ 之间很多化合物未能分离出来，因而也无法对其进行鉴定和定性，更无可能探讨其石油地质应用意义。

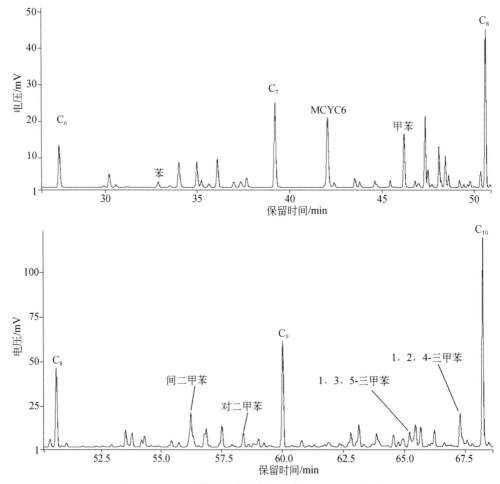

图 4.4　S14 原油传统色谱分析原油轻烃 $C_6 \sim C_{10}$ 色谱图

利用全二维色谱-飞行时间质谱技术进行原油样品分析，我们不仅能进行原油轻烃组成的详细分析，同时可以获取原油 $C_6 \sim C_{10}$ 之间的各单体轻烃的特征。图 4.5 是 S14 原油全二维色谱分析 $C_6 \sim C_{10}$ 的 3D 色谱图，各单体烃得到很好的分离，这为对单体烃化合物的定性鉴别打好了坚实的基础。在其 2D 轮廓图上（图 4.6），我们对各单体烃进行了定性，定性结果见表 4.6，为轻烃指纹参数的进一步开发应用提供了技术支撑。仪器分析条件见表 4.4，$C_6 \sim C_{10}$ 轻烃定性见图 4.5 和表 4.6。

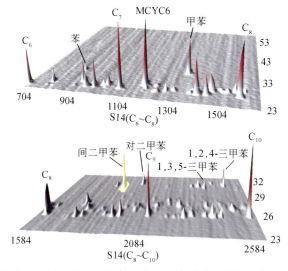

图 4.5　S14 原油 $C_6 \sim C_{10}$ 轻烃全二维色谱分析 3D 色谱质谱图

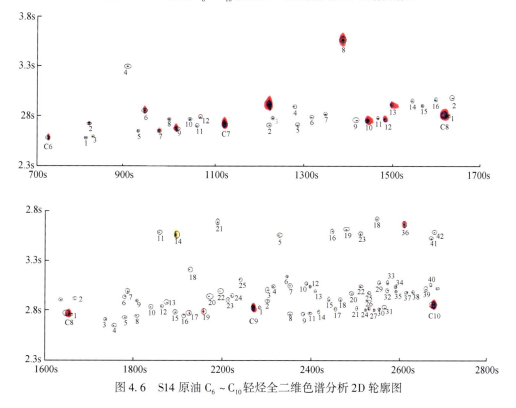

图 4.6　S14 原油 $C_6 \sim C_{10}$ 轻烃全二维色谱分析 2D 轮廓图

表 4.6　原油 $C_6 \sim C_{10}$ 轻烃组分定性表

编号	化合物名称	编号	化合物名称	编号	化合物名称
C_6	正己烷	8-3	2,2-二甲基庚烷	9-10	1-甲基,顺2-乙基环己烷
6-1	2,2-二甲基戊烷	8-4	2,4-二甲基庚烷	9-11	2,7-二甲基辛烷
6-2	甲基环戊烷	8-5	2,6-二甲基庚烷	9-12	丙基环己烷
6-3	2,4-二甲基戊烷	8-6	正丙基环戊烷	9-13	丁基环戊烷
6-4	苯	8-7	乙基环己烷	9-14	2,6-二甲基辛烷
6-5	3,3-二甲基戊烷	8-8	2,5-二甲基庚烷	9-15	1,3-二甲基,2-乙基环己烷
6-6	环己烷	8-9	1,1,3-三甲基环己烷	9-16	丙基苯
6-7	2-甲基己烷	8-10	1,2-二甲基,3-异丙基环戊烷	9-17	2-甲基,3-乙基庚烷
6-8	1,1-二甲基环戊烷	8-11	乙基苯	9-18	1,2-二甲基环辛烷
6-9	3-甲基己烷	8-12	1,3-二乙基环戊烷	9-19	1-甲基,3-乙基苯
6-10	1,3-二甲基环戊烷	8-13	1,2,4-三甲基环戊烷	9-20	1,3-二甲基,反1-乙基环己烷
6-11	3-乙基戊烷	8-14	间二甲苯	9-21	4-乙基辛烷
6-12	1,2-二甲基环戊烷	8-15	2,3-二甲基庚烷	9-22	1,1,2,3-四甲基环己烷
C_7	正庚烷	8-16	4-乙基庚烷	9-23	1,3,5-三甲基苯
7-1	甲基环己烷	8-17	4-甲基辛烷	9-24	5-甲基壬烷
7-2	2,2-二甲基己烷	8-18	并环戊烷	9-25	1-乙基,2,4-二甲基戊烷
7-3	1,1,3-三甲基环戊烷	8-19	3-甲基辛烷	9-26	4-甲基壬烷
7-4	乙基环戊烷	8-20	1,2,3-三甲基环己烷	9-27	2-甲基壬烷
7-5	2,4-二甲基己烷	8-21	对二甲苯	9-28	1-甲基,2-乙基苯
7-6	1,2,4-三甲基环戊烷	8-22	1,1,2-三甲基环己烷	9-29	3-(2-甲基丙基)-环己烯
7-7	1,2,3-三甲基环戊烷	8-23	1-甲基,2-丙基环戊烷	9-30	3-乙基辛烷
7-8	甲苯	8-24	1-甲基,4-乙基环己烷	9-31	3-甲基壬烷
7-9	2,3-二甲基己烷	8-25	1反,3-二乙基环戊烷	9-32	1-甲基,顺3-丙基环己烷
7-10	2-甲基庚烷	C_9	正壬烷	9-33	2,5-二甲基并环戊烷
7-11	3,4-二甲基己烷	9-1	1-乙基,2-丁基环戊烷	9-34	2,6-二甲基-2-辛烯
7-12	3-甲基庚烷	9-2	1,1,3,5-四甲基环己烷	9-35	1-甲基,反4-异丙基环己烷
7-13	1,3-二甲基环己烷	9-3	1-甲基,顺3-乙基环己烷	9-36	1,2,4-三甲基苯
7-14	1,1-二甲基环己烷	9-4	1-甲基,1-乙基环己烷	9-37	1-甲基,2-丙基环己烷
7-15	1-甲基,3-乙基环戊烷	9-5	异丙基苯	9-38	1-甲基,4-丙基环己烷
7-16	1,2-二甲基环己烷	9-6	1-甲基并环戊烷	9-39	乙基环辛烷
C_8	正辛烷	9-7	丙基环戊烷	9-40	1-甲基,反3-异丙基环己烷
8-1	1,2,3,4-四甲基环戊烷	9-8	2,4,6-三甲基庚烷	C_{10}	正癸烷
8-2	1,4-二甲基环己烷	9-9	3,5-二甲基辛烷		

2. 原油烃组成分析

石油样品是一种复杂的混合物，由于成烃母质的不同和演化阶段的差异，其烃组成有很大的变化。在油气勘探研究中，为了比较不同原油的相关性，需要对原油的烃组成进行分析研究。目前进行原油烃组成分析的方法主要采用液相色谱或气相色谱法进行分析，无论是高效液相色谱还是顶替色谱都只能提供原油烃组成的类型含量，包括饱和烃、单环芳烃、双环芳烃等，无法给出各类型烃组成的详细化合物特征；TLC/FID 虽然能获取胶质和沥青质的含量，但其饱和烃和芳烃只能提供含量，也无法获取烃组成详细特征；多维色谱法采用多种分析柱的组合可以对 C_{15} 以内的油品烃组成进行细分，但过程复杂，无法满足油气地质研究的需要。利用全二维色谱-飞行时间质谱分析技术，原油一次进样就能准确获取原油中链烷烃、环烷烃、苯系列、萘系列及菲系列化合物的分布特征和组分含量。图 4.7 是 JS1 原油样品的全二维色谱一维时间方向和二维时间方向的 3D 分析图谱，从图 4.7 中可以看出，原油中不同组分非常有规律地分布在不同区域，为定性定量分析带来了极大的便利，同时分析图谱可以直观比较不同原油间的差异性和相似性，为研究原油运移和油源对比提供了非常直接的技术手段。

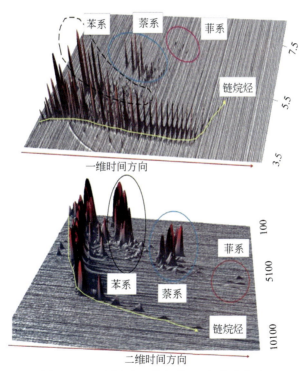

图 4.7　JS1 原油全二维色谱 3D 色谱质谱图

图 4.8 是 JS1 原油样品的全二维色谱分析的 2D 轮廓图，每个点由化合物一维和二维色谱保留时间及其组分含量确定，通过对单个化合物的定性和峰面积计算，可以获取原油样品的油气地球化学参数。同时利用软件可以对分布在不同区域的不同烃类化合物进行分类，对链烷烃、环烷烃、单环芳烃（苯系）、双环芳烃（萘系）及三环芳烃（菲系）组分

进行烃含量计算,从而获取原油中不同类别烃组成的详细信息。表 4.7 是不同原油烃组成的分析结果,JS1 原油来自江苏油田,S14 原油来自塔河油田,CX1 来自东海油气田,JS1 原油两次分析有很好的重现性,分析结果也表明三地原油在烃组成上有明显的差异性。

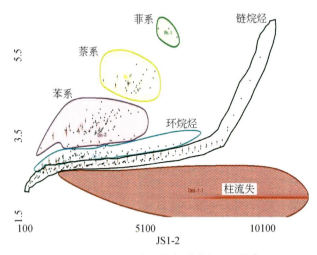

图 4.8　JS1 原油全二维色谱分析 2D 轮廓图

表 4.7　原油烃组成分析结果

井号	链烷烃/%	环烷烃/%	单环芳烃/%	双环芳烃/%	三环芳烃/%
JS1-1	54.12	20.69	20.61	4.40	0.18
JS1-2	54.65	20.21	20.70	4.28	0.16
S14	65.33	19.44	14.26	0.97	0.00
CX1	44.86	29.09	24.22	1.83	0.00

3. 生物标志物分析

1) 实验分析条件及数据处理

全二维色谱–飞行时间质谱工作条件见表 4.5。根据获取的饱和烃或芳烃组分重量用一定量的正戊烷完全溶解(约 100μL/mg),加入定量的四氘代胆甾烷做内标进行饱和烃生物标志化合物的定量计算,芳烃化合物的分析用八氘代二苯并噻吩做内标物。用微量进样器取一定的稀释样注射进色谱仪汽化室,启动程序进行二维色谱–飞行时间质谱分析,分析结束后再进行图谱处理和数据分析。以四氘代胆甾烷做内标,提取质荷比 m/z 221 的质量色谱图获取内标峰面积;以八氘代二苯并噻吩做内标提取质荷比 m/z 194 的质量色谱图获取内标峰面积。根据研究需要提取各相关组分的质量色谱图获取各类化合物的峰面积,按 $C_x = C_S \times A_x/A_S$ 计算各组分的含量,C_x 为关注组分 x 的含量,A_x 为组分 x 的峰面积,C_S 为加入的内标浓度,A_S 为内标峰面积。

2) 多环萜烷的分析

对比研究表明,采用一般色谱–质谱技术方法进行多环萜类化合物的分析,提取的质荷比 m/z 191 的质量色谱图中很多三环萜类化合物和四环、五环等萜类化合物是相互混杂的，如图 4.9 所示。很多高碳数三环萜类化合物（C_{29} 以上）出峰时间和四、五环萜类化合物相重叠，同时又由于其低丰度的缘由，人们很难对多环萜类化合物进行准确的识别和定量分析。部分多环萜烷化合物如伽马蜡烷由于不能完全分离，对其进行定量分析误差较大；同时由于色谱共流出，不能对部分多环萜烷物质进行准确定性，因而无法获取详细的地球化学信息。

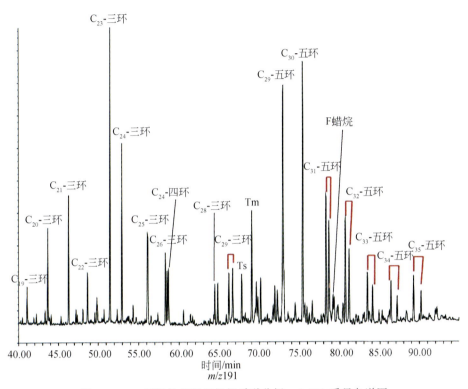

图 4.9　S41 原油饱和烃四极杆质谱分析 m/z 191 质量色谱图

而采用全二维色谱分析时间质谱技术，在样品前处理的基础上，通过色谱柱的配置和分析条件的优化，能够实现众多多环萜类化合物的很好分离和准确分析。图 4.10 是分析结束后提取 m/z 191 的离子质量色谱图，图 4.11 是高碳数多环萜烷局部放大图，可以看出通过二维色谱分析，在一维色谱柱上不能很好分离的萜类物质在二维色谱柱上得到很好的分离，三环萜、四环萜及五环萜类化合物分布在不同的区域，可以从一维保留时间和二维保留时间上很容易地区分识别不同的萜类化合物，C_{24}、C_{25}-四环萜烷峰独立清晰，C_{29} 以上碳数的三环萜也很容易识别和定量，伽马蜡烷也和其他萜类物质完全分离，因而定量分析准确可靠。

4. 芳烃化合物的分析

对芳烃组分进行全二维色谱-飞行时间质谱分析表明，由于分析仪器的特有功能，所关注的芳烃组分得到了很好的分离，并呈现在不同的谱图区带上，研究人员可以直接进行类比分析。图 4.12 是芳烃化合物萘系列与菲系列的分析图谱，萘系列化合物和菲系列化合物在 3D 图上呈明显的叠瓦状分布，无论是萘系列还是菲系列内各单体组分，其在一维

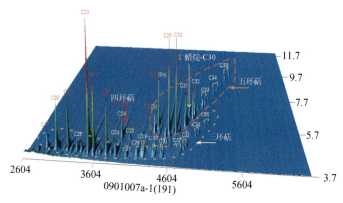

图 4.10　多环萜烷化合物 m/z 191 离子二维质量色谱图

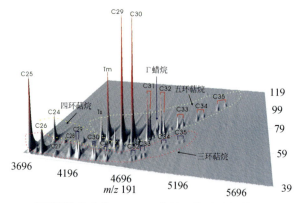

图 4.11　多环萜烷化合物 m/z 191 离子二维质量色谱图局部放大图

时间和二维时间上的分布有明显的变化规律,非常有助于对化合物的鉴定。通过加入内标物质八氘代二苯并噻吩,可以对各芳烃组分进行定量分析。

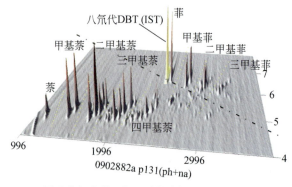

图 4.12　P131 原油芳烃中萘-菲系列化合物全二维色谱分析质量色谱图

图 4.13 是石油地质样品中三芴系列化合物全二维色谱分析质量色谱图。可以对石油地质样品中三芴系列化合物进行有效的分离和定量分析,硫芴、氧芴及芴类化合物分布在

不同区域，各化合物可以直观比对，尤其是在氧芴化合物分析中，联苯系列对氧芴系列的干扰可以完全排除。图 4.14 是 P131 原油样品中三芳甾烷二维色谱分析的质量色谱图。

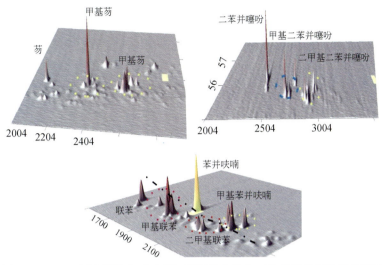

图 4.13　P131 原油芳烃中"三芴"系列化合物全二维色谱分析质量色谱图

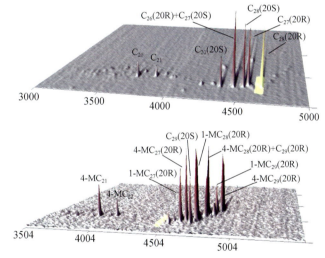

图 4.14　P131 原油芳烃中"三芳甾"系列化合物全二维色谱分析质量色谱图

5. 生物标志物的定量分析

生物标志物分析是进行油源分析和混源识别的重要手段，由于"墨水"效应，对混源油源的研究采用传统的地化分析指标进行研究判识往往得出错误的认识，但如果把地化指标与参数组分绝对含量进行结合并综合分析，就有可能做到去伪存真，拨开现象揭示事物本质。对生物标志的定量分析，寻找适宜的内标物质很关键，以性质相近、不与分析物质发生化学反应且自然样品中无存在为原则。与传统色谱-质谱定量分析类似，同样选用 C_{27}-四氘化胆甾烷做内标进行饱和烃生物标志化合物的定量分析计算，选用八氘化二苯并噻吩做内标进行芳烃化合物的分析计算。以全二维色谱-飞行时间质谱对 S14 饱和烃组分和芳烃组分分别进行了 3 次平行分析，从组分含量与相对偏差的分析可以看出，饱和烃生物标志物组分在含量大于 50μg/g 原油时，其相对偏差在 10% 以内，随着组分含量的降低，相对偏差逐渐变大，当组分含量小于 50μg/g 原油时，其相对偏差可达到 10% 以上，如图 4.15 所示。原油芳烃化合物的定量分析表明，当组分含量大于 50μg/g 原油时，其相对偏差基本在 10% 以内，而组分含量小于 50μg/g 原油时，其相对偏差变化较大，如图 4.16 所示。总的来说，无论是饱和烃生物标志物还是芳烃组分化合物，当组分含量大于 50μg/g 原油时数据是稳定的，当组分含量小于 50μg/g 原油时，分析数据重现性较差，尤其是芳烃化合物，其定量结果应该慎用。

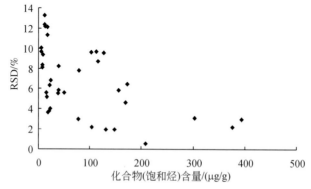

图 4.15　S14 原油饱和烃生物标志物定量分析组分含量与相对偏差

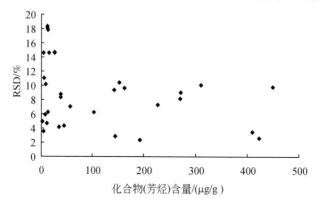

图 4.16　S14 原油芳烃生物标志物定量分析组分含量与相对偏差

第二节　原油样品的分析研究

一、原油中常见化合物的分析

1. 样品与实验

中国地质大学（武汉）李水福等（2010）利用全二维色谱-飞行时间质谱对取自泌阳凹陷北部斜坡地区和准噶尔盆地腹部中国石化区块的 4 个原油样品进行了实验分析研究，

样品详细信息见表4.8。用正己烷分离泌阳凹陷北部斜坡地区生物降解原油的饱和烃组分，用苯直接冲洗出准噶尔盆地轻质原油的烃类组分（饱和烃与芳烃），然后用氮气吹扫浓缩转移到色谱进样瓶中备用。分析仪器与条件见表4.9。飞行时间质谱工作参数：离子源电压–70V，检测器电压1475V，离子源温度240℃，谱图采集频率100spectra/s，采集质量数范围50～550amu，采集延迟时间600s。数据处理方法采用Chroma TOF软件4.24版本进行数据处理，利用自带数据库——NIST 05库进行检索定性，同时参考石油地质专业谱图集。

表4.8 实验样品信息

序号	井号	深度/(h/m)	层位	地区	类型	饱和烃	芳烃	非烃	沥青质
						$w_B/\%$			
1	杨1900	578.0～590.0	核三³段	泌阳凹陷	严重降解原油	24.07	21.95	40.29	13.69
2	新浅25	665.4～675.8	核三¹段	泌阳凹陷	轻度降解原油	49.76	31.15	16.66	2.42
3	成1	5036.5～5056.3	八道湾组	准噶尔盆地	轻质原油	68.25	18.49	10.90	2.37
4	董1	4871.0～4873.0	三工河组	准噶尔盆地	轻质原油	76.71	16.40	6.89	0.00

表4.9 全二维色谱分析条件

项目	生物降解原油饱和烃组分分析条件	轻质原油烃类组分分析条件
一维柱系统	HP-5MS，60m×0.25mm×0.25μm	HP-5MS，60m×0.25mm×0.25μm
二维柱系统	DB-17ht，2m×0.1mm×0.1μm	DB-17ht，2m×0.1mm×0.1μm
一维色谱升温程序	120℃（2min），以3℃/min至300℃（30min）	80℃（2min），以2℃/min升至300℃（25min）
二维色谱升温程序	130℃（2min），以3℃/min升至310℃（30min）	100℃（2min），以2℃/min升至330℃（30min）
进样口温度/℃	310	310
进样量/μL	0.2	0.2
进样模式	不分流进样	不分流进样
载气	He，流速1.5mL/min	He，流速1.5mL/min
调制器温度	比一维炉温高30℃	比一维炉温高30℃
调制周期	8.0s，其中热吹时间2.0s	8.0s，其中热吹时间2.0s
传输线温度/℃	280	280

2. 烃类组分识别结果

1）生物降解原油样品饱和烃组分识别

杨1900井原油来自泌阳凹陷北部斜坡带杨楼地区，产层为核三段第3油层组。传统的一维气相色谱–四极杆质谱分析表明，该原油受到严重的生物降解破坏，正构烷烃完全不能识别，规则甾烷也受到一定程度的破坏。一维质量色谱图出现明显的鼓包（图4.17），即UCM（Unresolved Complex Mixtures）。相比之下，新浅25井原油受到降解的程度比杨1900井的轻，其规则甾烷受影响较小（图4.18）。然而，由于飞行时间质谱为全离子扫描采集，通过选定特定离子碎片显示，可以把原油中常见的生物标志化合物显现出来。在一维谱图上许多化合物出现严重叠置现象，而在二维时间谱图上则呈有规律的分布（图4.19）。在二维时间谱图上，依次出峰的是异构烷烃、正构烷烃、单环烷烃系列、双环烷烃系列、三环烷烃（长链三环萜烷）、四环烷烃（四环萜烷和甾烷系列）、五环烷烃（藿烷系列）。这些系列在三维立体图（图4.20）上更是清晰可见，其中，在一维时间上位于$nC_{17} \sim nC_{23}$之间的单环和双环烷烃系列是由一系列同系物组成，其化合物数量相当多，这就是UCM化合物，通过特定的离子碎片，并参考文献（Ventura，2008）可以鉴定出部分化合物。

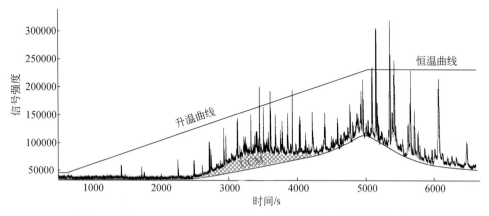

图4.17 杨1900井原油常见化合物一维分析谱图（特定离子组合）

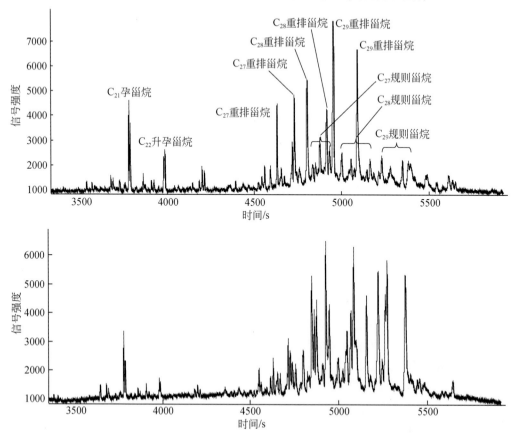

图4.18 杨1900井和新浅25井原油甾烷化合物一维分析谱图（$m/z=217$）

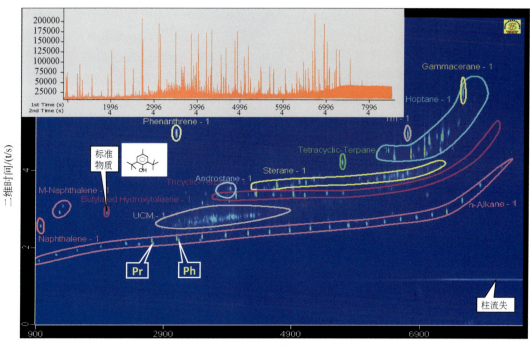

图4.19　杨1900井原油常见化合物二维平面点阵图（特定离子组合）

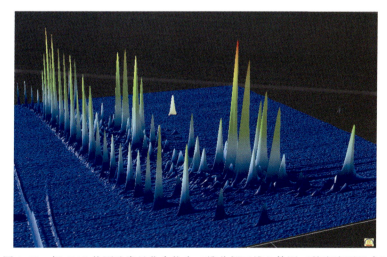

图4.20　杨1900井原油常见化合物全二维分析三维立体图（特定离子组合）

萜烷化合物是原油中重要的生物标志化合物，对它们的分离和准确鉴定，是油气地球化学深入研究的重要前提之一。m/z 191碎片离子质量色谱图包括长链三环萜烷和五环三萜烷系列。一维分析中对C_{24}-四环萜烷和C_{26}-长链三环萜烷（R构型和S构型）3个峰有时分离得不好（图4.21）。其他长链三环萜烷，通常只有C_{28}、C_{29}，有时候可以看到C_{30}和C_{31}，而更长的碳链，则因其含量一般很低，加上五环三萜烷的影响，很难辨析出来。这些化合物的存在，在传统的色质谱分析中，必然会影响五环三萜烷的定量结果。而在全二维分析的谱图上可以把它们完全分离开（图4.22），而且可以清楚地识别到C_{35}-长链三环萜烷。与萜烷一样，甾烷在表征原油的成熟度和原始母质来源方面也具有重要的地球化学意义，两者相互验证，互为补充。在传统的一维色谱上，规则甾烷，尤其是 C_{27} 规则甾烷，往往因受到重排甾烷的干扰而不能很好地辨析（图 4.18）。然而，在全二维分离系统中，具有极性的二维色谱柱对甾烷系列的分离效果远不如萜烷，甚至没有分离，几乎位于一条直线上（图 4.23）。这是由于甾烷系列均为环戊烷并全氢化菲结构，在环结构上没有差异，只是支链和立体异构不同，而二维色谱中包含极性柱，其分离效果主要取决于化合物的极性差异，加上甾烷系列的旋光异构体较多，因此，全二维分离系统对甾烷系列的分离效果不好。对甾烷系列若要得到更好的分离效果，需要进一步选用二维色谱柱。

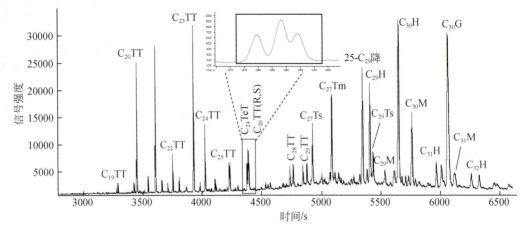

图 4.21　杨 1900 井原油萜烷化合物一维分析谱图（m/z 191）

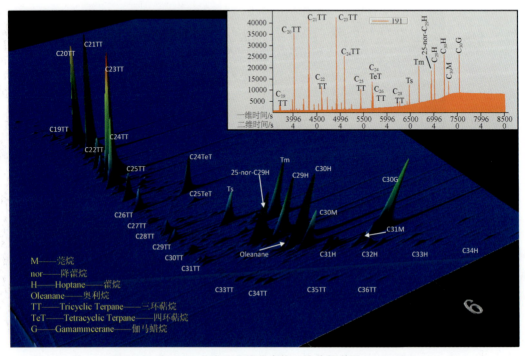

图 4.22　杨 1900 井原油萜烷化合物二维分析谱图（m/z 191）

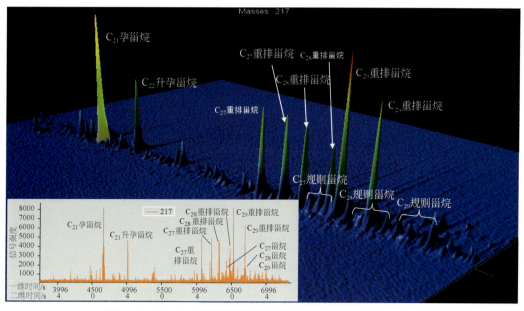

图 4.23 杨 1900 井原油甾烷化合物二维分析谱图（m/z 217）

2）轻质原油烃类组分识别

成 1 井和董 1 井位于准噶尔盆地腹部，原油分别产自侏罗系八道湾组（J_1b）和三工河组（J_2s）烃源岩，埋藏深度分别为 5036.5～5056.6m 和 4871.0～4873.0m，原油呈浅黄色，清澈透明，董 1 井原油烃类组分质量分数高达 93%，沥青质质量分数为零，属于典型的轻质原油（表 4.8）。在传统的一维色谱-质谱分析中，饱和烃和芳烃组分是分别检测，如果同时检测，其化合物组成的详细特征很难获得。这是因为：首先，正常原油的饱和烃含量高于芳烃 3～4 倍，轻质原油更高，使原油中大量的低含量化合物的特征被掩盖；其次，即使饱和烃和芳烃含量相当，可以被检测，但由于其碎片峰的相互干扰，在一维的色谱-质谱图上表现为峰重叠现象十分严重，定性定量分析困难。如饱和烃组分中的甲藻甾烷与芳烃组分中的三芳甾烷都具有特征离子峰 m/z 231，如果饱和烃与芳烃未进行分离，常规一维色谱-质谱就无法对其进行有效检测。而用全二维色谱-质谱分析则完全不受影响，可以实现二者的同时检测。此外，在全二维色谱-质谱图上，不仅饱和烃与芳烃化合物之间可以实现很好地分离，而且各组分内的化合物也按照其极性有规律地分布。另外，还可以通过缩小和放大特征碎片离子的强度，实现多个系列化合物在同一张谱图里进行对比分析［图 4.24（a）］。

图 4.24（a）中饱和烃在二维时间上出峰顺序依次为链状异构烷烃、正构烷烃、单环环烷烃、双环环烷烃等。由于轻质原油成熟度较高，其中生物标志化合物的含量很低，因此三环、四环和五环的萜类化合物没有检测到。芳烃的出峰顺序依次为单环芳烃（苯同系物）、双环芳烃（萘系列、联苯系列）、三环芳烃（菲系列）等。三芴系列介于双环芳烃与三环芳烃之间。同一系列在一维上依次为无甲基、甲基、二甲基、三甲基、四甲基、五甲基等，在三维立体图［图 4.24（b）］中也清晰可见。

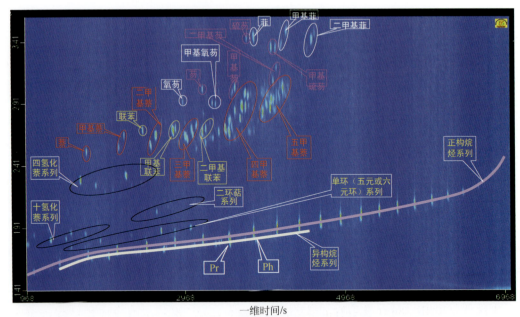

(a) 平面点阵图

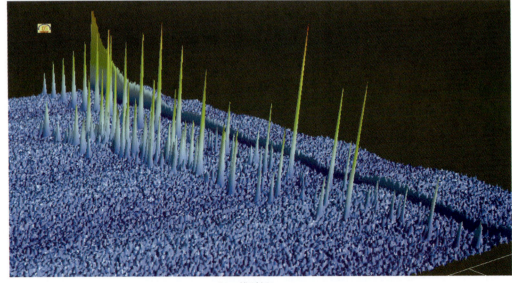

(b) 二维时间/s

图4.24 准噶尔盆地成1井原油烃类组分全二维色谱-质谱分析平面点阵图（a）和三维立体图（b）（特定离子组合）

二、东海平湖油气田A井轻质原油直接进样分析

1. 样品与实验

中石油石油勘探开发研究院王培荣等（2009）利用全二维色谱-飞行时间质谱对东海平湖轻质原油进行了分析研究。原油样品采自东海平湖油气田A井花港组2778.5～

2786.7m 井段，密度为 0.781g/cm³，分析前未经任何预处理，直接进样。实验采用美国 Leco 公司 Pegasus4D 全二维气相色谱-飞行时间质谱仪（CTC Combi Pal 型自动进样器）。气相色谱分析采用 Agilent7890 气相色谱仪（Leco 公司二维色谱装置 LECO GC×GC），色谱柱为 Petro 柱（一维柱，50m×0.2mm×0.5μm）和 DB17-HT 柱（二维柱，3m×0.1mm×0.1μm）。采用直接进样方式，进样量为 0.5μL，分流比为 700∶1；载气为氦气，流速为 1.8mL/min；进样口温度为 300℃。一维柱升温程序：升温至 35℃（恒温 10min）后以 0.5℃/min 升温至 60℃（恒温 0.2min），再以 2℃/min 升温至 220℃（恒温 0.2min），然后以 4℃/min 升温至 300℃（恒温 5min）；二维柱升温程序：升温至 55℃（恒温 10min）后以 0.5℃/min 升温至 80℃（恒温 0.2min），再以 2℃/min 升温至 240℃（恒温 0.2min），然后以 4℃/min 升温至 320℃（恒温 5min）。传输线温度为 280℃，调制周期为 10s。质谱分析采用美国 Leco 公司 Pegasus4D 飞行时间质谱仪。电子轰击离子源电压-70V，检测器电压 1475V，离子源温度 240℃。全谱图采集频率 100spectra/s，采集质量数范围 40~520amu。所得数据再经 Pegasus4D 工作站进一步处理。

2. 结果和讨论

本次共分离出 1784 个化合物的谱峰，其中信噪比在 100 以上的峰有 1643 个。参照 A 井已有色谱或色谱-质谱技术分析结果，本次在样品分析的 nC_6~nC_8 色谱段检测出了 52 个化合物，分离了 9 个以往技术未能分离的混合峰；此项技术对 A 井原油中的主要芳烃类化合物的分布也给出了一个较清晰的概貌，在 nC_{10}~nC_{11} 色谱段共检测出了 26 个芳烃化合物，按理论计算 C_{10} 芳烃类化合物应有 23 个，此次检测出的化合物占到了 62%；同时，在 nC_{10}~nC_{13} 色谱段检测出了 24 个金刚烷类化合物，其中有 9 个纯度较高。

1）nC_6~nC_8 色谱段化合物的分离和检测

平湖油气田 A 井花港组 2778.5~2786.7m 井段原油样品 nC_6~nC_8 色谱段化合物的检测结果示于表 4.10 和图 4.25。由表 4.10 可见，本次分析质谱图与 Nist5.0 谱库质谱图的吻合度很高，均在 800 以上（1000 即表示 100% 相吻合），其中约 60% 化合物谱峰的吻合度≥900，有 3 个谱峰因谱库中没有找到可对应的化合物而缺少吻合度数据。但是仅由质谱图检索结果得到的原始定性表属于推测定性结果，仅供参考用。表 4.10 是依据 36 个标样以及 ASTMD5134-98 等文献资料并结合 A 井原油的色谱-质谱定性成果，对原始定性表（全二维气相色谱-飞行时间质谱仪可以自动完成谱库检索给出定性表，谱峰的信噪比很高，达 140~176903）进行对比和修改后的结果。

表 4.10　东海平湖油气田 A 井花港组 2778.5~2786.7 m 井段原油样品 nC_6~nC_8 色谱段化合物检测结果

峰编号	化合物名称	吻合度	一维柱保留时间/min	保留指数	二维柱保留时间/s	基峰质荷比	定量峰质荷比	峰面积
1	正己烷	964	12.1667	600.00	2.24	57	T	27499972
2	三氯甲烷	959	12.3333	601.56	2.63	83	T	45811
3	2,2-甲基戊烷	944	14.1667	618.75	2.24	57	T	2043069
4	甲基环戊烷	933	14.3333	620.31	2.38	56	T	28037722
5	2,4-二甲基戊烷	908	14.6667	623.44	2.26	57	T	6490654

续表

峰编号	化合物名称	吻合度	一维柱保留时间/min	保留指数	二维柱保留时间/s	基峰质荷比	定量峰质荷比	峰面积
6	苯	977	16.5000	640.62	2.89	78	T	2812078
7	3,3-二甲基戊烷	924	17.0000	645.31	2.33	43	T	1898432
8	环己烷	928	17.5000	650.00	2.54	56	T	37444909
9	2-甲基己烷	967	18.5000	659.38	2.37	43	T	36916221
10	2,3-二甲基戊烷	936	18.6667	660.94	2.38	56	T	12273505
11	1,1-甲基环戊烷	877	19.0000	664.06	2.47	56	T	8506526
12	3-甲基己烷	949	19.5000	668.75	2.40	43	T	40303403
13	1,3（顺）-二甲基环戊烷	929	20.3333	676.56	2.49	70	T	19802343
14	1,3（反）-二甲基环戊烷	936	20.6667	679.69	2.51	70	T	18029827
15	3-乙基戊烷	915	20.8333	681.25	2.42	43	T	2592886
16	1,2（反）-二甲基环戊烷	924	21.0000	682.81	2.52	70	T	72603329
17	2,2,4-三甲基戊烷	893	21.3333	685.94	2.37	57	T	292446
18	庚烷	963	22.8333	700.00	2.49	57	T	80569385
19	1,2（顺）-二甲基环戊烷	890	25.5000	713.91	2.68	56	T	203972
20	甲基环己烷	869	25.8333	715.65	2.79	99	T	131391660
21	2,2-二甲基戊烷	945	26.3333	718.26	2.47	99	T	2978423
22	1,1,3-三甲基环戊烷	873	26.3333	718.26	2.57	69	T	10756216
23	乙基环戊烷	899	27.6667	725.22	2.72	69	T	14529936
24	2,5-二甲基己烷	930	28.0000	726.96	2.49	57	T	9850574
25	2,4-二甲基己烷	946	28.3333	728.70	2.50	57	T	9 351331
26	1（反）,2(顺,4)-三甲基环戊烷	843	29.3333	733.91	2.60	70	T	11884631
27	3,3-二甲基己烷	912	29.5000	734.78	2.54	43	T	2940250
28	1（顺,2反,3）-三甲基环戊烷	838	30.5000	740.00	2.65	70	T	9874197
29	2,3,4-三甲基戊烷	926	31.1667	743.48	2.59	43	T	358489
30	2,3,3-三甲基戊烷	907	31.8333	746.96	2.64	43	T	591353
31	甲苯	943	31.8333	746.96	3.59	91	T	32614607
32	2,3-二甲基己烷	935	33.3333	754.78	2.61	43	T	9557193
33	1,1,2-三甲基环戊烷	808	33.3333	754.78	2.77	56	T	4844759
34	2-甲基庚烷	943	34.5000	760.87	2.61	57	T	71984914
35	4-甲基庚烷+3-乙基-3-甲基戊烷	—	35.0000	763.48	2.65	56	T	4177694
36	1,2,4-三甲基环戊烷	883	35.5000	766.09	2.77	70	T	1586564
37	3-甲基庚烷	926	36.1667	769.57	2.68	43	T	43701976
38	1,2,3-三甲基环戊烷	—	36.1667	769.57	2.87	55	T	141918940
39	3-乙基己烷	956	36.3333	770.43	2.66	85	T	5106541
40	1,4（反）-环己烷	924	36.3333	770.43	2.91	97	T	55989858
41	1,1-二甲基环己烷	888	37.6667	777.39	2.91	97	T	10778130

续表

峰编号	化合物名称	吻合度	一维柱保留时间/min	保留指数	二维柱保留时间/s	基峰质荷比	定量峰质荷比	峰面积
42	2,2,5-三甲基己烷	894	38.5000	781.74	2.58	57	T	1298756
43	1-乙基-3-甲基（反）-环戊烷	861	38.5000	781.74	2.82	55	T	336468
44	1-乙基-3-甲基（顺）-环戊烷	—	39.1667	785.22	3.18	55	T	141163
45	2,2,4-三甲基己烷	829	39.8333	788.70	2.64	55	T	15991328
46	1-乙基-1-甲基环戊烷	867	39.8333	788.70	2.91	57	T	51126
47	1,2-二甲基（反）-环己烷	909	40.3333	791.30	2.94	97	T	33506248
48	1,2,3-三甲基环戊烷	845	41.5000	797.39	2.95	70	T	151339
49	正壬烷	831	41.8333	799.13	2.72	43	T	3740957
50	环烷烃	852	41.8333	799.13	2.73	55	T	3843195
51	正辛烷	953	42.0000	800.00	2.77	114	T	62682331
52	1,4（顺）-二甲基环己烷	901	42.0000	800.00	3.02	55	T	26432366

注：T 代表在总离子流图上定量

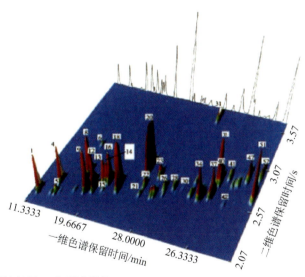

图 4.25　东海平湖油气田 A 井原油样品（2778.5~2786.7m）nC_6~nC_8 色谱段化合物三维立体图

东海平湖油气田 A 井花港组 2778.5~2786.7m 井段原油样品在 nC_6~nC_8 色谱段共检出 9 对共逸出化合物（表 4.11），每对共逸出峰中的 2 个化合物在一维色谱柱上有相同的保留时间，但在二维色谱柱上却有不同的保留时间。如 2,2-Dimethyl-hexane 和 1,1,3-Trimethyl-cyclopetane 在作一般的色谱分析时共逸出，保留时间均为 26.3333min；而这 2 个化合物一个为链烷烃，另一个为环烷烃，它们在二维色谱柱上得到分离，保留时间分别为

2.47s 和 2.57s（图 4.26）。图 4.27 为东海平湖油气田 A 井原油样品（2778.5~2786.7m）2,2-Dimethyl-hexane 与 1,1,3-Trime-thyl-cyclopetane 的质谱图和 Nist5.0 谱库质谱图，其中图 4.27（a）、图 4.27（d）为原始质谱图，图 4.27（b）、图 4.27（e）为 ChromaTOF 软件自动对被检出峰进行去卷积解析后得到的质谱图，图 4.27（c）、图 4.27（f）为经 Nist5.0 谱库检索后得到的吻合度最佳的质谱图（2,2-Dimethyl-hexane 的吻合度为 940，1,1,3-Trimethyl-cyclopetane 的吻合度为 873）。

表 4.11　东海平湖油气田 A 井花港组 2778.5~2786.7m 井段原油样品在 nC_6~nC_8 色谱段被分离的 9 对共逸出化合物

序号	峰编号	化合物名称	吻合度	一维柱保留时间/min	二维柱保留时间/s
1	21	2,2-二甲基己烷	945	26.3333	2.47
	22	1,1,3-三甲基环戊烷	873	26.3333	2.57
2	30	2,3,3-三甲基环戊烷	907	31.8333	2.64
	31	甲苯	943	31.8333	3.59
3	32	2,3-二甲基己烷	935	33.3333	2.61
	33	1,1,2-三甲基环庚烷	808	33.3333	2.77
4	37	3-甲基庚烷	926	36.1667	2.68
	38	1,2,3-三甲基戊烷		36.1667	2.87
5	39	3-乙基己烷	956	36.3333	2.66
	40	1,4（反）-二甲基环己烷	924	36.3333	2.91
6	42	2,2,5-三甲基己烷	894	38.5000	2.58
	43	1-乙基-3-甲基（反）-环戊烷	861	38.5000	2.82
7	45	2,2,4-三甲基己烷	829	39.8333	2.64
	46	1-乙基-1-甲基环戊烷	867	39.8333	2.91
8	49	正壬烷	831	41.8333	2.72
	50	环烷烃	852	41.8333	2.73
9	51	正辛烷	953	42.0000	2.77
	52	1,4-二甲基环己烷	901	42.0000	3.02

t-1,3-Dimethyl-cyclopetane 与 3-Ethyl-petane 在作通常的色谱分析时不易得到完全分离而呈肩峰出现，但采用全二维气相色谱-飞行时间质谱仪进行分析时可以得到完全分离，其一维色谱保留时间分别为 20.6667min、20.8333min，二维色谱保留时间分别为 2.51s、2.42s，检索的吻合度分别为 936、915（表 4.10、图 4.26）。

2）nC_{10}~nC_{11} 色谱段芳烃化合物的分离和检测

图 4.28 是东海平湖油气田 A 井花港组 2778.5~2786.7m 井段原油样品 m/z 91、105、119、133、147、128、142、156、170、184、198、212、178、192、206 和 220 的质量色谱图，所选择的质荷比值是该井原油样品各种烷基苯的基峰，萘和 C_1~C_5 烷基萘、菲及 C_1~C_3 烷基菲的分子离子峰，以及 nC_9~nC_{15} 的分子离子峰，以凸显芳烃类的目标化合物。

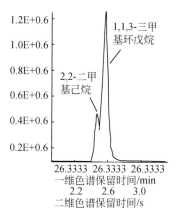

图 4.26 东海平湖油气田 A 井原油样品（2778.5~2786.7m）2,2-二甲基己烷
与 1,1,3-三甲基环戊烷的二维色谱平面图

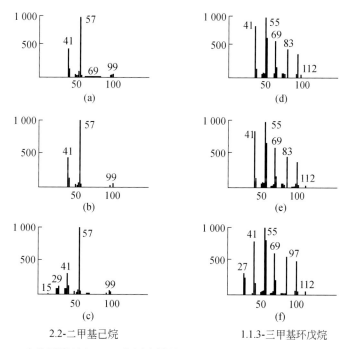

2,2-二甲基己烷　　　　　　　　　1,1,3-三甲基环戊烷

图 4.27 东海平湖油气田 A 井原油样品（2778.5~2786.7m）2,2-二甲基己烷
与 1,1,3-三甲基环戊烷质谱图与 NIST5.0 谱库图

由图 4.28 可以清晰地观察到该井轻质原油芳烃类化合物主要部分的概貌，二维色谱中保留时间在正构烷烃和芳烃类化合物之间出现的很多黑点大都是检测到的环烷烃类化合物，它们的分布特征包括采用软件分类功能加以区别的非烃类化合物的分布特征（据此分析结果可能有助于进行油—油对比，尤其是进行疑难油—油对比等问题的研究）。

表 4.12、图 4.29 是该井原油样品 $nC_{10} \sim nC_{11}$ 色谱段芳烃化合物的定性结果和立体三维图。表 2.5 中化合物结构定性的精细度不等：依据标样和文献资料定性的化合物精细度

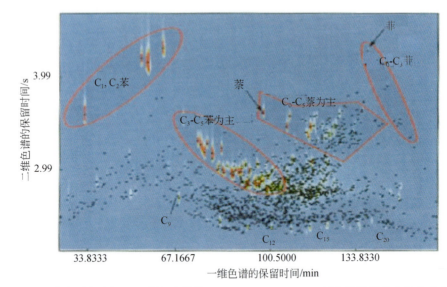

图 4.28 东海平湖油气田 A 井原油样品（2778.5~2786.7 m）部分芳烃类化合物的分布图

最高，可靠性也最高；用 Nist5.0 谱库检索吻合度在 900 以上的化合物结构定性为推测定性，可靠程度次之；其余的化合物只是根据质谱特征进行定性。为了使化合物定性结果有相当的可靠性，在定名时降低了定性的精细程度，如只定名为甲基乙基苯，并未明确该化合物的甲基和乙基取代位置，又如 C_5，Bz，仅明确了它的分子量为 148，是有 5 个碳的烷基 C—C 键取代的苯，但没有说明有几个取代基，也没有指明各取代基的结构和具体位置。

表 4.12 东海平湖油气田 A 井花港组 2778.5~2786.7m 井段原油样品 nC_{10}~nC_{11} 色谱段芳烃化合物检测结果

峰编号	化合物名称	基峰/分子离子峰	一维柱保留时间/min	二维柱保留时间/s	保留指数	吻合度	峰面积	定性依据
0	癸烷	57/142	67.1667	2.70	1000.00	907	34528591	S
1	1,2,3-三甲苯	105/120	83.0000	3.23	1004.69	950	2828604	—
2	1-甲基-3-异丙基苯	119/134	83.3333	3.00	1007.81	956	1883831	S
3	1-甲基-4-异丙基苯	119/134	83.8333	2.97	1012.50	959	766816	S
4	甲基-乙基苯	119/134	84.3333	3.40	1017.19	898	49491	—
5	1-甲基-2-异丙基苯	119/134	85.1667	3.04	1025.00	943	255417	S
6	甲基乙基苯	119/134	86.6667	2.96	1039.06	917	1328566	—
7	1-甲基-3-丙基苯	105/134	87.3333	2.94	1045.31	902	1318039	S
8	1-甲基-4-丙基苯	105/134	87.5000	2.95	1046.87	953	2530698	S
9	丁苯	91/134	87.6667	3.04	1048.44	879	48067	S
10	1,3-二甲基-5-乙基苯	119/134	88.3333	2.87	1054.69	919	34324	S

续表

峰编号	化合物名称	基峰/分子离子峰	一维柱保留时间/min	二维柱保留时间/s	保留指数	吻合度	峰面积	定性依据
11	二乙苯	105/134	88.3333	2.99	1054.69	921	874103	—
12	2,2-二甲基-丙基苯	92/148	89.6667	2.98	1067.19	965	2148160	—
13	1-甲基-2-丙基苯	105/134	90.3333	2.98	1073.44	959	1474661	S
14	1,4-二甲基-2-乙基苯	119/134	90.5000	2.88	1075.00	811	302284	S
15	1,2-二甲苯-4-乙基	119/134	90.5000	2.90	1075.00	672	15779	
16	二甲基-异丙基苯	134/148	90.6667	2.87	1076.56	915	99817	
17	1-3基-丙基苯	91/148	90.8333	3.04	1078.12	960	396659	
18	1,3-二甲基-2-乙基苯	119/134	91.1667	2.86	1081.25	917	111105	S
19	4-叔丁基甲苯	105/134	91.1667	2.94	1081.25	904	28597	
20	1-甲基-4(2-甲丙基)-苯	106/134	92.1667	2.82	1090.63	909	514969	
21	2,3-二氢,1-二甲基-1H茚	131/146	92.1667	3.04	1090.63	914	2368162	
22	1-乙基,2,3-二甲苯	119/134	92.1667	3.06	1090.63	962	388643	—
23	C_5-苯	119/148	92.3333	2.85	1092.19	840	697064	
24	C_5-苯	105/148	92.6667	2.83	1095.31	876	742327	
25	C_5-苯	133/148	92.6667	2.92	1095.31	862	11819	—
26	C_5-苯	105/148	92.8333	2.86	1096.87	872	446683	—
27	烷烃	43/156	93.1667	2.37	1100.00	963	29071 982	S

注：吻合度用 Nist5.0 质谱图库检索而得；峰面积为质谱图基峰的峰面积；S 为标样

西湖凹陷 A 井轻质原油采用全二维气相色谱-飞行时间质谱分析技术在 $nC_{10} \sim nC_{11}$ 色谱段共检出 26 个芳烃化合物（表4.12、图4.29），其中 C_3 取代的苯为 1 个，C_4 取代的苯

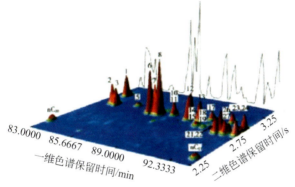

图 4.29　东海平湖油气田 A 井原油样品（2778.5~2786.7 m）$nC_{10} \sim nC_{11}$ 色谱段芳烃化合物的立体三维图（图中编号与表4.13编号相同）

为16个，C_5取代的苯为9个，比以往用色谱-质谱技术测定的结果在分辨率和灵敏度上有明显的提高；按理论计算10个碳的芳烃类化合物可有23个，用该项技术检出的化合物约占理论数的62%。

3）$nC_{10} \sim nC_{13}$色谱段金刚烷类化合物的分离和检测

图4.30为全二维气相色谱-飞行时间质谱分析东海平湖油气田A井原油样品（2778.5～2786.7m）$nC_{10} \sim nC_{13}$色谱段中金刚烷类化合物的三维立体图，这是该类化合物质谱图中基峰的质量色谱图，即m/z 136、135、149、163、177的叠加图；为了便于确定它们的保留位置，还增加了$nC_{10} \sim nC_{13}$段分子离子峰的质量色谱图，即m/z 142、156、170和184。

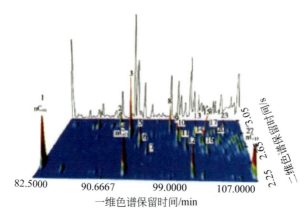

图4.30 东海平湖油气田A井原油样品（2778.5～2786.7m）$nC_{10} \sim nC_{13}$色谱段中金刚烷类化合物的三维立体图（图中编号与表4.13编号相同）

表4.13为该井原油样品$nC_{10} \sim nC_{13}$色谱段金刚烷类化合物定性检测结果。表4.13中共列出24个已定性的金刚烷类化合物，这是以标样、文献资料的色谱-质谱定性成果为准，参考二维色谱所得峰的质谱图并修改原始定性表后给出的；没有标样和文献资料的化合物推测定性为C_2-、C_3-或C_4-金刚烷，其中有Adamantane、1-Methyl-adamantane、1,3-Dimethyl-adamantan、2-Methyl-adamantane、trans,1,4-Dimethyl-adamantane、1,2-Dimethyl-adaman-tane、1-Ethyladamantane、2-Ethyladamantane和1-Ethyl-3,5-dimethyl-adamantane共9个金刚烷类化合物的纯度较高，其质谱图与Nist5.0谱库质谱图的吻合度均在800（812～937）以上。由于金刚烷上甲基取代的个数不同（0～4），其极性有所变化，在二维色谱柱上的保留时间也呈有规律的变化，非极性的正构烷烃的保留时间最短为2.4s左右，没有甲基取代的金刚烷在二维色谱柱上的保留时间最长达3.01s，甲基取代的个数越多保留时间越短。

表 4.13　东海平湖油气田 A 井原油样品（2778.5~2786.7m）nC_{10}~nC_{13} 色谱段金刚烷类化合物检测结果

峰编号	化合物名称	吻合度	一维柱保留时间/min	保留指数	二维柱保留时间/s	基峰质荷比	定量峰质荷比	峰面积
1	癸烷	936	82.5000	1000.00	2.44	57	57	24528591
2	金刚烷	937	90.6667	1076.56	3.01	79	79	198472
3	1-甲基金刚烷	884	92.6667	1095.31	2.85	135	135	480793
4	烷烃	963	93.1667	1100.00	2.37	43	43	37800448
5	1,3-二甲基金刚烷	896	94.3333	1113.72	2.71	149	149	254979
6	1,3,5-三甲基金刚烷	—	95.5000	1127.45	2.61	—	—	
7	1,3,5,7-四甲基金刚烷	—	—					
8	2-甲基金刚烷	837	98.5000	1162.74	2.94	79	135	332897
9	1,4-二甲基金刚烷	—	99.6667	1176.47	2.77			
10	1,4-二甲基金刚烷	877	100.0000	1180.39	2.81	149	149	46126
11	1,3,6-三甲基金刚烷	—	100.8330	1190.19	2.67	107	107	
12	十二烷	951	101.6670	1200.00	2.37	85	85	11143893
13	1,2-二甲基金刚烷	881	102.3330	1208.69	2.85	149	149	163808
14	1,3,4-三甲基金刚烷	—	103.0000	1217.39	2.74	14		
15	1,3,4-三甲基金刚烷	—	103.1670	1219.57	2.74	15		
16	1,2,5,7-四甲基金刚烷	—	103.8330	1228.25	2.63	—	—	
17	1-乙基金刚烷	901	104.3330	1234.78	2.84	135	135	74966
18	C_2 金刚烷	—	105.3330	1247.82	2.73	149	149	—
19	1-乙基-3-甲基金刚烷	—	105.5000	1250.00	2.71	93	93	
20	1-乙基-3,5-二甲基金刚烷	819	105.6670	1252.18	2.74	107	107	7801
21	C_2 金刚烷	—	106.5000	1263.04	2.88	135	135	
22	C_4 金刚烷	—	106.6670	1265.22	2.54	177	177	
23	2-乙基金刚烷	812	107.3330	1273.91	2.92	135	135	77841
24	C_3-金刚烷	—	107.6670	1278.27	2.76	149	149	—
25	C_3-金刚烷	—	108.5000	1289.13	2.84	163	163	—
26	C_4-金刚烷	—	108.6670	1291.31	2.69	177	177	—
27	十三烷	964	109.3330	1300.00	2.36	57	57	47049453

4) 结论

全二维气相色谱-飞行时间质谱仪具有很高的灵敏度和分辨率，采用此项技术对东海平湖油气田 A 井 2778.5~2786.7m 井段原油样品进行了分析，在 nC_6~nC_8 色谱段分离和检测出了 52 个化合物，分离出了用以往色谱、色谱-质谱技术难以分离的 9 个共逸出峰；利用该项技术可清晰地观察到该井轻质原油样品中芳烃类化合物主要部分的概貌，在 nC_{10}~nC_{11} 色谱段检测出了 26 个芳烃化合物，并在 nC_{10}~nC_{13} 色谱段检测出了 24 个金刚烷类化合物，其中有 9 个金刚烷类化合物的纯度较高，其质谱图与 Nist 5.0 谱库质谱图的吻合度均在 800（812~937）以上。

全二维气相色谱-飞行时间质谱分析技术的数据处理软件具有分类功能，如果对样品检测结果中含氧、硫、氮的化合物进行分类处理，可使此项技术在地球化学研究中，尤其是疑难油—油对比等问题的研究中具有更广阔的应用前景。

第三节　石油地质样品全二维色谱与传统色谱技术地化分析比较

石油地质样品具有复杂的化学组成，石油勘探开发研究者为认识石油地质样品的地球化学特征，长期以来主要是采用色谱或色谱质谱技术对石油地质样品开展多项目的分析测试，包括轻烃、饱和烃及芳烃等相关项目的分析，研究对象主要是样品中的烃类物质，这些分析技术方法已有相应的国家或行业标准并在石油勘探开发研究中得到广泛应用。但全二维色谱技术的出现和开发应用可能使研究人员不用再进行多项目的样品测试，仅做一次全二维色谱分析就可以获取同样的甚至更详细的有关原油样品的地球化学信息。全二维色谱技术具有峰容量大、分辨率及灵敏度高等特点，已在下游油品分析方面得到开发应用，但只有近几年才引进到石油勘探开发领域，利用该仪器解决石油地质方面的问题国内外才刚刚起步，有关全二维色谱与传统色谱地球化学分析的对比研究报道很少。我们在全二维色谱-飞行时间质谱技术开发的基础上，对石油地质样品进行了全二维色谱和传统色谱质谱地球化学分析对比研究，探讨了全二维色谱技术在石油地质样品分析中的应用意义。

一、样品及分析方法

研究样品为原油样品，轻烃色谱分析为原油直接进样，在美国瓦里安 CP3800 气相色谱仪上完成；饱和烃和芳烃及生标的分析是对原油样品先进行组分分离，分别获取其饱和烃、芳烃组分后再进行相应的分析，是在安捷伦 7890 色谱仪 5973 质谱仪上完成的；全二维色谱-飞行时间质谱的分析主要采用原油直接进样分析，为研究不同分析技术对地化参数的影响，也对部分原油样品饱和烃和芳烃组分进行了全二维色谱-飞行时间质谱分析。

二、原油样品直接进样分析

原油直接进样色谱分析可以获取其轻烃指纹信息以及正构烷烃分布特征，过去仅用于轻质原油的分析，现在对稠油甚至泥状油样也可采用专用螺旋进样器实现直接进样分析并得到相应的地化参数。由于传统色谱技术的限制，研究者很难完全获取原油样品中异构烷烃及芳烃等化合物的信息。但采用全二维色谱技术不仅可以使研究者认识样品中不同类型烃类化合物的丰度特征，同时也能获取相关的地球化学特征参数，从而可以在分子水平级上从宏观（烃组成分布特征）到微观（地球化学参数特征）地剖析研究样品。

1. 原油样品烃组成分析

全二维色谱用于烃组成的研究应用较多的是在上游炼化和油品行业,在石油勘探开发研究中,较为普遍的方法主要是采用液相色谱或气相色谱法,通过分析可以得到原油烃组成包括饱和烃、单环芳烃和双环芳烃等的类型含量,但无法获取各类型烃组成的详细化合物特征;其他如 TLC/FID 技术,虽然能获取胶质和沥青质的含量,但其饱和烃和芳烃只能提供含量,无法获取烃组成的详细特征;多维色谱法采用多种分析柱的组合只能对 C_{15} 以内的油品烃组成进行细分,过程复杂,无法满足油气地质研究的需要。

图 4.31 是玉北 1 井 YU-1 原油样品的全二维色谱–飞行时间质谱分析 2D 轮廓图,每一个点代表一个烃类化合物,2D 轮廓图上成千上万个点也反映了石油样品的复杂性。由于沸点和分子极性的不同,不同类型化合物在 2D 轮廓图上有规律地分布在不同区域,易于分类识别鉴定,因此研究者很容易获取其烃组成信息,从而在宏观上把握不同样品的异同。

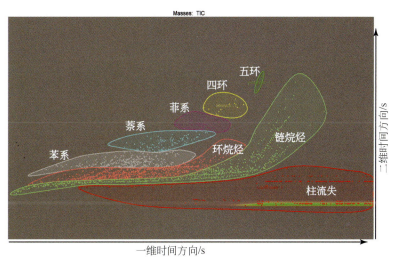

图 4.31　玉北-1 原油样品全二维色谱–飞行时间质谱 2D 轮廓图

玉北 1 井是中国石化在塔西南拗陷麦盖提斜坡麦盖提 1 区块玛南构造带上的一口勘探井,目的是探索玛南构造带奥陶系中下统顶面风化壳附近储层特征及含油气性。该井中途测试 5594.96~5620.0m 喜获日产 25.2m³ 工业油流,取得了勘探的重大突破。玉北 1 井三个油样的烃组成分析结果见表 4.14,可以看出三油样 YU1-1 与 YU1-2 几乎一致,而 YU1-3 烃组成中链烷烃多 10%,环烷烃低 10% 左右,有些变化,但三样品各芳烃系含量基本一致,总计占 5% 左右。三油样烃组成都以环烷烃占主导地位,其次是链烷烃和苯系芳烃化合物。

表 4.14　玉北 1 井不同油样的烃组成特征

参数/%	玉北 1-1	玉北 1-2	玉北 1-3
链烷烃	30.052	31.045	40.840
环烷烃	64.049	63.264	53.148

续表

参数/%	玉北 1-1	玉北 1-2	玉北 1-3
苯系化合物	4.860	4.317	4.755
萘系化合物	0.668	1.156	0.925
菲系化合物	0.238	0.212	0.279
四环化合物	0.096	0.005	0.046
五环化合物	0.015	0.000	0.006

2. 轻烃参数

和传统轻烃色谱分析相比，原油直接进样全二维色谱分析同时可以得到准确可靠的轻烃分析结果，AT16 原油全二维色谱分析轻烃 2D 轮廓图见图 4.32。传统轻烃色谱分析方法主要关注的是 $C_6 \sim C_8$ 之间的烃类物质，在 C_7 以前的化合物基本能得到完全分离和鉴定，但 $C_7 \sim C_8$ 之间的烃类物质并未实现完全分离和鉴定，更不用说 C_8 以后的轻烃化合物，但全二维色谱分析却能实现轻烃化合物的完好分离和鉴定。正构烷烃、环烷烃及苯系化合物根据沸点与极性的不同，在 2D 空间上有规律地展布在不同区域，易于分类识别鉴定。

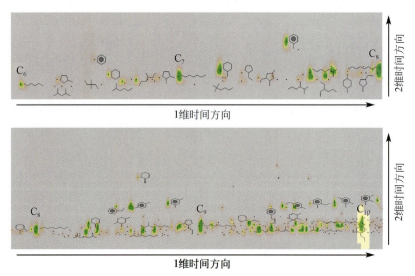

图 4.32　AT16 原油全二维色谱分析轻烃 2D 轮廓图

利用轻烃分析技术获得的指纹特征参数，不仅可以反映油气的成因类型、演化程度，用于气—油—源岩的对比，而且还可用于同源油气形成后经水洗、生物降解、热蚀变等的影响而造成的细微化学差异的判别，反映油气的保存条件。国标 GB/T 18340.1—2010 提出了 4 个计算参数，分别是甲基环己烷指数、庚烷值、异庚烷值（即石蜡指数）以及 Mango K1 指数。两种不同分析技术获取的轻烃参数见表 4.15 所示，它们具有很好的可比性。

表 4.15　GC×GC 与 GC 分析轻烃参数的比较

轻烃参数	AT16		YQ12	
	GC	GC×GC	GC	GC×GC
甲基环己烷指数	0.380	0.414	0.444	0.451
正庚烷值	0.382	0.393	0.340	0.362
异庚烷值	1.957	1.705	2.550	2.749
K1 指数	1.022	1.032	1.008	1.066

3. 饱和烃参数

饱和烃组分色谱分析除了其图谱特征所表示的地球化学意义外，其色谱分析最常用的地化特征参数主要是 OEP、CPI、Pr/Ph、Pr/C_{17}以及 Ph/C_{18}等。由于在饱和烃组分的前处理过程，C_{15}以前的烃类物质基本已损失，因此饱和烃色谱图谱与原油直接进样全二维分析图谱有很大差别，尤其表现在主峰碳和峰形的差异，如图 4.33 所示，同时，由于全二维色谱 3D 视图为不同调制周期切割片段的拟合图，其峰高与传统色谱峰高并不等同，这种情况下，两种分析技术的 OEP 与 CPI 值不具可比性，但分析表明其 Pr/Ph、Pr/C_{17}以及 Ph/C_{18}地化参数仍有良好的可比性，如表 4.16 所示。原油气相色谱分析、原油全二维色谱分析与原油饱和烃组分色谱分析相关地化参数相互之间存在一定差异，信号定量方式和分离能力的不同对参数结果有一定的影响，但这种差异并不改变其地球化学意义。应用类异戊二烯烃参数确定可溶有机质成因是普遍采用的方法，依据原油全二维色谱分析技术（Oil-GC×GC）、原油饱和烃色谱（Sats-GC）与原油气相色谱分析（Oil-GC）获取的相关参数进行作图分析（图 4.34），不同技术方法所取得的认识相同。

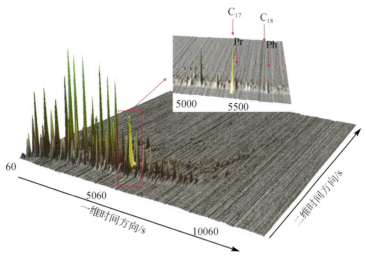

图 4.33　玉北 1 原油全二维色谱–飞行时间质谱分析总离子流图

表 4.16　GC×GC 与 GC 分析 Pr-Ph 参数的比较

参数	原油全二维色谱分析			饱和烃组分色谱分析			原油气相色谱分析		
	玉北 1-1	玉北 1-2	玉北 1-3	玉北 1-1	玉北 1-2	玉北 1-3	玉北 1-1	玉北 1-2	玉北 1-3
Pr/C_{17}	0.43	0.40	0.41	0.55	0.57	0.54	0.57	0.56	0.55
Ph/C_{18}	0.31	0.41	0.52	0.59	0.63	0.59	0.70	0.71	0.69
Pr/Ph	1.21	1.19	1.06	0.82	0.86	0.98	0.97	0.92	0.92

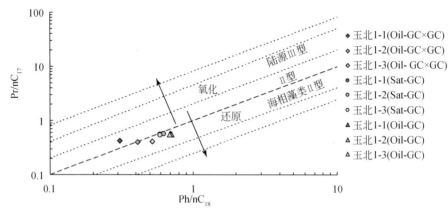

图 4.34　利用 Pr/nC_{17} 与 Ph/nC_{18} 判断原油母质来源

4. 芳烃化合物

芳烃化合物中三芴系列化合物（芴、氧芴、硫芴）可能有相同的先质，在不同的环境下其含量丰度有明显不同，如在强还原环境下硫芴占优势。通过对沉积物中这些具有生源和环境指示意义的生物标志物的分析，研究者可追踪其地质史上沉积物生物母体的生源和沉积环境。原油全二维色谱分析与原油芳烃组分四极杆质谱分析三芴化合物之间比值百分数如表 4.17 所示，差异比较明显。虽然两种分析方法反映的 3 种化合物所占比例在 3 个样品中的变化趋势相同，但原油直接进样全二维色谱分析氧芴含量明显高于原油芳烃组分四极杆质谱分析结果，这会给地质解释带来不同的结论。同样是原油芳烃组分全二维色谱分析和四极杆质谱分析的三芴化合物之间的比值百分数如表 4.18 所示，两种分析结果有很好的可比性。由此我们认识到一个问题，即尽管原油直接分析三芴化合物比值关系更真实地反映其含量大小实际，但这种比值关系却不能直接应用于现行的反映有机质沉积物生物母体的生源和沉积环境的关系图版，因为该关系图版都是基于芳烃组分的色谱–质谱分析结果。造成这种不一致的原因可能是现行的芳烃组分处理方法对三芴化合物的脱出能力不一样，造成了氧芴类化合物的明显减少，也可能有其他原因，这需要进一步的实验证实。

原油直接进样全二维色谱与原油族组分分离芳烃组分色谱–质谱分析萘系化合物含量也有明显不同。图 4.35 是两种分析方法萘系化合物之间的峰面积比值关系，原油全二维色谱分析反映了样品中萘系化合物真实的含量变化，从萘到甲基萘再到二甲基萘，其所占比例逐渐增高并达到顶点，然后从三甲基萘到四甲基萘其所占比例逐渐减少；而原油族组分分离后芳烃组分色谱-质谱分析反映的萘系化合物含量变化呈现一个随取代基个数增加而逐渐增加的趋势，尤其自二甲基萘以后表现显著。由于前处理的影响，萘、甲基萘与二甲基萘损失严重，而三甲基萘与四甲基萘明显富集。这充分说明样品前处理过程已严重影响了化合物之间的含量及比值关系。

表 4.17　原油全二维色谱分析与芳烃组分色谱-质谱分析三芴化合物的比较

（单位：%）

参数	玉北 1-1（原油）	玉北 1-1（芳烃组分）	玉北 1-2（原油）	玉北 1-2（芳烃组分）	玉北 1-3（原油）	玉北 1-3（芳烃组分）
	GC×GC	GC-MS	GC×GC	GC-MS	GC×GC	GC-MS
硫芴	34.12	78.72	64.28	90.32	43.77	83.54
芴	36.63	16.17	24.39	8.02	32.25	13.73
氧芴	29.25	5.11	11.33	1.66	23.98	2.73

表 4.18　芳烃组分全二维色谱分析与色谱-质谱分析三芴化合物的比较　（单位：%）

参数	张 2 斜 5-6		TK839		T739	
	GC-MS	GC×GC	GC-MS	GC×GC	GC-MS	GC×GC
硫芴	43.91	43.01	67.82	69.11	63.50	63.50
芴	22.76	25.04	26.49	24.56	24.33	24.33
氧芴	33.33	31.95	5.69	6.33	12.17	12.17

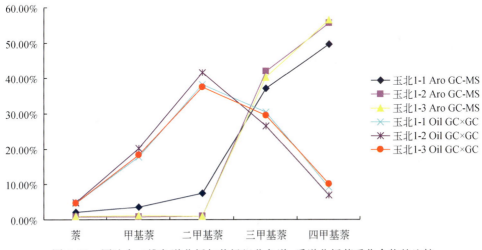

图 4.35　原油全二维色谱分析与芳烃组分色谱-质谱分析萘系化合物的比较

5. 生物标志物

生物标志物由于保留了原始生物母体的碳骨架，并反映了沉积环境的重要信息，被广泛用于追踪沉积有机质的母体生物类型和沉积环境。试图通过原油直接进样全二维色谱-飞行时间质谱分析获取生物标志物参数目前还未取得满意的效果，对于这些微量的化合物的分析，利用组分分离富集后的饱和烃组分进行全二维色谱分析取得了很好的分离效果，反映菌藻类生源的长侧链三环萜和四环萜烷能得到很好的区分和鉴别。为研究全二维色谱–飞行时间质谱与四极杆质谱分析参数的可比性，对 S41 原油样品的饱和烃组分进行了两种方法的生标分析。生物标志物地球化学参数众多，有机质成熟度参数、沉积环境参数和指示特殊生源参数是主要的 3 类，不同学者在不同研究地区的油气勘探应用中选用的生标参数不尽相同。选取了一些常用的生标参数进行了比较，见表 4.19，数据有很好的可比性，说明全二维色谱生物标志物分析结果可以直接应用于现行的各种生标关系图版。

表 4.19 GC×GC 与 GC 分析生物标志物参数的比较

参数	Ts/(Ts+Tm)	C_{31} 藿烷 22S/(22S+22R)	C_{32} 藿烷 S/R	伽马蜡烷/C_{30} 藿烷
GC-MS	0.292	0.543	1.349	0.118
GC×GC	0.298	0.522	1.593	0.089

参数	三环萜/17α(H)-藿烷	C_{23}-三环萜烷/C_{30} 藿烷	C_{24}-四环萜烷/C_{30+31} 藿烷	C_{21} 三环/C_{23} 三环
GC-MS	0.710	0.816	0.116	0.425
GC×GC	0.885	0.909	0.142	0.423

王汇彤等（2011）利用全二维气相色谱–飞行时间质谱和气相色谱–质谱分别对原油的饱和烃和芳烃组分进行分析，比较了一些常用的油气地球化学参数在两种仪器上的差异，结果表明，在计算的 23 个常用油气地球化学参数中，有 10 个参数的偏差在 5% 以内，说明部分油气地球化学参数在两种不同的仪器上分析结果基本一致。但对于伽马蜡烷/αβ-藿烷、Ts/Tm、2-乙基萘/1-乙基萘（ENR）、(2,6-二甲基萘+2,7-二甲基萘)/1,5-二甲基萘（DNR）等参数，两种仪器的结果偏差较大；一些低含量的化合物在常规的色谱–质谱上检测不到，无法获得相关的地球化学参数（表 4.20、表 4.21）。产生上述问题的原因在于常规色质在分析时受色谱柱分离能力和柱容量的限制，化合物易形成"共馏峰"，影响峰面积积分结果，低含量的化合物易受基线噪音和其他物质的干扰而无法检出。全二维气相色谱–飞行时间质谱在有效消除"共馏峰"及分离能力上要强于常规色质分析，能得到相对更真实的基线，在化合物的峰面积积分结果上更为精确，从而得到更客观的油气地球化学参数。

表 4.20 用 GC-MS 和 GC×GC-TOFMS 分析得到的地球化学参数结果

地球化学参数	GC-MS						GC×GC-TOFMS					
样品号	O43	LG7	C1	C2	C3	C4	O43	LG7	C1	C2	C3	C4
Ts/Tm	0.30	0.30	1.03	1.23	0.97	0.95	0.31	0.32	1.13	1.31	1.06	1.07
Ts/(Ts+Tm)	0.23	0.26	0.50	0.51	0.49	0.49	0.23	0.26	0.52	0.58	0.51	0.52
Ts/C_{30}17α(H)-藿烷	0.04	0.21	0.11	0.15	0.11	0.11	0.03	0.21	0.12	0.16	0.12	0.12
ααα-C_{29} 甾烷 20S/(20S+20R)	0.48	0.50	0.34	0.38	0.33	0.40	0.49	0.53	0.25	0.32	0.30	0.35
C_{29} ββ/(ββ+ααα)	0.41	0.54	0.35	0.40	0.35	0.39	0.43	0.57	0.37	0.39	0.32	0.39
碳优势指数 CPI	1.24	1.01	1.19	1.16	1.20	1.21	1.17	0.98	1.20	1.20	1.14	1.17
奇偶优势 OEP	1.14	0.99	1.12	1.09	1.15	1.14	1.14	1.00	1.18	1.11	1.19	1.12

续表

地球化学参数	GC-MS						GC×GC-TOFMS					
样品号	O43	LG7	C1	C2	C3	C4	O43	LG7	C1	C2	C3	C4
MP I	0.49	0.45	0.46	0.45	0.44	0.42	0.46	0.42	0.43	0.43	0.42	0.39
MP II	0.27	0.26	0.24	0.23	0.23	0.22	0.26	0.25	0.22	0.21	0.22	0.20
甲基萘比 MNR	1.82	1.46	1.18	1.14	1.29	1.28	1.65	1.33	1.08	1.13	1.36	1.17
乙基萘比 ENR	4.58	2.80	1.94	1.11	1.75	2.76	3.56	2.25	2.15	0.98	2.15	2.10
二甲基萘比 DNR	7.64	4.98	4.07	5.12	4.44	4.22	5.82	4.34	4.99	3.53	4.81	3.38
甲基菲比 MPR	1.00	1.14	1.06	1.02	0.99	1.32	0.94	1.04	0.98	0.94	0.91	1.13
甲基菲指数 MPI	0.62	0.60	0.72	0.63	0.69	0.71	0.57	0.58	0.57	0.57	0.56	0.57
MDI	—	—	—	—	—	—	—	0.49	0.42	0.40	0.34	0.48
MAI	—	—	—	—	—	—	0.53	0.54	0.55	0.60	0.49	0.56
DMAI	—	—	—	—	—	—	0.47	0.30	0.43	0.47	0.38	0.44
伽马蜡烷/$\alpha\beta$-藿烷	0.25	0.08	0.01	0.02	0.01	0.03	0.23	0.06	0.01	0.02	0.01	0.02
Pr/Ph	0.68	0.64	1.83	2.24	1.64	1.67	0.70	0.71	1.64	2.37	1.60	1.55
1,2,5-三甲基萘/菲	0.77	0.39	1.79	0.97	1.46	1.41	0.71	0.41	2.04	0.94	1.67	1.44
二苯并噻吩/菲	0.04	0.67	0.10	0.19	0.11	0.16	0.04	0.69	0.10	0.18	0.10	0.15
三芳甾烷 $C_{28}/(C_{26}\sim C_{28})$	0.59	0.77	0.47	0.50	0.47	0.42	0.63	0.82	0.46	0.46	0.43	0.41
$\alpha\alpha\alpha$ (20R) 甾烷 C_{28}/C_{29}	0.57	0.42	0.47	0.48	0.53	0.41	0.57	0.44	0.51	0.50	0.52	0.43

注：表中 MP I 和 MP II 是与芳烃有关的地球化学参数，其中 MP I =（3-甲基菲 + 2-甲基菲）/(3-甲基菲 + 2-甲基菲 + 9-甲基菲 + 1-甲基菲)；MP II = 2-甲基菲/(3-甲基菲 + 2-甲基菲 + 9-甲基菲 + 1-甲基菲)；MNR = 2-甲基萘/1-甲基萘；其他参数公式如下：ENR = 2-乙基萘/1-乙基萘；DNR =（2,6-二甲基萘+2,7-二甲基萘）/1,5-二甲基萘；MPR = 2-甲基菲/1-甲基菲；MPI = 1.5×（2-甲基菲+3-甲基菲）/（菲+1-甲基菲+9-甲基菲）；MDI = 4-甲基双金刚烷/(1- + 3- + 4-甲基双金刚烷)；MAI = 1-甲基金刚烷/(1- + 2-甲基金刚烷)；DMAI = 1,3-二甲基金刚烷/(1,2- + 1,3-二甲基金刚烷)。"—" 代表未检出

表 4.21 采用 GC-MS 和 GC×GC-TOFMS 两台仪器得到地球化学参数的结果的偏差分析

地球化学意义	样品号	O43	LG7	C1	C2	C3	C4
	地球化学参数	相对偏差 dr					
成熟度判识	Ts/Tm/%	1.63	3.39	4.64	3.25	4.08	5.60
	Ts/(Ts+Tm)/%	0.65	0.78	2.54	6.43	2.03	2.79
	Ts/$C_{30}17\alpha(H)$-藿烷/%	1.45	1.20	4.48	4.14	1.86	4.89
	$\alpha\alpha\alpha$-C_{29}甾烷 20S/(20+20R)/%	1.03	2.72	15.12	8.01	4.71	6.56
	C_{29}甾烷异构化 $\beta\beta/(\beta\beta+\alpha\alpha)$/%	2.72	2.71	1.69	1.62	4.18	0.20
	碳优势指数 CPI/%	2.53	1.51	0.78	1.73	2.41	1.65
	奇偶优势 OEP/%	0.13	0.30	2.79	0.84	1.85	0.78
	MP I /%	3.17	4.27	3.07	2.01	3.07	3.44
	MP II /%	2.43	2.73	4.25	4.63	3.97	4.90
	甲基萘比 MNR/%	4.92	4.56	4.30	0.49	2.66	4.51
	乙基萘比 ENR/%	12.54	10.78	5.00	6.42	10.21	13.63
	二甲基萘比 DNR/%	13.53	6.87	10.13	18.39	4.03	11.12

续表

地球化学意义	样品号	O43	LG7	C1	C2	C3	C4
	地球化学参数	相对偏差 dr					
成熟度判识	甲基菲比 MPR/%	3.10	4.63	3.58	3.87	4.06	7.59
	甲基菲指数 MPI/%	4.54	1.10	11.84	5.09	10.73	10.70
	MDI	—	—	—	—	—	—
	MAI	—	—	—	—	—	—
	DMAI	—	—	—	—	—	—
沉积环境、物源判识	伽马蜡烷/αβ-藿烷/%	4.76	11.59	10.09	17.10	9.70	32.95
	Pr/Ph/%	1.52	4.90	5.44	2.87	1.51	3.53
	1,2,5-三甲基萘/菲/%	3.93	2.53	6.53	1.27	6.67	1.22
	二苯并噻吩/菲/%	1.37	1.10	1.79	2.15	2.53	1.62
	三芳甾烷 $C_{28}/(C_{26}\sim C_{28})$/%	2.96	3.14	1.51	4.68	3.66	1.90
	ααα(20R)甾烷 C_{28}/C_{29}/%	0.61	1.86	4.97	2.51	0.86	2.96

注：表中 dr 表示两个数的相对偏差，计算公式为 $dr=|A_1-A_2|/(A_1+A_2)\times100\%$，其中 A_1 表示 GC-MS 的分析结果，A_2 表示 GC×GC-TOFMS 的分析结果。

三、结 论

在相同分析条件下，全二维色谱分析与传统色谱或色谱-质谱分析地化参数具有可比性。由于全二维色谱特有的分离机制和高灵敏度，原油直接进样分析可以获取其烃组成的详细分布特征和重要的地球化学参数，如轻烃指纹及类异戊二烯烃类参数等，结合芳烃组分和饱和烃组分的全二维色谱分析，可以实现从宏观到微观的三维立体比对，为研究复杂地区油气源对比提供了很好的技术支撑。需要注意的是原油直接进样全二维色谱分析和芳烃组分进样色谱-质谱分析的一些芳烃地化参数存在很大差异，三芳化合物比值关系有很大不同，原油中氧芴含量比原油族组分分离芳烃组分中含量明显偏高，萘系化合物组分含量也有很大变化。样品前处理和族组分分离过程对一些芳烃组分含量有明显影响。由于样品处理技术和芳烃组分色谱-质谱分析技术各研究单位基本一致，根据这些技术取得的芳烃参数地化意义关系图版基本稳定，所以未受质疑且广为使用，但这并不能证明其结果是真实的。因此，采用先进的原油直接进样全二维色谱分析技术，在大量样品分析基础上建立相关地化参数关系图版，真实体现其地质解释意义，并以此促进样品抽提和组分分离技术革新，进一步完善石油地质样品前处理技术是有机地球化学科技人员的努力方向。

第四节 全二维色谱研究石油中难分辨复杂混合物

石油是一种非常复杂的有机混合物，尽管普通一维毛细管气相色谱具有很高的分辨率，却仍然不能使其所含化合物完全得到分离，在色谱图上出现一系列共流化合物，表现为连续的基线抬升，即通常所说的鼓包，术语上将其称作难以分辨的复杂混合物 UCM。

在遭受生物降解的原油色谱图中，UCM 特征尤为明显。生物降解原油在世界各地十分普遍，其资源量十分巨大，是目前石油勘探和开发的一个重要目标。但由于生物降解原油在常规的 GC、GC-MS 中能分辨的烃类化合物明显减少，使得难以分辨的烃类化合物（UCM）比例增高，生物降解油的研究难度增大。前人研究表明，原油中 UCM 所包含的化合物数目可多达 250000 个，这足以证明 UCM 的复杂性，同时这些难以分辨的化合物可能蕴藏了大量未被发掘的地球化学信息，缺乏对这些化合物结构信息的精确了解已经严重阻碍了生物降解油成因和原油污染的研究。如何对 UCM 进行有效分离和辨析成为当今有机地球化学家致力研究的问题之一。

Tin 等（2010）利用全二维色谱-飞行时间质谱对原油的生物降解特性和难分辨复杂化合物（UCM）进行了研究。

1. 实验

样品为海相、陆相及海陆混合相原油。通过研究不同降解水平的原油样品揭示组分的变化情况。样品采集信息见表 4.22。

表 4.22 样品研究信息

盆地	井号	来源	储层年龄	源岩年龄	生物降解级别	生物降解程度
Gippsland	Sunfish-1	陆相	晚白垩世	晚白垩世	0	无生物降解
Gippsland	Lakes Entrance-1	陆相	渐新世	晚白垩世	3	正构烷烃和五环类异戊二烯基本丧失，大 UCM
Browse	Caswell-2	海相	晚白垩世	早白垩世	0	无生物降解
Browse	Gwydion-1	海相	早白垩世	早白垩世	1	较低碳数正构烷烃耗尽
Browse	Cornea-1	海相	早白垩世	早白垩世	3	正构烷烃完全丧失，仍有五环类异戊二烯，藿烷和甾烷完整
Carnarvon	Wandoo-1	海陆混合相	早白垩世	晚侏罗世	4	正构烷烃和五环类异戊二烯完全丧失，甾烷和藿烷完整
Carnarvon	Stag-1	海陆混合相	早白垩世	晚侏罗世	5	正构烷烃和五环类异戊二烯完全丧失，存在 C_{29} 和 C_{30} 25-降藿烷
Carnarvon	Mardie-1A	海陆混合相	早白垩世	晚侏罗世	7	正构烷烃和五环类异戊二烯，藿烷完全丧失，甾烷部分降解，C_{26}-C_{34} 25-降藿烷存在

GC×GC-TOFMS 由 Agilent HP6890 和 Pegasus Ⅲ 飞行时间质谱仪（LECO 公司 St. Joseph, MI）组成。操作软件为 LECO 公司的 ChromaTOF（版本 2.00）。实验采用两种色谱柱系统。第一种柱系统（P/NP）配置如下，一维柱为极性柱（色谱柱：BPX50，50% 苯；30m×0.25mm i.d. ×0.25μmdf），二维柱为非极性柱（色谱柱：BPX5，5% 苯，1.0m×0.10mm i.d. ×0.10μmdf）；另外一种柱系统（NP/P）是一维柱为非极性柱（色谱柱：BPX5，30m×0.25mm i.d. ×0.25μmdf），二维极性柱（色谱柱：BPX50，1.0m×0.10mm i.d. ×0.10μmdf）。本实验色谱柱均为 SGE 公司（Ringwood，澳大利亚）生产。

在 10μL 原油中加入 100μL 正己烷溶剂涡旋混合 2min。进样口温度为 300℃，使用分流/不分流型衬管，分流比为 50:1。色谱柱箱的起始温度为 60℃（保持 1min），以 2℃/min 的升温速率升至 275℃，再以 20℃/min 的升温速率升至 300℃（保持 10min）。使用纵向冷冻捕集低温调制系统（LMCS，Doncaster，澳大利亚），可将流出物从一维柱转移至二维柱。调制器温度设为 0℃，在 10min 后开始调制，调制周期（PM）为 6s。质谱传输线温度设 280℃，离子源温度 230℃。检测器电压 -1600V。电子能量 +70eV，采集速率为 100Hz，采集质量范围为 40~500Da。本实验用 ChromaTOF 数据处理软件得出总离子流图（TIC），信噪比（S/N）100，NIST98 谱图库。在色谱软件解卷积，自动峰识别的基础上采用人工验证与参考谱图相结合的方法对个别峰进行了补充识别。

2. 结果与讨论

1）陆相原油

图 4.36（a）是 Sunfish-1 井未降解的陆相原油样品 2D 色谱图，采用非极性/极性（NP/P）柱系统，检测结果表明沥青组分包括正构，支链与环状烷烃均与芳烃有很好的分离效果。正如（Tran et al.，2006）之前讨论过的，采用两根柱子分离沥青组分时，第二根极性柱对后流出的组分保留时间短，组分挤压流出使分布区域较窄。采用极性/非极性（P/NP）柱系统检测结果见图 4.36（b），饱和烃分布于二维空间上部。从图 4.36（b1）中可以看出，无环类异戊二烯类同系物二维流出时间比正构烷烃稍微晚一点，其中包括降姥鲛烷、姥鲛烷和植烷。图 4.36（b2）是环烷烃分布区域，由插图可以看出，使用 P/NP 柱系统有利于烷基环戊烷类和烷基环己烷类的分离。从所画的黑线排列分布来看，环状化合物有明显的"瓦片状"（Beens et al.，2000）效应，同族带上支链环戊烷和环己烷异构体化合物的分布是由烷基支化度和环状基团上连接的烷基取代基数量决定的。极性更强的化合物分布在二维空间下部［图 4.36（b3）］，如单环、双环和三环芳烃。与 NP/P 柱系统相比，P/NP 柱分离出的单环、双环、三环芳烃和它们的烷基取代基二维分布空间更窄。全二维色谱分析结果表明，Sunfish-1 油具有较高含量的单环、双环芳烃，如烷基萘类。GC×GC 能够获得更完整的芳烃化合物，这是一维色谱-质谱所不能达到的。

利用 GC×GC-TOFMS 检测 Lakes Entrance-1 原油的 TIC 色谱图见 4.36（c），柱配置为 P/NP。从图中可以看出基本检测不出正构烷烃、支链烷烃和异戊间二烯烷烃类。另外，由于原油降解作用，完全检测不出芳烃化合物，包括单环、双环和三环芳烃。在一维保留时间为 4000~4500s 和二维保留时间 3.5~5.0s 流出的化合物经质谱鉴定是由针叶树衍生的三环和四环二萜烷。藿烷和甾烷等生物标志物在一维流出时间更晚一些，分布区域为一维保留时间 6000~7000s 和二维保留时间 3~4.5s［图 4.36（c）］。

大量密集流出组分的广泛研究是 UCM 发展的领域之一。流出物在二维空间的位置相当重要，因为这可以提供 UCM 化合物的极性信息。利用 NP/P 柱分离结果表明 UCM 的极性小于单环、双环和三环芳烃，大于正构烷烃、无环异戊二烯和简单的支链烷烃。

2）海相原油

采用 P/NP 柱分析了 3 个海相原油。图 4.37 分别是这 3 个样品的 TIC 色谱图，(a) 为 Caswell-2，(b) 为 Gwydion-1，(c) 为 Cornea-1。Caswell-2 是未降解原油，因此它含有较

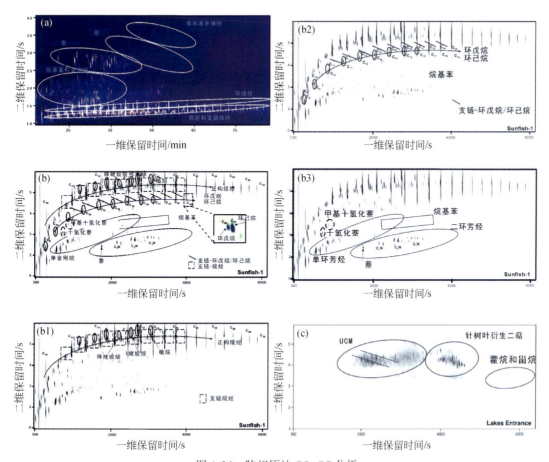

图 4.36　陆相原油 GC×GC 分析

(a) Sunfish-1 原油采用 NP/P 柱系统的 GC×GC-FID 二维图；(b) Sunfish-1 原油采用 P/NP 柱系统的 GC×GC-TOFMS 总离子色谱图 (TIC)，(b1)、(b2) 和 (b3) 分别显示烷烃/类异戊二烯、烷基环戊烷类/烷基环己烷类和芳烃在二维空间的流出分布区域；(c) Lakes Entrance-1 采用 P/NP 柱系统的 TIC

高的正构烷烃（$C_8 \sim C_{30}$）。

Gwydion-1 是典型的生物降解原油，其 TIC 见图 4.37 (b)，相比于 Caswell-2，Gwydion-1 缺失了低分子量 $C_8 \sim C_{17}$ 的直链烷烃和支链烷烃。在原油发生生物降解初期，也基本检测不到单环烷烃。多环芳烃如芴类和二苯并噻吩类在色谱图中显示得更明显，这可能是由于正构烷烃等其他化合物发生了降解，多环芳烃具有的抗降解作用，使它们浓度含量相对增高的缘故（Wang and Fingas，1995）。

图 4.37 (c) 是利用 GC×GC-TOFMS 检测 Cornea-1 受到严重生物降解（3 级）的原油样品的 TIC，它揭示了直链烷烃、支链和单环烷烃基本发生了完全降解，这与 GC-MS 检测结果一致。另外，可检测到残存的降姥鲛烷、姥鲛烷和植烷。值得引起注意的是样品在一维时间 400~4300s、二维时间 2.5~5.3s 区域上明显有序地分布着一类化合物。这类化合物的响应比它在轻度降解的 Gwydion-1 油中要高。研究还发现，TIC 图中二环芳烃和三环芳烃化合物响应较高，从而支持了芳烃抗生物降解能力比正构烷烃要强。

另外，通过检测 Cornea-1 油样发现金刚烷包括烷基-金刚烷是油样的重要组成之一，从而支持了金刚烷具有较强的抗生物降解能力（Grice et al., 2000；Wei et al., 2007）。

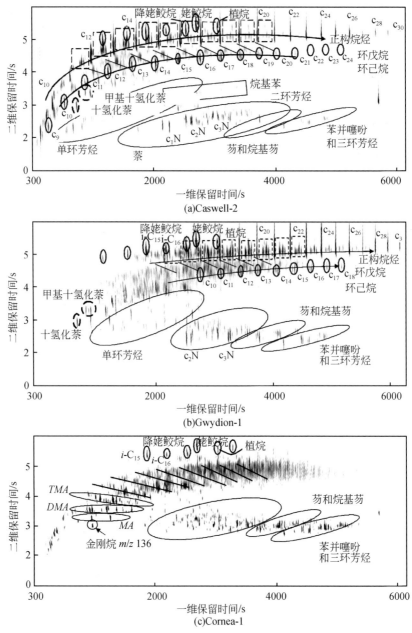

图 4.37　陆相原油利用 GC×GC-TOFMS 分析的 TIC
MA，DMA 和 TMA 分别代表甲基、二甲基和三甲基金刚烷

3）海陆混合相原油

利用 GC×GC-TOFMS 检测 Wandoo-1，Stag-1 和 Mardie-1A 原油的 TIC 色谱图见图 4.38，该样品属于海陆混合相来源，生物降解程度处于 4~7 级之间，其中正构烷烃、单

环烷烃以及芳烃发生了完全降解。根据 GC×GC-FID 流出物的位置和 GC×GC-TOFMS 检测结果判断这些原油中均存在金刚烷。在 2D 分布图上能够看出具有"瓦片"效应的族分布带，含量高的化合物在 2D 空间形成主要的族带，在同族带中存在多个同分异构体（见对角线），这部分化合物是构成一维 GC UCM 的主体化合物。海相、陆相和海陆混合相的 UCM 分布在 GC×GC 二维空间的同一个区域，说明不论是何种来源的原油都能产生相同的 UCM 化合物。也就是即使来源和年代不同，UCM 的化学组分大致相同，这可能不是一个普遍认识，但是经过对不同来源样品进行分析，结果表明这种假定是合理的。

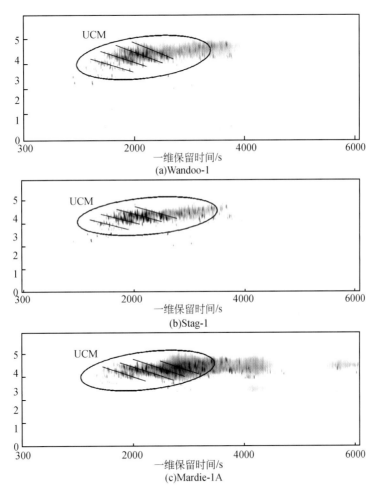

图 4.38　海陆混合相原油利用 GC×GC/TOFMS 分析的 TIC 色谱图
根据质谱数据这些原油主要成分包括 UCM（画圈，圈里画线的是同分异构体的位置）

3. UCM 分析

上文提到，利用 GC×GC 检测原油的结果与地化常用的一维 GC 检测的结果是一致的。但是，由于 GC×GC 能够提供 UCM 极性和二维空间的化学带状结构，所以它比常规色谱能够提供更多丰富的信息。更重要的是利用 GC×GC 无需对原油进行前处理，因此，它能够提供整个 UCM 的化学性质信息。根据 UCM 在二维空间的分布位置，推断 UCM 有可能是脂肪族化合物，由于它的极性小于单环、双环和三环芳烃，其流出位置在芳烃化合物的上部。这与先前报道的 UCM 中占主导的是脂肪族结构化合物一致（Killops and Al-Juboori, 1990; Frysinger and Gaines, 2001）。UCM 的极性比饱和无环类异戊二烯类、支链无环烷烃和正构烷烃的极性强，这是由于 UCM 在二维时间上比它们流出时间早。Cornea-1 和 Gwydion-1 原油检测结果表明，UCM 的一维出峰时间位于 1000～2600s 之间，二维时间位于 2.5～4.5s 之间。利用 GC×GC-TOFMS 分析单个化合物的二维保留时间发现烷基–金刚烷比标记为 I—VI 的大部分峰的流出时间早 [图 4.40（a）]。烷基–金刚烷的同分异构体二维出峰时间比较恒定，同系物二维出峰时间有稍微的偏移，在甲基–和二甲基（乙基）–金刚烷画线下方。Cornea-1 原油化合物 I～VI 分布见图 4.39，质谱图见图 4.40。

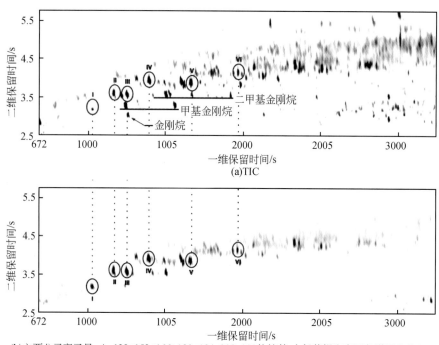

图 4.39 Cornea-1 原油利用 GC×GC-TOFMS 分析谱图

化合物 I 分子离子为 $m/z=138$，特征离子为 $m/z=96$、81、67、55 和 41 [图 4.40（a）]。化合物 II 和 III 的分子离子为 $m/z=152$，并且化合物具有相似的碎片离子峰 [图 4.40（b）、图 4.40（c）]。提取化合物 II 和 III 的 [M-15]$^+$ 离子 $m/z=137$，这两者具有相似的碎片模式，化合物 I 与 II、III 的分子离子峰有所不同，相差 14 个质量数。我们认为化合物 II 和 III 是同分异构体，同为化合物 I 的甲基取代物。化合物 IV 和 V 具有和化合物 I、II、III 相似的碎片离子，其分子离子峰为 $m/z=166$ [图 4.40（d）、图 4.40（e）]。化合物 IV 和化合物 V 存在的不同体现如下。化合物 IV 具有 [M-15]$^+$ 也就是 $m/z=151$ 离子峰，而化合物 V 具有明显的 [M-29]$^+$ 也就是 $m/z=137$ 离子峰。这些化合物具有甲基支链，是化合物 I 和 V 的 C_2 同分异构体，化合物 V 具有一个乙基支链。根据碎片类型和分子离子峰 $m/z=180$ [图 4.40（f）] 推测，化合物 VI 有可能是化合物 I 的 C_3 同分异构体。根据分子离子峰和碎片峰特征推测化合物 I 是十氢萘（也成为萘烷）。通过反-十氢萘标样与原油共注 GC×GC 检测结果，可以确定以上推测是正确的。根据化合物 I 是十氢萘，推测 Cornea-1 和 Gwydion-1 原油中存在 C_1（m/z = 152）~ C_6（m/z = 222）烷基取代十氢萘。值得注意的是，在没有标样和缺乏质谱解释同分异构体分子信息的条件下，以上推测是试验性的。与金刚烷一致，C_1 ~ C_5 十氢萘的同分异构体，具有与其相似的二维保留时间，分子量稍大的同系物二维时间上有稍大的偏移。对于分子量更高的同系物，由于流出温度较高使得画线呈现向下趋势（图 4.41、图 4.42）。

图 4.41(a) ~ 图 4.41(f) 是利用 GC×GC-TOFMS 检测的 Gwydion-1，Cornea-1，Lakes Entrance-1，Wandoo-1，Stag-1 和 Mardie-1A TIC 图。图 4.42 是这些原油的提取离子

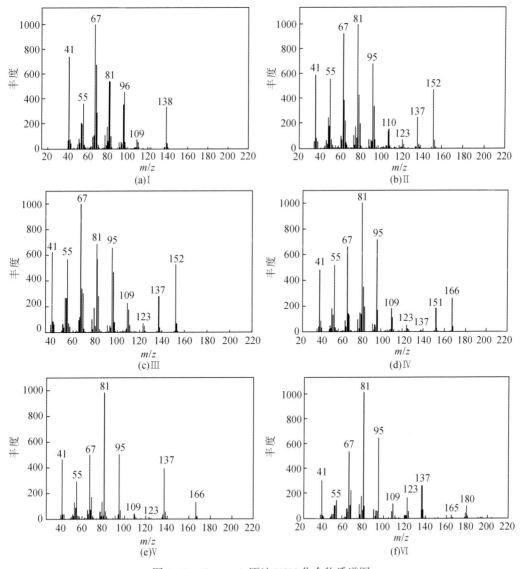

图 4.40　Cornea-1 原油 UCM 化合物质谱图

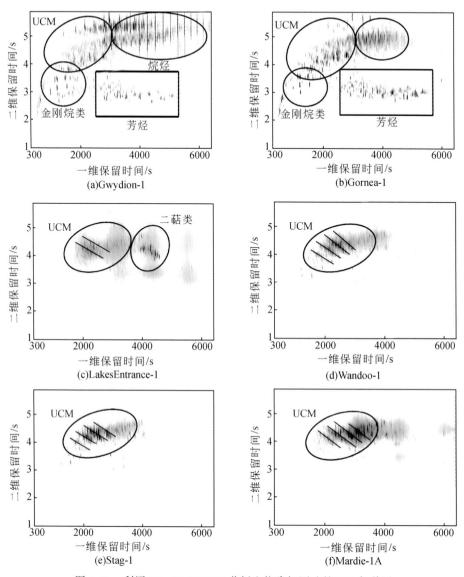

图 4.41　利用 GC×GC/TOFMS 分析生物降解原油的 TIC 色谱图

(EIC) 色谱图，$m/z=138$、152、166、180、194、208、222。这些发生生物降解的原油含有组分相似的 UCM，都是烷基-十氢萘的同分异构体，只是所含碳原子个数有所变化。图 4.41 (a) ～图 4.41 (f) 反映生物降解过程，降解原油所含的大部分化合物可以用烷基-十氢萘构成的 UCM 鼓包带来定性解释。在鉴定 UCM 化合物的基础上，目前采用合适的内标对 UCM 化合物相对含量定量评价一系列样品。从图 4.42 可以看出，图 4.42 (f) 中提取分子离子峰的化合物是原油的重要组成部分，也可通过对比 TIC 和总分子离子数据得出 [图 4.41 (f)、图 4.42 (f)]。相反，图 4.42 (a) 显示这部分化合物含量低，图 4.41 (a) 也证明了这点。Gwydion-1 [图 4.42 (a)] 和 Cornea-1 [图 4.42 (b)] 生物降解程度低，其中占主导的是十氢萘和它的 C_1～C_3-取代同分异构体。生物降解严重的原油中 C_4～C_7-

烷基取代同系物占主导［图 4.42（d）～图 4.42（f）］。同分异构体分布特点是一维保留时间增加时，在较短二维保留时间形成一个带；在每个带中，当烷基-取代基超过 C_3 时，会有较多的同分异构体。在 2D 空间广泛存在的"瓦片效应"说明使用一维 GC 分析时会产生 UCM 鼓包。

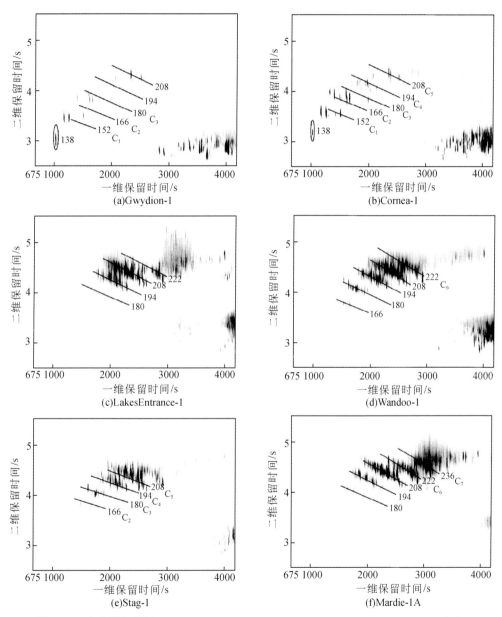

图 4.42　生物降解原油 m/z = 138 + 152 + 166 + 180 + 194 + 208 + 222 of EIC 之和
这些离子与分别与 $C_0 \sim C_6$-取代十氢萘对应

我们认为一维色谱检测 UCM 主要成分是共流出的烷基-十氢萘多种同分异构体或者是类似的尚未确定的化合物组分。因此，采用多种来源的油样进行更完整的定量研究来验证这种推断。这些化合物会与油样中的其他类化合物产生重叠。在之前利用全二维气相色谱研究 UCM 中的烷基-十氢萘也发生了类似重叠现象（Frysinger and Gaines, 2001; Gaines et al., 2006; Peacock et al., 2007; Ventura et al., 2008）。受溢油污染的潮间带沉积物提取物中存在常见的 $C_4 \sim C_6$ 十氢萘类，这些样品遭受了较强的风化作用，其中包括生物降解（Gaines et al., 2006; Peacock et al., 2007）。文献中利用 GC×GC 研究 UCM 使用的是传统 NP/P 柱系统，在二维空间上这种配置对于分离 UCM 主要组成物饱和烃效果不佳。由 Frysinger 等（2001）发现了这个问题，他们通过使用手性二维柱（前面加了一维非极性柱）来改善在二维空间的分布效果。我们采用 P/NP 柱配置，这对于脂肪族有较好的分离效果，从而有利于整体认识 UCM 化合物。

本节重点研究的是在二维空间上 UCM 分布区的主要成分组成。UCM 流出区域同样包含许多非主要成分的其他化合物。但是，我们利用 GC×GC-TOFMS 的强大优势，正如本书介绍，能够从色谱和质谱两方面提供原油 UCM 组分一些新的信息。该方法也适用于检测澳大利亚地区以外、来源不同和生物降解程度不同的油样，根据检测结果，验证 UCM 的典型组分是否含有烷基-十氢萘，以及它们的存在形式。

4. 总结

研究结果表明，利用 GC×GC-FID 和 GC×GC-TOFMS 可以有效检测原油，并研究生物降解程度。目前研究 UCM 生物降解程度使用较多的是传统一维 GC 和 GC-MS，该方法对于描述 UCM 整体特征比较有限，通过利用 GC×GC 有可能在单一分析条件下提供 UCM 分子级别的信息。采用 P/NP 柱可以对生物降解油样的 UCM 进行更加有效地分离。本文结果表明，来源不同的原油所含的 UCM 成分相似，包括海相、陆相或海陆混合相，都是烷基-十氢萘（$C_1 \sim C_7$）的同分异构体。由于原油中含有大量化合物，不可能对 UCM 中的所有化合物进行识别和讨论，需要对含量较少的其他类化合物鉴定达到 UCM 化学组分整体认识水平。本书通过建立 GC×GC-TOFMS 方法为鉴定 UCM 中存在的化合物种类开辟了新的途径。下一步工作是通过加入内标物对每类化合物或单一化合物进行定量，以确定 UCM 组分是否因（生物）降解使分子转化，其组分含量增加是否由其他组分的减少、降解或者这些因素综合影响造成的。通过以上研究可以使人们对 UCM 的化学形成路径和根据 UCM 特点对原油进行不同级别分类或物理化学性质方面理解得更加清楚。

第五章 生烃动力学分析技术与应用

蒂索主张的干酪根晚期成油理论的建立卓有成效地指导了世界石油勘探事业的研究发展，自从化学动力学的方法引入烃源岩成烃过程研究以来，国内外已有相当多的学者在探讨和研究有机质成烃动力学及其应用问题，分子级水平的成烃动力学探讨已成为国际有机地球化学的发展方向之一（Behar et al.，1991，1997；Tang and Stauffer，1993；Cramer et al.，1998；Boreham et al.，1999；Tang et al.，2000），生烃动力学的研究得到普遍重视，并在含油气盆地烃源岩评价与勘探中取得了很好的效果。烃源岩生烃动力学研究涉及两项关键技术，一是生烃动力学实验装置，二是进行生烃动力学参数计算的软件。目前，生烃动力学研究发展了两套系统：封闭体系与开放体系。封闭体系的研究实验主要有金管、玻璃管及各种热压物质模拟实验仪等；开放体系的研究实验主要有各种热解仪如 Eock-Eval 热解仪、热解色谱及热解色谱–质谱仪等。对生烃动力学软件的开发主要有两大类：一是只对生烃产物进行油气总量的描述，而不关注油气产物组分特征的变化规律，反映了烃源岩总的生烃速率和能量的分布特征，如法国石油研究院开发的 Optkin 动力学软件；另一个是对烃源生烃产物组分进行定量精细描述，反映了烃源生烃关注组分，如 C_1、$C_1\sim C_5$、$C_6\sim C_{12}$、$C_{12}+$ 等组分的动力学特征，如美国 Lawrence Livermore 国家实验室开发的 Kinetics 2000 动力学研究软件。

沉积有机质成烃过程可视为热力作用下的化学反应过程，因此有关反应进行的程度和产物组成及其与温度和时间的关系可用化学动力学方程来定量和动态地描述。化学动力学理论被引入描述沉积有机质成烃过程最早是用于研究油页岩和煤的干馏过程（Maier and Zimmerley，1924；Allred，1966）。之后才逐渐被广泛用于烃源岩中干酪根的成烃过程（Tissot and Welte，1978）。

在烃源的成烃动力研究中一般采用热解动力学研究方法。热解动力学主要是研究化学反应中各种因素，如温度、压力和反应物浓度对热解反应速度的影响，烃源岩中有机质向烃类物质转换的过程受地温、时间等各种因素的综合作用，可以认为是在地质时间尺度上发生的化学反应。在实验室可控条件下烃源岩中有机质发生的化学反应所具有的化学动力学性质（活化能和指前因子）可以认为与在地质演化过程中的近似。因此，可在实验室条件下对烃源岩进行快速高温热解反应，以获得有机质的化学动力学参数。根据化学动力学基本原理，有机质热演化过程基本遵循化学动力学一级反应，可表述为

$$X(t) = \sum X_i(t) \tag{5.1}$$

$$X_i(t) = X_{io}\{1 - \exp[-K_i(t)]\} \tag{5.2}$$

$$K_i = A_i\exp(-E_i/RT) \tag{5.3}$$

式中，$X(t)$ 为时间 t 时总的油气生成量；X_{io} 为第 i 个生烃母质体可生成 X_i 的最大潜力；K_i

为反应速率常数；E_i 为活化能；A_i 为频率因子；R 为气体常数（理想气体为 8.31J·mol^{-1}·K^{-1}）；T 为绝对温度（K）。

由实验得出的动力学参数可外推到地质的时间尺度（Ungger and Pelet，1987），将古地温代替式（5.3）中的 T，利用式（5.1）~式（5.3）可计算出在地质时间 t 时待测烃类的生成量。

研究一个化学反应的动力学特征，首先面临的是动力学模型的选择。目前各国学者使用的反应模型主要有以下 4 种：①总包反应模型，包括总包一级（Allred，1966）和总包非一级（Delvaux et al.，1990）反应两种亚型；②串联反应模型，包括串联一级和串联非一级（Klomp and Wright，1990）反应模型两种亚型；③平行一级反应模型，其中又可分为无限个平行一级反应（Pitt，1962；Quigley，1988；Castelli et al.，1990）和有限个平行一级反应，但每一反应分别对应一指前因子（Tissot et al.，1974，1987；Ungerer，1990）和所有反应具有一相同的指前因子（Schaefer et al.，1990；Sweeney et al.，1990）三种亚型，这类模型一般以平行反应为主线，但有的也带有后续的连串反应过程（Tissot and Welte，1978；Quigley，1988；Ungerer，1990）；④以连串一级反应为主线，以平行反应为辅的模型（Behar et al.，1992）。

在国外，上述模型已应用于描述沉积物的成烃过程，通过与盆地模拟技术的结合，在一些地区烃源岩的生烃量的评价和烃类组成预测应用中取得了良好的效果（Tissot and Welte，1978；Ungerer and Pelet，1987；Ungerer，1990；Monin et al.，1990；Sweeney et al.，1990，1995；Duppenbecker and Horsfield，1990）。

由 Lawrence Livermore 国家实验室开发的 Kinetics2000，自 1998 年最初投放市场后已经多次升级。它是用于各种地质聚合物动力学分析最精确的数学程序，如干酪根和沥青以及聚合物。在程序中包括下列动力学模型：Discrete（离散），Gaussian（正态），1st or Nth order（一级或 N 级反应），Weibull（威布尔），Nucleation（聚合），Alternate Pathway（交替）。这些模型有各种选项，如最佳 Arrhenius A 因子计算的选择，有固定的 A 因子或用户选定范围的 A 因子。最佳一级反应通常假定干酪根的降解为一级反应，但对于窄范围和宽范围的干酪根来讲，如 I 型和 III 型，就不正确。因而对这种干酪根许多地球化学家倾向于使用 Discrete（离散）模型。对于其他一些特定的干酪根类型和组分动力学，Gaussian（正态）模型更好一些。

精确的 Gaussian（正态）模型对来自单一生物种群的干酪根，如湖泊或蒸发沉积环境，特别有用。对于模拟非常宽范围的活化能分布，像组分动力学中甲烷的生成，Gaussian（正态）模型也是最基本的选择。这些在 Kinetics2000 的 Gaussian（正态）模型中都可以选择。

Nucleation（聚合）模型对 100% 单一活化能特征的干酪根也是非常有用的。对某些降解反应可以使用 Alternate Pathway（交替）模型。

Kinetics2000 软件不仅可以读取 Humble SR Analyzer 热解仪器的数据，也可以读取 Rock Eval 6 和 Pyromat II 热解仪器的数据。需要注意的是温度的准确性。输入的文件可以打开、平滑和温度调整，匹配校正标样的正式温度。

Kinetics2000 也可以用于组分动力学计算，如来自 MACT10 Compositional Kinetics

WorkStation 仪器的数据。虽然这种类型的实验数据点非常少，但 Kinetics2000 仍然是稳定可靠的。

第一节　热解生烃动力学分析与应用

一、生烃动力学热解分析技术

（一）分析仪器与工作原理

热解分析仪器为法国万奇公司的 ROCK EVAL 6 热解仪，该仪器有两个独立的高温炉，一个是热解炉，另一个是氧化炉，同时配置了一个氢火焰检测器和一个红外检测器，样品盘每次最多可以放置 48 个样品坩埚，由自动进样器按照设计程序依次进行样品分析。样品盘上保留两个空位（49 位及 50 位）用于测试过程中运行不正常样品坩埚的自动放置。其工作的原理是样品首先在热解炉进行热解生烃，烃类产物通过氢火焰检测器检测含量，同时伴生的非烃气 CO_2 及 CO 通过红外检测器检测。热解炉分析结束后样品坩埚通过机械手转移到氧化炉中，在高温下，残余有机质与氧气发生氧化反应，生成 CO_2 被红外检测器检测，同时碳酸盐矿物高温分解释放的 CO_2 也由红外检测器检测。热解仪基本结构与工作原理如图 5.1 所示。

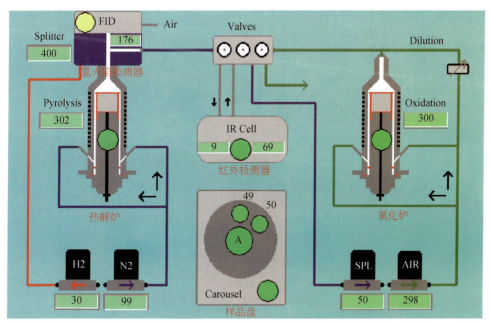

图 5.1　热解仪基本结构与工作原理

（二）ROCK EVAL 6 热解仪的主要新功能及特性

（1）程序升温热解温度高达 850℃（根据样品性质可选）。对于三型或高演化生油岩原热解仪最高热解温度600℃所得到的S_2峰并不完整,S_2峰被截去一部分,高演化样品S_2峰不能回到基线,S_2结果偏低。而ROCK EVAL 6热解仪由于温度更高,达到最高温度后延时3min继续采集信号,让S_2尽量回归基线。因而能得到更精确的氢指数,并能测得更高的T_{max}值。

(2) 氧化炉温度高达850℃。将氧化炉温度从600℃提高到850℃可以连续检测耐高温的不完全氧化燃烧物质,如焦碳、焦质、沥青等。可获得总有机碳的有效测定(TOC),与LECO定碳仪或其他碳元素分析仪具有良好的可比性。由于温度高达850℃,过去TOC难测准的煤样及其他高有机质含量的样品也能获得理想的TOC,从而也得到满意的氢、氧指数数据。

(3) 氧指数的分析。原有的热解仪是通过300~390℃热解过程中捕获的CO_2的量计算得出氧指数(OI),而忽略了热解过程中产生的CO的量。ROCK EVAL 6热解仪采用红外检测器在线连续检测产生的CO和CO_2,可以直接得到热解氧化过程中有机物释放的碳氧化合物。

(4) 无机碳的测定。在沉积岩中无机碳的含量范围为0~12%,它们主要来自碳酸盐矿物,如菱铁矿、菱镁矿、白云石和方解石等,菱铁矿和菱镁矿在温度达400℃左右时开始分解,菱镁矿的真正分解温度是550℃左右,菱铁矿真正分解的温度范围较宽,为400~650℃,白云石分解分两步走,即$CaMg(CO_3)_2 \rightarrow CaCO_3 + CO_2$,$CaCO_3 \rightarrow CaO + CO_2$,方解石在800℃左右分解。由于ROCK EVAL 6热解仪温度提高到了850℃,用它测得的无机碳与用常规化学方法测得的无机碳能很好吻合,因此ROCK EVAL 6热解仪可进行无机碳的测定,确定岩石碳酸盐含量。

(5) 高温动力学研究。对于三型或高演化有机质常规热解仪研究结果通常使我们观察不到完整的热解曲线,尤其是使用低加热速率时,从而使动力学参数研究存在不确定因素。ROCK EVAL 6热解仪的动力学研究热解温度为800℃,自选加热速率,配有专用的动力学软件,是进行动力学模型研究,判断有机质类型及其产烃率和降解率,进而进行盆地模拟、计算盆地的生油量和远景储量的理想方法。

(三) ROCK EVAL 6仪器分析参数及意义

ROCK EVAL 6热解仪在原ROCK EVAL Ⅱ和OSAⅢ基础上进行了大量的技术提升,其分析功能加强,分析信息丰富,分析参数分直接参数和计算参数,参数及意义见表5.1、表5.2。

表5.1 ROCK EVAL 6热解仪直接参数及其含义

参数	检测器/炉	单位	含义
S_1	FID/热解	$mg_{HC}/g_{岩石}$	自由烃
S_2	FID/热解	$mg_{HC}/g_{岩石}$	石油潜力
T_pS_2	热解热电偶	℃	S_2最高峰温
S_3	IR/热解	$mg_{CO_2}/g_{岩石}$	有机CO_2
S'_3	IR/热解	$mg_{CO_2}/g_{岩石}$	矿物CO_2

续表

参数	检测器/炉	单位	含义
$T_p S'_3$	热解热电偶	℃	S_3 最高峰温
$S_3 CO$	IR/热解	$mg_{CO}/g_{岩石}$	有机 CO
$T_p S_3 CO$	热解热电偶	℃	$S_3 CO$ 最高峰温
$S'_3 CO$	IR/热解	$mg_{CO}/g_{岩石}$	有机和矿物 CO
$S_4 CO_2$	IR/氧化	$mg_{CO_2}/g_{岩石}$	有机 CO_2
S_5	IR/氧化	$mg_{CO_2}/g_{岩石}$	矿物 CO_2
$T_p S_5$	氧化热电偶	℃	S_5 最高峰温
$S_4 CO$	IR/氧化	$mg_{CO}/g_{岩石}$	有机 CO

表 5.2　ROCK EVAL 6 热解仪计算参数及其含义

参数	单位	公式	含义
T_{max}	℃	$T_p S_2 - \Delta T_{max}$	T_{max}
PI	—	$S_1/(S_1+S_2)$	产率指数
PC	%（重量）	$\dfrac{[(S_1+S_2)\times 0.83]+[S_3\times\frac{12}{44}]+[(S_3 CO+\frac{S'_3 CO}{2})\times\frac{12}{28}]}{10}$	有效有机碳
RC CO	%（重量）	$\dfrac{S_4 CO\times\frac{12}{28}}{10}$	残留有机碳（CO）
RC CO_2	%（重量）	$\dfrac{S_4 CO_2\times\frac{12}{44}}{10}$	残留有机碳（CO_2）
RC	%（重量）	RC CO+RC CO_2	残留有机碳
TOC	%（重量）	PC+RC	总有机碳
HI	mg_{HC}/g_{TOC}	$\dfrac{S_2\times 100}{TOC}$	氢指数
OI	mg_{CO_2}/g_{TOC}	$\dfrac{S_3\times 100}{TOC}$	氧指数
OI CO	mg_{CO}/g_{TOC}	$\dfrac{S_3 CO\times 100}{TOC}$	氧指数（CO）
PyroMin C	%（重量）	$\dfrac{[S'_3\times\frac{12}{44}]+[(\frac{S'_3 CO}{2})\times\frac{12}{28}]}{10}$	热解矿物碳
OxiMin C	%（重量）	$\dfrac{S_5\times\frac{12}{44}}{10}$	氧化矿物碳
MIN C	%（重量）	PyroMin C+OxiMin C	矿物碳

（四）CO 和 CO_2 的有机无机属性划分

ROCK EVAL 6 热解仪在分析过程中采用 IR 在线连续检测样品释放出的 CO_2 和 CO，对于它们的属性有以下划分原则：①在热解过程中，CO_2 的划分以 400℃ 为标准，之前为 S_3，400℃ 之后为 S'_3；CO 以在 450~600℃ 的最小值划分，之前为 S_3CO，之后为 S'_3CO，无最小值时以 550℃ 划分。②在氧化过程中，CO_2 的划分以 550~720℃ 的最小值来划分，之前为 S_4CO_2，之后为 S_5，氧化过程中的 CO 为 S_4CO。需要注意的是在氧化分析中如无 S_5 产生，所有碳应视为有机碳。各分析参数的划分方法见图 5.2~图 5.6。

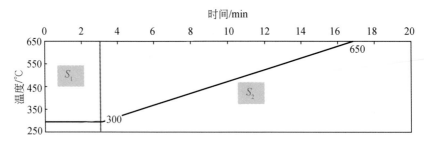

图 5.2　热解分析 S_1 与 S_2 的划分

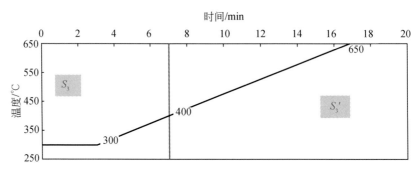

图 5.3　热解分析 S_3 与 S'_3 的划分

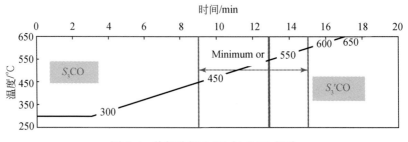

图 5.4　热解分析 S_3CO 与 S'_3CO 划分

第五章 生烃动力学分析技术与应用

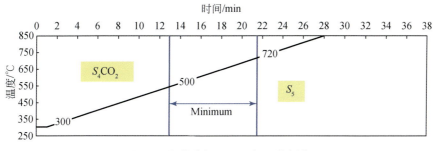

图 5.5 氧化分析 S_4CO_2 与 S_5 的划分

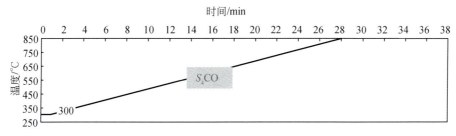

图 5.6 氧化分析 S_4CO 的划分

(五) ROCK EVAL 6 热解仪样品分析周期设置

样品分析周期：ROCK EVAL 6 热解仪配备了一个 FID 检测器和一台 IR Cell 在线检测器。热解分析备有生油岩、纯有机质、储集岩、多温阶、动力学和自定义分析周期，用户可根据情况自选。生油岩分析方法温度程序见表 5.3，纯有机质分析方法温度程序见表 5.4。储集岩分析方法温度程序见表 5.5。多温阶、动力学和自定义分析周期由分析人员根据需要设定，动力学分析最少 1 个样品 3 个温度程序。

表 5.3 生油岩分析方法温度程序

	初始温度 /℃	最终温度 /℃	升温速率 /(℃/min)	始温保持 /min	终温保持 /min	采集延时 /min
热解	300	650	25	3	0	3
氧化	300	850	20	1	5	5

表 5.4 纯有机质分析方法温度程序

	初始温度 /℃	最终温度 /℃	升温速率 /(℃/min)	始温保持 /min	终温保持 /min	采集延时 /min
热解	300	800	25	3	0	3
氧化	300	850	20	1	5	5

表 5.5　储集岩分析方法温度程序

	初始温度/℃	最终温度/℃	升温速率/(℃/min)	始温保持/min	终温保持/min	采集延时/min
热解	180	650	25	10	0	3
氧化	300	850	20	1	5	5

（六）ROCK EVAL 6 生烃动力学分析方法

1. ROCK EVAL 6 生烃动力学热解分析程序设置

生烃动力学热解分析对同一样品需进行不同升温速率下的热解实验，一般选择表 5.6 的分析程序进行热解实验。样品初始温度 300℃ 并保持 3min 是为了测试已生成的烃类物质含量（相当于 S_1），这部分烃并不参与生烃动力学计算。对于生物质样品如浮游藻、底栖藻等，由于不存在去除已生成的烃类物质，则需将热解初始温度做相应调低，如降到 150℃，否则其生烃量会严重降低，且生烃动力学过程描述不完全。对于 Ⅲ 类有机质样品，可提高其热解最终温度。

表 5.6　生烃动力学热解方法温度程序

	初始温度/℃	最终温度/℃	升温速率/(℃/min)	始温保持/min	终温保持/min	采集延时/min
热解	300	650	5	3	0	3
热解	300	650	15	3	0	3
热解	300	650	25	3	0	3
氧化	300	850	20	1	5	5

进行生烃动力学样品的处理一般粉碎至粒径为 0.150~0.175mm（80~100 目），全岩样品通过三氯甲烷抽提 72h，除去沥青"A"。抽提过的岩样，再经盐酸和氢氟酸处理和蒸馏水清洗等，制备成干酪根。然后再经 MAB（体积比为甲醇：丙酮：苯 =1：2.5：2.5）三元溶剂进行抽提，除去可溶有机质部分。耿新华等对低熟碳酸盐岩全岩样品和其干酪根进行生烃动力学热模拟实验表明，全岩和干酪根样品的气态烷烃具有相似的动力学参数。我们对烃源岩样品进行了全岩样、全岩去除碳酸盐处理样、干酪根样品（去除碳酸盐和硅酸盐）进行了生烃动力学实验，研究样品为四川广元二叠系钙质泥岩，样品中黏土仅 0.3%，石英占 30%，方解石占 67.2%，白云石占 1.5%，硬石膏占 1%。研究显示（表 5.7），样品处理后生烃活化能没有明显区别，说明样品生烃动力学特征主要由其成烃物质自身性质控制。由于采用烃源岩比干酪根更符合实际，因此在做生烃动力学热模拟实验的时候，可以根据实际样品的需要，选择是否需要进行干酪根的制备。本次研究中为了接近地质实际，均采用全岩样品进行动力学研究，藻类样品则人工磨碎后直接进样分析。根据不同样品可选用不同的热解升温程序进行热解分析，分析结束后将数据导入 Optkin 动力学软件进行动力学分析，得到相应的各动力学参数。

表 5.7　不同处理方法样品的生烃动力学参数

研究样品	$E_{平均}/(kJ/mol)$	频率因子$/s^{-1}$	酸处理方法
全岩样	268.61	1.71×10^{17}	未处理
去碳酸盐后岩样	268.20	1.73×10^{17}	10%盐酸处理去除碳酸盐
干酪根样	266.00	1.74×10^{17}	去碳酸盐后再用氢氟酸处理去除硅酸盐

2. ROCK EVAL 6 热解分析生烃动力学处理

ROCK EVAL 6 热解分析数据生烃动力学处理是在 Optkin 动力学软件上完成的，该数据也可以在 Kenetics 上进行动力学处理，ROCK EVAL 6 热解仪配置的是 Optkin 动力学软件。热解分析结束后打开 Optkin 动力学软件，导入热解数据，设置好各种参数即可进行动力学运算处理，并得到相应的动力学参数。对云南茂山 1 个泥岩样品（MS-D2-4）的动力学分析见图 5.7 ~ 图 5.10，该样品 R_o 为 0.55%，腐泥组占 68.8%，壳质组占 24.6%，镜质组占 2.4%，惰质组为 4.2%。

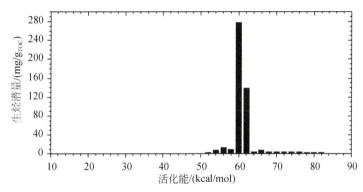

图 5.7　MS-D2-4 泥岩生烃活化能频率分布

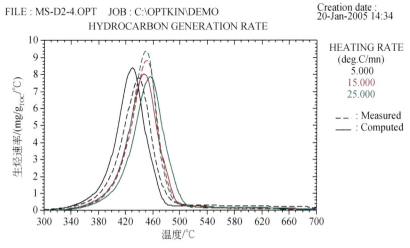

图 5.8　MS-D2-4 泥岩生烃曲线

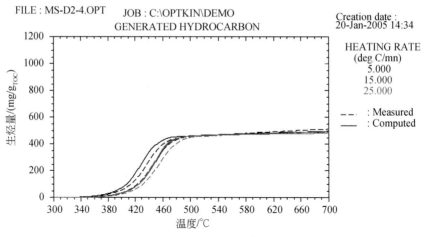

图 5.9　MS-D2-4 泥岩累计生烃曲线

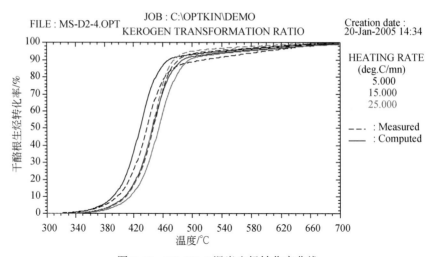

图 5.10　MS-D2-4 泥岩生烃转化率曲线

二、生烃动力学分析地质应用

(一) 南方海相烃源动力学研究样品

我国海相碳酸盐岩主要发育在古生界—中上元古界，其成熟度大都处于高成熟或过成熟阶段，正确选择有代表性的研究样品至关重要。本次研究对有机质研究样品的选择非常慎重，对海相有机质类型的确定将根据沉积相、成烃生物、有机岩石学、干酪根和可溶有机质等进行综合分析和判断，在出现明显矛盾时，以多项参数相吻合为依据，重点参考沉积环境、成烃生物、全岩有机显微组分、干酪根 H/C 原子比、干酪根 $\delta^{13}C$ 和生物标志物等分布特征。近几年无锡石油地质研究所先后开展了有关中国南方海相油气勘探方面的多个项目研究，积累了丰富的样品，通过筛选选定以下几个代表性的样品进行生烃动力学研究（表5.8），样品包括了海相烃源的主要成烃生物母质浮游藻和不同类型干酪根样品以及干酪根生烃中间产物固体沥青，基本能反映我国南方海相烃源岩的特征：①现代生物物质样品浮游藻和底栖藻采自南海，新鲜样品经真空低温干燥制样；②烃源岩样品采自四川广元上寺磨刀垭剖面（GY35）、云南禄劝茂山剖面（MS5、JS1）和黔东南鱼洞大坡煤矿（YD4）；③低演化固体沥青样品采自四川广元上寺磨刀垭剖面。样品热解基础分析数据如表5.8所示。

表5.8 动力学分析样品

样品	层位	S_2/(mg/g)	TOC/%	HI/(mg/g_{TOC})	T_{max}/℃	类型	R_o/%
浮游藻	—	261.06	41.73	626	310	现代生物物质	—
底栖藻	—	128.86	35.83	360	398	现代生物物质	—
泥灰岩	D_2	3.4	0.8	425	439	II 1	0.59
黑色页岩	P_2	45.15	11.74	385	435	II 2	0.56
黄褐色泥岩	D_2	6.54	1.23	532	440	I	0.53
煤	P_2	142.2	60.94	233	439	III	0.71
固体沥青	$\in$	400.83	78.67	510	437	I - II 1	0.48（R_b）

（二）现代生物物质生烃动力学研究

浮游藻和底栖藻是海相优质烃源岩的主要母质，研究它们的生烃机制对深入了解海相烃源岩的成烃过程无疑具有重要的指导意义。研究表明藻类物质是形成未熟—低熟油的主要贡献者之一，中国南方海相碳酸盐岩层系油气勘探也发现普光5、毛坝3井P_2^1优质烃源岩，生物组成以水生浮游藻类为主，见有次生沥青，是早生稠油裂解的产物。秦建中等对海相浮游藻、底栖藻的热模拟实验也证实它们不需要经历干酪根阶段就能直接生烃，成烃产物以非烃沥青质为主。有机质的成烃过程是一个时间温度尺度上的化学反应过程，因而可以对其进行化学动力学描述。为深入剖析其成烃机制，我们以中国南海浮游藻和底栖藻为研究对象，以 Rock Eval 6 热解仪和法国石油研究院 Optkin 动力学软件分别对其进行了生烃动力学研究，并对浮游藻和底栖藻样品进行了模拟实验，对不同阶段产物进行地化分析，从元素组成变化和动力学参数特征来探讨现代生物质的成烃规律。

为了进行动力学比较，对南方海相低熟烃源岩样品也进行了动力学分析，黑色页岩（P_2）取自四川广元，泥灰岩（D_2）取自云南禄劝。岩石样品的动力学分析热解起始温度从300℃开始，恒温10min后再以5℃/min、15℃/min、25℃/min进行升温，终温650℃后延迟采集数据3min。考虑到藻类物质具有早期生烃的特质，对动力学热解分析程序进行了改变，热解分析从100℃开始，恒温10min后再以同样的3个升温速率进行热解分析。热解分析表明浮游藻和底栖藻100℃恒温阶段基本无烃生出，进入升温程序后所有烃产物都计入S_2，由于不存在矿物的分解因素，所有CO_2产物都计入S_3。该程序更能揭示藻类物质的生烃动力学详细过程。

1. 现代生物物质动力学特征

浮游藻和底栖藻的生烃活化能频率分布如图 5.11 所示，生烃动力学参数见表 5.9。和烃源岩样品比较可以看出它们具有很低的活化能，平均活化能都在 220kJ/mol 左右，底栖藻要高于浮游藻，但频率分布都很宽。以生烃转化率达到 10%~90% 为有效生烃期间，则浮游藻和底栖藻开始有效生烃温度要低于低熟烃源岩样品 100℃ 以上，达到 90% 有效生烃转化率时浮游藻和底栖藻所需温度仅为 432.2℃ 和 462.5℃，这比泥灰岩和黑色页岩相比要小很多，尤其是浮游藻，温度要低 50℃ 左右。充分说明了海相浮游藻和底栖藻具有早期生烃的特质。但在有效生烃区间浮游藻和底栖藻生烃活化能跨度 $\Delta E_有$ 较大，浮游藻为 59kJ/mol，底栖藻为 71kJ/mol，生烃温度期间跨度 $\Delta T_有$℃ 也较大，浮游藻和底栖藻分别达到了 164.2℃ 和 201.2℃，比烃源岩研究样品要宽得多，说明浮游藻、底栖藻虽然成烃温度很低，生烃较早但生烃过程较长，底栖藻成烃速度要慢于浮游藻。浮游藻和底栖藻的生烃转化率曲线可以直观地反映这种差异（15℃/min，图 5.12），浮游藻达到 10% 转化率时温度是 266.8℃，底栖藻是 261.3℃，在温度达到 283℃ 生烃转化率达到 17%，浮游藻开始超越底栖藻，转化率到 90% 时浮游藻的温度是 433.6℃，底栖藻是 462.5℃，浮游藻提前 28.9℃ 完成有效生烃。$\Delta T_有$（浮游藻）= 164.2℃，$\Delta T_有$（底栖藻）= 201.2℃。

虽然两者有机质丰度差异不是很大，但它们的生烃能力却差距很大（15℃/min，图 5.13），动力学分析浮游藻生烃潜量是 617.7mg/g_{TOC}，底栖藻是 349 mg/g_{TOC}，也就是说浮游藻、底栖藻的有机碳生烃转化率分别是 61.77% 和 34.9%，造成这种生烃能力的差异主要是有机质组分结构的影响。

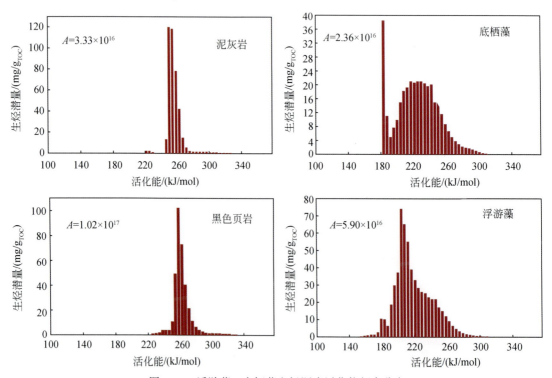

图 5.11　浮游藻、底栖藻和烃源岩活化能频率分布

表 5.9　浮游藻、底栖藻和烃源岩动力学参数

参数	$E_主$/(kJ/mol)	$T(10\%)$/℃	$T(90\%)$/℃	$\Delta T_有$/℃	$E_均$/(kJ/mol)
浮游藻	205	268	432.2	164.2	219.84
底栖藻	184	261.3	462.5	201.2	224.92
泥灰岩	251	414.3	485.5	71.2	257.65
黑色页岩	259	408.3	490.5	82.2	263.62
参数	$E(10\%)$/(kJ/mol)	$E(90\%)$/(kJ/mol)	$\Delta E_有$/(kJ/mol)	A/s^{-1}	生烃潜量/(mg/g$_{TOC}$)
浮游藻	192	251	59	5.90×10^{16}	617.7
底栖藻	184	255	71	2.36×10^{16}	349
泥灰岩	248	264	17	3.33×10^{16}	424.3
黑色页岩	251	276	25	1.02×10^{17}	357

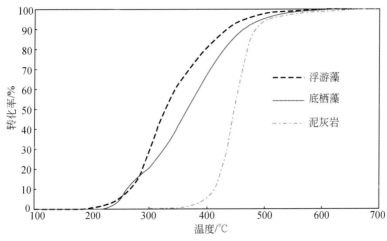

图 5.12　浮游藻、底栖藻及烃源岩生烃转化率曲线

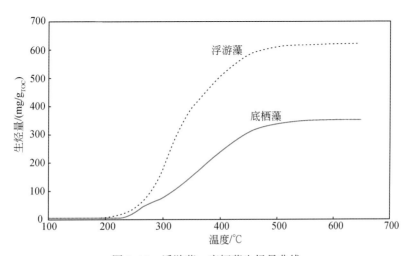

图 5.13　浮游藻、底栖藻生烃量曲线

2. 现代生物物质元素组成对生烃作用的影响

对研究样品进行了元素分析（表 5.10），碳含量和热解 TOC 能很好印证元素 H/C 比达到 1.36 以上，是很好的生烃有机质。从元素组成发现两样品杂原子含量都较高，它们形成的键链能量较低都容易断裂，因而它们生烃平均活化能很低，能在未熟—低熟期断链生烃。比较两样品的元素特征可以看出，元素 S/C 值一致，N/C 值浮游藻大于底栖藻，而 O/C 值是底栖藻大于浮游藻。为了深入研究在热解过程中的元素变化规律，我们对样品进行了模拟实验，并对模拟残样也进行了元素分析（表 5.11、表 5.12），从实验结果我们可以得出一些新的认识。

表 5.10　浮游藻、底栖藻元素特征

参数	$w(N)/\%$	$w(C)/\%$	$w(S)/\%$	$w(H)/\%$	$w(O)/\%$
浮游藻	8.87	43.9	1.79	6.29	36.35
底栖藻	5.81	36.88	2.43	4.18	44.41

参数	H/C	O/C	N/C	S/C
浮游藻	1.72	0.62	0.17	0.02
底栖藻	1.36	0.9	0.14	0.02

表 5.11　不同模拟温度下浮游藻元素原子比

模拟温度/℃	H/C	N/C	S/C	O/C
100	1.72	0.1732	0.0153	0.621
150	1.71	0.1728	0.0112	0.5711
175	1.69	0.1723	0.008	0.5747
200	1.44	0.1755	0.0096	0.5162
225	1.43	0.1767	0.0078	0.497
250	1.35	0.1765	0.0071	0.4502
275	1.26	0.1753	0.0045	0.3775
300	1.12	0.1699	0.0043	0.2940
325	0.90	0.1549	0.0059	0.2270
350	0.77	0.1470	0.0065	0.2175
375	0.56	0.1445	0.0071	0.2013
400	0.41	0.1408	0.0051	0.1938
450	0.34	0.1362	0.0053	0.1856
500	0.24	0.1325	0.0051	0.1837

续表

模拟温度/℃	H/C	N/C	S/C	O/C
550	0.17	0.1283	0.0045	0.1995
600	0.12	0.123	0.0048	0.1776
650	0.06	0.1188	0.0039	0.1495

表 5.12 不同模拟温度下底栖藻元素原子比

模拟温度/℃	H/C	N/C	S/C	O/C
100	1.36	0.135	0.0247	0.9031
150	1.35	0.1333	0.0163	0.7699
200	1.25	0.1289	0.0187	0.4941
250	0.99	0.1273	0.0226	0.3789
300	0.79	0.1099	0.0178	0.3641
350	0.68	0.1151	0.0216	0.3285
400	0.45	0.1124	0.0224	0.2891
500	0.28	0.0994	0.0205	0.2847

(1) 元素 H/C 值随温度的升高在 200℃ 以前变化不明显，说明未开始大量生烃，250℃ 以后 H/C 值呈现出快速降低的过程，说明大量生烃开始，到 400℃ 时 H/C 值已降低到 0.4 左右，继续生烃能力已极弱，因此，其主要成烃阶段在 250~400℃，说明浮游藻、底栖藻具有早期生烃特征，如图 5.14 所示。

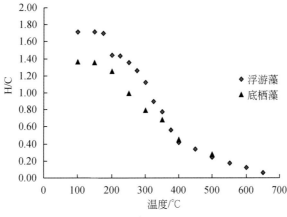

图 5.14 模拟残渣元素 H/C 值随温度的变化

(2) 元素 O/C 原子比随温度的变化表现出相似的规律性 (图 5.15)，在 400℃ 以前随模拟温度的升高迅速降低，反映了一个低温生烃快速脱氧过程，而400℃以后脱氧速度变得很慢，氧原子主要存在于较稳定的芳环杂环集合体结构中，断链能量高，生烃速率也明显减缓。热解模拟实验脱氧过程并行于生烃过程，脱氧高峰和生烃高峰基本一致（图5.16），生烃高峰时温度为325℃，具有明显的未熟期生烃特征。反应生烃速率的快慢和O元素在有机质分子结构中键合位置关系密切。脂基中C＝O键很稳定不易分解，但在α位的C—O键和β位R—O键都很弱，易发生脱CO_2反应，脂醚结构（C—O—C）中的C—O键比烷基C—C键能要低，芳醚结构（Ar—O—Ar）中的C—O键十分稳定，芳脂醚（Ar—O—C）结构中的C—O键能很弱，因此氧元素的含量和在不同结构体中的分配比例会直接反映有机质的生烃速率和生烃能力。

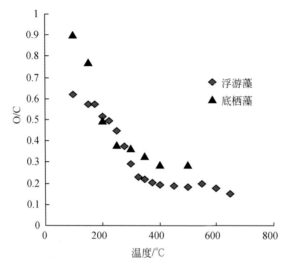

图5.15 模拟残渣元素O/C值随温度的变化

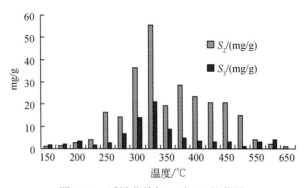

图5.16 浮游藻热解S_2与S_3柱状图

（3）元素S/C值随温度的变化两样品差异性很大（图5.17），浮游藻样品300℃以前随模拟温度的升高快速减少，300℃以后再进入一个缓慢的减少过程，而底栖藻样品元素S/C值随温度的升高降低幅度不明显，很显然元素S在两样品中存在形式不一样，浮游藻中大部分S原子是以键能较弱的S—S键、S—C键形式存在，另外一部分则是存在于较稳定的多环芳构体中，而在底栖藻中 S 元素主要以后者形式存在。这种差异性是造成其生烃速率和生烃能力差异的主要原因之一。

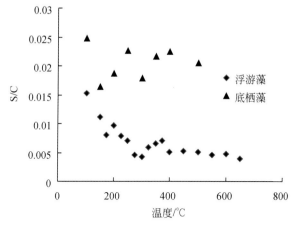

图 5.17　模拟残样元素 S/C 值随温度的变化

（4）元素氮 N—C 键能（305 kJ/mol）比 S—C（272 kJ/mol）键能要高，但比 C—C 键能（346 kJ/mol）要低。因此脂链上或桥链上的 N—C 键也较易断开。但氮主要存在于多环芳构体中，因桥键的断链而以含氮化合物的形式脱出，因此保留了生物分子骨架，在进行油源分析和运移研究中有较大意义。元素 N/C 值随温度的变化两样品基本相似（图 5.18），随温度升高缓慢降低，主要是 C 元素含量富集增加的结果。说明元素 N 在有机质中主要存在于较稳定的多环芳构体中，其脱出比较困难，从其对温度的关系曲线来看和热演化程度存在着相关性。人工成熟试验和不同埋深源岩抽提物中咔唑含量和异构体分布研究表明，成熟度对咔唑类化合物的含量和组成变化起重要作用，石油或源岩抽提物中的含氮化合物会随成熟度的增加，由于可溶有机质的进一步裂解而相对富集含氮化合物这一现象也说明含氮化合物相对比较稳定。同时我们对泥灰岩的模拟实验残渣元素分析也证实残余干酪根中元素 N 含量和模拟温度存在着正相关关系（图 5.19），也说明 N 元素由于存在于稳定的干酪根芳环结构中，不易脱出。元素 N 和有机质的生烃速率的关系不是很直接，高含 N 的有机质可能有更好的生烃能力。

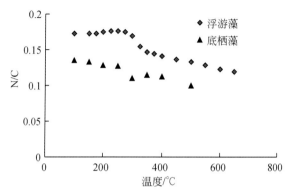

图 5.18　模拟残样元素 N/C 值随温度的变化

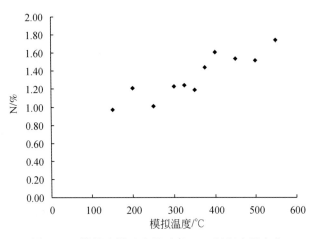

图 5.19 模拟残样干酪根元素 N/% 随温度的变化

3. 现代生物物质生烃产物特征

动力学分析表明浮游藻、底栖藻具有早期生烃的性质，在未熟低熟段就能大量生烃，这已通过模拟实验得到了证实。通过对模拟产物的组分分析看出，藻类生油主要以非烃和沥青质为主，饱和烃和芳香烃产出很少，其中底栖藻生成饱芳烃要高于浮游藻，浮游藻主要是产出沥青和非烃，是未熟低熟油的主要烃源，见表 5.13。

表 5.13 浮游藻、底栖藻热模拟实验产物组分特征

模拟温度/℃	饱和烃/%		芳烃/%		非烃/%		沥青质/%	
	浮游藻	底栖藻	浮游藻	底栖藻	浮游藻	底栖藻	浮游藻	底栖藻
150	0.01	7.83	0.01	5.52	16.69	52.16	83.31	34.5
200	0.99	8.36	0.01	4.06	20.13	51.94	78.87	35.64
250	0.01	10.34	0.01	4.3	40.41	41.49	59.59	43.87
275	0.01	—	0.01	—	37.1	—	62.9	—
300	0.01	—	0.01	—	43.05	—	56.95	—
350	1.36	6.45	1.17	7.68	36.42	42.02	61.05	43.85
400	1.57	9.42	1.11	9.92	29.77	37.03	67.56	43.63
450	—	10.85	—	16.43	—	39.6	—	33.13
500	2.12	—	1.82	—	20.05	—	76.01	—

4. 现代生物生烃动力学认识

浮游藻、底栖藻是海相烃源岩的主要成烃母质，富含 S、O、N 等杂原子元素，动力学生烃活化能普遍较低，平均活化能一般在 220kJ/mol 左右，具有早期生烃的特质，能在未熟—低熟期生成大量的重质油，浮游藻的有效生烃温度区间是 267~434℃，底栖藻的有效生烃区间是 261~463℃。原油组成以沥青质和非烃为主。浮游藻生烃碳转化率为

61.77%，底栖藻生烃碳转化率为34.9%，有机质自身性质及硫等杂元素在有机分子结构中键合位置的不同是造成它们不同生烃能力差异的主要因素。无论是浮游藻还是底栖藻，其生烃过程相对较长，有效生烃区间温度跨度较大，$\Delta T_{有}$（浮游藻）= 166.8℃，$\Delta T_{有}$（底栖藻）= 201.2℃，底栖藻大于浮游藻，浮游藻生烃速率要大于底栖藻。

（三）海相烃源生烃动力学研究

中国南方海相烃源岩主要是泥岩、含钙页岩、泥灰岩和灰岩，有机质母质主要来源于海生浮游生物以及部分搬运来的陆源高等植物。利用生烃动力学方法来研究烃源岩干酪根生烃机制已是常用的手段，对干酪根生烃动力学的研究前人已开展了不少工作，对于不同类型干酪根生烃活化能的大小和进入生油门限的早晚，不同学者根据自己的研究给出了不尽相同的认识，Tissot 等（1987）认为生烃活化能是$E\text{Ⅱ}<E\text{Ⅰ}<E\text{Ⅲ}$，而黄第藩等研究认为在热解生油阶段是$E\text{Ⅰ}>E\text{Ⅱ}>E\text{Ⅲ}$；有学者认为生烃时间是Ⅰ型早于Ⅱ型早于Ⅲ型，也有认为平均活化能低者先进入生油门限，高者后进入生油门限。我国南方海相烃源岩由于沉积环境和有机质类型的差异性，其生烃机制应有自己的特点，以四川广元上寺磨刀垭剖面（GY35）、云南禄劝茂山剖面（MS5、JS1）和黔东南鱼洞大坡煤矿（YD4）海相烃源岩样品来对我国南方海相不同类型烃源岩进行生烃动力学研究，以探讨它们生烃能量和有效生烃期生烃过程的差异性。同时也对广元固体沥青（GY24）进行了生烃动力学分析，沥青样品中非烃和沥青质占绝大部分，总计为96.64%，而饱和烃含量低，仅0.7%，氯仿沥青"A"碳同位素组成极轻，为−35.8‰，母源是源于震旦系—寒武系的藻类和细菌。样品的基础分析见表5.8。除YD4煤样成熟度稍高外其他样品成熟度都较低，处于低熟—成熟阶段。利用ROCK EVAL 6热解仪对上述样品进行动力学研究，选择3种升温模式，分别以5℃/min、15℃/min和25℃/min进行热解分析，再将分析数据导入法国石油研究院开发的动力学研究软件Optkin进行分析研究。

1. 活化能频率分布特征

有机质类型从Ⅰ型到Ⅲ型样品活化能分布由不对称型逐渐过渡到正态分布，范围由窄变宽（图5.20）。主频生烃（P1）与次频生烃（P2）比例之和逐渐降低（表5.14），活化能E均逐步增大，Ⅲ型>Ⅱ$_2$型>Ⅱ$_1$型>Ⅰ型，生烃能力是Ⅰ型>Ⅱ$_1$型>Ⅱ$_2$型>Ⅲ型。以干酪根生烃转化率10%~90%为干酪根有效生烃区间，其生烃能量跨度ΔE也逐渐增大（表5.15）。Ⅰ型干酪根样品主次频生烃比例达到了80.9%，而有效生烃能量跨度仅13 kJ/mol，充分反映了一个快速生烃过程；Ⅱ$_1$型干酪根虽然主、次频活化能和Ⅰ型干酪根一样，但其平均活化能和有效生烃能量跨度都要稍大，并且其主次频生烃比例比Ⅰ型干酪根要小很多（56.4%），说明了其生烃过程要长于Ⅰ型干酪根；Ⅱ$_2$型干酪根主次频和平均活化能都有了明显的增加，有效生烃能量跨度增加到25kJ/mol，生烃过程比Ⅱ$_1$型干酪根长，同时主次频生烃比例也减少到49.1%；Ⅲ型干酪根活化能分布宽，生烃能量最高，主次频生烃比例为30.5%，且有效生烃能量跨度达到了42kJ/mol，生烃过程要缓慢得多。广元固体沥青生烃动力学特征介于Ⅰ型干酪根和Ⅱ$_1$干酪根之间。

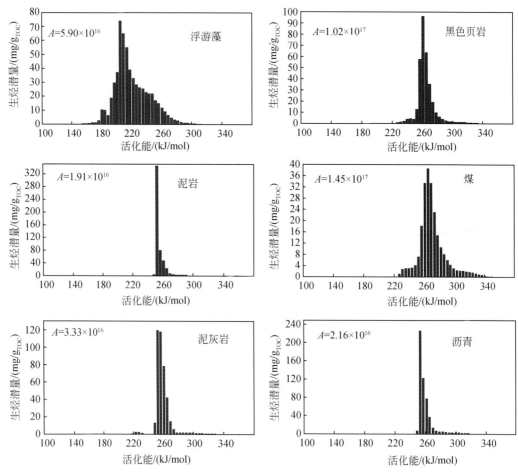

图 5.20 样品活化能频率分布特征

表 5.14 动力学分析参数

样品	$E_主$/(kJ/mol)	P1/%	$E_次$/(kJ/mol)	P2/%	$E_均$/(kJ/mol)	A/s	生烃潜量/(mg/g_{TOC})
泥岩	251	65.6	255	15.3	253.66	1.91×10^{16}	525.7
泥灰岩	251	28.4	255	28	257.65	3.33×10^{16}	424.3
黑色页岩	259	28.6	264	20.5	263.62	1.02×10^{17}	357
煤	264	16.3	268	14.2	268.78	1.45×10^{17}	236
固体沥青	251	43.4	255	23.4	256.89	2.16×10^{16}	520.7

表 5.15 样品动力学和元素分析数据

样品	HI/(mg/g_{TOC})	$E_均$/(kJ/mol)	S/C	O/C	N/C	H/C	类型	R_o/%
浮游藻	626	219.84	0.0153	0.621	2.066	1.719	现代生物	
泥岩	532	253.66	0.0041	0.2133	0.0219	1.3447	I	0.53
泥灰岩	425	257.65	0.0859	0.0982	0.0143	1.0859	II$_1$	0.59

续表

样品	HI/(mg/g$_{TOC}$)	$E_{均}$/(kJ/mol)	S/C	O/C	N/C	H/C	类型	R_o/%
页岩	385	263.62	0.0386	0.0547	0.0222	0.8287	II$_2$	0.56
煤	233	268.78	0.0251	0.1121	0.0101	0.8551	III	0.86
沥青	520	256.89	0.0276	0.0238	0.0147	1.2837	I—II$_1$	0.48 (R_b)

样品	V_{max}/(mg/g$_{TOC}$/℃)	T(10%)/℃	T(90%)/℃	ΔT/℃	T_V/℃	T(50%)/℃	ΔE/(kJ/mol)
浮游藻	5.18	266.8	433.6	166.8	309.5	327.5	59
泥岩	9.98	419.3	479.4	60.1	452.4	450.4	13
泥灰岩	6.89	414.3	485.5	71.2	449	449	17
页岩	5.34	408.3	490.5	82.2	447	447	25
煤	2.63	402.3	524.6	122.3	449	453	42
沥青	9.92	421.3	491.5	70.2	453.4	453.4	17

不同类型有机质除生烃潜力有明显差别外，其生烃速率也差异明显，从速率曲线［图 5.21（a）］和转化率曲线［图 5.21（b）］可看出，达到开始有效生烃 10% 时的温度是 I 型＞II$_1$ 型＞II$_2$ 型＞III 型，而达到 90% 生烃时的温度则是 III 型＞II$_2$ 型＞II$_1$ 型＞I 型。以 III 型干酪根最先达到有效生烃 10%，温度最低，而完成 90% 生烃率时温度最高；I 型干酪根刚好相反，其最后开始生烃而最先达到高转化率。II$_1$ 型和 II$_2$ 型介于它们之间。以 ΔT/℃ 表示有效生烃温度跨度，则有明显的规律性：III 型＞II$_2$ 型＞II$_1$ 型＞I 型（表 5.15）。杨国华等研究认为 I 型干酪根 ΔT≤80℃，II 型干酪根 80℃≤ΔT≤110℃，III 型干酪根 ΔT≥110℃，这和本研究一致，结合本次研究可得出 I 型干酪根 ΔT≤65℃，II$_1$ 型干酪根 65℃≤ΔT≤75℃，II$_2$ 型干酪根 75℃≤ΔT≤85℃，III 型干酪根 ΔT≥110℃。不同地区样品可能有所出入，但规律性是存在的。最高生烃速率 V/(mg/g$_{TOC}$/℃) 是 I 型＞II$_1$ 型＞II$_2$ 型＞III 型。结合有效生烃活化能跨度区间，可以充分说明有机质类型好的生油岩不仅生烃能力强而且具有较快的生烃速率，一旦开始生烃就会在一个很窄的温度区间很快达到高的转化率，这对于油气藏的形成具有重要的意义。

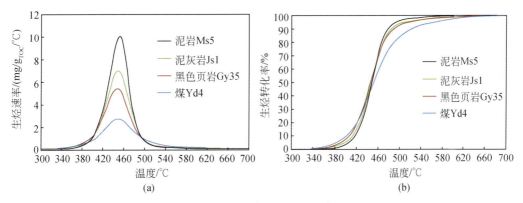

图 5.21 生烃速率与生烃转化率特征

2. 生烃活化能影响因素

1) 样品显微组分对动力学参数的影响

干酪根生烃动力学的不同特征反映了成烃母质有机质组分和分子结构的差异。研究表明壳质体和平均活化能有负相关关系，并且某些壳质组分如树脂体、木栓子体、角质体等具有很低的活化能，是未熟—低熟油的重要烃源，镜质体和惰质体与平均活化能有正相关性，藻类体一般和平均活化能存在负相关性。四样品的显微组分特征见表5.16，MS5 腐泥组和壳质组占到近90%，JS1也达77%，并且组分单一，所以其活化能频率分布窄且平均活化能较低，而 YD4 主要是镜质组和惰质组，平均活化能最高。这充分证实了上述认识的正确性，也说明了不同有机显微组分有机大分子结构和元素组成存在差异性。

表 5.16 样品显微组分和元素组成特征

样品	腐泥组/%	壳质组/%	镜质组/%	惰性组/%	次生组分/%
MS5	61.7	27.4	7.3	2	0.6
JS1	77	—	1.5	2	19.5
GY35	4.5	—	—	4	91.5
YD4	0.5	9	56	34.5	—

2) 元素组成与化学键对生烃活化能的影响

有机大分子（干酪根）是由 C、H、O、S、N 等元素通过化学键彼此相连而成的具有各种构型的复杂化合物，不同元素之间组成的化学键其键能差异很大。表 5.17 是一般元素间化学键和不同分子中化学键的键能，从中可以看出 S、N 元素与 C 元素的化学键键能都比较低，脂基中 C=O 键很稳定不易分解，但在 α 位的 C—O 键和 β 位 R—O 键都很弱，易发生脱 CO_2 反应，在芳脂醚（Ar—O—C）结构中的 C—O 键能也很弱，如甲氧基与乙氧基，其离解能为 260~280kJ/mol，因此，富含 S、O、N 杂原子会使有机大分子整体生烃活化能降低，生烃过程提前。另外，由于空间构型和化学键所处位置的不同，同一化学键的键离解能会有较大的区别。在脂链结构中，长链烷烃越靠近中间处 C—C 键能越小，碳链越长 C—C 键能越小，异构烷烃 C—C 键能小于相应的正构烷烃。因此对脂链烷烃的裂解是先断长链再断短链，先断异构烷烃后断正构烷烃；环烷烃侧链上的 C—C 键断裂后可以使侧链变短甚至脱出侧链，同时生成较小分子的烃类，其断链和长链烷烃遵循同样的规律。三元和四元环由于 C—C 化学键夹角不够，内能大所以稳定性差，五元环以上环烷烃上的 C—C—C 键夹角接近 109°28′，所以其热稳定性高，但其在高温时也能发生断链，生成小分子的烷烃等；芳香环对热非常稳定，一般不会断链，其主要发生的是侧链的断链和脱烷基化反应，受苯环共轭双键的影响，具有正构烷烃取代基的芳环侧链上不同位置的 C—C 键能相差很大，α 位受影响使键能增大，β 位受影响使键能大为削弱，γ 位由于距离较远受此影响较少。因此干酪根元素组成及其在有机大分子中化学键性质是控制其生烃过程的重要因素。

表 5.17 部分化学键离键能和化学键键能

化学键	离键能/(kJ/mol)	化学键	离键能/(kJ/mol)	化学键	离键能/(kJ/mol)	化学键	键能/(kJ/mol)
CH_3-CH_3	360	CH_3CO-$C(CH_3)_3$	297	$ArCH_2$-CH_2R	271	S-S	161
C_2H_5-C_2H_5	335	CH_3CO-C_2H_5	322	Ar-CH_2CH_2R	375	C-S	272
nC_3H_7-nC_3H_7	318	CH_3CO-CH_3	339	Ar-CH_3	427	O-O	139
nC_4H_9-nC_4H_9	310	ArO-CH_2R	270	Ar-C_2H_5	414	N-N	213
$(CH_3)_3C$-$C(CH_3)_3$	285	$ArCH_2$-Ar	368	Ar-$C(CH_3)_3$	385	C-N	305

藻类物质是海相优质烃源岩的主要母质，富含杂原子元素，尤其是硫元素，形成的化学键能较低，因此生烃活化能较小，具有形成未熟—低熟油的特质，在演化早期就有大量的非烃和沥青质排出。MS5 样中 S/C 原子比在 4 个样品中最低（表 5.18），其成烃母质可能并非发育在碱性高盐环境，较好的水体分层也有利于特殊藻类的发育和保存，低的 S/C 原子比可能是其最晚开始有效生烃的原因之一；JS1 和 GY35 样 S/C 原子值较高，YD4 煤样 H/C 值偏高是样品未进行抽提处理的原因，其也有较高的 S/C 原子比，所以开始生烃要早。同时要考虑杂原子在有机质结构中的键合位置，由于分子结构的差异性其断链所需能量也不同，从而生烃能力也表现出很大的差异性，如 YD4 样品中 O/C 值较高，但热解脱羧量（OI）最低，说明氧主要存在于芳杂环结构中，而 MS5 有本质的不同，氧主要存在于脂链上，有很强的脱羧能力。总之，有机质生烃能量是其分子组成结构（长链、短链、环、芳环和交联缩聚程度）和杂原子键合形式的综合反映。

在研究中发现实测干酪根生烃活化能要比原子键能要低，这除了有机大分子空间结构的不同影响外，不同热解反应的相互影响以及矿物催化作用都是重要的影响因素。在不同族的混合反应中，本身难热解的组分对易热解组分的反应有抑制作用，而本身易热解的组分对较难热解组分的反应起促进作用，协同效应使整体活化能降低，同时有机质的演化都是在矿物介质的参与下进行的，很多研究已证实黏土矿物、碳酸盐岩等具有催化作用，都能使干酪根生烃活化能降低。

表 5.18 样品元素特征

参数	H/C	O/C	S/C	N/C	OI/(mg/g_{TOC})
MS5	1.345	0.213	0.004	0.022	48
JS1	1.086	0.098	0.086	0.014	45
GY35	0.829	0.055	0.039	0.022	6
YD4	0.855	0.112	0.025	0.01	4

3）干酪根结构对生烃活化能的影响

干酪根本身的复杂性和不均匀性给结构研究带来了很大的困难，很多专家提出了干酪根的结构假设模型，虽然由于研究样品的不同各有差异，但结构模式都反映出以下基本特征，即Ⅰ型干酪根是由包含一些芳核和杂原子的高度交联的饱和脂肪物质的聚合物基质组成，Ⅲ型有机质主要是带有侧链和官能团的多环芳香体系，Ⅱ型有机质介于两者之间。图 5.22 是 Hunt（1979）提出的生油和生气有机质的结构示意图，可以用来说明不同有机质生烃动力学的差异。在Ⅰ型干酪根中脂肪链占有绝对多数，最主要的化学键能是正构、异构链烷烃的 C—C 键的离解能；而在Ⅲ型干酪根中链烷烃以侧链的形式连接在多环芳构体上，侧链较短，多环芳烃是其主要成分，因此其生烃化学键断裂主要是短链 C—C 键、环 C—C 键、ArC—C 键和 Ar—C 键，其整体离解键能比长链烷烃 C—C 键能要大得多；Ⅱ型干酪根由于结构介于Ⅰ型和Ⅲ型之间，因此其整体离解键能也介于两者之间。干酪根结构上的差异反映到有机质生烃动力学上，其生烃平均活化能表现为 $E\mathrm{I} < E\mathrm{II}_1 < E\mathrm{II}_2 < E\mathrm{III}$。同样由于Ⅰ型干酪根主要化学键类型相同，断链所需能量相近，一进入主生烃期就能快速断链，所以其生烃速率最快，而Ⅲ型干酪根化学键类型复杂，随能量的提高不断裂解断链，所以其生烃期较长，生烃速率最慢，Ⅱ型干酪根处于两者之间，即生烃速率是 $V\mathrm{I} > V\mathrm{II}_1 > V\mathrm{II}_2 > V\mathrm{III}$，有效生烃期活化能跨度 ΔE 是 $\mathrm{III} > \mathrm{II}_2 > \mathrm{II}_1 > \mathrm{I}$。

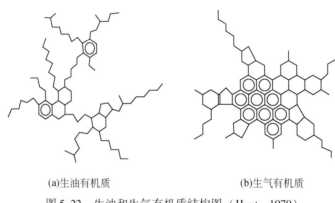

(a) 生油有机质　　　　　　　　(b) 生气有机质

图 5.22　生油和生气有机质结构图（Hunt，1979）

3. 海相烃源岩生烃动力学认识

（1）海相烃源岩动力学分析表明不同类型干酪根生烃平均活化能是 $E\mathrm{III} > E\mathrm{II}_2 > E\mathrm{II}_1 > E\mathrm{I}$，Ⅰ型干酪根分布最窄，主频优势显著，主频生烃比例达 60% 以上，Ⅱ$_1$ 型干酪根分布也较窄，呈不对称分布，主频、次频生烃优势相当，都在 30% 左右，Ⅱ$_2$ 型干酪根活化能分布趋于正态分布，范围较宽，主频有一定生烃优势，生烃比例在 30% 左右，Ⅲ型干酪根活化能呈正态分布，范围最宽，主频优势不明显，主频生烃比例小于 20%。

（2）成熟阶段不同类型干酪根开始有效生烃时间是Ⅲ型早于Ⅱ$_2$ 型早于Ⅱ$_1$ 型早于Ⅰ型，结束生烃时间是Ⅰ型早于Ⅱ$_1$ 型早于Ⅱ$_2$ 型早于Ⅲ型，有效生烃区间活化能跨度为 $\Delta E\mathrm{I} < 15\mathrm{kJ/mol}$，$15\mathrm{kJ/mol} < \Delta E\mathrm{II}_1 < 20\mathrm{kJ/mol}$，$20\mathrm{kJ/mol} < \Delta E\mathrm{II}_2 < 30\mathrm{kJ/mol}$，$\Delta E\mathrm{III} > 30\mathrm{kJ/mol}$，有效生烃温度跨度 $\Delta T\mathrm{I} \leqslant 65℃$，$65℃ \leqslant \Delta T\mathrm{II}_1 \leqslant 75℃$，$75℃ \leqslant \Delta T\mathrm{II}_2 \leqslant 85℃$，$\Delta T\mathrm{III} \geqslant 110℃$。

（3）干酪根有机大分子结构和元素组成决定了其生烃能力和生烃活化能的频率分布特征，富含 S、O、N 杂原子可使化学键的离解能降低从而加快反应速率，海相优质烃源岩具有快速生烃的特质。

(四) 海相烃源岩生烃过程与生烃死亡线

1. 在未熟—低熟阶段易生成重质油

海相优质烃源岩富含杂原子 S、N、O 由于 C—S、C—N、羧基 α 位 C—O 和 β 位 R—O 键能很弱,很容易发生桥键断链和脱羧,因此在低演化阶段通过桥键连接的结构单元由于桥键的断裂脱离大分子结构,并发生单元内部杂原子—C 原子键的断链和脱羧反应,同时被有机质大分子所包络的小分子化合物由于网络松动而析出,它们一并形成重质油。海相未熟富烃页岩和浮游藻、底栖藻的生烃模拟实验,表明其在未熟—低熟阶段能大量生烃,主要成分是非烃和沥青质。浮游藻的热解模拟实验也证实藻类的早期生烃特质,脱羧反应在 150℃ 时就已发生,如图 5.23 所示,到 325℃ 时达到脱羧高峰,脱羧高峰同时对应着生烃高峰。这说明作为海相烃源重要成烃母质的藻类不需经历干酪根阶段就能生烃形成重质油,广元地区广为分布的源于震旦系—寒武系的沥青可能就是这种重质油的次生产物,其本身有很好的生烃能力。

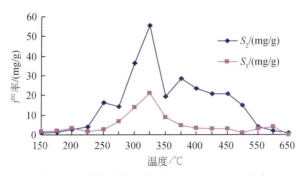

图 5.23 浮游藻热解模拟 S_2、S_3(CO_2)产率

2. 烃源岩生烃过程模拟实验

对黑色页岩($R_o=0.56\%$)进行了生烃模拟实验,并对不同温度点残样再进行生烃动力学分析。研究表明,在低演化阶段(300℃)样品活化能频率分布与原样几乎没有变化,随着模拟温度的升高,其生烃活化能频率分布逐渐向高能区后移,生烃平均活化能逐渐增大,生烃潜量逐步减少(表 5.19)。当 R_o 达到 1.94% 后样品生烃转化率已达 92.16%,演化温度继续升高其生烃速率变得很慢且生烃能力已极弱。因此研究样品的主要生烃期在 300~400℃,R_o 在 0.6%~1.94%。虽然从 300℃ 到 325℃ 无论是活化能还是 R_o 变化都不大,但其生烃量已达 87mg/g_{TOC},而从 375℃ 到 400℃,属于高成熟阶段,平均活化能升高了 12kJ/mol,仅有 26mg/g_{TOC} 的生烃作用发生,并且剩余生烃力已非常弱,仅余 28mg/g_{TOC},印证了海相富烃源岩的早期生烃特质。模拟实验产物产量与温度的关系如图 5.24 所示。从原样到 325℃ 生油达到高峰,350℃ 以后($R_o=1.26\%$)生油量开始明显降低,生气量快速增加,说明原油开始裂解,400℃ 以后 R_o 已达 2%,总烃增加甚缓,继续进行油向气的转化,残余干酪根进一步缩聚生气。

表 5.19　不同演化阶段样品生烃动力学特征

参数	原样	300℃	325℃	350℃	375℃	400℃	450℃	500℃	550℃
生烃潜量/(mg/g$_{TOC}$)	357	334	247	121	54	28	10	3	1
$E_{均}$/(kJ/mol)	262	263	264	274	295	307	310	320	322
R_o/%	0.56	0.6	0.71	1.26	1.57	1.94	2.86	3.25	4.21
生烃转化率/%	0	6.44	30.81	66.11	84.87	92.16	97.2	99.16	99.72

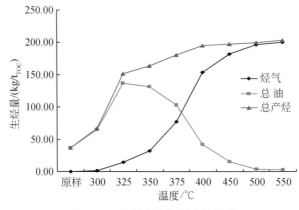

图 5.24　生烃产物与温度的关系

3. 烃源岩生烃过程动力学讨论

模拟油产物组分分析见表 5.20。从原样到 325℃ 模拟残样样品活化能都在 263kJ/mol 左右，而生油达到高峰，产物中沥青质比重很大，说明在此能量下主要是杂原子弱键的断裂和脱羧反应以及环烷烃侧链与芳环侧链的 β 位断链反应，还包括一些长链烷烃的断链，因为键能相近且存量丰富所以反应速率很快，虽大量生烃但干酪根生烃活化能并不大幅增加；350℃以后（R_o=1.26%）生油量开始明显降低，生气量快速增加，且生成油中饱和烃和沥青质比例减少，芳烃比例增加，从 350~400℃ 活化能从 274kJ/mol 快速增加到 307kJ/mol，说明原油开始裂解，异构和直链烷烃 C—C 键开始大量断链生成轻质油和气态烃，环烷烃也开始开链或芳构化，沥青质大量生烃，芳烃进一步增加；400℃以后 R_o 已达 2%，从 400~550℃ 活化能升高缓慢，说明断链反应已比较困难，主要是短链烷烃的断链、芳环上 α 位脱烷基反应和芳环的进一步缩聚，此时生烃产物主要是甲烷，生气速率明显减慢，非烃继续增加，同时 R_o 快速增加，表明残余有机质缩聚过程加剧。

表 5.20　模拟油产物组分特征

温度/℃	饱和烃/%		芳香烃/%		非烃/%		沥青质/%	
	排出烃	残留烃	排出烃	残留烃	排出烃	残留烃	排出烃	残留烃
300	1.6	16.74	8.38	32.35	33.87	26.85	41.89	9.8
325	4.41	28.26	12.31	34.19	20.05	18.44	59.9	5.55

续表

温度/℃	饱和烃/%		芳香烃/%		非烃/%		沥青质/%	
	排出烃	残留烃	排出烃	残留烃	排出烃	残留烃	排出烃	残留烃
350	11.52	39.11	25.68	29.52	30.26	14.04	31.52	3.46
375	7.62	24.15	38.27	41.77	25.73	14.08	24.84	5.77
400	3.52	7.83	50.77	55.7	26.15	16.11	18.87	6.39
450	9.43	10.81	28.11	47.96	46.98	23.06	6.23	6.45
500	—	19.17	—	30.83	—	27.95	—	7.88
550	—	8.99	—	36.57	—	30.73	—	9.16

4. 中国南方海相烃源岩生烃死亡线的认识

1) 干酪根生烃活化能

有机大分子（干酪根）热解生烃过程都遵循热化学降解反应机理，即化学键的断链一定是先断低键能后断高键，有机大分子的缩聚一定是由简单到复杂，整个演化是一个不断断链、缩聚和再断链过程，残余有机质热解化学反应的活化能则是不断增加的过程，因此降解反应活化能和其残余有机质本身所处演化阶段存在相关性。中国南方海相不同演化阶段烃源岩生烃活化能与成熟度的关系如图 5.25 所示。生烃活化能在 $VR_o\%$ 小于 3 左右时表现出很好的相关性，此后成熟度再继续增大时，生烃活化能增加极少，说明热解反应已基本停止，此时残余干酪根生烃能力已几乎枯竭。

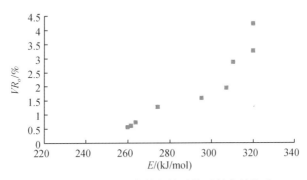

图 5.25 干酪根活化能与镜质体反射率的关系

2) 干酪根生烃死亡线的确定

广元黑色页岩模拟样品生烃量和生烃转化率与成熟度的关系见图 5.26。通过热压模拟实验和不同温度点残样再进行生烃动力学分析研究可以看出，当 $R_o\%$ 达到 1.75 后样品生烃转化率已接近 90%，演化温度再升高其生烃速率变得很慢且生烃能力已极弱，$R_o\%$ 达到 2.8 时，生烃转化率已达 98%。因此研究样品的主要生烃期在 300~375℃，$R_o\%$ 在 0.6~1.57，生烃活化能从 263kJ/mol 升高到 295kJ/mol。虽然从 300℃ 到 325℃ 无论是活化能还

是 $R_o\%$ 变化都不大,但其生烃量已达 87mg/g_{TOC},而从 375℃到 400℃,属于高成熟阶段,平均活化能升高 12kJ/mol,生烃仅 26mg/g_{TOC},此时剩余生烃力已明显减弱,仅有 54mg/g_{TOC}。说明样品一进入门限则快速生烃,且很快达到高转化率,反映了海相优质烃源岩的早生烃快速生烃的特性。

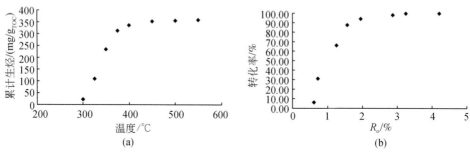

图 5.26 生烃量、生烃转化率与成熟度的特征

以天然气转化率 20%～80%做为主生气期,则黑色页岩主生气期 R_o 范围为 1.26%～2%,活化能范围在 274～307kJ/mol。生气死亡线理论上是指烃源已完全失去生气能力,对应于模拟实验结果,此时的 R_o 在 4.21%左右,这和王云鹏(2005)对干酪根生气死亡线的研究基本一致,相应的生烃活化能为 322kJ/mol。陈建平等(2007)通过对塔里木海相Ⅰ和Ⅱ型干酪根的研究认为其生气死亡线是 R_o 为 3%,这和本次研究相比有点偏低。其实在本次研究中当 R_o 在 3%时干酪根生烃转化率已达 97%以上,残余干酪根已无实际生烃意义。对此阶段模拟残样进行抽提,其仍然存在少量的饱和烃和一定量芳烃组分,说明原油的完全裂解成甲烷气需要更高的能量,其生气死亡线更为靠后。

需要指出的是干酪根生烃死亡线并不是甲烷的死亡线。残余有机质已无甲烷生成能力,只是表明有机质聚合芳环结构中已无可脱出甲基,并非表示甲烷在此时会发生裂解。甲烷是非常稳定的化合物,根据实验资料和理论计算,甲烷在地壳中 800℃和 10kbar 以上的稳压范围内是温定的,这种稳压条件相对于 35～40km 的地壳深部条件。

3)干酪根元素 H/C 原子比

有机质演化过程是有机大分子在地质条件下随温度压力的变化不断断链脱氢脱碳的过程,残余有机质(干酪根)则逐渐贫氢富碳,结构则是逐步芳构化和脱氢缩聚成更多的芳环烃,并随演化程度的增高,其缩合程度逐渐增大,直至石墨化,残余有机质(干酪根)的 H/C 原子比直接反映了其继续生烃的能力。从有机物质分子组成可以看出,烷烃分子式为 C_nH_{2n+2},当链足够长时可以认为其 H/C 原子比为 2,即有机大分子(干酪根)由于杂原子的参与和分子结构的多样性其 H/C 原子比不会超过 2。生烃过程是残余有机物质芳构化程度不断加深,芳环不断增多的过程,也是 H/C 原子比不断下降的过程,当 H/C 原子比下降到某一值时残余有机质必将达到其生烃死亡线。但是,我们无法明确当 H/C 原子比降到多少值时干酪根就达到了其生烃死亡线,这除了残余有机质本身分子组成的复杂性外,样品分析过程也会产生影响。岩石处理的干酪根样品,属于岩石不溶残余有机质,它既包括干酪根热演化聚合体,还含有未排除的原油热演化不溶固体沥青,处理的干酪根样品对水气存在微量吸附,这些都会影响干酪根的元素分析结果。因此依据岩石干酪根样品 H/C 值研究干酪根生烃死亡线需根据研究区样品实际分析确定。

通过研究海相不同演化阶段烃源岩干酪根的 H/C 原子比,可以建立 H/C 原子比与 R_o 的关系图版,从而能够通过干酪根元素的 H/C 原子比判断烃源岩的演化程度。中国南方海相主要发育了 4 套区域性主力烃源岩层(下寒武统、下志留统、下二叠统和上二叠统)和 6 套地区性烃源层(上震旦统陡山沱组、上奥陶统—下志留统、中泥盆统和下石炭统、下三叠统以及上三叠统—下侏罗统的煤系烃源岩)。烃源岩主要是泥岩、含钙页岩、泥灰岩和灰岩,有机质母质主要来源于海生浮游生物以及部分搬运来的陆源高等植物。我们对南方海相主要烃源岩进行了干酪根元素的分析和成熟度分析确定,并建立了 H/C 原子比与 $R_o\%$ 的关系,研究样品主要是有机质类型为 Ⅰ、Ⅱ$_1$ 的南方海相烃源岩,见图 5.27。从图中看出,$R_o\%$ 在 0.5%~1.5% 阶段是有机质大量热解生烃阶段,H/C 原子比快速降低。从 $R_o\%$ 在 1.5~3.0 阶段有机质处于高演化阶段,H/C 原子比降低较为缓慢,生烃能力减弱,生烃量较低,而 $R_o\%$ 大于 3.0 以后 H/C 原子比基本无变化,反映了残余有机质生烃能力的衰竭。

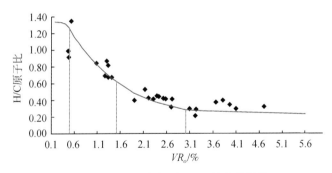

图 5.27 H/C 原子比与 VR_o 的变化规律

从模拟实验和动力学分析,结合南方海相烃源岩干酪根元素分析可以看出,南方海相烃源岩的生烃能力、生烃活化能与成熟度的关系和干酪根 H/C 原子比与 $R_o\%$ 的关系能很好地相互印证,也说明了干酪根 H/C 原子比、生烃活化能是判断烃源岩演化阶段一个参数指标。

Tissot 等(1987)认为,腐泥型干酪根(Ⅰ型、Ⅱ型)以甲烷为主的热成因天然气主要产出于液态烃(即石油)生成以后,相当于 R_o 在 1.2%~2.0%。当 R_o 达到 2% 后天然气基本是甲烷气,乙烷含量极低,也就是说乙烷的 C—C 键已大量断裂,从本次模拟实验来看 R_o 达到 2% 还无法使乙烷断链,由表 5.17 可知,其离解化学键键能是 360kJ/mol,而从模拟实验残样动力学分析可以看出当 R_o 为 2% 时其对应的生烃活化能为 307kJ/mol 左右(400℃),与凝析油的断键能比较接近,但比乙烷的 C—C 键离解能小很多,另外,R_o 达到 4.21 后模拟残样还能抽提出少量饱芳物质也不支持这种认识。但就地质实际而言,矿物催化作用和烃类热解反应协同作用都能大为降低有机质热解生烃活化能,矿物基质对干酪根的生烃过程发生作用已被广为研究和接受,研究烃类混合物质的热解反应表明其反应并不是每个组分单独反应行为的简单叠加，而是存在着相互影响，一般表现为本身较难热解的组分对其他较易热解的组分的反应有抑制作用，而本身较易热解的组分则对其他较难热解组分的反应有促进作用，烃类热解协同作用的结果常使反应速度加快，并使生烃活化能降低，因此实际生烃热解反应活化能都会低于化学理论断键键能。

4）海相烃源岩生烃过程动力学认识

生烃活化能是有机质大分子化学键离解能的综合反映，有机质大分子元素组成和结构性质决定其生烃动力学过程，不同类型中国南方海相烃源岩的生烃平均活化能表现为 $EⅠ<EⅡ_1<EⅡ_2<EⅢ$，在干酪根转化率 10%~90% 的有效生烃期间，生烃活化能跨度 ΔE 和温度跨度 ΔT 是 $Ⅲ>Ⅱ_2>Ⅱ_1>Ⅰ$，生烃速率是 $V_Ⅰ>VⅡ_1>VⅡ_2>VⅢ$。优质烃源岩具有快的生烃速率，能在较小的温度期间快速成烃，有利于油气藏的形成；浮游藻平均生烃活化能最低，能在未熟—低熟期大量生烃，生烃产物以非烃和沥青质为主；海相优质烃源岩的生烃活化能也很低，在成熟早期也可形成大量重质油或稠油。

海相烃源的生烃动力学过程可以描述为以下 4 个阶段（图 5.28）。

（1）重质油形成阶段。R_o 在 0.3%~0.6%，生烃平均活化能在 220kJ/mol 左右，小于 260kJ/mol 左右。主要发生杂原子桥键的断裂和脱羧反应，产物以非烃和沥青质为主。

（2）正常原油形成阶段。R_o 在 0.6%~1.2%，生烃平均活化能在 260~275kJ/mol 左右。主要是杂原子弱键的断裂和脱羧反应，以及环烷烃侧链与芳环侧链的 β 位断链反应，还包括一些长链烷烃的断链。

（3）凝析油和天然气生成阶段。$R_o>1.2\%$，生烃平均活化能大于 275kJ/mol 左右。主要是链烷烃断链、环烷烃的开链和芳构化反应以及芳环侧链 α 位的脱烷基反应，原油开始裂解。

（4）干酪根生气死亡线。$R_o>4.21\%$，生烃平均活化能大于 320kJ/mol 左右。主要是芳环脱甲基反应和干酪根缩聚石墨化。

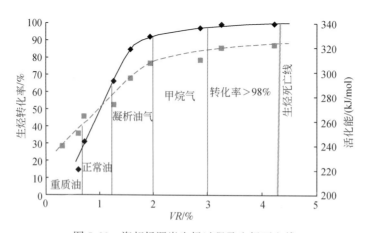

图 5.28　海相烃源岩生烃过程及生烃死亡线

第二节 热解生烃组分动力学分析与应用

一、烃源岩生烃热解色谱分析技术

1. 热解色谱分析仪器及工作原理

研究仪器为单冷阱热解色谱质谱仪,该设备是美国 Weatherford 公司最新生产,中国石油化工股份有限公司无锡石油地质研究所 2010 年引进。实验仪器原理见图 5.29。该仪器由热解仪、色谱仪、质谱仪、智能冷阱、液氮罐和两个电磁阀组成,热解室通过传输线与色谱气化室相连。在样品热解分析前,电磁阀 2 打开,液氮快速使冷阱 2 达到设定温度 -170℃,然后样品在热解仪中程序热解,由电磁阀 1 控制热解产物的放空和收集。样品分析热解炉初始温度 300℃,电磁放空阀 1 处于开启状态,在此温度下恒温 4min 使已生成的

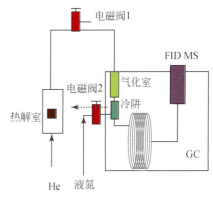

图 5.29 单冷阱热解色谱质谱仪工作原理图

烃类物质在载气流的作用下带出放空,到 4min 时电磁阀 1 自动关闭,热解炉开始程序升温,热解产物由载气通过传输线带到色谱仪气化室,根据分流比的设定,部分分流放空,部分进入冷阱冷冻富集。电磁阀 2 控制液氮的制冷过程,冷阱置于毛细柱前端,热解结束后电磁阀 2 关闭,智能冷阱快速加热至 300℃,在热解结束前 1min 色谱仪开始启动,根据分析需求进行 FID 或 MS 检测。

2. 烃源岩热解色谱分析

1)分析岩样品及分析条件

本次实验样品为不同类型的烃源岩,其中绿河页岩为美国 Weatherford 仪器公司提供,其他 3 类样品为我国南方海相烃源岩,分别采自云南禄劝、四川广元磨刀垭矿山梁剖面和贵州鱼洞煤矿。样品基本地化参数见表 5.21。热解色谱分析样品的样品量根据岩石热解分析 S_2 含量的高低来确定,原则是保证样品热解产物的量足于满足色谱或质谱检测的总体需求但又不至于产物量太高而使分析柱饱和,同时最大限度避免检测系统的污染,分析一定样品后须对系统进行清洗和维护。在表 5.22 的分析条件下,热解色谱分析样品量一般为:当 S_2 含量大于 100mg/g 时,样品量控制在 35mg 以下;当 S_2 含量在 50mg/g 左右时,样品量控制在 70mg 左右;当 S_2 含量在 10mg/g 以下时,样品量控制在 120mg 以上。

表 5.21 研究样品基本地化参数

样品	层位	S_2/(mg/g)	TOC/%	HI/(mg/g_{TOC})	T_{max}/℃	类型	R_o/%
绿河页岩	E	183.21	20.55	892	447	I	—
禄劝泥灰岩	D_2	3.4	0.8	425	439	II_1	0.59

续表

样品	层位	S_2/(mg/g)	TOC/%	HI/(mg/g_{TOC})	T_{max}/℃	类型	R_o/%
广元黑色页岩	P_2	45.15	11.74	385	435	II_2	0.56
贵州鱼洞煤样	P_2	142.2	60.94	233	439	III	0.71

2）仪器分析参数和色谱峰的鉴定

仪器分析参数包括热解仪条件和色谱-质谱分析条件，如表5.22所示。行标 SY/T 6188—1996 规定了热解色谱分析的热解升温速率为 25~50℃/min，为了确定最佳热解升温速率，在 20℃/min、30℃/min、40℃/min 和 50℃/min 升温速率下对表 5.21 的四种类型烃源岩样品进行了热解色谱分析。色谱和质谱分析条件的优化是通过原油样品的分析来实现的，色谱峰的鉴定主要采用了标准样品与质谱检索来确定。

表 5.22 热解色谱质谱分析条件

色谱柱	DH50.2：50m×0.2mm×0.5μm	进样接口	320℃
热解传输线	310℃	冷冻富集	−180℃
分流比	100:1	冷阱加热	320℃
富集时间	4~12min	载气/检测器	He/FID；Ms
离子源温度	230℃	电子能量	70eV
扫描方式	Scan	离子化方式	电子轰击
扫描周期	2s	倍增器电压	自动调谐
色谱箱	起始温度：40℃，恒温15min；升温速率：3℃/min 终止温度1：90℃，恒温0min；升温速率：15℃/min 终止温度2：325℃，恒温20min	柱流量	初始流量：0.5mL/min 保持时间：14min 升流速率：0.01mL/min 最终流量：0.8mL/min
热解炉	起始温度：300℃，恒温4min	氢气输出压力	0.4MPa
		液氮输出压力	0.2psi
	终止温度：650℃，恒温1min	空气输出压力	0.5MPa
	升温速率：20~50℃/min	氮气输出压力	0.5MPa

3）烃源岩热解色谱分析方法的优化

（1）不同热解速率条件下 I 型干酪根热解色谱分析。

绿河页岩不同升温速率下的热解色谱如图 5.30 所示。不同热解速率下的生烃组分 C_1、C_2~C_4、C_5~C_{14} 和 C_{15}+产率见表 5.23，其热解生烃组分产率变化特征见图 5.31。分析结果表明，热解升温速率的变化对绿河页岩热解生烃组分产率影响甚微，4 种不同升温速率下 C_1、C_2~C_4、C_5~C_{14} 和 C_{15}+热解生烃组分产率与均值的相对偏差都比较小，最大值 4.28%，说明在 20~50℃/min 的升温速率范围内热解升温速率的变化对该烃源岩热解生烃组分产率没有影响。

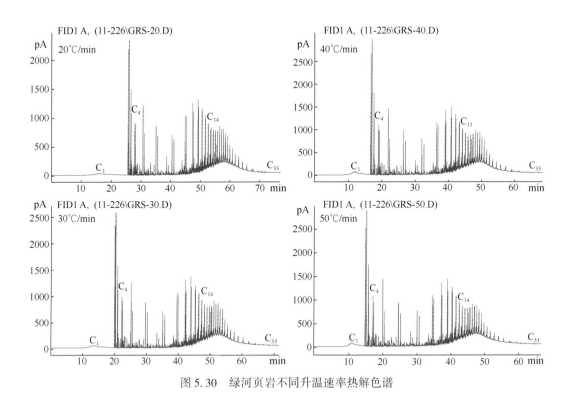

图 5.30　绿河页岩不同升温速率热解色谱

表 5.23　绿河页岩不同升温速率热解组分产率

组分	产率均值/%	20℃/min	相对偏差/%	30℃/min	相对偏差/%	40℃/min	相对偏差/%	50℃/min	相对偏差/%
C_1	5.04	5.51	1.39	5.04	0.01	4.99	0.55	4.63	4.28
$C_2 \sim C_4$	17.07	16.82	0.75	17.17	0.28	16.89	0.54	17.41	0.98
$C_5 \sim C_{14}$	53.64	54.60	0.89	53.94	0.28	52.44	1.13	53.58	0.06
$C_{15}+$	24.24	23.06	2.50	23.84	0.84	25.69	2.90	24.38	0.28

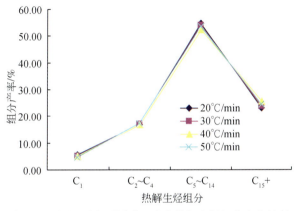

图 5.31　绿河页岩不同升温速率热解生烃组分产率特征

(2) 不同热解速率 II_1 干酪根热解色谱分析。

云南禄劝泥灰岩不同升温速率下的热解色谱如图 5.32 所示。不同热解速率下的生烃组分 C_1、$C_2 \sim C_4$、$C_5 \sim C_{14}$ 和 $C_{15}+$ 产率见表 5.24，其热解生烃组分产率变化特征见图 5.33。可以看出，热解升温速率的改变对泥灰岩生烃组分 C_1、$C_2 \sim C_4$、$C_5 \sim C_{14}$ 和 $C_{15}+$ 产率的影响各不相同，对 C_1 和 $C_2 \sim C_4$ 组分的影响很小，其与均值的相对偏差都小于 4%，对 $C_5 \sim C_{14}$ 和 $C_{15}+$ 产率的影响较大，尤其是在 20℃/min、30℃/min 热解升温速率时，其 $C_{15}+$ 产率与均值的误差最大时达到了 12.69% 和 6.44%，综合来看在较高的热解升温速率下（40~50℃/min）热解生烃各组分产率趋于稳定。

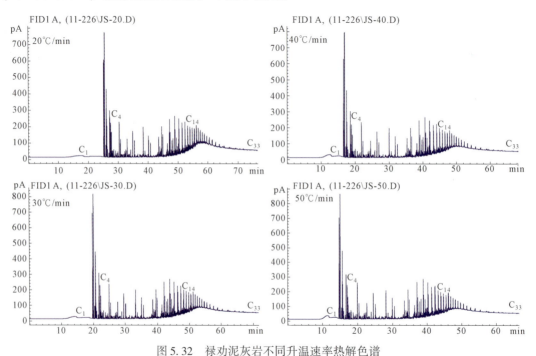

图 5.32 禄劝泥灰岩不同升温速率热解色谱

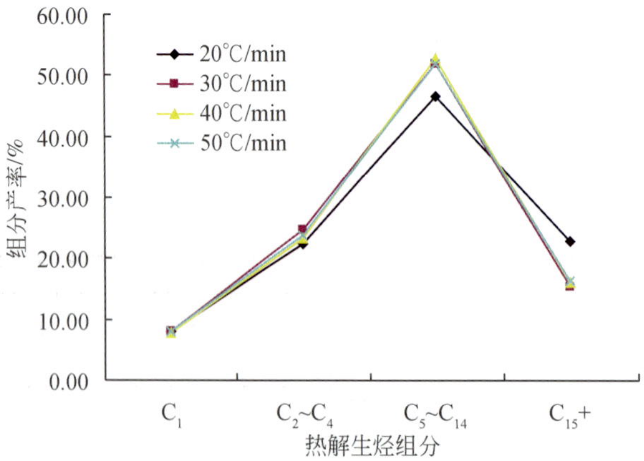

图 5.33 禄劝泥灰岩不同升温速率热解生烃组分产率特征

表 5.24　禄劝泥灰岩不同升温速率热解组分产率

组分	产率均值 /%	20℃ /min	相对偏差 /%	30℃ /min	相对偏差 /%	40℃ /min	相对偏差 /%	50℃ /min	相对偏差 /%
C_1	8.05	8.17	0.70	8.00	0.35	7.88	1.10	8.17	0.73
$C_2 \sim C_4$	23.50	22.36	2.48	24.61	2.31	23.33	0.36	23.69	0.41
$C_5 \sim C_{14}$	50.79	46.68	4.22	51.87	1.05	52.75	1.89	51.87	1.05
$C_{15}+$	17.66	22.79	12.69	15.52	6.44	16.05	4.77	16.27	4.09

(3) 不同热解速率 II_2 干酪根热解色谱分析。

四川广元黑色页岩不同升温速率下的热解色谱如图 5.34 所示。不同热解速率下的生烃组分 C_1、$C_2 \sim C_4$、$C_5 \sim C_{14}$ 和 $C_{15}+$产率见表 5.25，其热解生烃组分产率变化特征见图 5.35。不同热解升温速率对 C_1 产率影响最大，而对 $C_2 \sim C_4$、$C_5 \sim C_{14}$ 和 $C_{15}+$ 产率影响不明显，热解升温速率越高则 C_1 产率相对越大，但增幅有限，这些增减值都是在一定误差范围内，并不改变其各生烃组分产率特征。

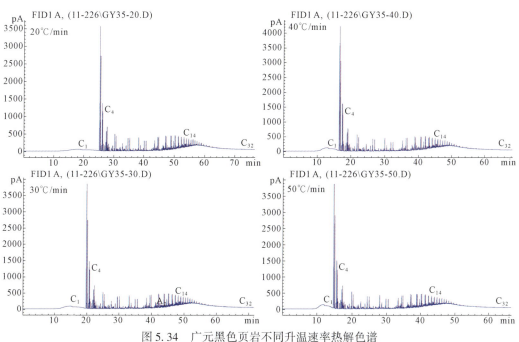

图 5.34　广元黑色页岩不同升温速率热解色谱

表 5.25　广元黑色页岩不同升温速率热解组分产率

组分	产率均值 /%	20℃ /min	相对偏差 /%	30℃ /min	相对偏差 /%	40℃ /min	相对偏差 /%	50℃ /min	相对偏差 /%
C_1	16.02	14.08	6.44	15.26	2.42	16.84	2.51	17.89	5.51
$C_2 \sim C_4$	27.45	28.82	2.43	27.40	0.10	26.82	1.17	26.77	1.26
$C_5 \sim C_{14}$	45.55	46.01	0.50	46.50	1.03	45.33	0.24	44.37	1.32
$C_{15}+$	10.98	11.09	0.51	10.84	0.63	11.01	0.15	10.97	0.03

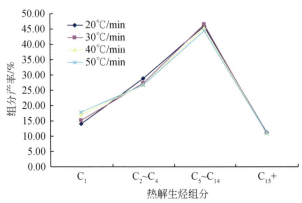

图 5.35　广元黑色页岩不同升温速率热解生烃组分产率特征

(4) 不同热解速率条件下Ⅲ型干酪根热解色谱特征。

贵州鱼洞煤样不同升温速率下的热解色谱如图 5.36 所示。不同热解速率下的生烃组分 C_1、$C_2 \sim C_4$、$C_5 \sim C_{14}$ 和 $C_{15}+$ 产率见表 5.26，其热解生烃组分产率变化特征见图 5.37。同样的是热解升温速率的改变对 C_1 产率影响最大，而对 $C_2 \sim C_4$、$C_5 \sim C_{14}$ 和 $C_{15}+$ 产率的影响较少。热解升温速率越高则 C_1 产率逐渐增大，其他组分则有逐渐减少的趋势，但这种变化不如 C_1 产率变化明显。

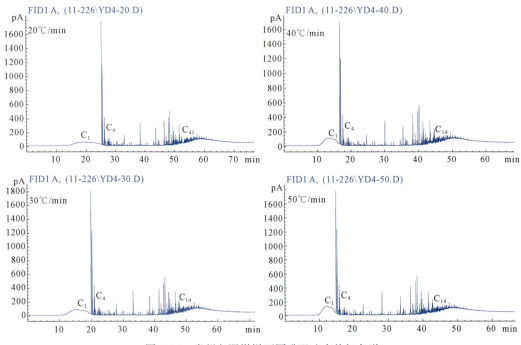

图 5.36　贵州鱼洞煤样不同升温速率热解色谱

表 5.26 贵州鱼洞煤样不同升温速率热解组分产率

组分	产率均值/%	20℃/min	相对偏差/%	30℃/min	相对偏差/%	40℃/min	相对偏差/%	50℃/min	相对偏差/%
C_1	28.09	22.45	11.16	27.38	1.29	30.39	3.93	32.16	6.74
$C_2 \sim C_4$	22.13	24.58	5.25	22.39	0.58	21.04	2.52	20.51	3.80
$C_5 \sim C_{14}$	33.92	35.95	2.90	33.61	0.46	33.63	0.43	32.50	2.14
$C_{15}+$	15.85	17.02	3.56	16.62	2.37	14.93	2.99	14.83	3.32

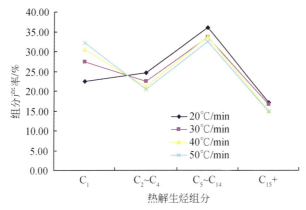

图 5.37 贵州鱼洞煤样不同升温速率热解生烃组分产率特征

(5) 烃源岩热解色谱分析方法的确定。

不同有机质类型的 4 种烃源岩和不同热解升温速率下生烃组分 C_1、$C_2 \sim C_4$、$C_5 \sim C_{14}$ 和 $C_{15}+$产率变化曲线如图 5.38 所示。绿河页岩生烃组分 C_1、$C_2 \sim C_4$、$C_5 \sim C_{14}$ 和 $C_{15}+$产率随热解升温速率变化未发生明显变化；禄劝泥灰岩在热解升温速率大于 30℃/min 后生烃组分 C_1、$C_2 \sim C_4$、$C_5 \sim C_{14}$ 和 $C_{15}+$产率变化趋于稳定；广元黑色页岩 C_1 产率随热解升温速率的增高而逐渐增加外，其 $C_2 \sim C_4$、$C_5 \sim C_{14}$ 产率随热解升温速率的变化有较少的趋势，但 $C_{15}+$产率变化不明显，同时当热解升温速率大于 40℃/min 后，C_1 产率增大趋势减缓，$C_2 \sim C_4$、$C_5 \sim C_{14}$ 和 $C_{15}+$产率变化趋于稳定；贵州鱼洞煤样和广元黑色页岩的表现基本相似，C_1 产率随热解升温速率的增高而逐渐增加，$C_2 \sim C_4$、$C_5 \sim C_{14}$ 产率随热解升温速率的升高而逐渐减少，$C_{15}+$产率变化不大，同样当热解升温速率大于 40℃/min 后 C_1 产率增大趋势减缓，$C_2 \sim C_4$、$C_5 \sim C_{14}$ 和 $C_{15}+$产率变化趋于稳定。

上述分析表明，虽然行标 SY/T 6188—1996 规定了热解色谱分析的热解升温速率为 25~50℃/min，但不同有机质类型烃源岩热解色谱分析表明，在较高的热解升温速率下烃源岩热解生烃组分 C_1、$C_2 \sim C_4$、$C_5 \sim C_{14}$ 和 $C_{15}+$产率更稳定，同时热解升温速率越快热解实验时间越短，冷冻时间也短，液氮消耗越少，综合分析，确定烃源岩热解色谱分析热解升温速率为 50℃/min。

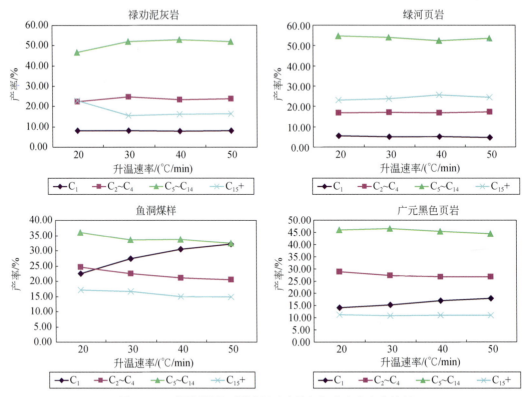

图 5.38　不同烃源岩不同升温速率热解组分产率变化特征

3. 不同类型烃源岩样品热解色谱研究

1）烃源岩样品热解色谱分析质量控制

以表 5.21 实验样品，在 300℃下恒温 4min 除去游离烃后，以 50℃/min 热解升温速率进行了样品平行实验分析，为研究样品分析的稳定性，以 C_1（干气）、$C_2 \sim C_4$（湿气）、$C_5 \sim C_{14}$（轻质油）和 $C_{15}+$（黑油）为指标进行了误差分析。4 种烃源岩的平行分析相对偏差见表 5.27。从表中可以看出，各烃源岩 C_1、$C_2 \sim C_4$、$C_5 \sim C_{14}$ 和 $C_{15}+$ 产率相对偏差都小于 10%。

表 5.27　烃源岩热解色谱分析相对偏差

样品	烃组成产率/%	分析 1	分析 2	相对偏差/%
绿河页岩	C_1	6.32	6.21	0.89
	$C_2 \sim C_4$	17.37	17.37	0.00
	$C_5 \sim C_{14}$	53.37	52.96	0.39
	$C_{15}+$	22.95	23.47	1.12
禄劝泥灰岩	C_1	8.17	8.01	1.00
	$C_2 \sim C_4$	23.69	21.37	5.15
	$C_5 \sim C_{14}$	51.87	51.75	0.12
	$C_{15}+$	16.27	18.87	7.40

续表

样品	烃组成产率/%	分析1	分析2	相对偏差/%
广元黑色页岩	C_1	16.31	15.93	1.15
	$C_2 \sim C_4$	26.47	26.58	0.21
	$C_5 \sim C_{14}$	45.50	45.83	0.36
	$C_{15}+$	11.72	11.65	0.30
鱼洞煤样	C_1	32.95	33.94	1.47
	$C_2 \sim C_4$	20.19	20.40	0.52
	$C_5 \sim C_{14}$	31.43	30.95	0.77
	$C_{15}+$	15.43	14.71	2.39

2) 不同类型烃源岩样品热解色谱研究

对烃源岩热解色谱的分析，由于不同学者实验条件的不同，图谱特征有所差异，但其主要不同是气态烃尤其是甲烷与乙烷、丙烷等的分离存在问题，单冷阱热解色谱很好地实现了甲烷与乙烷、丙烷等的分离，为剖析烃源岩生气组分特征和进行单组分动力学分析提供了基础，见图5.39。在进行烃源岩单冷阱热解色谱分析时，可以看出甲烷峰不是很尖锐，这是由于液氮冷冻温度和烃源岩持续生成甲烷过程造成的。液氮的温度为-190℃左右，实际冷冻捕集时冷阱温度能达到-170℃左右，甲烷的沸点为-161.4℃左右，因此在此条件下甲烷呈液态富集在冷阱毛细管内，由于甲烷的持续生成和毛细管柱压作用，甲烷不能完全固定于某点，其峰形也不可能尖锐。实验时要保持甲烷数据的稳定可靠，样品热解和冷阱捕集时间不宜过长。

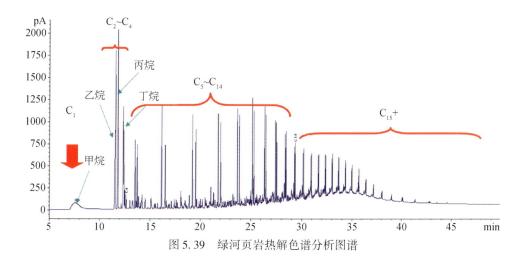

图5.39　绿河页岩热解色谱分析图谱

（1）不同类型烃源岩样品热解生烃组分产率特征。

4种类型干酪根样品的热解色谱和生烃产率特征见图5.40和图5.41，生烃产物组分特征见图5.42和表5.28（热解速率为50℃/min）。从图5.40和图5.41可以直观看出，从Ⅰ型到Ⅲ型有机质单位有机碳总生烃能力逐渐减少，C_1产率逐渐增大，$C_5 \sim C_{14}$和$C_{15}+$产率逐渐减少，$C_2 \sim C_4$产率Ⅰ型和Ⅱ$_1$型干酪根相当，高于Ⅱ$_2$型和Ⅲ型干酪根，Ⅲ型干酪根$C_2 \sim C_4$产率最低。图5.42和表5.28反映了不同类型有机质热解产物组分比率变化特征，可以看出，干酪根类型从Ⅰ型到Ⅲ型，其生烃油气比逐渐减少，Ⅰ型最高达到3.54，Ⅲ型最低仅为0.90，充分反映了不同有机质生烃的倾油倾气性，从Ⅰ型到Ⅲ型生油能力逐渐减弱，生气能力逐渐增加。不同干酪根的生油轻重比以Ⅱ型最高，Ⅰ型干酪根重烃产率最高，反映了有机质类型越好重烃生成能力也强。其生烃组分比率变化最为显著的是甲烷和轻烃，它们有相反的变化趋势，从Ⅰ→Ⅱ→Ⅲ型干酪根，甲烷比率从百分之几快速升到总产率的三分之一多；而轻烃比率则从53.58%下降到32.50%，减少了接近一半。重烃的所占比率从Ⅰ→Ⅱ→Ⅲ型干酪根表现出逐渐减少的趋势，但本次研究中Ⅲ型干酪根样品贵州鱼洞煤样重烃比率略高于Ⅱ$_2$干酪根广元黑色页岩样品重烃比率，可能与煤样本身显微组分组成有关。湿气组分所占比率变化从Ⅰ→Ⅱ有增多趋势，但到Ⅲ型干酪根又变小，4种干酪根类型的湿气所占比率都在22%左右，Ⅱ$_2$型干酪根湿气比率最高为26.77%左右，Ⅰ型干酪根湿气比率最低为17.41%，总的来看湿气所占比率与有机质类型关系不明显，因此在利用热解组分特征判断有机质类型时可不考虑湿气组分，直接以甲烷（C_1）、轻烃（$C_5 \sim C_{14}$）和重烃（$C_{15}+$）组分比率三角图来判识有机质类型和倾油倾气性更为直接。

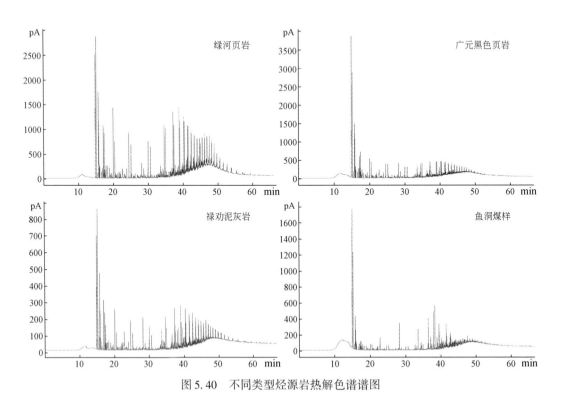

图5.40 不同类型烃源岩热解色谱谱图

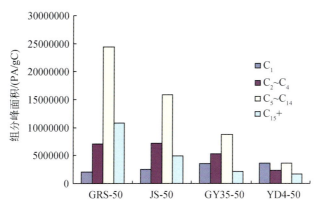

图 5.41 不同类型烃源岩热解色谱分析组分产率特征

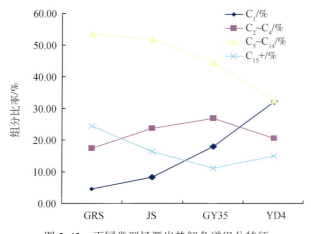

图 5.42 不同类型烃源岩热解色谱组分特征

表 5.28 不同类型烃源岩热解产物组分特征

参数	GRS	JS	GY35	YD4
$C_1/\%$	4.63	8.17	17.89	32.16
$C_2 \sim C_4/\%$	17.41	23.69	26.77	20.51
$C_5 \sim C_{14}/\%$	53.58	51.87	44.37	32.50
$C_{15}+/\%$	24.38	16.27	10.97	14.83
油/气	3.54	2.14	1.24	0.90
轻烃/重烃	2.20	3.19	4.04	2.19
$\sum$正烷烃/$\sum$正烯烃	0.78	0.64	0.91	0.86

(2) 不同类型烃源岩样品热解生烃烯烃组分特征。

有研究者认为，Ⅰ类干酪根的正构烷烃大于正烯烃含量，其比值都大于1，且轻组分含量较少；Ⅱ类干酪根低碳部分为正烷烃低于正烯烃含量，其比值都小于1，高碳部分正烷烃高于正烯烃含量，其比值大于1；Ⅲ类干酪根的正烷烃含量低于正烯烃含量，其比值都小于1，轻组分多，重组分含量较少。通过本次研究，我们认为该文对正烯烃与正烷烃比值的认识不具普遍性。从图 5.43 可以看出，4 种类型烃源岩样品正烷烃与正烯烃比值在低碳数时基本都小于 1，而在高碳数时其比值逐渐大于 1，只不过Ⅲ型干酪根的比值突变点要早于其他类型有机质。进一步研究表明，热解速率以及烃源岩不同演化阶段都会对正烷烃与正烯烃比值产生影响，不同热解速率和烃源岩不同演化阶段产物其正烷烃与正烯烃比值的突变点不同。绿河页岩在 10℃/min 热解速率下在 C_{14} 以前正烯烃大于正烷烃，C_{14} 以后正烷烃大于正烯烃；而 50℃/min 热解速率下正烯烃与正烷烃比值变化的突变点在 C_{20}，如图 5.44 所示。也就是说，高的升温速率会产生更多的烯烃。绿河页岩在 20℃/min 热解速率下不同演化阶段产物正烷烃与正烯烃的比值变化如图 5.45 所示，在低演化阶段，生烃产物正烷烃与正烯烃比值变化突变点碳数较低，随演化程度的增加，该突变点碳数逐渐升高。

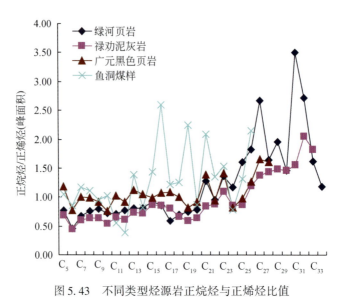

图 5.43　不同类型烃源岩正烷烃与正烯烃比值

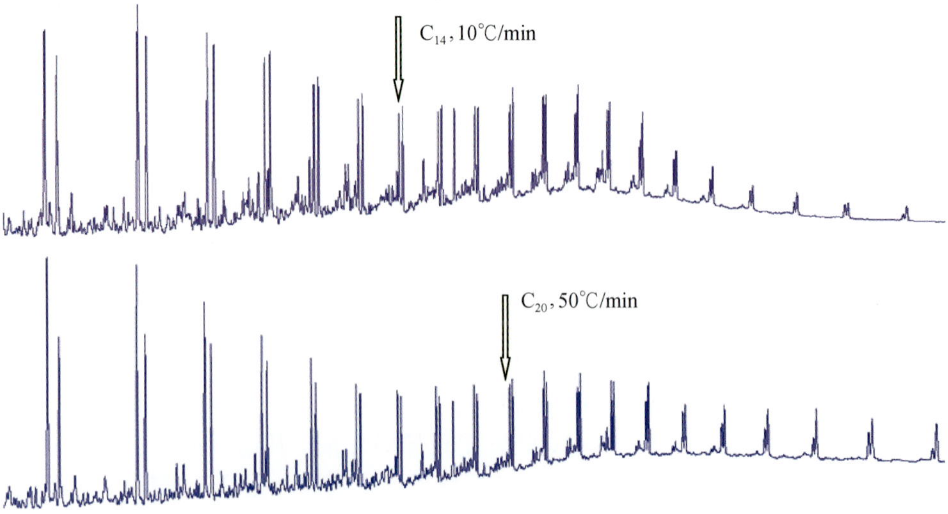

图 5.44　绿河页岩不同热解速率下正烷烃与正烯烃比值的变化特征

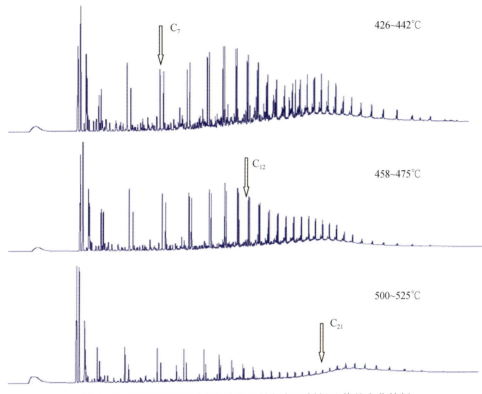

图 5.45 绿河页岩不同演化阶段正烷烃与正烯烃比值的变化特征

二、烃源岩不同演化阶段热解色谱分析技术

不同演化阶段烃源岩具有不同的产物特征和生烃潜力，根据热解产物组分的变换特征，也可以研判烃源岩的有机质类型和成熟度。以往对烃源岩不同演化阶段的热解色谱特征研究主要是基于对具有相似岩性和不同成熟度的地质样品分别进行热解色谱分析，或是对同一低演化地质样品实验室热模拟获取不同演化阶段样品后再分别进行热解色谱分析。20 世纪 90 年代美国加利福尼亚州理工学院环境与能源研究中心在 ROCK EVAL 热解仪的基础上研制开发了多冷阱热解气相色谱仪，简称 MACT-GC，较好地实现了烃源岩不同演化阶段色谱在线分析。该仪器的主要特点是把有机质热解过程中不同成熟阶段产生的热解产物分别收集，进行 GC 分析。在这种试验中，热解产物以一定的时间间隔被切割成各种组分段，然后再利用色谱仪对每个组分段进行细分和检测，其分析机理显示见图 5.46，此系统由热解进样器 TEPI、多组分自动冷阱、安捷伦 6890 气相色谱带 FID 或 MSD 组成，提供的数据用于油和气组分的动力学研究，详细模拟烃源岩的生烃过程。这套复杂系统将热解流出物在特定时间或温度下冷冻到 9 个不同的冷阱（ $-200℃$ ）中。完整的分析流程包括冷冻、脱附、分离、检测和定量，是在计算机的控制下顺序自动完成的。

利用 Weatherford 公司单冷阱热解色谱仪开发了烃源岩不同演化阶段热解色谱分析技

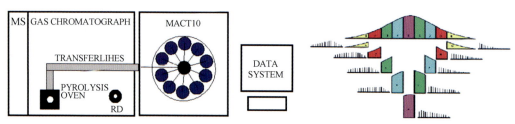

图 5.46　多冷阱热解色谱分析原理

术方法，采用多样品热解分阶段冷冻收集和色谱分析成功获取了烃源岩不同演化阶段产物的组分特征，为研究烃源岩生烃机制和组分动力学提供了技术支撑。

（一）烃源岩不同演化阶段热解色谱分析方法建立

1. 烃源岩不同演化阶段的热解温度、时间划分

实验样品为绿河页岩（GRS）和禄劝泥灰岩（JS）。对烃源岩不同演化阶段的划分是依据其实验热解速率下的最高热解峰温 T_p 来确定的，不同的热解升温速率下烃源岩热解最高峰温 T_p 有不同值，一般升温速率越低其烃源岩 T_p 值越低，反之亦然。需要指出的是在此最高峰温 T_p 值和烃源岩的 T_{max} 值有所区别，T_{max} 值是通过标准样品标定后的 S_2 最高热解峰温，而 T_p 值是 S_2 最高热解峰的真实温度。因此，在进行热解色谱分析前首先要设定样品的热解升温速率，并在此升温速率下进行热解分析，获取样品的 T_p 值；其次是确定烃源岩不同演化阶段的划分段数，也就是确定分几个阶段来冷冻收集热解 S_2 峰，划分段数太少不能充分反映烃源岩不同演化阶段的生烃产物变化特征，而划分段数太多则冷冻产物含量相对降低，这会影响色谱分析检测。实际阶段划分时，有一个 Time Slicer 程序，我们只需确定热解速率、起始温度、T_p 值、最终温度和划分段数，程序将自动划分确定热解温度段和热解时间分段，根据热解时间分段，在 Thermal Station 上进行方法设定来完成样品的分阶段热解和收集。

绿河页岩（GRS）和禄劝泥灰岩（JS）在 20℃/min 热解速率下的热解图谱见图 5.47。GRS 热解 T_p 值为 480℃，JS 热解 T_p 值为 472℃，在 Time Slicer 程序设定划分 10 个温度段，初始温度恒定时间为 3min，最终温度 650℃，第一温度段范围 300～400℃，分别输入不同

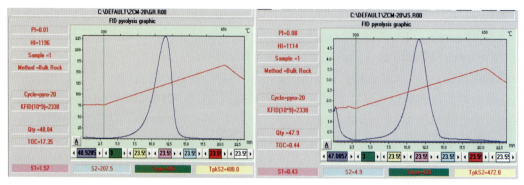

图 5.47　烃源岩热解 T_p 值确定

样品的 T_p 值，点击 Recalculate 即可获取相应的温度段划分及热解产物开始收集和停止收集时间。绿河页岩和禄劝泥灰岩在 20℃/min 热解速率下冷冻收集温度时间段的划分见图 5.48、图 5.49。

# Slices	10		Initial Time	3.0	Pyrolysis Ramp	20	(°C/Min)
Trap	Temp Range			Time	Start Time	End Time	Temp (°C)
1	300	-	400	5.0	03:00	08:00	100
2	400	-	418	0.9	08:00	08:54	18
3	418	-	436	0.9	08:54	09:48	18
4	436	-	454	0.9	09:48	10:42	18
5	454	-	472	0.9	10:42	11:36	18
6	472	-	507	1.8	11:36	13:24	35
7	507	-	543	1.8	13:24	15:12	36
8	543	-	578	1.8	15:12	17:00	35
9	578	-	614	1.8	17:00	18:48	36
10	614	-	650	1.8	18:48	20:36	36
			Final Hold Time	1.0			
			Total Pyrolysis Time	21.5	Clear	Recalculate	

图 5.48　绿河页岩不同演化阶段热解温度时间划分

# Slices	10		Initial Time	3.0	Pyrolysis Ramp	20	(°C/Min)
Trap	Temp Range			Time	Start Time	End Time	Temp (°C)
1	300	-	400	5.0	03:00	08:00	100
2	400	-	418	0.9	08:00	08:54	18
3	418	-	436	0.9	08:54	09:48	18
4	436	-	454	0.9	09:48	10:42	18
5	454	-	472	0.9	10:42	11:36	18
6	472	-	507	1.8	11:36	13:24	35
7	507	-	543	1.8	13:24	15:12	36
8	543	-	578	1.8	15:12	17:00	35
9	578	-	614	1.8	17:00	18:48	36
10	614	-	650	1.8	18:48	20:36	36
			Final Hold Time	1.0			
			Total Pyrolysis Time	21.5	Clear	Recalculate	

图 5.49　禄劝泥灰岩不同演化阶段热解温度时间划分

2. 烃源岩不同演化阶段热解产物冷冻富集和色谱分析

烃源岩不同演化阶段划分的热解时间是设定岩石热解、产物收集和色谱分析的基础，依据 Time Slicer 的热解时间分段，在 Thermal Station 上编辑设定热解和产物收集程序。

图 5.50 是对烃源岩热解产物进行分段收集的示意图，烃源岩在某一热解升温速率下 S_2 峰在 Time Slicer 上根据 T_p 值自动划分为 10 个收集片段，片段之间有 A~L 11 个时间节点，1 个岩石样品的分析要称量岩石样品 10 个，形成 1 个分析系列，保持样品量基本一致，并在 Thermal Station 上和 GC Station 编制相应的分析系列程序。每次开始热解样品前，液氮控制电磁阀 2 自动打开，使冷阱达到 –170℃，为收集热解产物做好准备。1 个样品系列开始分析前先进行 1 个空白样品的分析，保证去除系统污染。时间 A~B 为分析系列第 1 个热解样品收集片段，热解仪在 300℃下恒温一定时间以除去岩石游离烃，电磁阀 1 处于放空状态，到达时间节点 A 时，电磁阀 1 立即关闭，热解仪开始程序升温，到达时间点 B 时，热解仪停止加热，冷空气自动外围吹冷热解炉，直至炉温冷却至初始温度 300℃；以此同时，电磁阀 2 关闭停止液氮输送，冷阱自动快速加热至 290℃。色谱仪在冷阱开始

收集前 1min 启动运行程序，直至整个色谱分析过程完成。第 1 个样品色谱分析完成后，冷阱停止加热，液氮冷冻电磁阀再次开启，使冷阱再次冷冻至 –170℃，为第 2 个岩石样品的收集做好准备。第 2 个岩石样品的收集片段为时间 B～C 之间的热解产物，当色谱仪柱箱冷却至设定温度 40℃，分析系统处于准备状态后，热解仪将自动取下第 1 个岩石样品并装上第 2 个岩石坩埚样品，电磁阀 1 一直处于开启状态放空热解产物，直至时间节点 B 立即关闭，热解产物开始被收集，到达时间节点 C 时热解仪停止加热并快速冷却至 300℃，色谱仪在节点 B 之前 1min 启动，开始新一轮的色谱分析。色谱仪分析结束后开始下一个样品的循环，不同的是岩石样品热解产物收集时间段不同，如第 3 个样品的收集时间段为节点 C～D，第 4 个为 D～E，第 5 个为 E～F，以此类推，第 10 个样品收集时间段为 K～L。所有样品分析完成后，再做一个空白分析。

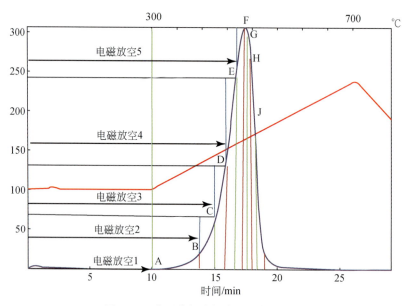

图 5.50　岩石热解产物分段收集示意图

图 5.51 和图 5.52 分别是绿河页岩和禄劝泥灰岩不同演化阶段的热解色谱分析图谱，每个样品共划分了 10 个温度片段，因此每个烃源岩样品有 10 个热解色谱组合，依据色谱特征和油气产物产率可以对烃源岩相应演化阶段的油气生成性质进行深入分析研究。

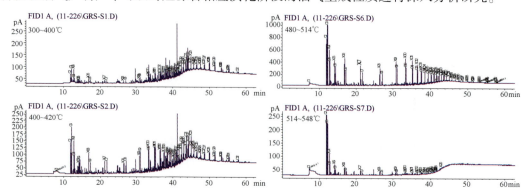

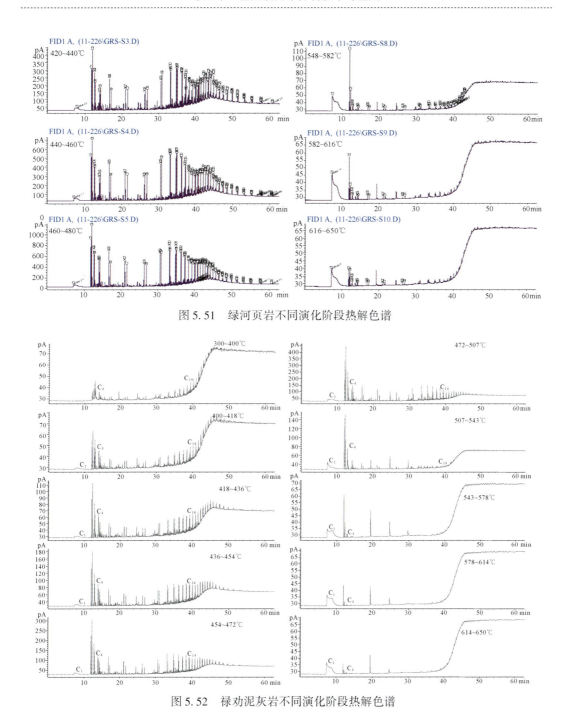

图 5.51　绿河页岩不同演化阶段热解色谱

图 5.52　禄劝泥灰岩不同演化阶段热解色谱

3. 烃源岩不同演化阶段热解色谱分析质量控制

对绿河页岩和禄劝泥灰岩分别进行了烃源岩不同演化阶段的热解色谱平行分析实验，并对生烃组分结果进行了误差分析，表 5.29 是绿河页岩的平行实验误差分析，表 5.30 是禄劝泥灰岩平行实验误差分析，从误差分析结果可以看出，实验分析具有很好的稳定性，2 个样品每个温段的平行实验 4 组分相对偏差都在 10% 以内，反映了方法的可靠性。

表 5.29 绿河页岩不同演化阶段热解色谱平行分析相对偏差

样品	热解温度/℃	烃组成产率/%	分析 1	分析 2	相对偏差/%
绿河页岩	300~400	C_1	0.00	0.00	0.00
		$C_2 \sim C_4$	9.95	10.99	4.97
		$C_5 \sim C_{14}$	52.14	52.99	0.81
		$C_{15}+$	37.91	36.02	2.56
	400~420	C_1	4.10	4.09	0.10
		$C_2 \sim C_4$	10.64	11.79	5.13
		$C_5 \sim C_{14}$	51.90	52.63	0.70
		$C_{15}+$	33.36	31.48	2.90
	420~440	C_1	3.42	3.76	4.77
		$C_2 \sim C_4$	11.90	12.22	1.33
		$C_5 \sim C_{14}$	52.36	53.98	1.52
		$C_{15}+$	32.33	30.04	3.67
	440~460	C_1	3.25	3.46	3.12
		$C_2 \sim C_4$	13.82	13.74	0.29
		$C_5 \sim C_{14}$	56.98	56.80	0.16
		$C_{15}+$	25.95	26.00	0.10
	460~480	C_1	3.79	4.03	3.06
		$C_2 \sim C_4$	17.51	17.53	0.06
		$C_5 \sim C_{14}$	57.16	56.72	0.39
		$C_{15}+$	21.54	21.72	0.42
	480~514	C_1	6.77	6.80	0.19
		$C_2 \sim C_4$	24.34	23.91	0.89
		$C_5 \sim C_{14}$	54.60	53.76	0.78
		$C_{15}+$	14.28	15.54	4.23
	514~548	C_1	35.17	33.26	2.78
		$C_2 \sim C_4$	36.50	35.80	0.97
		$C_5 \sim C_{14}$	24.97	27.15	4.18
		$C_{15}+$	3.36	3.79	6.01
	548~582	C_1	64.45	65.37	0.71
		$C_2 \sim C_4$	16.97	15.81	3.54
		$C_5 \sim C_{14}$	15.05	14.71	1.14
		$C_{15}+$	3.52	4.10	7.61
	582~616	C_1	76.25	74.05	1.46
		$C_2 \sim C_4$	12.47	14.44	7.32
		$C_5 \sim C_{14}$	11.47	11.52	0.22

续表

样品	热解温度/℃	烃组成产率/%	分析1	分析2	相对偏差/%
绿河页岩	582~616	$C_{15}+$	0.00	0.00	0.00
	616~650	C_1	80.18	78.48	1.07
		$C_2 \sim C_4$	10.77	11.50	3.28
		$C_5 \sim C_{14}$	9.06	10.02	5.03
		$C_{15}+$	0.00	0.00	0.00

表 5.30 禄劝泥灰岩不同演化阶段热解色谱平行分析相对偏差

样品	热解温度/℃	烃组成产率/%	分析1	分析2	相对偏差/%
禄劝泥灰岩	300~400	C_1	0.00	0.00	0.00
		$C_2 \sim C_4$	17.01	17.43	1.22
		$C_5 \sim C_{14}$	39.97	39.35	0.78
		$C_{15}+$	43.03	43.22	0.22
	400~418	C_1	3.65	3.78	1.71
		$C_2 \sim C_4$	16.28	15.95	1.02
		$C_5 \sim C_{14}$	43.13	43.76	0.73
		$C_{15}+$	36.94	36.52	0.57
	418~436	C_1	4.49	4.52	0.28
		$C_2 \sim C_4$	17.61	17.45	0.46
		$C_5 \sim C_{14}$	51.31	51.09	0.21
		$C_{15}+$	26.59	26.95	0.67
	436~454	C_1	3.66	3.83	2.20
		$C_2 \sim C_4$	18.63	18.13	1.36
		$C_5 \sim C_{14}$	56.04	56.52	0.43
		$C_{15}+$	21.67	21.52	0.35
	454~472	C_1	4.21	3.99	2.67
		$C_2 \sim C_4$	21.60	21.63	0.07
		$C_5 \sim C_{14}$	53.96	53.55	0.38
		$C_{15}+$	20.23	20.83	1.46
	472~507	C_1	7.80	7.56	1.54
		$C_2 \sim C_4$	25.64	25.84	0.39
		$C_5 \sim C_{14}$	50.69	51.31	0.61
		$C_{15}+$	15.87	15.28	1.89
	507~543	C_1	26.56	26.99	0.81
		$C_2 \sim C_4$	35.40	34.91	0.70
		$C_5 \sim C_{14}$	32.81	32.51	0.46

续表

样品	热解温度/℃	烃组成产率/%	分析1	分析2	相对偏差/%
禄劝泥灰岩	507~543	$C_{15}+$	5.23	5.58	3.24
	543~578	C_1	65.25	63.58	1.29
		$C_2~C_4$	15.56	15.56	0.00
		$C_5~C_{14}$	19.20	20.86	4.14
		$C_{15}+$	0.00	0.00	0.00
	578~614	C_1	79.03	77.94	0.70
		$C_2~C_4$	7.57	7.81	1.56
		$C_5~C_{14}$	13.39	14.25	3.11
		$C_{15}+$	0.00	0.00	0.00
	614~650	C_1	84.69	82.60	1.25
		$C_2~C_4$	5.18	5.54	3.36
		$C_5~C_{14}$	10.14	11.86	7.82
		$C_{15}+$	0.00	0.00	0.00

（二）烃源岩不同演化阶段热解色谱分析产物特征

1. 烃源岩不同演化阶段热解色谱特征

不同类型的烃源岩有不同的热解色谱谱图和组分特征，但要详细剖析烃源岩不同演化阶段的热解生烃组分特征就必须把不同演化阶段的生烃产物分别收集和色谱分离分析。利用上述已建立的烃源岩不同演化阶段热解色谱分析方法，研究者可以获取烃源岩详细的生烃过程和产物组分特征。图5.51是绿河页岩10个温度段的油气产物热解色谱（20℃/min），代表烃源岩不同演化阶段的生烃产物。各演化阶段表现出以下特征：①410℃以前，属于低演化阶段，油气产物主要是重质烃类物质，异构烷烃、芳烃含量高，少量的气态烃，甲烷微量，正烷烃与正烯烃含量很低；②410~440℃，热解产物正烷烃与正烯烃产物丰富，同时异构烷烃也大量存在，甲烷及气态烃少量，烃产物碳数高，已进入生油门窗；③440~480℃，热解产物以正烷烃和正烯烃为主，异构烷烃含量少，气态烃含量增加，烃产物碳数较高，是大量生油阶段；④480~525℃，热解产物主要是正烷烃和正烯烃，气态烃含量明显增加，异构烷烃含量很少，烃碳数降低，为大量生成轻烃和凝析油阶段；⑤525~600℃，热解产物为气态烃所主导，且甲烷含量逐渐增加并占统治地位，进入高过成熟阶段。图5.52是禄劝泥灰岩（II_1型）不同阶段热解色谱，其反映出和绿河页岩相似的热解色谱特征，不同的是其生烃能力要弱。

2. 烃源岩不同演化阶段热解生烃组分产率特征

不同演化阶段油气产物组分含量变化特征如图5.53、图5.54所示。图5.53是绿河页岩不同演化阶段每克岩石生烃组分产率的特征，其生油早期轻烃大于重烃产率，约比重烃的多三分之一；而到生油高峰期轻烃和重烃组分都快速增加，且轻烃占有绝对优势；到凝析油气阶段重烃快速减少，以轻烃和湿气为主；高演化阶段甲烷含量逐渐占主导地位。图

5.54 是禄劝泥灰岩不同演化阶段每克岩石生烃组分产率特征，其在生烃早期表现出重烃与轻烃产率相当，反映出海相烃源岩在演化早期容易生成重烃，同样在进入生油高峰后轻烃快速增大，重烃也增大但幅度较慢，湿气快速增加，轻烃占有绝对优势；到凝析油气阶段重烃和轻烃都快速减少；高演化阶段甲烷含量逐渐占主导地位。

从图 5.53、图 5.54 中也可看出，轻烃在整个油气产物中几乎占统治地位，而传统的热模拟实验由于技术手段的限制，这部分损失严重，这无疑会对烃源岩生烃潜力评价和资源估算带来严重负面影响。

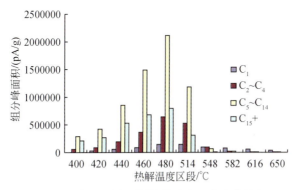

图 5.53　绿河页岩不同演化阶段组分产率特征

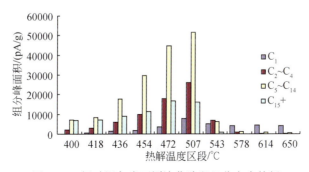

图 5.54　禄劝泥灰岩不同演化阶段组分产率特征

图 5.55 和图 5.56 是绿河页岩与禄劝泥灰岩在不同演化阶段热解生烃组分百分比率特征。绿河页岩轻烃组分初始生成比率在 50% 以上，随演化程度的升高，轻烃比率缓慢升高，但最高不过 60%，到高演化阶段开始快速减少；重烃比率演化初期达到 37.91%，随演化程度的升高而逐渐减少，至高演化阶段基本不产重烃；湿气比率初始为 10% 左右，随演化程度的升高而逐渐增加，并在高演化阶段逐渐达到比率高峰为 36.5%，之后其比率快速下降，演化进入干气阶段；甲烷初始比率很少或基本没有，之后在整个生油高峰阶段，其比率基本维持在 10% 以下，但进入高演化阶段甲烷比率却快速增加，并迅速成为主导组分，在高过成熟阶段其比率最高可达 80% 之上。详细组分比率变化见表 5.31。禄劝泥灰岩甲烷和湿气组分比率与绿河页岩没有明显不同，但轻烃初始比率低于重烃，说明海相类型较好的烃源岩在成熟度早期易生成重烃，随成熟度的增加，其轻烃比率逐步增加，并在

生油高峰达到56.04%,之后则缓慢降低,到高演化阶段则快速减少;重烃组分比率初始占到了43.03%,高于轻烃的39.97%,但随演化程度的增高,其组分比率呈逐渐下降的趋势,在高过成熟阶段其产量为零,见表5.32。

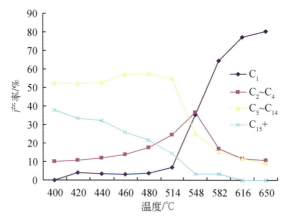

图5.55 绿河页岩不同演化阶段热解色谱组分产率百分比特征

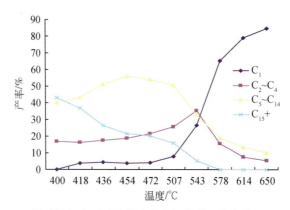

图5.56 禄劝泥灰岩不同演化阶段热解色谱组分产率百分比特征

表5.31 绿河页岩不同演化阶段热解色谱组分产率

产率/%	GRS-S1 400℃	GRS-S2 420℃	GRS-S3 440℃	GRS-S4 460℃	GRS-S5 480℃	GRS-S6 514℃	GRS-S7 548℃	GRS-S8 582℃	GRS-S9 616℃	GRS-S10 650℃
C_1	0.00	4.10	3.42	3.25	3.79	6.77	35.17	64.45	77.25	80.18
$C_2 \sim C_4$	9.95	10.64	11.90	13.82	17.51	24.34	36.50	16.97	11.47	10.77
$C_5 \sim C_{14}$	52.14	51.90	52.36	56.98	57.16	54.60	24.97	15.05	11.47	9.06
$C_{15}+$	37.91	33.36	32.33	25.95	21.54	14.28	3.36	3.52	0.00	0.00

表 5.32　禄劝泥灰岩不同演化阶段热解色谱组分产率

产率/%	JS-S1 400℃	JS-S2 418℃	JS-S3 436℃	JS-S4 454℃	JS-S5 472℃	JS-S6 507℃	JS-S7 543℃	JS-S8 578℃	JS-S9 614℃	JS-S10 650℃
C_1	0.00	3.65	4.49	3.66	4.21	7.80	26.56	65.25	79.03	84.69
$C_2 \sim C_4$	17.01	16.28	17.61	18.63	21.60	25.64	35.40	15.56	7.57	5.18
$C_5 \sim C_{14}$	39.97	43.13	51.31	56.04	53.96	50.69	32.81	19.20	13.39	10.14
$C_{15}+$	43.03	36.94	26.59	21.67	20.23	15.87	5.23	0.00	0.00	0.00

（三）东北地区烃源岩不同演化阶段热解色谱分析

对东北地区宾参 1 井黑色页岩（BC-01-X，白垩系青山口组）、彰武 1-3 井灰黑色泥岩（ZW1-3，白垩系九佛堂组）、达连河黑色页岩（DLH-2，古近系达连河组）和桦甸油页岩（HD-4，白垩系）在 25℃/min 升温速率下进行了不同演化阶段的热解色谱分析，样品基本地球化学特征如表 5.33 所示，4 个样品的热解色谱分析油气产物参数特征如表 5.34 所示。四样品有明显的倾油性，虽然达连河 DLH-2 黑色页岩样品氢指数只有 336，看似Ⅲ型干酪根，但从其显微组分分析可以看出，其有机显微组分以藻类体、孢子体、镜质体和惰质体组成，其中腐泥组与壳质组总计达 66.6%，因此其表现出很好的生油倾向。4 个样品中以油气产物组分所占百分比来看，以 DLH-2 黑色页岩生成甲烷所占比例最高，这也是与其镜质组和惰性组含量较高有关。有机显微组分决定了有机质的倾油倾气性。

表 5.33　样品基本地化参数

样品	S_2/(mg/g)	T_{max}/℃	TOC/%	HI	R_o/%	腐泥组/%	壳质组/%	镜质组/%	惰性组/%	次生组分
BC-01-X	7.67	437	1.65	465	0.71	—	39.3	5.9	—	3.9
ZW1-3	12.2	437	2.42	502	0.7	17.5	57.3	21.7	3.5	—
DLH-2	16.36	430	4.87	336	0.46	24.4	42.2	30.4	3	—
HD-4	197.72	445	22.7	871	0.4	83.74	—	16.26	—	—

表 5.34　样品热解色谱分析油气组分产物特征

样品	C_1/%	$C_2 \sim C_4$/%	$C_5 \sim C_{14}$/%	$C_{15}+$/%	气/油
BC-01-X	6.80	17.53	57.44	18.23	0.32
ZW1-3	10.59	18.14	51.78	19.49	0.40
DLH-2	17.35	19.40	41.69	21.57	0.58
HD-4	3.65	13.39	42.66	40.30	0.21

1）宾参 1 井 BC-01-X 黑色页岩不同演化阶段热解色谱油气产物特征

图 5.57 是宾参 1 井 BC-01-X 黑色页岩不同演化阶段的热解色谱，图 5.58 是其不同演

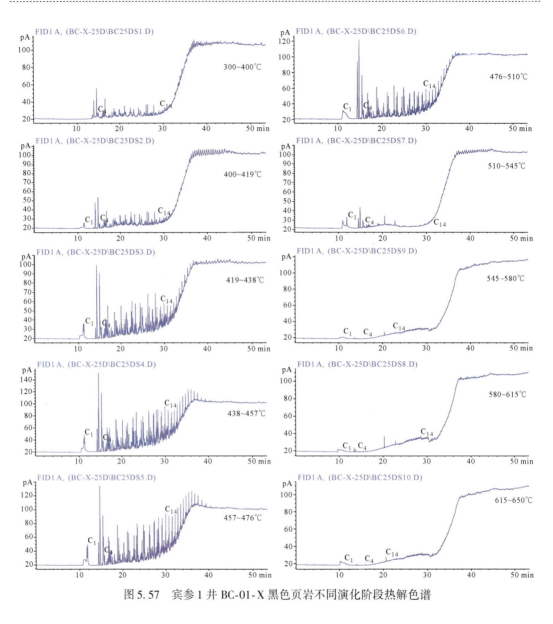

图 5.57　宾参 1 井 BC-01-X 黑色页岩不同演化阶段热解色谱

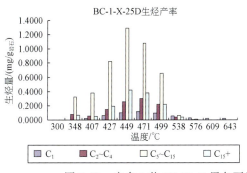 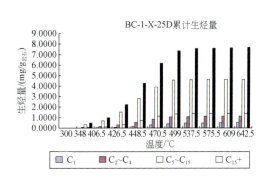

图 5.58　宾参 1 井 BC-01-X 黑色页岩不同演化阶段热解色谱油气产物特征

化阶段的油气组分产率特征和每克岩石油气产物量化特征，结合表 5.35 各阶段生烃组分含量的变化情况可以看出，宾参 1 井 BC-01-X 黑色页岩在低温热解阶段重烃生成很少，主要是轻烃，该样品成熟度 R_o 已达 0.71%，已进入大量生油阶段，可能大量生成重烃阶段已经结束，或与其显微组分有关。在 420℃ 以后进入大量生油阶段，有一定量的重烃生成，其总量高于湿气和甲烷，轻烃是其最主要的生烃产物，甲烷生成量很少，低于湿气。510℃ 以后进入高演化阶段，生烃产物主要是湿气和甲烷，但总量很少。利用热解分析 S_2 结果可以获取每个演化阶段油气产物的生成量（表 5.35），为详细了解烃源岩不同演化阶段的生烃产物量化特征提供了定量数据。BC-01-X 黑色页岩具有 7.67mg/g$_{岩石}$ 的生烃能力，其甲烷生成能力为 0.5367mg/g$_{岩石}$，湿气的生成能力为 1.1215mg/g$_{岩石}$，轻烃的生成能力为 4.6332mg/g$_{岩石}$，重烃的生成能力为 1.3785mg/g$_{岩石}$。油气组分生成量是轻烃>重烃>湿气>甲烷。

表 5.35　宾参 1 井 BC-01-X 黑色页岩不同演化阶段油气产物生烃量

温度范围/℃	生烃产率/(mg/g$_{岩石}$)				
	C_1	$C_2 \sim C_4$	$C_5 \sim C_{14}$	$C_{15}+$	C_T
300~400	0.0000	0.0792	0.3237	0.0654	0.4684
400~419	0.0210	0.0583	0.3804	0.0530	0.5127
419~438	0.0615	0.1501	0.8269	0.1942	1.2327
438~457	0.1039	0.2547	1.2916	0.4233	2.0736
457~476	0.1183	0.3013	1.0816	0.3831	1.8844
476~510	0.0974	0.2233	0.6540	0.2216	1.1963
510~545	0.0580	0.0417	0.0600	0.0378	0.1975
545~580	0.0311	0.0082	0.0102	0.0000	0.0496
580~615	0.0253	0.0026	0.0023	0.0000	0.0302
615~650	0.0201	0.0021	0.0024	0.0000	0.0247
累计生烃/(mg/g$_{岩石}$)	0.5367	1.1215	4.6332	1.3785	7.6700

2）彰武 1-3 井 ZW1-3 灰黑色页岩不同演化阶段热解色谱油气产物特征

图 5.59 和图 5.60 是彰武 1-3 井 ZW1-3 灰黑色页岩不同演化阶段热解色谱和油气组分产率特征。由于其成熟度 R_o 已达 7.0%，已进入大量生油阶段，因此在 420℃ 以前的低温热解阶段只有很少的重烃生成，主要是轻烃，少量的湿气和极少的甲烷；进入大量生油阶段后，油气产物以轻烃占主导地位，其次是重烃和湿气，甲烷缓慢生成，但生成量是 4 组分中最少的；510℃ 以后的高演化阶段仍有部分轻烃生成，随演化程度的继续升高，生烃产物逐渐以甲烷和湿气为主，甲烷占主导地位。热解分析 ZW1-3 灰黑色页岩具有 12.20mg/g$_{岩石}$ 的生烃能力，通过不同演化阶段热解色谱分析可以明确其有 0.9316mg/g$_{岩石}$ 甲烷的生成能力，有 1.9814mg/g$_{岩石}$ 湿气的生成能力，有 6.8907mg/g$_{岩石}$ 轻质的生成能力和 2.3964mg/g$_{岩石}$ 重烃的生成能力。生烃量是轻烃>重烃>湿气>甲烷，见表 5.36。

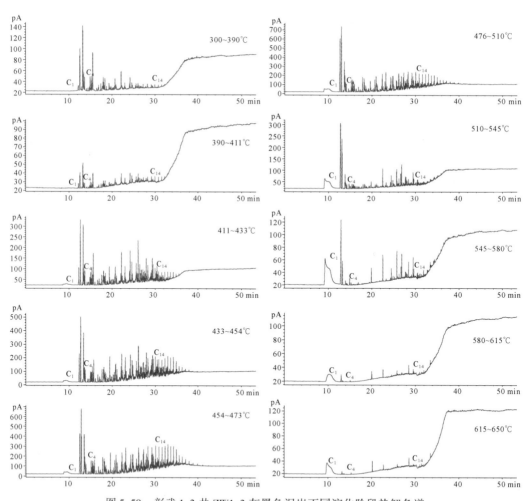

图 5.59　彰武 1-3 井 ZW1-3 灰黑色泥岩不同演化阶段热解色谱

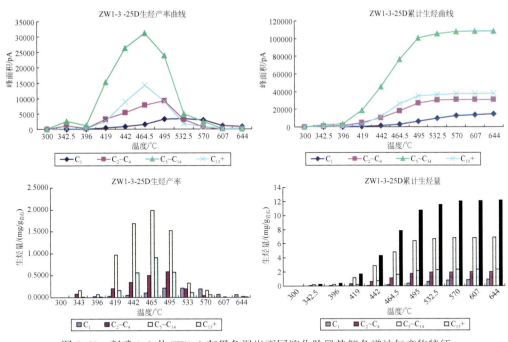

图 5.60 彰武 1-3 井 ZW1-3 灰黑色泥岩不同演化阶段热解色谱油气产物特征

表 5.36 彰武 1-3 井 ZW1-3 灰黑色泥岩不同演化阶段油气产物生烃量

温度范围/℃	生烃产率/(mg/g$_{岩石}$)				
	C_1	$C_2 \sim C_4$	$C_5 \sim C_{14}$	$C_{15}+$	CT
300~390	0.0028	0.0758	0.1641	0.0081	0.2508
390~411	0.0018	0.0174	0.0701	0.0073	0.0966
411~433	0.0259	0.2047	0.9656	0.1663	1.3625
433~454	0.0510	0.3456	1.6787	0.5631	2.6385
454~473	0.1023	0.5026	1.9852	0.9034	3.4935
473~510	0.2116	0.5896	1.5224	0.5696	2.8932
510~545	0.2159	0.1955	0.3208	0.1100	0.8421
545~580	0.1890	0.0446	0.1574	0.0581	0.4491
580~615	0.0750	0.0021	0.0098	0.0048	0.0917
615~650	0.0562	0.0035	0.0167	0.0056	0.0820
累计生烃/(mg/g$_{岩石}$)	0.9316	1.9814	6.8907	2.3964	12.2000

3) 达连河 DLH-2 黑色页岩不同演化阶段热解色谱油气产物特征

图 5.61 和图 5.62 是达连河 DLH-2 黑色页岩不同热解温段的色谱图和油气组分产率特

征。DLH-2 黑色页岩 R_o 为 0.46%，成熟度较低，但在 420℃ 以前生烃产物主要是轻烃，其次是湿气和重烃，有少量的甲烷生成；进入大量生油阶段后轻烃、重烃和湿气产率快速增加，甲烷增加较慢，重烃最早达到产率高峰，并在 450℃ 左右以后快速下降，轻烃和湿气产率持续增加到 500℃ 左右以后再快速下降，在大量生油阶段，轻烃生成量占主导地位，其次是重烃和湿气，甲烷产率缓慢增加；520℃ 以后进入高演化阶段，此时仍有部分轻烃生成，随演化程度的升高，生烃产物主要以甲烷为主，而且甲烷产率在 650℃ 以后仍有一定的生成能力。热解分析 DLH-2 黑色页岩具有 16.36mg/g$_{岩石}$ 的生烃能力，热解色谱分析表明，其生成甲烷的能力为 3.2948mg/g，生成湿气的能力为 3.0734mg/g$_{岩石}$，生成轻烃的能力为 6.891mg/g$_{岩石}$，生成重烃的能力为 3.0947mg/g$_{岩石}$。可以看出，其生成甲烷能力与生成湿气和重烃相当，约为轻烃的一半，4 组分生烃总量表现为轻烃>甲烷>重烃>湿气，见表 5.37。

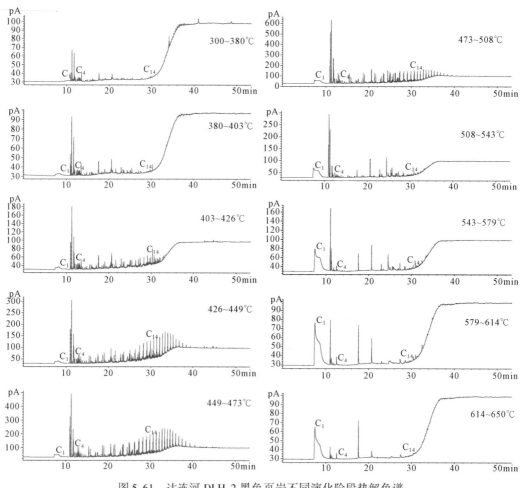

图 5.61　达连河 DLH-2 黑色页岩不同演化阶段热解色谱

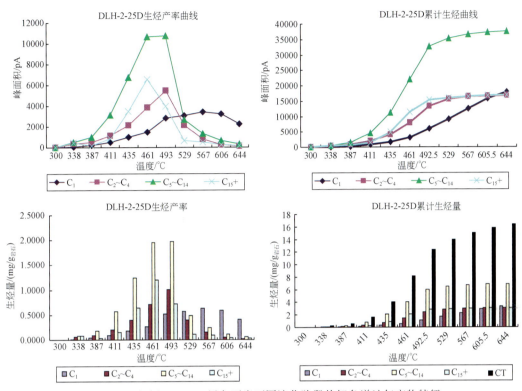

图 5.62 达连河 DLH-2 黑色页岩不同演化阶段热解色谱油气产物特征

表 5.37 达连河 DLH-2 黑色页岩不同演化阶段油气产物生烃量

温度范围/℃	DLH-2-25D 生烃产率/(mg/g岩石)				
	C_1	$C_2 \sim C_4$	$C_5 \sim C_{14}$	$C_{15}+$	CT
300~390	0.0080	0.0613	0.0854	0.0778	0.2324
390~411	0.0360	0.0888	0.1782	0.0278	0.3308
411~433	0.0915	0.2027	0.5732	0.1517	1.0191
433~454	0.1779	0.3947	1.2358	0.6369	2.4452
454~473	0.2646	0.7072	1.9535	1.1995	4.1249
473~510	0.5190	1.0062	1.9691	0.7243	4.2186
510~545	0.5663	0.3969	0.4904	0.1164	1.5700
545~580	0.6318	0.1476	0.2400	0.0911	1.1104
580~615	0.5901	0.0471	0.1144	0.0431	0.7948
615~650	0.4097	0.0209	0.0571	0.0261	0.5138
累计生烃/(mg/g岩石)	3.2948	3.0734	6.8971	3.0947	16.3600

4) 桦甸 HD-4 油页岩不同演化阶段热解色谱油气产物特征

图 5.63 和图 5.64 是桦甸 HD-4 油页岩不同演化阶段热解色谱和油气组分产率特征。桦甸 HD-4 油页岩 R_o 为 0.4%,成熟度很低,成烃生物主要是浮游藻类,具有很强的生成

重烃能力。在420℃之前的低热解温段,生烃产物主要是重烃和轻烃,少量的湿气和极少的甲烷;进入大量生油阶段后,重烃和轻烃产率都快速增加,450℃左右生成重烃量达到高峰,之后产率下降。直到470℃以后,轻烃产率超过重烃产率,并在520℃以后重烃和轻烃产率都快速下降,在大量生油阶段,湿气产率逐渐增加,但产率不高,甲烷产率缓慢增加,但产率很低;在520℃以后,仍有大量的轻烃和重烃的生成,直到550℃以后甲烷逐渐成为主导成分,其次是湿气和轻烃,说明油页岩有极强的生油能力。从表5.38的分析可以看出,HD-4油页岩具有197.72mg/g$_{岩石}$的生烃能力,油气组分生成所占生烃总量分别为甲烷8.2984mg/g$_{岩石}$、湿气23.6824mg/g$_{岩石}$、轻烃83.2204mg/g$_{岩石}$、重烃82.5202mg/g$_{岩石}$。轻烃和重烃生成能力几乎相当,甲烷生成量极低。湿气生成量只是生油量的八分之一左右。按4组分生成能力来看,HD-4油页岩表现为轻烃≥重烃>湿气>甲烷。

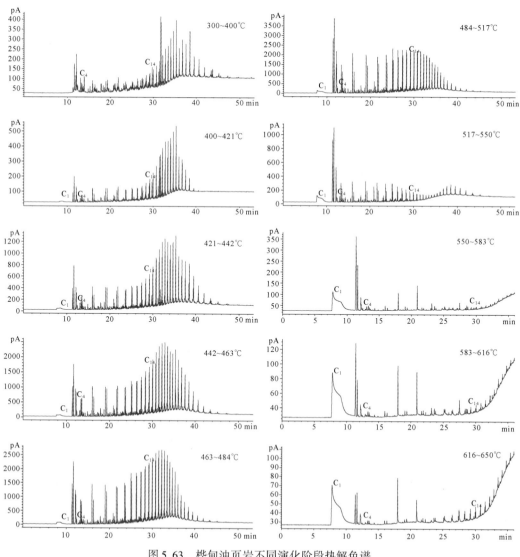

图5.63 桦甸油页岩不同演化阶段热解色谱

第五章 生烃动力学分析技术与应用

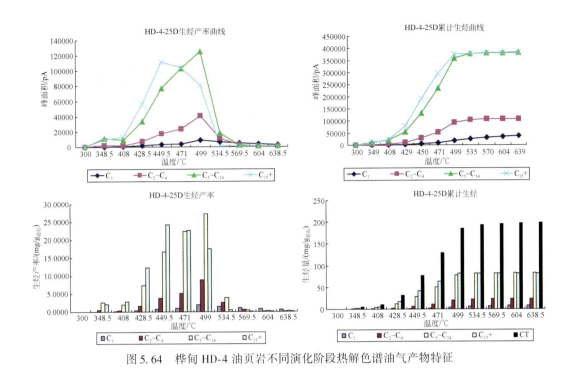

图 5.64 桦甸 HD-4 油页岩不同演化阶段热解色谱油气产物特征

表 5.38 桦甸 HD-4 油页岩不同演化阶段油气产物生烃量

温度范围/℃	生烃产率/(mg/g岩石)				
	C_1	$C_2 \sim C_4$	$C_5 \sim C_{14}$	$C_{15}+$	CT
300~400	0.0000	0.5205	2.5200	2.1283	5.1687
400~421	0.0914	0.3138	1.9879	2.8186	5.2117
421~442	0.3925	1.5840	7.2909	12.2883	21.5556
442~463	0.7729	3.7940	16.7342	24.3071	45.6082
463~484	0.9295	5.1705	22.4537	22.6825	51.2362
484~517	1.9793	8.9226	27.3290	17.5878	55.8186
517~550	1.4261	2.5312	3.9624	0.4875	8.4072
550~583	1.1538	0.5979	0.4680	0.0818	2.3015
583~616	0.8984	0.1631	0.2614	0.0709	1.3938
616~650	0.6545	0.0850	0.2130	0.0674	1.0199
累计生烃/(mg/g岩石)	8.2984	23.6824	83.2204	82.5202	197.7214

三、开放体系下烃源岩生烃组分动力学分析方法

开放体系下生烃总量动力学研究在生烃组分动力学研究应用之前已得到广泛开发，并

简单称为"生烃动力学研究",它研究的是生烃产物的总量,反映的是烃源岩总生烃的动力学特征。研究仪器以生油岩评价仪为主,仪器类型多,应用比较普遍。而生烃组分动力学研究是伴随着实验仪器的进步近些年才发展起来的,它针对生烃产物量化特征,分别获取其相关烃组分的动力学信息,一般包括 C_1(干气)、$C_2 \sim C_4$(湿气)、$C_5 \sim C_{14}$(轻质油)和 $C_{15}+$(黑油)的动力学参数特征。目前研究烃源岩生烃组分动力学仪器很少,应用也非常少。

利用单冷阱热解色谱仪进行了生烃组分动力学分析,实验包括以下几个方面。

(1)确定热解色谱分析系列和升温速率。如 3 个热解系列,升温速率分别为 5℃/min、15℃/min、25℃/min。

(2)ROCK EVAL 热解分析,确定不同升温速率下的热解最高峰温 T_p。

(3)对烃源岩进行热解温段的划分。如 10 个温度段,以 T_p 为中间点,前后各取 5 个温度片段。

(4)设定热解及色谱分析条件,进行样品分析。热解 S_1 峰全部放空,根据热解温度划分,分别称取适量样品进行热解、冷冻捕集和色谱分析。

(5)分析前后都需要进行空白分析,3 个系列 10 个温度片段至少 36 次热解色谱分析。

(6)对热解色谱进行处理。对生烃组分进行划分并获取其组分含量:C_1(干气)、$C_2 \sim C_4$(湿气)、$C_5 \sim C_{14}$(轻质油)和 $C_{15}+$(黑油)。

(7)最后利用美国 Lawrence Livemore 国家实验室开发的商品软件 Kinetics05 进行动力学分析处理,分别获取相应研究组分动力学参数。

(一)烃源岩组分动力学研究热解色谱分析

研究样品采自吉林桦甸(碳质页岩)和黑龙江达连河(黑色页岩),样品基本地化参数见表 5.39 和表 5.40。对两样品先进行了热解色谱分析,热解色谱特征和油气产物特征分别见图 5.65 和表 5.41。两样品有机碳含量都较高,成熟度较低,但生烃能力差异很大。从热解分析可以看出,桦甸碳质页岩(HD-2)属于 I 型干酪根,达连河黑色页岩(DLH-10)属于 II_2 型干酪根,从样品显微组分分析看出,虽然 DLH-10 样品氢指数不高,但其腐泥组与壳质组之和达到了 50.7%,所以其具有较好的生油能力。从两样品的热解色谱分析看出,桦甸碳质页岩是达连河黑色页岩生烃能力的 4 倍左右,碳质页岩气油比仅为 0.2,甲烷产量占 5% 左右,湿气占 15% 左右,轻烃是产量很多的组分,占 44% 左右,重烃的产率也很高,占 36% 左右;达连河黑色页岩气油比达到了 0.7,具有一定的倾油性,其生成轻烃的能力很强,产量占 40% 左右,其次是生成大量的甲烷,产量占 22%,生成重烃的能力较弱,和湿气的产量相当,都在 19% 左右。

表 5.39 样品地化基本参数

样品	地区	S_2/(mg/g)	HI	T_{max}/℃	PC/%	RC/%	TOC/%	R_o/%
HD-2	桦甸	94.37	741	440	8.09	4.64	12.73	0.39
DLH-10	达连河	26.47	271	425	2.37	7.38	9.75	0.52

表 5.40　样品显微组分特征　　　　　　　　　　　　　　（单位:%）

样品	地区	腐泥组	壳质组	镜质组	惰质组	次生组分
HD-2	桦甸	70.47	—	29.53	—	—
DLH-10	达连河	18.1	32.6	42.4	6.9	—

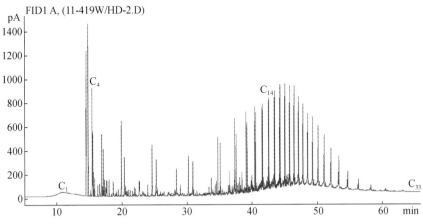

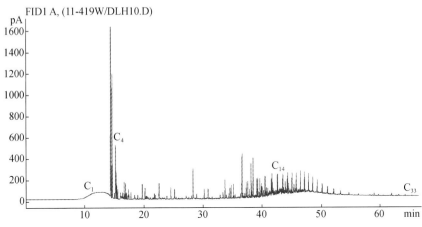

图 5.65　研究样品热解色谱特征（50℃/min）

表 5.41　样品热解分析组分特征

样品	CT /(pA/mg)	C_1 /(pA/mg)	C_1 /%	$C_2 \sim C_4$ /(pA/mg)	$C_2 \sim C_4$ /%	$C_5 \sim C_{14}$ /(pA/mg)	$C_5 \sim C_{14}$ /%	$C_{15}+$ /(pA/mg)	$C_{15}+$ /%	气/油
HD-2	4333.26	227.93	5.26	614.89	14.19	1905.33	43.97	1584.67	36.58	0.24
DLH-10	1182.97	256.24	21.66	230.09	19.45	468.93	39.64	227.72	19.25	0.70

样品	CT /(mg/g岩石)	C_1 /(mg/g岩石)	$C_2 \sim C_4$ /(mg/g岩石)	$C_5 \sim C_{14}$ /(mg/g岩石)	$C_{15}+$ /(mg/g岩石)
HD-2	94.37	4.96	13.39	41.50	34.52
DLH-10	31.56	6.84	6.14	12.51	6.08

1) 烃源岩组分动力学研究热解速率和 T_p 值的确定

以桦甸碳质页岩 HD-2 进行了组分动力学分析方法实验。美国加州理工学院在多冷阱热解气相色谱仪进行组分动力学分析时选用了 2 个升温速率，即烃源岩样品先在 300℃ 的条件下恒温 3min 除去已生成的烃类物质，然后以 1℃/min 和 20℃/min 热解升温速率分 10 个温度段进行收集和色谱分析。由于多冷阱热解色谱是采用 1 个样品热解分温段收集，其可以选择较低的热解升温速率，而单冷阱热解色谱是采用多样品热解分温段收集，过低的热解升温速率样品分析周期太长，而且冷冻液氮耗费大，同时，甲烷在常压下的液化温度是 −160℃，由于甲烷是被冷冻富集在毛细柱前端，有一定的柱压保证载气通过毛细柱，因此甲烷在液氮冷冻下并不能完全固定于毛细柱的富集点，而是有一定的流动，如果热解速率过小，热解时间过长，有可能使甲烷流出富集毛细柱区而使分析结果偏低。综合分析后在本方法研究中我们相应提高了最低热解升温速率，为了提高动力学分析拟合效果，同时增加了 1 个热解分析程序以保证数据的可靠性。本研究选用了 5℃/min、15℃/min 和 25℃/min 3 个热解升温序列，利用 ROCK EVAL 6 生油岩热解仪对绿河页岩在此 3 个热解升温系列下进行热解分析，获取其相应的 T_p 值，3 个程序的热解分析结果见表 5.42。

表 5.42　不同升温速率样品热解分析

样品	S_1/(mg/g)	S_2/(mg/g)	T_{max}/℃	T_pS_2/℃	PC/%	RC/%	TOC/%	HI	MINC/%
HD-2-5	0.68	88.47	440	446	7.62	4.78	12.40	713	0.73
HD-2-15	0.71	95.17	440	469	8.16	4.70	12.86	740	0.58
HD-2-25	0.71	94.37	440	480	8.09	4.64	12.73	741	0.67

2) 烃源岩组分动力学分析热解温度段的划分和产物收集分析

依据样品热解分析 T_pS_2 值，利用 Timeslicer 软件对不同升温速率下的样品分段收集区间进行划分和热解方法进行编程，在 Timeslicer 上设定样品升温速率、初始温度时间和划分温度区间段数，同时根据不同速率下的 T_pS_2 值设定样品第 1 温段的划分区间及最终热解温度，点击重新计算，则分别获取每个升温速率下的样品热解产物冷冻富集时间区间。HD-2 样品 3 个热解速率各 10 个温度段的划分和热解产物冷冻收集时间期间见图 5.66、图 5.67、图 5.68。

3) 烃源岩组分动力学分析热解色谱数据处理

组分动力学热解色谱数据处理同热解色谱数据处理，不需要对所有烃类物质进行标识，只要在色谱峰标定时正确识别出 C_1、C_4 和 C_{14} 即可，同时处理结果后必须输出 .prc 数据文件，以便动力学分析软件可以识别读取。HD-2 样品 25℃/min 热解速率下不同热解温度区间的色谱图见图 5.69。在完成 3 个系列样品 30 个热解色谱处理数据后，可以获取 3 个热解速率下的各生烃组分产率曲线，包括 C_1、$C_2 \sim C_4$、$C_5 \sim C_{14}$、$C_{15}+$ 以及 CT 的产率曲线。图 5.70 是 HD-2 样品在 25℃/min 热解速率下 C_1、$C_2 \sim C_4$、$C_5 \sim C_{14}$、$C_{15}+$ 生烃组分的生烃产率曲线和累计生烃曲线。图 5.71 是四种生烃组分生烃产率曲线的综合图，结合图 5.69、图 5.70 和图 5.71 可以得出以下几个结论。

TimeSlicer [5]

\# Slices 10　Initial Time 3.0　Pyrolysis Ramp 5 (°C / Min)

Trap	Temp Range			Time	Start Time	End Time	Temp (°C)
1	300	-	380	16.0	03:00	19:00	80
2	380	-	395	3.0	19:00	22:00	15
3	395	-	411	3.2	22:00	25:12	16
4	411	-	426	3.0	25:12	28:12	15
5	426	-	442	3.2	28:12	31:24	16
6	442	-	483	8.2	31:24	39:36	41
7	483	-	525	8.4	39:36	47:60	42
8	525	-	566	8.2	47:60	56:12	41
9	566	-	608	8.4	56:12	64:36	42
10	608	-	650	8.4	64:36	73:00	42

Final Hold Time 0.0

Total Pyrolysis Time 73.0　Clear　Recalculate

图 5.66　HD-2 热解温度和冷冻富集时间划分（5℃/min）

TimeSlicer [15]

\# Slices 10　Initial Time 3.0　Pyrolysis Ramp 15 (°C / Min)

Trap	Temp Range			Time	Start Time	End Time	Temp (°C)
1	300	-	380	5.3	03:00	08:18	80
2	380	-	400	1.3	08:18	09:36	20
3	400	-	421	1.4	09:36	11:00	21
4	421	-	442	1.4	11:00	12:24	21
5	442	-	463	1.4	12:24	13:48	21
6	463	-	500	2.5	13:48	16:18	37
7	500	-	537	2.5	16:18	18:48	37
8	537	-	575	2.5	18:48	21:18	38
9	575	-	612	2.5	21:18	23:48	37
10	612	-	650	2.5	23:48	26:18	38

Final Hold Time 0.0

Total Pyrolysis Time 26.3　Clear　Recalculate

图 5.67　HD-2 热解温度和冷冻富集时间划分（15℃/min）

TimeSlicer [25]

\# Slices 10　Initial Time 3.0　Pyrolysis Ramp 25 (°C / Min)

Trap	Temp Range			Time	Start Time	End Time	Temp (°C)
1	300	-	380	3.2	03:00	06:12	80
2	380	-	403	0.9	06:12	07:06	23
3	403	-	426	0.9	07:06	08:00	23
4	426	-	449	0.9	08:00	08:54	23
5	449	-	473	1.0	08:54	09:54	24
6	473	-	508	1.4	09:54	11:18	35
7	508	-	543	1.4	11:18	12:42	35
8	543	-	579	1.4	12:42	14:06	36
9	579	-	614	1.4	14:06	15:30	35
10	614	-	650	1.4	15:30	16:54	36

Final Hold Time 0.0

Total Pyrolysis Time 17.0　Clear　Recalculate

图 5.68　HD-2 热解温度和冷冻富集时间划分（25℃/min）

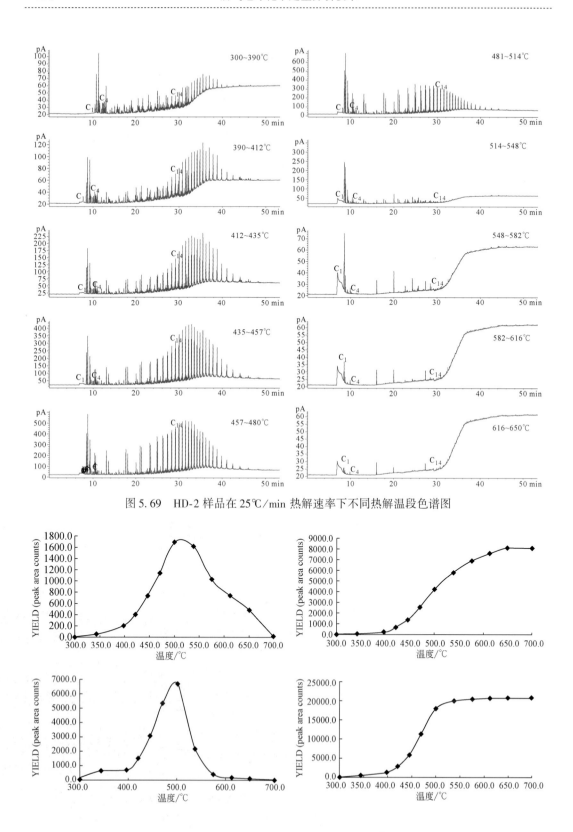

图 5.69　HD-2 样品在 25℃/min 热解速率下不同热解温段色谱图

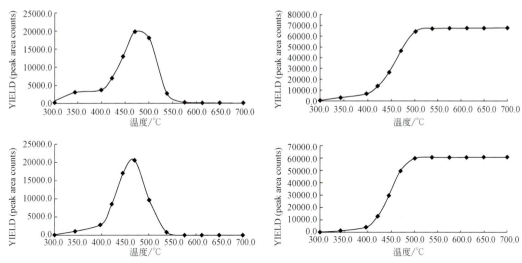

图 5.70 HD-2 样品在 25℃/min 热解速率下不同组分生烃产率和累计生烃曲线

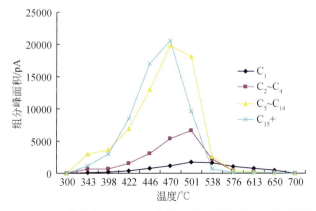

图 5.71 HD-2 样品在 25℃/min 热解速率下不同组分生烃产率曲线

(1) C_1(甲烷)产率在 4 个组分中最低,在低演化阶段 400℃ 以前很低,400℃ 以后才缓慢生成,到 520℃ 左右达到高峰,之后生成产率缓慢降低,甲烷累计生烃量直到 650℃ 以后才趋于稳定。

(2) $C_2 \sim C_4$(湿气)产率比甲烷要高,但不是生烃主要组分,在 400℃ 以前已有一定生成,400℃ 以后才开始大量生成,500℃ 左右达到高峰,之后快速减少,累计生烃量到温度 550℃ 以后基本趋于稳定不再增加。

(3) $C_5 \sim C_{14}$(轻烃)产率在 400℃ 以前已有一定量的生成,在 400℃ 以后进入大量生成阶段,产率高峰也在 470℃ 左右,之后快速下降,并在 550℃ 以后累计生烃量基本趋于稳定。

(4) $C_{15}+$(重烃)产率在 400℃ 以前已有一定量的生成,400℃ 以后产率快速增加,并很快在 470℃ 左右达到生成高峰,之后产率快速下降,并在 550℃ 生烃量基本达到稳定,不再增加。

（二）烃源岩生烃组分动力学分析

1) 热解色谱数据动力学处理和分析

将不同热解速率下的 30 个热解色谱处理数据及热解温度参数导入 Kinetics05 软件中，首先进行色谱数据处理。对不同组分的热解数据先要进行平滑处理和温度校正。校正温度依据样品设定最高温度 T_pS_2 值和样品实际热解最高温度的差值而定。校正后再进行优化归一处理，保存文件供动力学计算使用，见图 5.72。

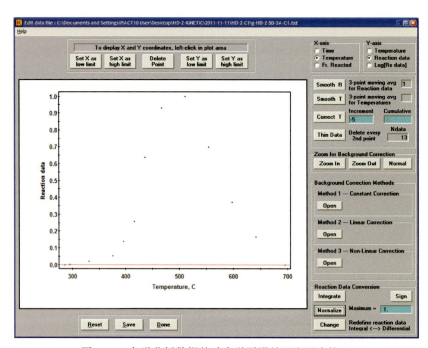

图 5.72 色谱分析数据的动力学平滑处理和温度校正

色谱数据在完成动力学数据处理后，就可以进行动力学分析，根据研究需要选择动力学分析方法，本方法的有关选项如图 5.73 所示离散模型。在数据文件选项中导入已处理好的 3 个热解数据下的各组分动力学数据，进行动力学计算，依次获取不同生烃组分的动力学参数。

2) 组分动力学分析结果

在完成组分动力学分析后以此可以获取不同生烃组分 C_1、$C_2 \sim C_4$、$C_5 \sim C_{14}$、$C_{15}+$ 等的动力学参数，包括生烃速率、转化率、实测和计算归一化反应速率及活化能，圆点是实测点，实线是拟合线，绿色、蓝色和红色分别代表了 25℃/min、15℃/min 和 5℃/min 热解速率的分析结果，有机质生烃过程是在地质时间尺度上发生的化学反应动力学过程，开放体系下生烃速率受控于有机质性质和受热温度，满足一级反应模型。HD-2 样品 4 种组分和总烃活化能频率分布见图 5.74、图 5.75，C_1（干气）组分动力学分析生烃速率与转

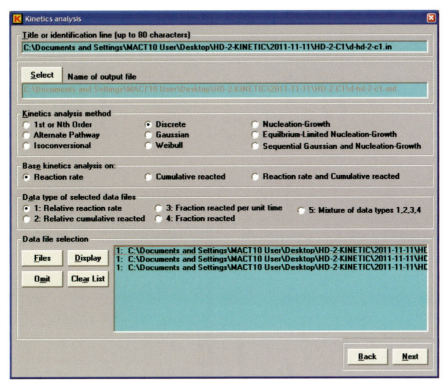

图 5.73 色谱分析数据的动力学平滑处理和温度校正

化率见图 5.76，$C_2 \sim C_4$（湿气）组分生烃速率与转化率见图 5.77，$C_5 \sim C_{14}$（轻烃）组分生烃速率与转化率见图 5.78，$C_{15}+$（重烃）组分生烃速率与转化率见图 5.79。从转化率曲线图上可以看出在时间尺度上升温速率越高生烃速率越快，生烃转化率很快达到 100%，而在温度尺度上，达到相同温度时升温速率越慢生烃转化率越高。如 C_1 达到 80% 转化率时，25℃/min 热解速率需要 15min 左右，15℃/min 热解速率需要 22min 左右，5℃/min 热解速率需要 55min 左右；而在温度尺度上达到转化率为 80% 时，25℃/min 热解速率需要 590℃左右，15℃/min 热解速率需要 580℃左右，5℃/min 热解速率需要 560℃左右，也就是说低的升温速率有利于有机质的转化。

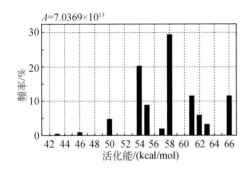
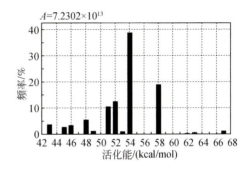

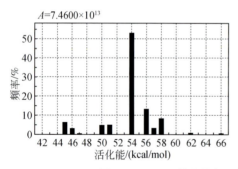
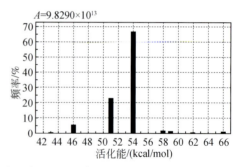

图 5.74　HD-2 样品热解生烃 4 种组分活化能频率分布特征

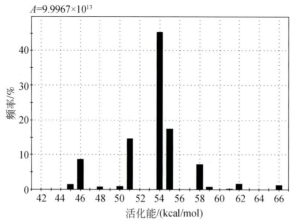

图 5.75　HD-2 样品热解总烃活化能频率分布特征

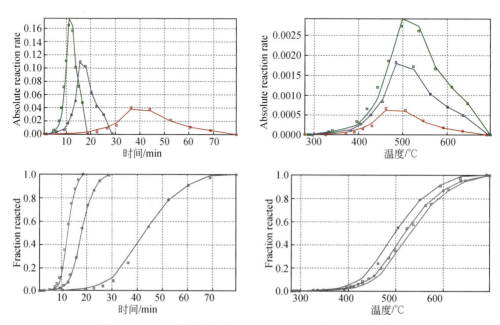

图 5.76　HD-2 样品热解生烃 C_1 组分生烃速率和转化率特征

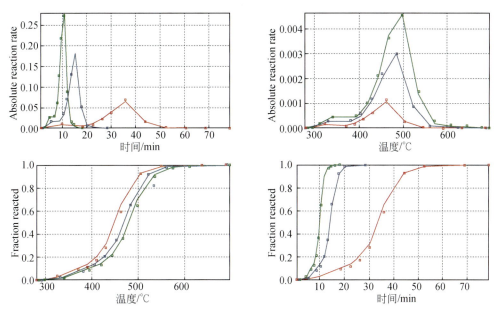

图 5.77　HD-2 样品热解生烃 $C_2 \sim C_4$ 组分生烃速率和转化率特征

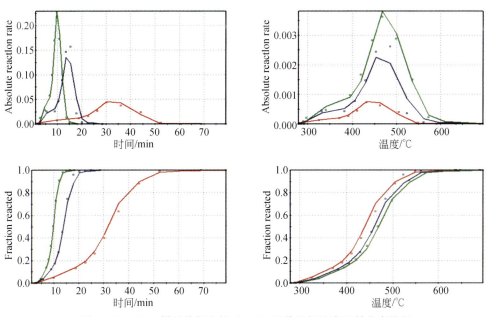

图 5.78　HD-2 样品热解生烃 $C_5 \sim C_{14}$ 组分生烃速率和转化率特征

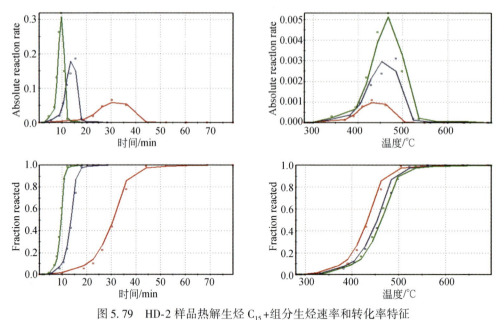

图 5.79　HD-2 样品热解生烃 C_{15}+组分生烃速率和转化率特征

3) 组分动力学分析的质量控制

目前有关组分动力学分析的质量控制还没有线性的规范或标准，控制好热解色谱分析的误差精度是保证动力学分析数据可靠的重要措施。中华人民共和国石油天然气行业标准 SY/T 6188—1996 规定了热解烃同一样品平行分析的相对双差不大于 30%，我们在前述研究中，已建立的烃源岩热解色谱分析方法和烃源岩不同演化阶段热解色谱分析方法同一样品平行分析系相对偏差小于 10%（相对双差小于 20%），稳定可靠的热解色谱分析方法为保证动力学分析的正确性提供了坚实的基础。烃源岩生烃动力学分析虽然没有标准也没有标样，但根据全球各研究单位对绿河页岩的生烃动力学分析结果可以看出，70% 的研究者得出的绿河页岩指前因子 A 值为 $8.50×10^{13}$，生烃活化能在 54kcal/mol 左右，本次研究进行的组分动力学分析也可以得出烃源岩总生烃的动力学参数，包括活化能频率分布。图 5.80 是绿河页岩总烃离散模式的活化能频率分布结果，可以看出，A 值在 $8.5000×10^{13}$，其生烃主频在 54kcal/mol，和其他研究者具有很好的可比性，说明分析数据可靠。图 5.81 是绿河页岩 4 种组分的活化能频率分布特征，其 C_1、$C_2 \sim C_4$、$C_5 \sim C_{14}$、C_{15}+各组分活化能具有不同分布范围，$C_5 \sim C_{14}$、C_{15}+活化能分布在较低能量区，C_1、$C_2 \sim C_4$ 活化能分布在较高能量区，说明绿河页岩更易生油的特质。

4) 桦甸油页岩生烃组分动力学特征

桦甸碳质页岩生烃组分动力学分析参数特征见表 5.43。其总烃活化能主频在 54kcal/mol，次频在 55kcal/mol，主次频活化能相差仅 1kcal/mol，主次频生烃总量占 62%，说明生烃时间相对集中。具体到各生烃组分却有明显不同（图 5.74），甲烷生烃活化能最高，主频在 58kcal/mol，次频在 54kcal/mol，但是主频生烃量近 30% 左右，是次频 20% 左右的产率的 1.5 倍，相比优势不显著，从其甲烷生成活化能频率分布图也可看出，其生成甲烷活化

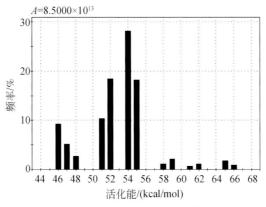

图 5.80　绿河页岩总烃活化能频率分布图

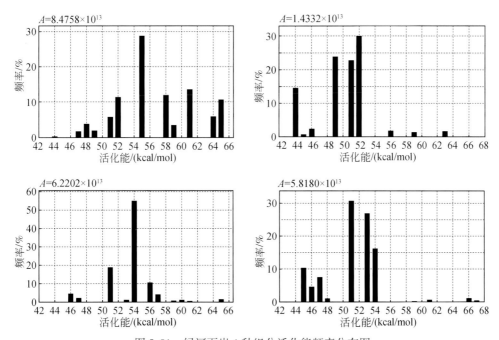

图 5.81　绿河页岩 4 种组分活化能频率分布图

能主要分布在大于 56kcal/mol 的高能区，总产量在 60% 以上，也说明甲烷主要是在高演化阶段生成；湿气的主频活化能在 54kcal/mol，生烃量占到了 53% 左右，次频活化能高于主频 2kcal/mol，但其生烃量仅 13kcal/mol，主频生烃占有显著优势；轻烃生烃活化能主频在 54kcal/mol，生烃量占 38% 左右，次频活化能较高为 58kcal/mol，生烃量占到了 18.5% 左右，主频生烃是次频的 2 倍以上；C_{15}+重烃生烃活化能主频在 54kcal/mol，次频在 51kcal/mol，小于主频活化能，主次频总生烃量达到了 90% 左右，说明重烃生烃主要是在演化阶段早中期。

表 5.43　HD-2 碳质页岩生烃组分动力学特征

组分	A 值/s	活化能范围/(kcal/mol)	主频/(kcal/mol)	主频生烃比例/%	次频/(kcal/mol)	次频生烃比例/%	主次频生烃总比例/%
C_1	7.0369×10^{13}	43~66	58	29.5	54	20.5	50
$C_2 \sim C_4$	7.4600×10^{13}	45~66	54	53	56	13	66
$C_5 \sim C_{14}$	7.2303×10^{13}	43~67	54	38	58	18.5	56.5
$C_{15}+$	9.8290×10^{13}	43~66	54	66	51	24	90
CT	9.9967×10^{13}	45~66	54	45	55	17	62

图 5.82 是 HD-2 碳质页岩在 25℃/min 热解升温速率下的 4 种组分的反应速率与生烃转化率。以转化率在 10%~90% 为有效生烃期间，20%~80% 为主要生烃期，则可以看出，油页岩甲烷最迟进入有效生烃，也是最迟进入主生烃期，温度达到了 475℃ 左右；重烃和轻烃几乎同时进入主生烃期，温度在 420℃ 左右；湿气达到主生烃期的温度在 430℃ 左右。重烃最先完成主生烃期，温度在 475℃ 左右，此时甲烷刚进入主生烃期；轻烃和湿气完成主生烃期的温度相当，在 515℃ 左右；甲烷完成主生烃的温度很高，在 590℃ 左右。从 4 种组分主生烃期温度跨度来看，甲烷跨度为 115℃，湿气跨度为 85℃，轻烃跨度为 95℃，重烃跨度为 55℃，反应速率为重烃>湿气>轻烃>甲烷。

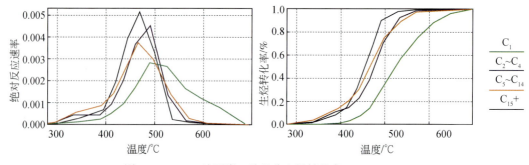

图 5.82　HD-2 油页岩 4 种组分生烃转化率（25℃/min）

（三）达连河黑色页岩组分动力学分析

1）达连河黑色页岩（DLH-10）不同演化阶段热解色谱分析

根据上述已建立的组分动力学分析方法，在 5℃/min、15℃/min 和 25℃/min 的升温速率下按照热解分析所确立的 T_p 值分别划分 10 个温度片段进行热解色谱分析。达连河黑色页岩 3 个升温速率下的 T_p 值和温度片段划分情况见表 5.44。25℃/min 下各片段的热解色谱见图 5.83，各生烃组分产率变化特征见图 5.84、图 5.85。从图 5.83 中可明显看出，样品虽然氢指数不高，却有一定的生油能力，低演化阶段能生成大量的 $C_{15}+$ 烃类物质。结合图 5.83 至图 5.85 可以得出以下几个结论。

（1）甲烷在 460℃ 以前开始缓慢生烃，并逐渐增加，460℃ 以后开始大量生烃并在 520℃ 左右达到生烃高峰，是最晚达到高峰的组分，之后仍然具有很强的甲烷生成能力，生烃量缓慢下降,并持续至最高温。甲烷生烃量仅次于轻烃的生烃量。

表 5.44 达连河黑色页岩 3 个热解速率条件下温度片段划分

升温速率:5℃/min		升温速率:15℃/min		升温速率:25℃/min	
T_pS_2:433℃		T_pS_2:455℃		T_pS_2:465℃	
温度片段/℃	富集时间范围/min	温度片段/℃	富集时间范围/min	温度片段/℃	富集时间范围/min
300~370	3:00~17:00	300~380	3:00~8:18	300~390	3:00~6:36
370~385	17:00~20:00	380~398	8:18~9:30	390~408	6:36~7:18
385~401	20:00~23:12	398~417	9:30~10:48	408~427	7:18~8:06
401~417	23:10~26:24	417~436	10:48~12:06	427~446	8:06~8:54
417~433	26:24~29:36	436~455	12:06~13:24	446~465	8:54~9:42
433~476	29:36~38:12	455~494	13:24~16:00	465~502	9:42~11:12
476~519	38:12~46:48	494~533	16:00~18:36	502~539	11:12~12:42
519~563	46:48~55:36	533~572	18:36~21:12	539~576	12:42~14:12
563~606	55:36~64:12	572~611	21:12~23:48	576~613	14:12~15:42
606~650	64:12~72:60	611~650	23:48~26:24	613~650	15:42~17:12

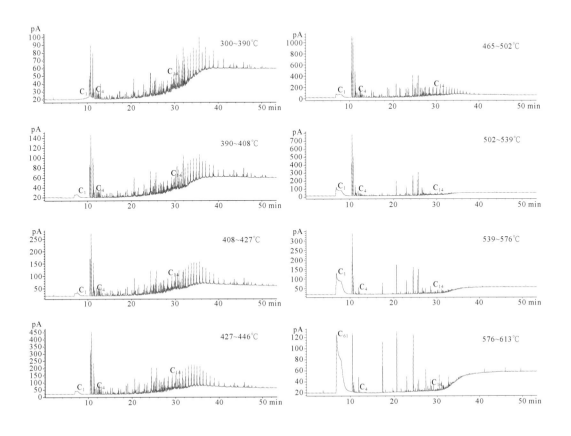

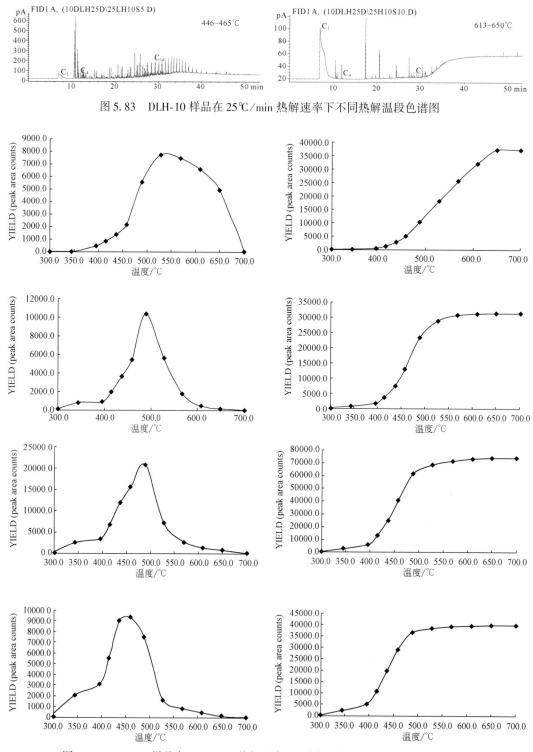

图 5.83　DLH-10 样品在 25℃/min 热解速率下不同热解温段色谱图

图 5.84　DLH-10 样品在 25℃/min 热解速率下不同组分生烃产率和累计生烃曲线

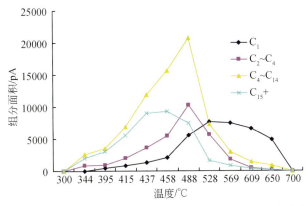

图 5.85　DLH-10 样品在 25℃/min 热解速率下生烃组分产率曲线

（2）湿气在 400℃ 以前生烃量较少，400℃ 以后生烃产率缓慢增加，并 490℃ 左右达到生烃高峰，之后仍在生成大量湿气，并在 550℃ 以后产量趋于稳定，湿气总产量在 4 种组分中占 19% 左右。

（3）轻烃 300℃ 以后即开始大量生成，产率快速升高，并在 490℃ 左右达到生烃高峰，是 4 种组分中产率最高的组分，之后生烃产率快速下降，在 530℃ 以后产量趋于稳定，增加很少。

（4）$C_{15}+$ 重烃 300℃ 以后即开始大量生成，产率快速升高，并在 460℃ 左右达到生烃高峰，之后产率快速下降，并在 530℃ 以后产量趋于稳定，重烃总产量与湿气产量相当。

2）达连河黑色页岩（DLH-10）生烃组分动力学特征

达连河黑色页岩（DLH-10）总烃活化能和 4 种组分活化能频率分布见图 5.86、图 5.87。结合表 5.45 分析可以看出，总烃活化能主频在 53kcal/mol，次频活化能在 57kcal/mol，主频生烃占 37.5%，次频仅占 13%，总的来看生烃活化能处于低位。具体到各生烃组分，其活化能也呈现不同特征，甲烷生烃活化能主频在 66kcal/mol，次频活化能在 56kcal/mol，整个频率分布在 46~66kcal/mol，但绝大多数都在 54kcal/mol 之上，普遍处于高能区，主频

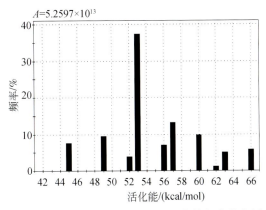

图 5.86　DLH-10 黑色页岩总烃活化能频率分布图

生烃占 18% 左右，次频生烃占 16% 左右，主次频生烃都无优势，说明甲烷的生烃主要是在高演化阶段；湿气活化能分布在 44~66kcal/mol，主频在 54kcal/mol，生烃量占 32.5%，次频在 55kcal/mol，生烃占 18.5%，从湿气活化能分布可以看出，生烃主要集中在 54~58kcal/mol，生烃量总计达 78% 左右；轻烃活化能主频在 54kcal/mol，生烃量占 47.5% 左右，次频在 58kcal/mol，生烃量占 17.5%，与甲烷和湿气相比生烃活化能处于相对低位；重烃（$C_{15}+$）活化能比较而言是 4 种组分中最低的，其主频在 54kcal/mol，生烃量占 26.5%，次频在 51kcal/mol，生烃量在 25.5% 左右，合计达 52%，说明重烃的生烃主要是在烃源岩演化的早中期。

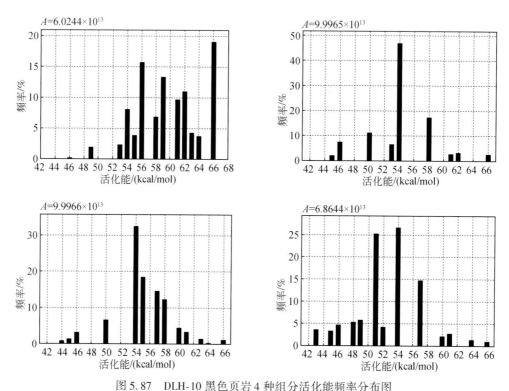

图 5.87　DLH-10 黑色页岩 4 种组分活化能频率分布图

表 5.45　DLH-10 黑色页岩生烃组分动力学特征

组分	A 值/s	活化能范围/(kcal/mol)	主频/(kcal/mol)	主频生烃比例/%	次频/(kcal/mol)	次频生烃比例/%	主次频生烃总比例/%
C_1	$6.0244×10^{13}$	46~66	66	18	56	16	34
$C_2~C_4$	$9.9966×10^{13}$	44~66	54	32.5	55	18.5	51
$C_5~C_{14}$	$9.9965×10^{13}$	45~66	54	47.5	58	17.5	65
$C_{15}+$	$6.8644×10^{13}$	43~66	54	26.5	51	25.5	52
C_T	$5.2597×10^{13}$	45~66	53	37.5	57	12.5	50

图 5.88 是达连河黑色页岩（DLH-10）4 种组分的绝对生烃速率与转化率。可以看出，

最先进入主生烃期的是重烃，首先是轻烃和湿气，最晚进入的是甲烷，达到20%生烃的温度依次是400℃、420℃、445℃和480℃；完成主生烃期最早的是重烃，其次分别是轻烃、湿气和甲烷，转化率达到80%时的温度依次是500℃、510℃、515℃和615℃，主生烃期温度跨度重烃为100℃，轻烃为90℃，湿气为70℃，甲烷为135℃，因此生烃反应速率是湿气>轻烃>重烃>甲烷。

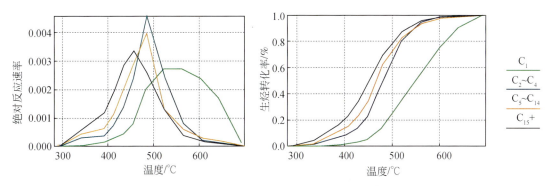

图5.88　DLH-10黑色页岩4种组分生烃速率与转化率（25℃/min）

四、生烃动力学在敦化盆地北部凹陷应用实例

　　石油的生成基本上是烃源岩中的有机质在地质演化过程中，在温度、时间、压力等多种因素的综合作用下发生的热降解作用过程。烃源岩中有机质向烃类物质转换的过程可以认为是在地质时间尺度上发生的化学反应。在实验室可控条件下，烃源岩中的有机质发生的化学反应具有的化学动力学性质可以认为与在地质演化过程中相似，因而实验得到的动力学参数就可以用来进行地质条件下热解生烃的地球化学模拟和重现。现根据干酪根热解实验得到干酪根热解生烃的动力学参数，应用Kinetics专用软件对动力学参数进行数据计算和处理，用动力学方法外推到地质实际，就能够对地质条件下热解生烃过程进行动态模拟。国内外学者以生烃动力学方法对烃源岩进行定量评价做了大量的工作，这些研究从分子水平上加深了对有机质生烃过程和生烃机制的理解，从而实现了更为科学地评价烃源岩，重现有机质生烃过程，同时，在解决油气勘探实际问题中也发挥了重要作用。

　　烃源岩油气生成历史是油气成藏动力学研究的重要内容，它决定了油气运移方向，充注时间与充注规模。敦化盆地烃源岩生烃史的研究报道少，相关资料均是采用TTI法进行评价，没有针对烃源岩具体特点进行生烃史模拟计算。众所周知，TTI法存在的最大问题是根据烃源岩干酪根一般生烃规律来推断被研究烃源岩特征，其结果表现形式是TTI值与VR，得不到直接的生烃史曲线。此外，TTI法还受埋藏史的影响较大，既不适应快速升温，也不适应十分缓慢的升温过程。由于这些问题，目前对敦化盆地油源区生烃史缺乏系统的认识，这也是目前该地区油气藏研究存在的主要问题之一。

（一）敦化盆地北部凹陷地质背景

　　敦化盆地位于敦密地堑中段，盆地面积4400km²，但由于地震测网过稀，地震控制面积仅2750km²，是一个长期演化发展的构造单元，包括南部凹陷、中央凸起和北部凹陷。由于受敦密断裂控制，平面上呈北东向条带状展布，随断裂切割下掉的深度不同，不同位置保存的地层不同，就目前的勘探程度，北部凹陷埋藏较深，地层保存全且厚度较大，沿凹陷中心区保存厚度达1600m的下白垩统；南部凹陷勘探程度低，据煤田钻孔资料分析主要为新生界地层（图5.89）。

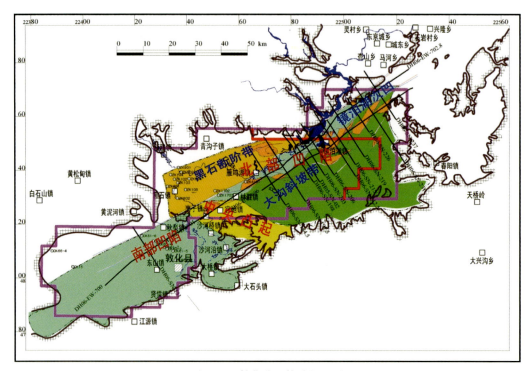

图5.89　敦化盆地构造纲要图

北部凹陷位于敦化盆地东北部，呈北东向条带状展布，凹陷面积约1740km²（地震资料控制面积），由于受敦密断裂控制，凹陷内地层较全（下白垩统、古近系、新近系），且埋藏较深，厚度较大，保存较好，凹陷内主要勘探目的层下白垩统最大厚度约1600m，古近系最大厚度约1050m。区内北东向—近东西向断裂均较发育。根据断裂展布特征及地层保存状况，该构造带自西北到东南进一步划分出黑石断阶带、镜泊湖次凹和大沟斜坡带3个三级构造单元。

依据敦化盆地的沉积充填特征、基底与盖层构造形成与演化过程，结合地震剖面的发育史研究表明：敦化盆地的形成经历了早白垩世敦密断裂左旋走滑背景下的裂陷、晚白垩世隆升剥蚀、古近纪再次拉张断陷、新近纪拗陷以及第四纪强烈的基性火山喷溢等五个演化阶段；北部凹陷镜泊湖北断鼻构造，在上述盆地构造演化背景下，经历了雏形期、发育期和定性期3个形成和演化阶段。

1）构造雏形期——燕山中晚期

燕山中晚期受郯庐断裂"左旋走滑"的影响，以及敦密断裂、镜泊湖南断裂的裂陷作用，在敦化地区形成了北北东向的早白垩世裂陷盆地。断陷早期因强烈的拉张作用，发生大面积多通道火山裂隙喷发,区内充填了帽儿山组巨厚的火山岩、火山碎屑岩沉积建造。其后随着火山活动减弱,进入稳定沉降阶段。早白垩世末期,即燕山晚期,进入隆升剥蚀阶段。形成了中-新生界之间较大的角度不整合,此时镜泊湖北断鼻构造开始具备构造雏形。

2) 构造发育期——喜马拉雅早中期

喜马拉雅早期,因热膨胀隆升后的冷却收缩,研究区进入区域性的北西向拉张应力场持续活动阶段,控制早白垩世形成断陷湖盆的边界断裂——敦密断裂、镜泊湖南断裂继续发育,形成敦化古近纪断陷盆地,古近纪晚期具断拗性质。区内以湖相沉积为主,发育以半深湖—深湖相暗色泥岩、油页岩为特征的珲春组地层,是敦化盆地重要的油气勘探主要目的层之一。古近纪晚期敦密断裂活动强度已明显减弱,区内呈现出断拗型广覆沉积,尤其是在新近纪,土门子组广布于盆地内,且在拗陷中心部位沉积厚、边部沉积薄,表明这一时期尽管断裂持续活动,但主要以地壳弯曲沉降为主,该阶段,镜泊湖北断鼻构造处于持续发育阶段。

3) 构造定型期——喜马拉雅晚期

喜马拉雅晚期,由于太平洋板块的活跃和地壳深部岩浆活动,沿敦密断裂带发育了分布范围较广、厚度较大(厚度>398m)的基性火山岩。从构造解释剖面可以明显看出,该阶段的构造作用逐渐进入"尾声",至此,研究区现今的构造面貌已基本定局。

(二) 敦化盆地北部凹陷有机地球化学及生烃史特征

在盆地周缘露头地质调查、盆地内煤田浅钻岩芯观察描述和地震地质综合研究的基础上,敦化盆地自上而下主要发育新近系、古近系、下白垩统3套烃源岩。敦化盆地内主要发育下白垩统、古近系珲春组两套湖相主力烃源岩和新近系土门子组湖相次要烃源岩。由于下白垩统烃源岩热演化程度最强,同时主要分布在北部凹陷地区,因此本次重点分析白垩系烃源岩特征。

下白垩统主要残存于北部凹陷镜泊湖次凹内,最大厚度1600m,其中,帽儿山组厚500~700m,许岩等(2004)据延吉盆地钻井揭示下白垩统烃源岩厚度与地层厚度比介于40%~84%,推测敦化盆地烃源岩厚度与地层厚度比应在5%~30%以上,据此推算敦化盆地下白垩统烃源岩厚度为100~650m。

于明德等(2008)对白垩系烃源岩地球化学特征进行了研究,据敦化东北春阳镇附近的春阳煤矿和敦化南部贤儒镇附近的贤儒煤矿在下白垩统所获的25块暗色或碳质泥岩和煤岩样品的分析统计,春阳煤矿暗色或碳质泥岩有机碳质量分数 w(TOC)平均为3.88%,敦化盆地北部凹陷两个煤矿所获烃源岩样品均为好-很好烃源岩。各类型参数均显示下白垩统暗色泥岩和煤岩的有机质类型以Ⅲ型为主,含少量Ⅱ$_2$型。

敦参1井镜质体反射率测定结果表明,敦参1井新生界烃源岩成熟度普遍较低,R_o 值介于0.50%~0.68%。1000m左右 R_o 最大平均值为0.4%,1300m左右 R_o 值为0.41%,1350m R_o 值0.44%,1550m R_o 值0.51%,烃源岩进入成熟门限,1682.5m古近系与新近系界面,R_o 值0.54%,2630m R_o 值0.68%,至2700m R_o 值达到0.72%(图5.90)。

新近系暗色泥岩中上部未成熟,底部进入低成熟阶段。古近系烃源岩均为低成熟烃源

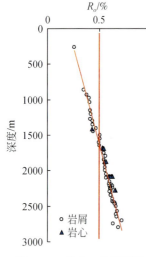

图 5.90 敦参 1 井烃源岩 R_o 值随深度变化

岩,全部处于低熟阶段。根据 R_o 回归方程 $H = 5267.5R_o - 1040.2$ 推测,2650m 以下为生烃高峰深度,因此镜泊湖次凹沉积中心下白垩统烃源岩已进入成熟阶段。

(三) 敦化盆地北部凹陷地质参数获取

应用生烃动力学方法模拟计算烃源岩生烃史除生烃动力学参数外,还需结合埋藏史与受热史等地质参数。

(1) 模拟计算点埋藏史。

针对敦化盆地构造形态、烃源岩展布及油气田分布特征,本研究选择了北部凹陷敦参 1 井作为生烃模拟计算的点。最大埋深 3500m,代表了北部凹陷的沉积中心,主要经历了 3 次沉降 2 次抬升的过程。根据敦参 1 井的生烃模拟研究 (图 5.91、图 5.92) 可知,本区的主力烃源岩下白垩统湖相泥岩在喜马拉雅晚期进入生烃期。由于烃源岩样品成熟度较高,因此,本次生烃模拟实验选取成熟度较低的样品进行分析。本次选取桦甸地区油页岩 ($R_o = 0.39\%$,有机质类型 I) 与达连河黑色页岩 ($R_o = 0.52\%$,有机质类型 II_2)。

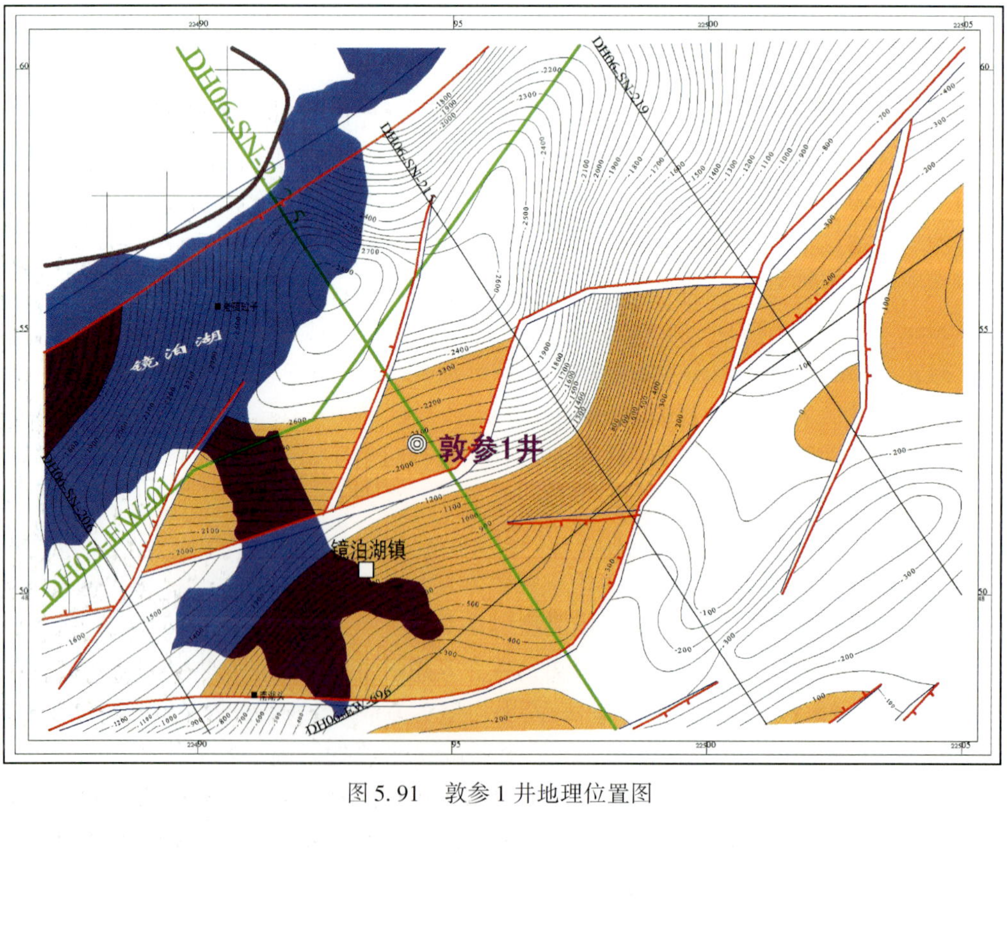

图 5.91 敦参 1 井地理位置图

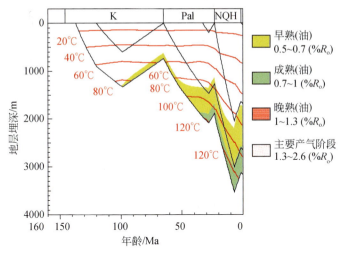

图 5.92 敦参 1 井生烃模拟图

(2) 古地温梯度。

关于北部凹陷现地温梯度已有文献报道。总的特征是与松辽盆地其他洼陷相似，现地温梯度较高，介于 3.3～3.5℃/100m，属异常高地温梯度范围。不同地区存在差别不大。对该区古地温梯度已有报道得到的认识较统一，认为自早新近纪以来存在热事件，古地温梯度不低于现地温梯度，因此本次计算采用实测的地温梯度，第一主沉降期为 4.05℃/100m；第二主沉降期为 3.75℃/100m；第三主沉降期为 3.0℃/100m。

（四）敦化盆地北部凹陷生烃史模拟计算结果与评价

烃源岩生烃动力学研究结果具有广泛的应用，它不仅可以应用于含油气盆地的热史恢复、烃源岩成烃史评价，而且与盆地模拟软件相结合可对油气资源量进行更为科学的预测。前面的模拟计算，都是在实验室升温速率或通用地质升温速率情况下进行的。具体到某一盆地，由于地区不同，并且地质历史中的升温速率也不同，要应用生烃动力学参数对其进行生烃史模拟、烃源岩评价和资源量计算等，最好利用钻井的准确升温速率计算。如果能在研究区内均匀布井（点），可以相对准确地计算区域上主生烃期的分布。结合主生烃期对应的地质温度、地质时间和成熟度等，可以为烃源岩评价提供新的信息（王云鹏等，2005）。

应用本研究所获取的生烃动力学参数及所讨论的地质参数和生烃动力学专用软件可对各种类型烃源岩在北部凹陷地区生烃史进行研究。

如前所述，本次研究以北部凹陷下白垩统帽儿山组烃源岩热演化史为基础，对桦甸（HD-9，Ⅰ型干酪根）和达连河（DLH-10，Ⅱ$_2$ 型干酪根）进行热模拟生烃实验。具体有机地化特征见表 5.46，各类型参数均显示碳质泥岩和煤岩的有机质类型中 DLH-10 主要有机质类型是 Ⅱ$_2$ 型，而 HD-9 则是 Ⅰ 型干酪根，两块样品镜质体反射率 R_o 值的分析结果表明，黑色页岩的 R_o 为 0.52%，最高峰温 T_{max} 为 425℃；碳质页岩的 R_o 为 0.39%，T_{max} 为 444℃，处于未成熟到低成熟阶段，样品适合做生烃动力学实验，主要两个样品有机碳含量分别为 9.75% 和 23.66%，相差不及 3 倍，但是岩石裂解烃（S_2）则相差 10 倍以上，主要原因是源岩中的显微组分不同，在 DLH-10 样品中，镜质组和惰质组占 49.3%（表 5.50），其生烃能力不高，热解残余碳很高。从岩石热解色谱图中也可以看出，达连河样品和桦甸地区样品有明显的生烃差别（图 5.93、图 5.94）。岩石热解色谱分析结果表明，DLH-10 样品中，干气与湿气的占 41.11%，轻烃和重烃占 58.89%，气油比为 0.70，而 HD-9 样品则主要以生油为主，气油比为 0.21（表 5.47），HD-9 样品和 DLH-10 样品各生烃组分生烃量见表 5.48。

表 5.46 生烃模拟样品有机地化特征

样品	岩性	S_1/(mg/g)	S_2/(mg/g)	T_{max}/℃	TOC/%	PC	RC	HI	R_o/%
DLH-10	黑色页岩	0.22	26.47	425	9.75	2.37	7.38	271	0.52
HD-9	碳质页岩	1.95	278.31	444	30.22	23.66	6.56	921	0.39

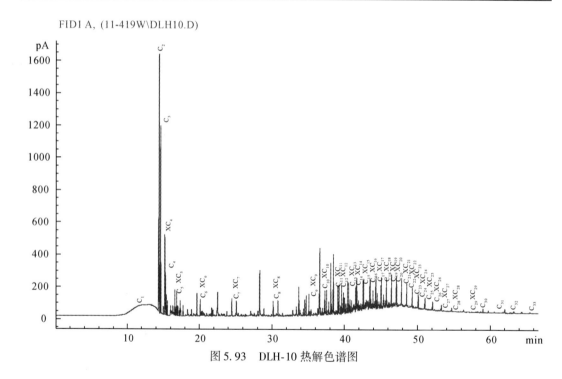

图 5.93 DLH-10 热解色谱图

表 5.47 样品热解色谱分析组分参数

样品	C_1/%	$C_2 \sim C_4$/%	$C_5 \sim C_{14}$/%	$C_{15}+$/%	气/油
HD-9	3.65	13.39	42.66	40.30	0.21
DLH-10	21.66	19.45	39.64	19.25	0.70

表 5.48 热解色谱分析各组分含量

样品	CT/(mg/g)	C_1/(mg/g)	$C_2 \sim C_4$/(mg/g)	$C_5 \sim C_{14}$/(mg/g)	$C_{15}+$/(mg/g)
HD-9	278.31	10.16	37.27	118.73	112.16
DLH-10	26.47	5.73	5.15	10.49	5.10

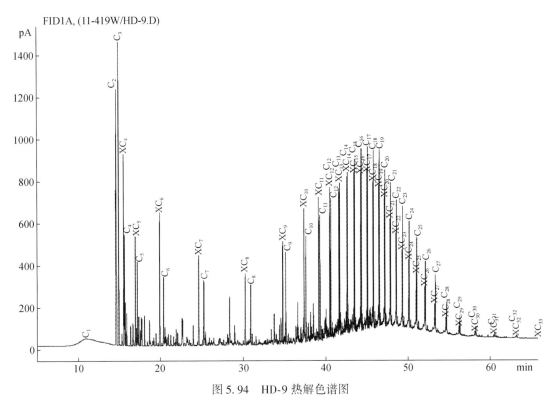

图 5.94 HD-9 热解色谱图

本研究采用如下指标与标准评价烃源岩生烃史。生油或生气门限，$C_{15}+$ 或 $C_1 \sim C_5$ 转化率为 0.1；主生油或主生气阶段，$C_{15}+$ 或 $C_1 \sim C_5$ 转化率为 $0.2 \sim 0.8$；生油或生气后期阶段，$C_{15}+$ 或 $C_1 \sim C_5$ 转化率为 $0.8 \sim 1.0$。

模拟目标层：下白垩统帽儿山组；

生烃动力学参数：桦甸地区油页岩（HD-2）与达连河地区黑色页岩（DLH-10）样品烃类生成与裂解动力学参数，分别代表 I 型与 II_2 型干酪根；

古地温梯度：3.6℃/100m；

古地表温度：14℃。

北部凹陷敦参 1 井下白垩统帽儿山组暗色泥岩生烃史（DLH-10 样品模拟）。

北部凹陷沉降中心（敦参 1 井）帽儿山组地层受热史见图 5.92，地层所受最高古地温为 130℃，据前人研究，R_o 为 0.87%。

地层中 II_2 型烃源岩生烃史模拟计算结果见图 5.95、图 5.96。从图中可以看出，该地区主要以生油为主，干气（C_1）的转化率小于 0.2，尚未进入主生气阶段；湿气（$C_2 \sim C_4$）从 16Ma 开始转化率大于 0.2，目前最大转化率小于 0.6，表明目前处于生成湿气阶段；轻烃（$C_5 \sim C_{14}$）从 23Ma 开始至今转化率大于 0.2，但是小于 0.8，说明目前正是大量轻烃生成阶段；重烃（$C_{15}+$）从 36Ma 开始大于 0.2，到目前为止小于 0.8，说明处于大量生成重烃阶段。从分析的结果看，符合油气生成的规律，早期大量生成重烃，随后轻烃生成，然后是湿气和干气。

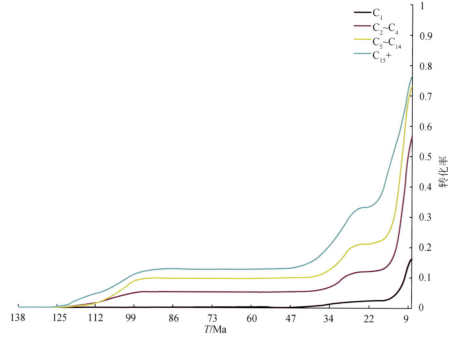

图 5.95 DLH-10 样品模拟生烃转化率总图

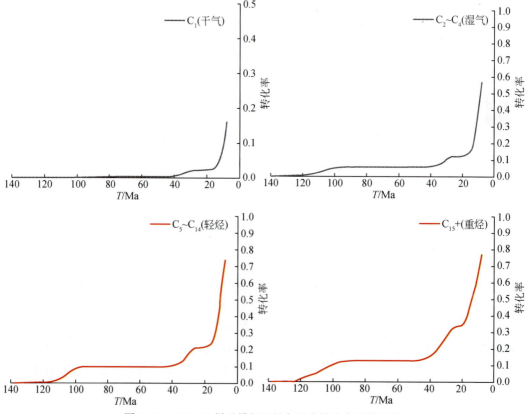

图 5.96 DLH-10 样品模拟生烃各组分转化率计算结果

地层中Ⅰ型烃源岩生烃史模拟计算结果见图5.97、图5.98。从图中可以看出，该地区主要以生油为主，从10Ma开始进入生烃门限，干气（C_1）的转化率0.32，刚进入生气门限；湿气（$C_2 \sim C_4$）从13Ma开始转化率大于0.2，目前最大转化率0.58，表明目前处于生成湿气阶段；轻烃（$C_5 \sim C_{14}$）从18Ma开始至今转化率大于0.2，但是小于0.72，说明目前正是大量轻烃生成阶段；重烃（$C_{15}+$）从30Ma开始大于0.2，到目前为止已达0.83，说明大量生成重烃阶段已结束。从分析的结果看，符合油气生成的规律，早期大量生成重烃、轻烃，然后是湿气和干气。

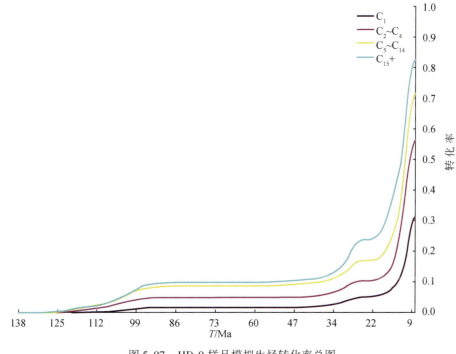

图5.97 HD-9样品模拟生烃转化率总图

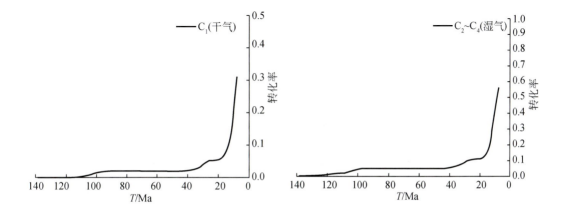

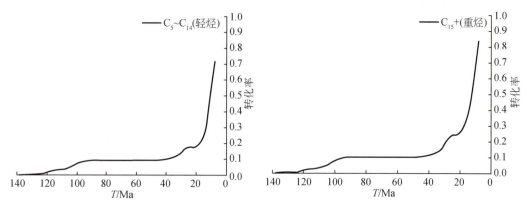

图 5.98　HD-9 样品模拟生烃各组分转化率计算结果

表 5.49 列出了 2 个样品在敦参 1 井地层热演化条件下的生烃结果，从表中可以看出，虽然 2 块样品有机碳值比较接近，但是生烃量有很大差别，主要原因是跟有机质类型与"死碳"有关，也就是说，有机碳丰度高并不代表生烃量大，在东北地区是 I 型干酪根更易于生油，Ⅱ～Ⅲ型干酪根更易于生气，但是由于东北地区有机质热演化程度不是很高，因此很难大量生气，形成气藏，目前处于大量生油阶段，主要以油藏为主。

表 5.49　生烃动力学样品生烃量结果

样品	CT/(mg/g)	C_1/(mg/g)	$C_2 \sim C_4$/(mg/g)	$C_5 \sim C_{14}$/(mg/g)	$C_{15}+$/(mg/g)
HD-9	203.44	3.25	21.61	85.48	93.09
DLH-10	15.64	0.92	2.99	7.76	3.9

（五）敦化盆地北部凹陷油气生成特征

敦化盆地北部凹陷烃源岩干酪根镜下鉴定表明，显微组分以壳质组和镜质组为主，腐泥组除在古近系珲春组顶部出现外，其他层段极微量或检测不到，惰质组全井段只有个别出现，最大含量仅 3%。壳质组分布于 16%～95%，88% 的样品壳质组分大于 50%，以腐殖无定形体（5%～87%）和壳质碎屑体（3%～72%）为主；镜质组分布于 5%～84%，近 90% 的样品小于 50%（图 5.99、表 5.50），新近系土门子组无结构镜质体含量略高于

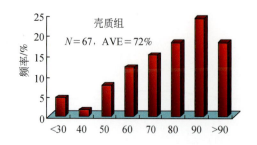
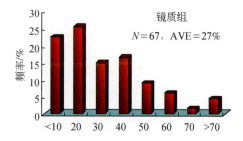

图 5.99　敦化盆地新生界干酪根显微组分分布频率图

结构镜质体，古近系珲春组以无结构镜质体为主（4%~75%），结构镜质体含量较低（0%~8%）。根据各组分比例关系获得类型指数表明，敦参 1 井烃源岩有机质类型以腐泥腐殖型为主，少量腐殖型，个别腐殖腐泥型。

表 5.50 敦化盆地新生界干酪根显微组分统计表

层位	井段/m	腐泥组/%	壳质组/%	镜质组/%	惰质组/%	样品块数/块	有机质类型	备 注
Nt	1382~1475	0~2	80~90	10~19	0~1	3	II$_2$	—
	1556.5~1624	0	49	51	0	1	III	—
Eh	1682.5~1917.5	0~25	44~86	5~56	0~2	15	II$_1$~II$_2$	—
	1970.5~2075	0	56~91	9~44	0	2	II$_2$	—
	2084~2270	0	36~92	8~64	0	11	II$_2$~III	—
	2281~2303.5	0	65~91	9~35	0	3	II$_2$	—
	2438~2473	0	23~91	6~77	0	3	II$_2$~III	—
	2517~2650	0	68~79	21~32	0	2	II$_2$	—

新近系土门子组烃源岩干酪根显微组分以壳质组和镜质组为主，仅有 2 块样品检测到 2% 的腐泥组，1 块样品检测到 1% 的惰质组。壳质组分布于 16%~95%，主频 49%~95%，平均 77%；镜质组分布于 5%~84%，主频 5%~21%，平均 22%（图 5.100、表 5.50）。在显组分三角图上（图 5.101），样品点主要分布于壳质组和镜质组之间，显示烃源岩有机质类型以腐泥腐殖型为主，少量腐殖型。

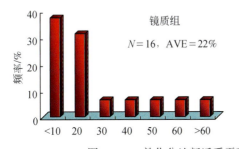
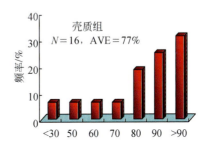

图 5.100 敦化盆地新近系干酪根显微组分分布频率图

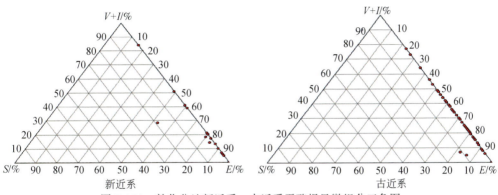

图 5.101 敦化盆地新近系、古近系干酪根显微组分三角图

前文分析表明，敦化盆地北部凹陷干酪根类型主要以 II_2、III 型干酪根为主，而研究样品 DLH-10 样品在低成熟—成熟阶段生烃量很低，该地区之所以没有取得重大突破的原因是烃源岩厚度相对较薄，仅不到 300m，烃源岩面积最大只有 400km²，特别是烃源岩有机质丰度相对较低，属中等烃源岩范畴。加之它的成熟度低，R_o 一般小于 0.7%，仅处于低成熟演化阶段，其母质类型又差，属 II_2 ~ III 型干酪根。以上多种因素的综合，导致盆地新生界烃源岩资源量不会太大。

第三节 密闭体系的组分动力学分析

一、密闭体系组分动力学分析实验

密闭体系的组分动力学分析方法是在密闭系统中采用不同温压条件对生烃有机质进行热解实验，并对实验产物进行组分定性定量分析，根据研究目的对关注组分利用 Lawrence Livermore 国家实验室开发的 Kinetics 2000 动力学研究软件进行组分动力学分析。

密闭体系的组分动力学分析过程原理如图 5.102 所示。密闭系统主要采用金管模拟系统或玻璃封管模拟系统，热解产物采用色谱或色谱-质谱分析技术进行定性定量，根据不同热解速率和演化阶段组分含量的变化，利用动力学分析软件进行组分动力学研究。

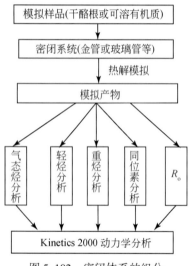

图 5.102 密闭体系的组分动力学分析过程原理

刘金钟、唐永春（1996，1998）介绍了黄金管密闭体系实验装置及实验方法，将约 10mg 干酪根样品封入充有氩气的金管中，使压力保持在 50MPa。金管在水压的作用下产生变形，从而对样品施加压力。高压釜放置于热解炉中，以 1℃/h 及 10℃/h 的升温速率从 200℃升至所需的最高温度。根据设定的温度点，在不同的温度点取出相应的高压釜。含有热解样品的金管在真空系统中释放出气体，经测量体积后送至 GC 进行成分分析。经过热解的样品，在进行过气体分析之后，再进行 R_o 的测量。

（一）干酪根密闭生烃动力学模拟

王建宝等（2003）采用金管-高压釜封闭体系对渤海湾盆地东营凹陷 1 块 Es4（2）褐色页岩进行了生烃动力学研究，对热模拟产物 4 种组成 C_1、C_1 ~ C_5、C_6 ~ C_{12} 及 C_{13}+生成动力学参数，采用 Kinetics 2000 动力学软件进行计算，并模拟了具体地质条件下的成烃规律。将本研究结果与早期研究结果以及实际地质资料进行了对比，结果表明，烃源岩生烃动力学模型可较好吻合地质条件下生烃过程，在油气勘探中具有广泛应用前景。

研究样品为灰褐色油页岩样品，样品热解分析参数为 TOC 为 3.79%，S_2 为 24.32mg/g，

T_{max} 为 425℃，有机质类型为Ⅰ型。密闭体系组分动力学分析在金管体系中进行，将制备好的干酪根样品再经 MAB（甲醇：丙酮：苯＝1：2.5：2.5）溶剂进行抽提，去除可溶有机质部分，采用2个升温速率：2℃/h 与 20℃/h，一组样品采用3根金管，一根用于分析气体成分、重油与固体残渣，另一根用于轻烃分析，还有一根用于气体碳同位素分析。

组分动力学特征见图 5.103 所示。C_1 与 $C_1 \sim C_5$ 生成的活化能范围较宽，均为 175～276kJ/mol，而 $C_6 \sim C_{12}$ 与 $C_{13}+$ 生成的活化能范围窄，主频占活化能的 85% 以上；随着烃类碳数的增高，其活化能分布有逐渐降低的趋势，本研究样品 C_1、$C_1 \sim C_5$、$C_6 \sim C_{12}$ 及 $C_{13}+$ 活化能数据分布主峰分别出现在 272kJ/mol、263kJ/mol、255kJ/mol、247kJ/mol。重烃的生烃主频活化能低于轻烃的活化能低于气态烃和甲烷的活化能，甲烷生成活化能频率分布较宽，但主要集中在高能区，说明其形成过程多元化，既有干酪根的降解成气又有可溶有机质的二次裂解成气，但最主要的是高能时的二次裂解成因，$C_1 \sim C_5$ 的生成活化能频率分布也证实了其多元成气机理。重烃形成的活化能最低，也说明在烃源岩热降解早期主要是形成重质油。

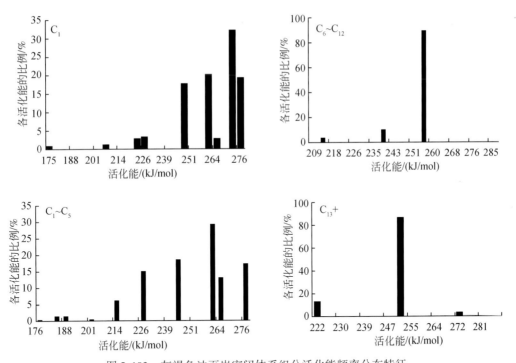

图 5.103　灰褐色油页岩密闭体系组分活化能频率分布特征

（二）原油裂解成气动力学模拟

烃源生烃既有传统意义上的干酪根热解生烃，又有可溶有机质的二次裂解生烃，研究表明油裂解成气是天然气形成的重要途径之一，尤其在我国高演化海相碳酸盐岩层系，原油裂解成气动力学模拟研究更具有特别的意义。王铜山等（2008）对塔里木盆地的海相原油及其沥青质进行了裂解成气模拟实验研究，样品取自塔里木盆地英买2井奥陶系内幕油藏，埋深为5940~5953m，为海相正常原油。其族组成为：饱和烃47.3%，芳烃26.4%，非烃13%，沥青质5.9%，饱芳比1.79。将该原油样品采用正己烷沉淀，再用正己烷抽提纯化72h，之后烘干研碎，得到的沥青质样品为略带金属光泽的黑色固体粉末。

实验过程如下：将适量的原油和沥青质样品（5~40mg）在氢气保护下封入黄金管（长40mm，内径4.2mm）中，然后将金管放入高压釜，再将高压釜置于程序控温的电炉中。所有高压釜采用压力并联方式，确保每个高压釜的压力维持在50MPa。实验过程中分别按照20℃/h和2℃/h的程序控制升温速率对高压釜加热，从350℃到600℃，依次在设定的不同温度点关闭控制该高压釜的压力，并取出相应的高压釜进行冷水淬火，直到室温为止。实验温度误差小于1℃，压力误差小于5MPa。

气态产物的分析流程：将从高压釜中取出的金管表面洗净，置于固定体积的真空系统中，在封闭条件下用针刺破，气态产物从金管中释放出来。该真空系统与Agilent公司生产的6890N型气相色谱仪直接相连，气体通过自动进样系统进入该色谱仪进行成分分析，采用外标法定量。色谱升温程序的起始温度为40℃，恒温6min，再以25℃/min的速率升至180℃，恒温4min。

残余固态焦沥青的定量：将气体物分析后取出的金管放入正戊烷溶液中进行超声抽提，将溶液用有机滤膜（0.45μm×25mm）过滤，并用二氯甲烷反复冲洗，滤出固态焦沥青。过滤前称量滤膜的重量，过滤后将滤膜连同焦沥青一起晾干，然后再逐一称量，最终获得固态焦沥青的量。所有的称量操作都在相同的条件下（温度20℃，湿度45%）进行，并使同一台电子天平（系统误差小于0.003mg），以减少测量误差。

1. 生气产率特征

升温速率对产物产率变化曲线的形态并无太大影响，只是快速升温比慢速升温的产率曲线相对滞后（图5.104），这反映了化学反应过程中温度与时间的互补关系。以20℃/h升温速率为例，原油和沥青裂解气产率变化有相似的特征，在实验温度约384℃时，气态

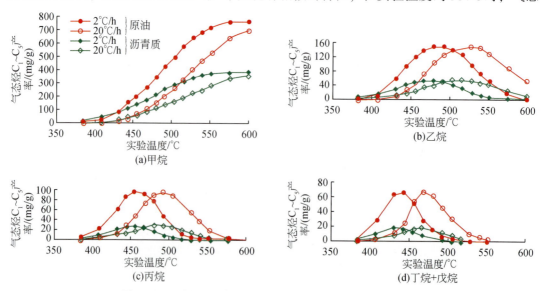

图5.104 原油和沥青质裂解的气态烃（C_1~C_5）产率变化

烃类开始生成，但产率都很低。约在444℃之后，随着温度的继续升高，甲烷大量生成且产率持续增高；而乙烷、丙烷产率则都先增后减，最终趋近于0，且丙烷比乙烷先达到最大产率。在温度低于432℃时，沥青质裂解生成的气体产率（$C_1 \sim C_3$）略高于原油裂解。而且，沥青质裂解生成的乙烷、丙烷的最大产率所对应的温度分别比原油裂解时低约12℃。说明在原油裂解早期，气态烃类主要来自沥青质等重质组分的裂解，且大分子烃类比低分子烃类优先发生裂解。约600℃时，甲烷产率达到最大值，原油和沥青质基本完全裂解为终极产物甲烷和焦炭，此时沥青质裂解的甲烷产率为原油裂解的50%。根据原油样品沥青质含量，计算出该样品中沥青质组分对原油裂解生气的贡献比约为5%。由于不同原油样品的沥青质含量不同，该数值也不同。

2. 动力学参数特征

运用 Kinetics 2000 软件，计算了原油和沥青质裂解气 C_1、C_2、$C_{4\sim5}$ 组分和总气态烃 $C_1 \sim C_5$ 的动力学参数，包括指前因子 A 和活化能 E（图 5.105）。由于指前因子与活化能具有相关性，为了便于将原油裂解和沥青质裂解进行比较，在计算时对同一组分选用相同的指前因子。从图 5.105 来看，在指前因子一致的前提下，同一组分生成的主活化能基本上也一致，但沥青质裂解的活化能分布范围大于原油裂解，这是由于沥青质具有复杂的大分子结构，比原油中的其他组分（如烷烃）发生断裂的点位多。对于同一生气母质而言，烃类生成的活化能分布范围随着气态烃碳数的增加而变窄，主活化能值则大致表现为 $C_1 > C_2 > C_3 > C_{4\sim5}$，其中 C_1 最高，C_2 略低于 C_1，而 C_3 和 $C_{4\sim5}$ 组分差别不大。这反映了碳数不同的气态烃生成的难易程度。

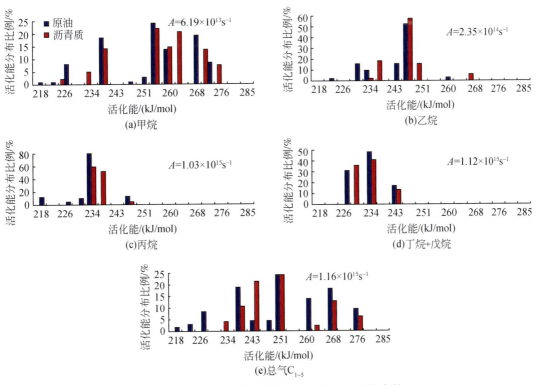

图 5.105　原油和沥青质裂解气态产物的动力学参数

根据动力学分析结果，结合地质背景，可以将原油和沥青质裂解的动力学参数外推至实际的地质条件，根据实际的埋藏史、热史等确定地质升温程序（应当是原油或分散液态烃进入储层之后的热历史，而不是整个储层演化史），推算任一地质时间、地质温度或演化阶段原油裂解产生的气态烃、焦沥青等产物的生成特征。

二、苏里格大气田天然气起源动力学研究

苏里格大气田位于鄂尔多斯盆地伊陕斜坡西北部，勘探面积约 $4\times10^4 km^2$，属于典型的上古生界低渗砂岩气田，其主力气层为二叠系下石盒子组盒 8 段和山西组山 1 段。通过整体勘探，探明了我国第一个超万亿立方米储量的整装大气田，探明天然气地质储量规模达 $2.85\times10^{12} m^3$。近些年来，国内学者对该区天然气成藏做过许多研究工作，认为该气田形成于河流－三角洲沉积体系，煤系烃源岩广泛发育、砂体大面积分布是其主要特征，源储交互或垂向叠置发育有利于天然气聚集成藏。但是，苏里格大气田成藏研究中仍然存在有待深入的问题，如对天然气成藏期次争议较大，对天然气充注成藏特征及成藏过程的研究不够等。李贤庆等（2012）在上述研究的基础上，通过生气动力学与碳同位素动力学的研究表明，苏里格大气田天然气主要来源于苏里格地区及周缘的石炭系—二叠系煤系烃源岩，为近源充注、累积聚气成藏。

实验是采用限定体系黄金管高温高压生烃动力学技术，对鄂尔多斯盆地上古生界山西组煤样（$R_o=0.60\%$）进行了生气热模拟实验研究（图 5.106）。结果表明，上古生界煤样具有高的产气量，表现出良好的产气性，以 2℃/h 速率为例，热解温度升至 600℃ 时，甲烷累积产率为 167mL/g。该煤样也可生成一定数量的 $C_2 \sim C_5$ 气态烃，热解温度 440~490℃ 时，$C_2 \sim C_5$ 气态烃产率达 11mL/g。该煤样产气率与热解温度、升温速率相关，随着模拟温度的升高，甲烷累积产率增加，并且在 2℃/h 升温速率条件下，甲烷累积产率的增加大于 20℃/h 升温速率。$C_2 \sim C_5$ 气态烃和甲烷的生烃过程具有明显不同的特征，$C_2 \sim C_5$ 气态烃产率在 440~490℃ 时达到最大值，随后产率逐渐下降。随着热模拟温度的升高，乙烷、丙烷和 $C_4 \sim C_5$ 气态烃产率也是先增大后减小。

上古生界煤样热解气中甲烷碳同位素分布在 -38‰~-30‰，乙烷碳同位素分别为 -29‰~-17‰（图 5.106）。甲烷、乙烷的碳同位素值均与热解温度、升温速率密切相关。在热解温度小于 410℃ 时，快速（20℃/h）条件下甲烷碳同位素要比慢速（2℃/h）重 1‰~2‰ 左右；热解温度大于 410℃ 之后，快速（20℃/h）甲烷碳同位素反而比慢速（2℃/h）轻 1‰~3‰ 左右。同一样品同一升温速率且在同一温度点，热解气总体上显示出 $\delta^{13}C_1<\delta^{13}C_2$ 的特征。随着热解温度的升高（或热演化程度的增高），甲烷碳同位素值先逐渐降低，后随热解温度的进一步升高又逐渐增大，样品的转折点（也就是最低值）出现在热模拟温度 400~430℃ 左右。在热解温度 410℃ 之后，热解气 $\delta^{13}C_1$ 与热解温度之间基本上呈现较好的相关性。不论是 20℃/h 的升温速率，还是 2℃/h 的升温速率，随着热解温度的升高，$\delta^{13}C_2$ 值均逐渐增大。

应用美国 Lawrence Livermore 国家实验室的 Kinetics 2000 软件，进行动力学模拟计算，获得了该煤样生成甲烷的拟合结果及动力学参数（图 5.107）。可见，该煤样生成甲烷产

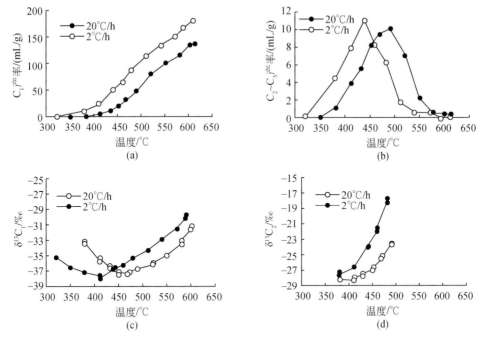

图 5.106 上古生界煤样生气热模拟实验结果（气体产率和碳同位素）

率的动力学模拟结果与热模拟实验结果十分吻合，表明热模拟实验数据及获取的生气动力学参数可以外推应用到地质条件中。结合沉积埋藏史、古热史，应用上述的动力学参数，模拟计算了不同井区烃源岩的生气史。苏里格地区煤系烃源岩生烃作用时间早，主力烃源岩生气门限出现在距今 145Ma，主生气峰出现在距今 140~90Ma；不同井烃源岩生成气体转化率和甲烷产率有一定的差异。

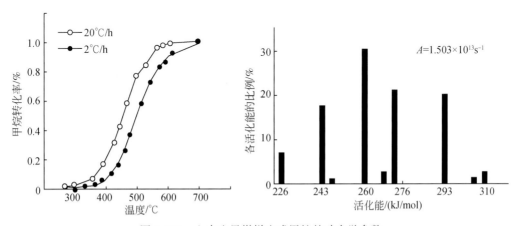

图 5.107 上古生界煤样生成甲烷的动力学参数

从上古生界天然气成藏地质分析，苏里格气田可能存在不同的气源区，如天环拗陷北部生气中心、南部生气中心和苏里格地区自身烃源岩分布区。通过运用碳同位素动力学方法，模拟计算了这 3 个气源区烃源岩生成天然气的甲烷碳同位素演化，见图 5.108。模拟结果显示：①天环拗陷生气中心烃源岩已进入生气高峰期，生成的累积甲烷碳同位素 $\delta^{13}C_1$ 为 $-36.5‰ \sim -33.5‰$，明显比苏里格气田主体天然气甲烷碳同位素值（多数 $\delta^{13}C_1 = -34‰ \sim -30‰$）轻，显然不是苏里格气田的主力气源岩；②南部生气中心烃源岩已为过成熟，生成的累积甲烷碳同位素 $\delta^{13}C_1$ 为 $-28.5‰ \sim -20‰$，明显偏高，与苏里格气田主体天然气 $\delta^{13}C_1$ 特征不同，说明南部生气中心烃源岩对苏里格气田贡献较小；③苏里格气田自身烃源岩已进入高成熟阶段，生成的累积甲烷碳同位素为 $-34‰ \sim -27.5‰$，这与苏里格气田天然气主体碳同位素比较吻合，说明苏里格气田气源区主要应为其自身上古生界烃源岩分布区，为累积聚气。因此，苏里格气田天然气主要来源苏里格地区及周缘的石炭系—二叠系煤系源岩，主要为近源充注、累积聚气成藏。

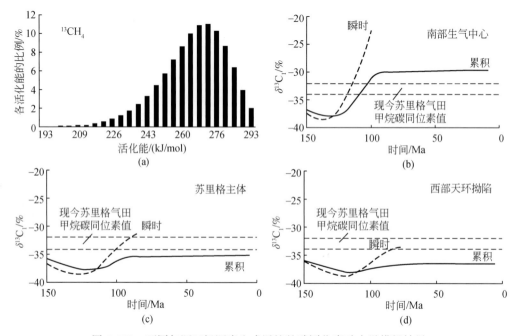

图 5.108　不同气源区烃源岩生成甲烷的碳同位素动力学模拟结果

第六章 有机地球化学定量分析前沿与展望

第一节 地球化学微区分析技术

自1952年世界上第一次创建实用气相色谱分析方法以来，特别是1958年Gloay提出毛细管气相色谱柱以及同年由Mcwillian和Harley同时发明的氢火焰检测器（FID），气相色谱分析技术有了飞跃性的发展。1965年瑞典LKB公司推出世界上第一台商品气相色谱-质谱分析仪更加使得分析化学技术进入了一个全新的阶段，在实现高效分离的基础之上还可以准确鉴定化合物。这些分析技术的出现也促进了有机地球化学这门学科的进步。建立在气相色谱-质谱（GC-MS）分析技术基础之上的生物标志化合物研究被广泛应用于油-气-源对比、成熟度研究以及沉积环境研究等诸多石油勘探领域。然而在一些相对具有更高难度的领域，这些较为传统的分析手段所能够提供的信息已经不能满足日益增长的研究需要。

随着其他学科的发展，近年来出现的一系列高性能的新仪器以及在这些新仪器基础上实现的一些跨学科的新的分析方法的出现，为有机地球化学的深入研究提供了支撑。如激光与传统化学分析仪器以及显微镜的结合可以进行微区分析技术，目前这项微区分析技术已经被应用于流体包裹体成分分析、沉积有机质中显微组分分析等方面。另外具有超高灵敏度和分辨率的傅里叶回旋共振磁质谱可以对原油或者可溶有机质中的极性组分进行分析，这些极性组分用常规的GC-MS是无法实现精确分析的。

本章主要针对这些近年来出现的新仪器、新技术进行一些介绍，对这些技术和方法目前存在的问题进行探讨，并讨论其发展的方向。

一、激光微裂解分析技术

微区分析技术是指对样品的微小区域进行分析技术的统称，微区分析的目标范围一般为微米级别甚至是纳米级别（如扫描电子显微镜观察）。一系列形态学的分析技术已经被广泛地应用于石油地质样品的分析检测中，如有机岩石学研究、扫描电子显微镜及能谱分析、显微傅里叶红外光谱分析、激光拉曼光谱分析技术等。本节主要介绍的是有机地球化学的微区分析技术，主要是各种地球化学分子组成分析技术。

样品的非均质性是地球化学研究中面临的现实问题。烃源岩和储集岩都具有非均质性的特征，通常烃源岩中有机质都是由多种显微尺度上的非均值有机显微组分、可溶有机质以及无机矿物组成，同时储集层岩石中普遍存在的流体包裹体也是非均质性的表现之一。研究石油地质样品中的非均质性问题成为准确评价烃源岩、探讨成烃、成藏历史等工作的重要内容。激光技术与显微镜以及地球化学分析技术的结合将是解决这个难题的主要手段。

沉积有机质激光微裂解分析技术是一项跨学科的分析技术，是在对沉积岩进行有机岩石学分析基础上，利用激光微区分析技术对鉴定的有机显微组分进行定位热裂解，热裂解产物通过在线仪器进行有机地球化学分析（包括有机碳同位素、生物标志物等），从而得到不同类型有机显微组分裂解产物的分子组成信息。该技术在地质领域的运用能更真实地反映各组分的生烃潜力，有助于对烃源岩进行更准确的评价。

国外学者从20世纪90年代开始激光微裂解成分分析技术的研究与应用开发，Larter等（1980）利用微裂解技术进行过干酪根组成研究，Greenwood等（1996，1998）采用波长为1064nm的激光进行了不同类型样品的激光微裂解成分分析方法研究，并建立了次分析方法的技术原型。但受仪器配置（如激光器、检测系统等）的限制，此项技术在近十多年来的发展缓慢，如激光波长过长会引起激光束斑过大而降低分析系统的显微选择性，进样系统的性能难以满足微区分析较高灵敏度的要求等。同时前人的研究也没有对不同类型烃源岩及不同类型显微组分进行系统研究，对沉积有机质还未建立激光裂解碳同位素分析方法。

激光微裂解在线分析系统主要由激光器、显微镜、样品室、富集传输线以及检测器组成。其中样品室和富集传输线一般没有商品化，因而需要用户自主设计和制造。澳大利亚联邦科学与工业研究机构（CSIRO）在20世纪90年代开发了一套激光微区分析系统，该系统以六通阀（Six-port Valve）作为富集传输系统的核心部件，能够进行含油流体包裹体以及岩石有机质样品的激光微区分析，钟宁宁和Greenwood（2001）将这套系统引入国内并进行了不同有机显微组分的激光微裂解成分分析研究。

图6.1为激光微裂解成分分析的原理图，待分析样品放置在加热的样品池中，连续波长激光（1064nm）通过显微镜的物镜聚焦在样品表面，裂解产物被在线的氦气流带入冷肼富集聚焦；富集完成后，转动六通阀并快速加热冷肼使富集的化合物气化，同时在氦气

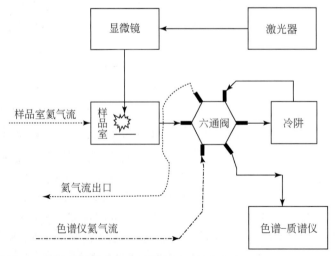

图6.1 激光微裂解成分分析原理图（钟宁宁和Greenwood，2001）

流的带动下进入色谱-质谱进行分离和检测。色谱-质谱检测条件与常规方法基本相同。采用 HP5890 色谱仪和 Micromass-AutoSpec UltimaQ 质谱仪。色谱柱为 0.32mm×25m DP-5 石英毛细柱。色谱柱温度：初始温度 40℃，保持 2min；4℃/min 程序升温至终温 300℃，保持 25min。

通过对抚顺煤样中树脂体和镜质体的激光微裂解气相色谱-质谱在线成分分析可以发现，两者的产物都以芳烃化合物占优势，如烷基萘、烷基四氢化萘等；而相对含量较少的正构烷烃也分布完整（$C_8 \sim C_{30}$ 左右），这是煤或者煤系烃源岩热裂解产物的共同特征。但镜质体热解产物中的正构烷烃相对含量要大于树脂体中的相应化合物。热解产物中芳烃化合物的鉴定结果见表 6.1。烷基萘在树脂体和镜质体两者中的分布面貌 [图 6.2（a）、图 6.2（b）、图 6.3] 相仿。其中二甲基萘被认为是存在于被子植物来源的达玛树脂中的多杜松烯的热降解所形成的特征单体异构物。树脂体和镜质体两者微裂解产物中烷基萘分布面貌的相似性表明树脂生源物质可能输入到了镜质组分，其成因可能与镜质组分广泛的同化作用有关，既可以是镜质组吸收同化树脂体早期生烃产生的游离烃类，又可以是镜质组分形成过程中吸收同化成煤植物木质部细胞中原地的树脂成分。由于过去分析手段的局限，始终不能排除显微组分分离不纯这种可能性，因而对显微组分形成过程中化学成分的混合作用一直难以确认。根据激光热裂解的正烷烃和类异戊二烯烃产物在不同显微煤岩类型中的分布特征，指出了烃类在富壳屑微亮煤中产生并运移到其相邻的其他显微煤岩类型中的可能性。激光热解色谱-质谱分析技术为解决这一问题提供了可靠的手段。

表 6.1 激光微裂解产物芳烃化合物鉴定表（据钟宁宁和 Greenwood，2001）

峰号	化合物	峰号	化合物	峰号	化合物	峰号	化合物
1	苯	10	甲基茚	14g	1,6-二乙基萘	18m	1,3,5-三甲基萘
2	甲苯	11	萘	14h	1,4+2,3-二乙基萘	18n	2,3,6-三甲基萘
3	C_2-烷基苯	12	C_2-烷基四氢化萘	14i	1,5-二乙基萘	18o	1,2,7-三甲基萘
4	苯乙烯	13a	2-甲基萘	14j	1,2-二乙基萘	18p	1,2,5-三甲基萘
5	C_3-烷基苯	13b	1-甲基萘	15	苊	19	1,2,5,6+1,2,3,5-四甲基萘
6	酚	14c	2-乙级萘	16	C_3-烷基四氢化萘	20	菲
7	硬脂酸甲酯	14d	1-乙基萘	17	C_4-烷基四氢化萘	21	甲基菲
8	茚	14e	2,6+2,7-二乙基萘	18k	1,3,7-三甲基萘		
9	苯酚	14f	1,3+1,17-二乙基萘	18l	1,3,6-三甲基萘		

近年以来，随着分析仪器的进步，有些研究机构在激光微区分析技术方面取得了一些进步。中国石油化工股份有限公司石油勘探开发研究院无锡石油地质研究所将单体包裹体成分分析系统（见后文）与有机质样品的激光微裂解相结合，对前人所采用的以六通阀为核心的在线分析进样系统进行了改建。取消了六通阀以后整个系统结构更加简单，这对于微区分析来说更加有利于产物的传输，避免系统中的"冷点"产生残留而影响分析效果。同时将传统的波长为 1064nm 的红外激光用波长为 532nm 的可见光连续波长激光替代（图 6.4）。由于激光为可见光，因此在系统组建过程中更容易控制和定位，从而能够更加准确地进行样品分析。

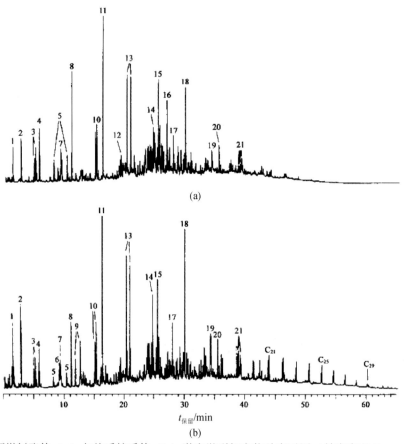

图 6.2 抚顺煤树脂体 (a) 与均质镜质体 (b) 激光微裂解产物总离子图 (钟宁宁和 Greenwood, 2001)

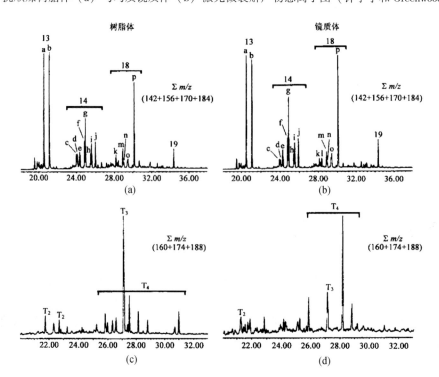

第六章　有机地球化学定量分析前沿与展望

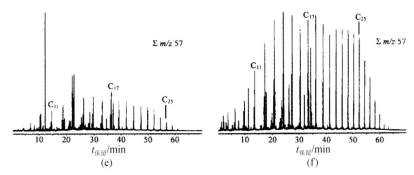

图 6.3　树脂体和镜质体微裂解产物烷基萘、烷基四氢化萘和
正构烷烃的质量色谱图（钟宁宁和 Greenwood，2001）

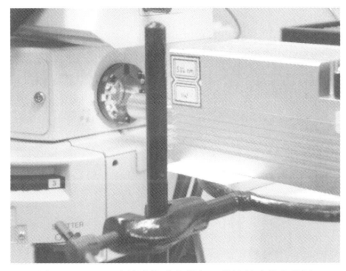

图 6.4　532nm 连续波长激光器与显微镜的连接实物图

图 6.5 为不同类型样品的激光微裂解气相色谱-质谱分析质量色谱图。其中桦甸地区新近系油页岩干酪根的激光微裂解总离子图显示产物以正构烷烃-烯烃对为主，分布范围从 $C_8 \sim C_{30}+$，同时在 C_{27} 以后有藿烷等生物标志化合物的检出。这是典型的藻类体热裂解产物的分布特征。此外，东营新近系油页岩样品的激光微裂解产物中有较高含量的藿烷分布，通常情况下原油中正构烷烃的绝对含量为每克原油中含有数毫克，而生物标志化合物的绝对含量为每克原油中含有数微克（详见前文），因此这些低含量的化合物的检出说明经过改建后的分析系统具有更高的分析灵敏度。贵州渔洞二叠系煤样的激光微裂解产物以芳烃化合物为主，特别是萘系列化合物，这与前文所述煤系样品的典型特征一致。

生物标志化合物的检出说明有机质激光微裂解在线成分分析技术已经取得了一定的进步，然而由于在线分析技术不进行样品制备的前处理步骤，因此怎样对激光微裂解产物进行定量分析成为此项技术进一步发展的难点。Greenwood（2011）对不同类型激光光源进

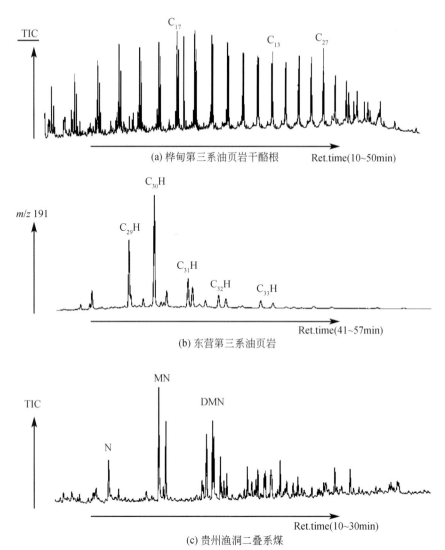

图 6.5 不同类型样品激光微裂解成分分析结果（Zhang and Greenwood, 2010）
Cn：正构烷烃；CnH：藿烷；N：萘；MN：甲基萘；DMN：二甲基萘

行了激光微裂解分析的对比研究，如 1064nm 连续波长激光、532nm 连续波长激光以及 266nm 脉冲激光等；同时通过在线分析载气中导入定量的标准气体作为标样进行激光微裂解的定量分析探讨。

从图 6.6 可以看出，对 Torbanite 样品采用 532nm 连续波长激光器进行微裂解分析的产物主要是 $C_8 \sim C_{30}+$ 范围内的正构烷烃-烯烃对，这些化合物在低碳数范围内以双峰的形式出现，而在高碳数的时候烷烃-烯烃对则共流出。其他一些烃类化合物，如烷基环己烷、萘系列、菲系列等则相对含量较低。一般认为热解产物中的高含量正构烃类化合物主要来自于葡萄球藻外细胞壁中的高脂肪聚合物。

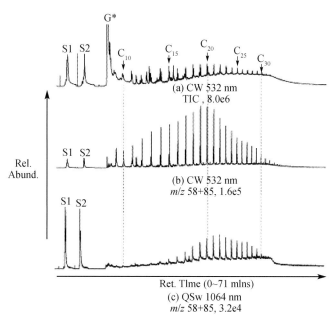

图 6.6 不同类型激光光源在线微裂解定量分析质量色谱图（Greenwood，2011）
样品为 Sydney Torbanite，其中 CW 为连续波长；QSW 为脉冲激光；S_1、S_2 为标准气体组分；Cn 为正构烷烃

在样品分析之前以及之后分别进行称量可以获得激光微裂解分析的质量损失及进样量。通常采用功率为 1W 的 532nm 连续波长激光以及 20×的显微镜物镜进行分析，可以产生直径约为 100μm 的剥蚀坑，其质量损失一般为 10~20μg，而一般情况下，待分析样品只要达到 0.1mg 即可以进行激光微裂解在线成分分析，这相对于传统热解分析来说体现了"微区"这个概念。

热解分析，包括激光微裂解和传统的热解分析（如热解色谱等）都具有很好的重复性，热定量分析却不是太稳定。而通过标准气体共注的方法进行激光微裂解定量分析和计算具有较好的重复性。在本实例中，中等分子量（C_{15}~C_{20}）的烃类定量分析的标准偏差小于 3%，而较高分子量的化合物，因为其沸点高不利于传输，因此具有较大的分析误差（标准偏差小于 20%）。

如图 6.6 所示，波长为 1064nm 的脉冲激光（QSW）进行微裂解分析的效果就不如 532nm 连续波长激光好。而对不同类型的样品，如干酪根等的分析结果同样不是很好。如图 6.6 进行定量计算的结果显示，针对同一个样品（Sydney Torbanite）采用 1064nm 脉冲激光分析的正构烷烃类含量仅为 532nm 连续波长激光分析结果的 13%。这说明采用脉冲激光进行微裂解分析是不可取的。原因可能是脉冲激光器的输出功率一般为几个毫瓦，而其作用时间非常的短（约 4~5ns），因此其激光能量就比连续波长大几个数量级，因此一些断裂下来的化合物（如正构烷烃-烯烃对）可能会被打碎成为无法检测的物质。

此外，从定量分析的角度来讲，由于采用标准气体作为定量分析的标样，因此在进行定量计算的时候还存在一些问题，如图 6.6 所示，波长为 532nm 的激光进行微裂解分析，在总离子图（TIC）和质量色谱图（m/z 58+85）中标样（S_1、S_2）和正构烷烃的相对峰面积比值差异较大。这是因为对于气态烃类化合物来说 85 或者 58 质量数的特征碎片并不是占主导的，而对于分子量较大的正构烷烃来说则是主要的碎片信号。

由于激光微裂解分析是一种在线分析技术，无法采用常规定量分析中应用的共注内标物来进行定量分析，因此要对激光微裂解成分分析进行定量化还需要进一步的研究。

二、单体包裹体分析技术

流体包裹体广泛分布于地质样品中，含油流体包裹体通常会含有气态或者高分子量的烃类组分，这些烃类组分记录了油藏充注或者油气运移信息。由于流体包裹体中的组分被捕获以后就存在于一个相对封闭的环境中，能够避免一些后期改造作用的影响，如生物降解、水洗作用等。因此流体包裹体重含油的原始烃类组成与储层原油的对比能够反映油气运移通道或者重建油藏充注史。

在紫外光的照射下，流体包裹体的荧光颜色与其包裹的物质组成具有一定的关系，一些文献也报道过原油的荧光特征与生物降解或者原油成熟度的关系。通常情况下具有黄色荧光的原油或者流体包裹体中的芳烃组分相对含量较高，而具有蓝色荧光的则脂肪烃类含量较高。

针对含油流体包裹体分子组成的分析技术主要是以气相色谱-质谱分析为基础的。目前已经比较成熟的技术有：①在有机溶剂浸泡的同时采用机械破碎流体包裹体的宿主矿物，溶解的组分经过浓缩或者分离后进样分析；②在特定设计的气相色谱进样口中进行在线的破碎、分析；③利用激光来打开流体包裹体并进行在线或者离线的分析。

相对而言，机械破碎的方法比激光分析技术要相对发展得更加成熟。从文献报道来看，将超过 40mg 的流体包裹体样品进行在线机械破碎分析能够检测到其中的生物标志化合物，而进行离线机械破碎分析则需要大于 1g 的样品量才能够检测到其中的生物标志化合物。但是这些方法都是针对整块样品进行的群体包裹体分析，无法对样品中不同的流体包裹体（如不同的荧光颜色、不同的捕获期次等）进行分别分析，这在很大程度上影响了流体包裹体分析技术的实际应用效果。

高性能的激光器能够进行单个包裹体的剥蚀，如激光等离子质谱（Laser-ICP-MS）在线分析技术长期以来被应用于进行单个流体包裹体中元素组成的检测。但是采用激光剥蚀打开单个流体包裹体并进行有机分子组成在线分析技术还没有取得较大进展，主要原因在于单个流体包裹体中含有烃类物质的量可能并不能够满足质谱分析的要求，同时在线分析系统的结构、材料等也可能造成本身就极少量的化合物在传输过程中再次遭受损失。

中国石油化工股份有限公司石油勘探开发研究院无锡石油地质研究所经过多年的研究开发，今年以来在激光剥蚀单体流体包裹体在线成分分析技术方面取得了一些成功，对于塔里木盆地塔河地区的流体包裹体样品中不同期次（荧光颜色）的流体包裹体实现了分别检测，证实其分子组成具有较大的差异。

以塔河地区奥陶系流体包裹体样品为例，该样品为硅质岩裂缝中重填的石英，样品中具有丰富的含油流体包裹体。与塔里木盆地多期成藏的特征相似，该样品中也具有多期流体包裹体。该样品中的主体（约为 90%）包裹体具有黄色荧光，而少量流体包裹体则具有蓝色荧光。其中黄色荧光包裹体大部分为20μm左右的长径，而蓝色荧光包裹体则相对个体较大（最大可超过50μm）。采用Linkam公司的THMS600型热台进行流体包裹体均一温度测定显示，蓝色和黄色荧光流体包裹体的均一温度分别分布在58.1~92.3℃以及123.7~134.6℃。样品经过机械破碎得到直径约为3~4mm的颗粒，根据不同的荧光颜色有选择地进行单体流体包裹体的激光剥蚀，并进行在线的气相色谱-质谱分析。

图6.7为单体流体包裹体激光剥蚀在线成分分析系统街头原理图，其中主要包含3部分，分别为：激光与显微镜系统；自主设计、制造的样品池以及包含冷肼的富集、进样系统；气相色谱-质谱检测系统。采用不同的激光器，该系统也被应用于激光微裂解分析技术中（如前文所述）。

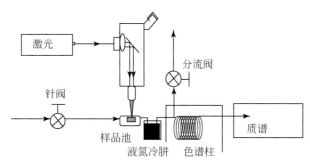

图6.7 单体包裹体激光剥蚀在线分析原理图（Zhang et al.，2012）

具体仪器配置如下。相干（Coherent）公司的COMPex Pro准分子脉冲激光器，激发源为ArF，输出波长为193nm，最大能量为$5J/cm^2$；显微镜为奥林巴斯（Olympus）BX51型，配置了反射荧光光路，激光剥蚀采用专用的物镜，放大倍数为50倍。如前文所述，脉冲激光不适合进行微裂解分析，但其具有非常强的剥蚀能力，能够打开流体包裹体的宿主矿物，如石英等。通过激光器系统配置的光栅调节，激光光斑能够在4~80μm的范围内调节。

分析流程为样品颗粒放置在样品池中（样品池在分析之前在300℃下加热清洁，分析过程中保持在120℃），样品池安装在显微镜载物台上。在显微镜中观察并且定位好后，用准分子激光剥蚀流体包裹体，在荧光下观察所含烃类组分，被在线载气带入冷肼富集后，荧光消失。冷肼采用液氮冷却，富集完成后快速加热冷肼，气化组分被载气带入气相色谱-质谱仪进行分析检测。气相色谱分析的毛细柱为DB5-MS（25m长，0.32mm柱径，0.25μm膜厚），色谱升温程序为60℃，保持2min后以6℃/min升温至290℃并保持15min，质谱采用全扫描方式（m/z 50~550）进行信号采集。

在进行单体包裹体激光剥蚀在线成分分析的过程中，为了保证分析的成功率，通常情况下需要将数个流体包裹体分别剥蚀，释放的油气组分被富集在冷肼中后再进行化合物检测，以提高分析物质的量。如图6.8所示，激光剥蚀后选中的流体包裹体中油气组分被释放、富集和分析，荧光消失，而周围其他流体包裹体则未受影响，这说明193nm准分子脉冲激光具有很好的选择性，适合进行流体包裹体的剥蚀分析。

蓝色荧光流体包裹体的激光剥蚀成分分析结果显示出其中主要组分为正构烷烃化合

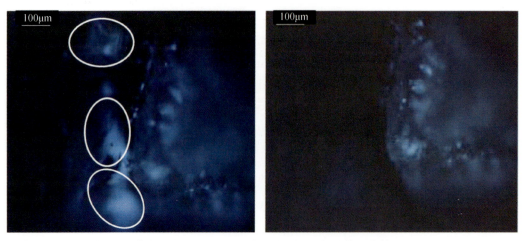

图 6.8 样品剥蚀前后荧光照片对比图(圈出部分为剥蚀目标流体包裹体,Zhang et al.,2012)

物,同时一些异构或者环烷烃也具有相当高的含量(特别是甲基环己烷,图6.9)。与此同时,单环、双环甚至是多换芳烃化合物也能够被检测到,其中以烷基萘系列化合物的含量最高。从化合物的分布范围来看,检测出的最高碳数正构烷烃大于C_{27},这相比前人发表的数据有了较大的提高。而在总离子图中没有检测到一些相应的烯烃类化合物,这说明193nm 准分子脉冲激光能够剥蚀宿主矿物而不会引起流体包裹体中油气组分的裂解,即准分子脉冲激光为进行流体包裹体剥蚀成分分析的最佳选择,而连续波长红外或者可见光由于很高的热效应会引起油气组分发生裂解,这将直接影响分析结果的可靠性。

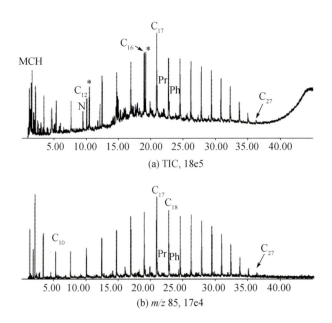

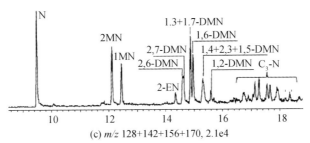

(c) *m/z* 128+142+156+170, 2.1e4

图 6.9 蓝色荧光流体包裹体激光剥蚀分析质量色谱图

(a) 总离子图；(b) 正构烷烃质量色谱图；(c) 烷基萘系列化合物质量色谱图。
其中 MCH=甲基环己烷；Cn=正构烷烃；N=萘；MN=甲基萘；DMB=而甲基萘；
C_3-N=C_3-烷基萘；Pr=姥鲛烷；Ph=植烷；*=背景峰（Zhang et al., 2012）

在单体包裹体激光剥蚀分析中没有检测到明显的生物标志化合物，如甾烷、藿烷等，而这些化合物在前人的群体包裹体成分分析研究中能够被检测到，因此这是由于单体流体包裹体分析的检测物质的量不足以满足质谱分析的灵敏度要求所造成的。

黄色荧光包裹体激光剥蚀成分分析结果见图 6.10。对比分析两种包裹体成分，最显著的差异在于黄色荧光包裹体中低分子量烃类（小于 C_{12}）的相对含量明显低于蓝色荧光的流体包裹体；此外，蓝色荧光包裹体的正构烷烃分布低于黄色荧光的包裹体，分别为 C_{27} 和 C_{30}+；黄色荧光流体包裹体中油气组分含油相对较高的烷基萘（不高于 C_4 烷基）系列化合物，两种流体包裹体的饱和烃/芳烃值分别为 0.75 和 2.02。

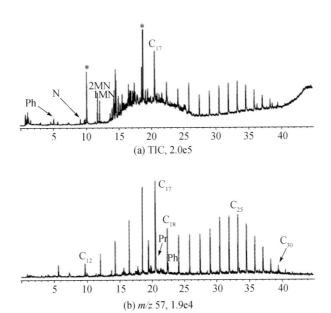

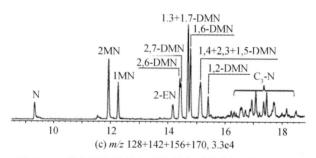

图 6.10　黄色荧光流体包裹体激光剥蚀分析质量色谱图

(a) 总离子图；(b) 正构烷烃质量色谱图；(c) 烷基萘系列化合物质量色谱图。其中 Cn = 正构烷烃；N = 萘；MN = 甲基萘；DMB = 二甲基萘；C_3-N = C_3-烷基萘；Pr = 姥鲛烷；Ph = 植烷；* = 背景峰（Zhang et al. ，2012）

先进的激光剥蚀在线分析技术可以用于单个或者单体流体包裹体的成分分析，实验分析结果也显示出不同类型（期次）流体包裹体可能具有分子组成上的较大差异。通过对塔里木盆地在同一样品中共存的不同荧光特征的流体包裹体分析，结果显示可以利用分子组成的差异来区别不同期次的流体包裹体。

对于单体包裹体成分分析技术来说，目前处于相对半定量阶段，由于这项技术本身具有很高的难度，因此还未见相关定量分析技术的报道。而一项技术从半定量走向绝对定量分析是有机地球化学分析技术的发展趋势。笔者认为有机质样品的激光微裂解在线分析技术与单体流体包裹体激光剥蚀在线成分分析技术两者具有很大的相似性，因此其定量分析研究也将相辅相成，在完善分析系统的基础之上也将最终实现，这有待于广大有机地球化学研究机构与学者继续探索。

第二节　傅里叶变换离子回旋共振质谱分析技术

油气成藏过程包括油气的生成、运移、集聚及改造，油气成藏过程分子示踪技术包括同位素示踪技术、生物标志物示踪技术等。近 30 年来色谱质谱技术的发展对揭示原油化学组成发挥了重要作用，通过剖析石油分子组成提取了一系列具有示踪意义的地球化学指标，有力地支持和指导了沉积盆地中的油气勘探。但是，原有的色谱-质谱技术由于受油气分子的挥发性和极性限制，对研究高分子化合物（$m/z > 400$），特别是杂原子化合物非常局限。目前广泛应用于油源对比和油气运移的示踪化合物都是中低分子量的化合物，如轻烃、生物标志物（甾烷、萜烷等）及中性或弱极性的含氮、含硫及含氧化合物等，这些杂原子化合物组分分析都需要进行复杂的样品前处理。近年来，国外学者对杂原子化合物（含 N、S、O 等）在油气运移中作用进行了大量研究工作，并在指导生产实践中取得了明显效果（Larter et al. ，1996；Li et al. ，1994，1998）。目前已检测并应用于油气勘探开发的杂原子化合物主要是吡咯类、噻吩类和含氧化合物（烷基酚、有机酸等）中分子量较低的组分，对于大量的中高分子量的极性杂原子化合物分析技术开发应用研究才刚刚开始。这些极性化合物主要为非烃。现有研究成果表明，沉积有机质早期生烃时可溶有机质主要为非烃组分，即使在生烃高峰期非烃含量也可以高达 60%，高演化烃源岩抽提物和高降解石油中非烃组分含量也很可观，蕴藏着丰富的地球化学信息。为了分析研究这些复杂的极性化合物、指导复杂地区的油气勘探实践，世界各地学者从实验技术开发和地质应用研究方面都进行了一系列探索，取得了一些初步认识，其中傅里叶变换离子回旋共振质谱技术（FT-ICR-MS，简称高分辨质谱）发挥了重要作用。

高分辨质谱目前主要采用电喷雾（ESI）和大气压光致电离（APPI）两种电离源，电喷雾电离源可以从高浓度复杂烃类基质中选择性地电离石油组分中微量的杂原子极性化合物（Hughey et al.，2001，2002；Qian et al.，2001a，2001b；Klein et al.，2006a），ESI 电离源可以分别在正离子（Hughey et al.，2001，2002；Qian et al.，2001a；Hughey et al.，2002；Miyabayashi et al.，2004；Klein et al.，2006b）和负离子（Qian et al.，2001b）模式下，选择性地电离石油中的微量的碱性（主要是碱性氮化合物）和酸性（主要是石油酸）化合物，中性氮化合物（含吡咯氮化物）通常出现在负离子质谱图上，但是其电离选择性相对较差（Hughey et al.，2001，2002；史权等，2008）。大气压光致电离对非极性组分包括非极性含硫化合物电离效果较好（Purcell et al.，2006）。对于石油中的含硫化合物，也可以采用硫化物甲基衍生化结合正离子 ESI 高分辨质谱进行分析（Shi et al.，2010；Liu et al.，2010a）；此外，借助硫化物的选择性氧化和甲基衍生化，结合正离子 ESI 高分辨质谱分析可以鉴定出石油样品中的硫醚类化合物和噻吩类化合物的分子组成与分布特征（Liu et al.，2010b，2011）。

Hemmingsen 等（2006）从北海原油中抽提出酸性组分，高分辨质谱分析表明，90%是羧酸类化合物，分离出石油酸后，原油表面张力增大，油包水型乳化液的稳定性增强。Standford 等（2007）研究了 9 种不同地质来源的轻、中、重质原油，尽管各种原油杂原子组分互不相同，但是具有相同 API 度的原油具有相近的 O_2 和 O_4S_1 原子组相对丰度，重质油中 O_2 高而 O_4S_1 较低，轻质油则相反。Hur 等（2010）利用磁质谱对原油性质在分子水平上进行了解析，认为可以利用磁质谱来预测原油性质。Jin 等（2012）研究了热解分子组成与磁质谱的内在联系，模拟了地表和地下 3 种热解体系，发现分子聚合度和含 N 化合物种类变化很大。Cho 等（2012）进一步对原油组组成（SARA）进行了磁质谱表征，除芳香烃与非分离油比较接近外，其他组分各自峰群与原油图谱差异较大，在未分离油中没有观察到的许多 NO_x 和 SO_x 系列化合物在胶质组中含量更丰富，高 DBE 对应沥青质含量增加，表面磁质谱能够更全面了解石油中重组分。

（一）傅里叶变换离子回旋共振质谱工作原理

1. 仪器结构

FT-ICR MS 仪器由离子源、离子累积及选择部分、离子传输透镜及分析池 4 部分构成，其结构见图 6.11。此外，FT-ICR MS 还有一个重要组成部分，即一个匀强磁体，目前仪器所采用的磁体均为超导磁体，且磁场强度与仪器的分辨率有直接的联系，磁场强度越高，仪器的分辨率越高。不同仪器所配磁体均不相同，早期的 FT-ICR MS 仪器所用磁体较低，目前主流的 FT-ICR MS 仪器所用磁体的磁场强度一般为 9.4T 和 12.0T。最新报道称目前世界上已生产出磁场强度为 18.0T 的商品化的 FT-ICR MS 质谱仪，该仪器能达到前所未有的分辨率。

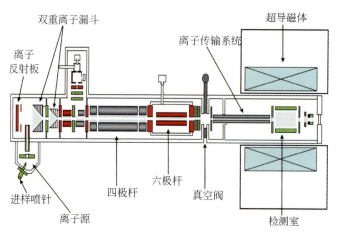

图 6.11 傅里叶变换离子回旋共振质谱结构原理示意图

2. 分析原理

FT-ICR MS 的核心是一个处于高强磁场的大约 6cm 长的圆筒状（也可以是其他形状）的分析池，它是由 3 对电极，即 1 对捕陷电极，1 对激发电极和 1 对检测电极构成。捕陷电极用于捕获进入分析池中的带电离子，激发电极和检测电极是在垂直磁场方向上设置的 2 组互相垂直的电极，1 组电极用于激发带电离子，使其能够以较大半径产生旋转运动；而另一组电极用以接收由周期性运动于两极之间带电离子产生的交变电流，检测电极间接收的高频电流周期与离子在池中的回旋运动的周期相同，由于不同质荷比离子的回旋周期不同，根据这一原理可以通过检测电流信号的频率计算出离子的质荷比，而信号的强度反映离子的丰度。

3. 离子源类型及原理

1) ESI 电离源

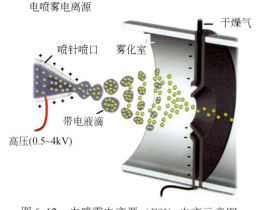

图 6.12 电喷雾电离源（ESI）电离示意图

ESI 是一种"软电离"技术，即在电离过程中不会破坏被分析物的结构，不产生碎片。ESI 电离源能在大气压条件下产生准分子离子（[M+H]$^+$ 和 [M-H]$^-$），因此采用 ESI 电离技术可以在不破坏仪器真空度的条件下连续测试多个样品。图 6.12 为典型的 ESI 电离过程，电喷雾电离的基本过程可以简述如下：在喷针针头和施加极板之间施加一个正或负的电压（通常为 0.5~4kV），通过高压电场可以分离溶液中的正离子或负离子，例如在正离子模式下，电喷雾喷针相对于真空取样孔保持很高的正电位，使带负点荷离子向喷针的另一端移动，而在喷针出口处形成的半月形液体表面则聚集着大量的正电荷离子。由于液体表面的正电荷离子之间相互排斥的作用，最终形成"Taylor 锥体"。随着正电荷离子的继续聚集，"Taylor 锥体"将释放出带正电荷的小液滴，随着溶剂的蒸发，小液滴进一步缩小，表面电荷与比表面积的比值就会变大，当电荷排斥力足以克服表面张力的时候，就会使小液滴产生"爆裂"，重复此过程，直到液滴中的溶剂全部蒸发掉，最终产生分子离子，以上过程被称为"库仑爆炸"。最终产生的分子离子通过电场的作用被引入质谱进行分析。"库仑爆炸"机理可以很好地解释电喷雾电离机理，该机理被大家广泛接受。但是也有学者认为电喷雾电离机理为"气相离子机理"，即从带电离液滴上产生气相离子。

图6.13给出了石油样品中能分别在负离子和正离子ESI电离条件下电离，并能通过FT-ICR MS检测的化合物结构类型和杂原子分布类型（该类化合物通常具有长烷基取代侧链）。在负离子ESI模式下，石油中的酸性化合物，如石油酸（带有羧基）、酚类和中性氮化合物（吡咯取代）能被电离。石油中的羧酸类化合物可能以饱和链状结构、环烷环取代、单芳香环取代和多芳香环取代的羧酸类化合物等结构存在，该类化合物可能对炼油装置和设备造成腐蚀，而氮化物对石油加工和储存稳定性具有很大不利影响。在正离子ESI电离条件下，石油中的碱性氮化物（吡啶取代）、胺类及亚砜均能被ESI源电离。

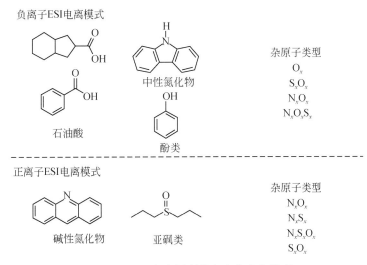

图6.13 ESI电离源所能电离化合物类型

2）APPI电离源

弱极性及非极性有机物在ESI源的作用下不容易电离，因此响应值很低，但是这些物质在接受了光子作用后则可能发生光电离（PI）成为离子被质谱仪检测。APPI（大气压光致电离源）就是在大气压下利用光化学作用将被分析物离子化的技术，图6.14为APPI电离源的结构。

APPI源中，来自液相色谱的流动相（甲苯）及油样首先形成细小雾滴然后被蒸发，UV能量首先电离甲苯分子，甲苯产生大量的光离子，在溶剂中发生一系列离子–分子反应，最终使得目标化合物形成准分子离子 $[M+H]^+$ 或 $[M]^+$（正离子模式），$[M-H]^-$ 或 $[M]^-$（负离子模式），最终将电离的离子引入FT-ICR MS进行分析。

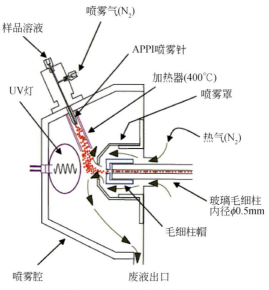

图 6.14　APPI 电离源结构

3) APCI 电离源

APCI（大气压化学电离源）也是一种 FT-ICR MS 常配的电离源，主要用来分析中等极性的化合物。有些分析物由于结构和极性方面的原因，用 ESI 不能产生足够强的离子，采用 APCI 方式增加离子产率，APCI 是 ESI 的补充。图 6.15 为 APCI 电离源的结构。

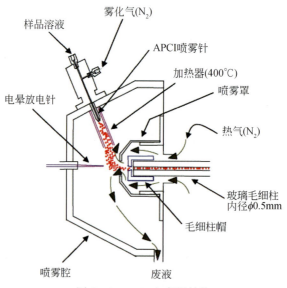

图 6.15　APCI 电离源结构

APCI 也是一种软电离源，通过反应离子产生离子-分子反应而电离样品。样品溶液进入加热器（约 400℃）后被雾化氮气雾化，形成喷雾，待分析样品和溶剂分子被蒸发成气态。溶剂分子通过电晕放电电离,形成稳定的反应离子。这些反应离子与样品分子(离子-分子反应)之间发生质子转移,样品分子添加或失去质子成为离子。这种离子-分子反应以各种形式出现,如质子转移反应,亲电加成反应等,同 ESI 一样,检测质子化的分子(或去质子化分子),最终使得被分析物带电,进入高分辨质谱进行分析检测。

(二)傅里叶变换离子回旋共振质谱分析地质应用
——生物降解对极性化合物分布的影响

生物降解作用是原油在储存中遭受的一种重要的次生蚀变作用,是原油稠化的主要机制之一。目前,人们已熟知生物降解作用对原油物理性质和分子组成的影响。通常情况下,随生物降解作用程度的加剧,原油中正构烷烃、异构烷烃、环烷烃依次遭到破坏和消失,使得烃类组分大量损失,导致残油就富含氮、硫、氧(NSO)化合物,也有研究表明,在原油的生物降解过程中,降解细菌会引入新的杂原子官能团,最终形成新的杂原子化合物。因此对生物降解原油中 NSO 化合物的分析对于研究生物降解作用的细节、发生机理及重质油油藏的勘探开发均具有重要的指导作用。

近年来,电喷雾-傅里叶变换离子回旋共振质谱(ESI FT-ICR MS)的发展,为在分子层次上研究石油样品中极性化合物的分子组成特征,提供了强有力的手段。我们采用负离子 ESI FT-ICR MS 研究了 4 个经历了不同程度的生物降解,来源于西加拿大盆地白垩统的油砂样品,期望通过该项分析技术研究不同生物降解程度样品中极性化合物的分布规律。

1. 实验与分析条件

1)样品信息

所用样品来源于西加拿大盆地 Cold Lake,Athabasca-Wabasca 和 Grand rapids 油砂矿,样品基本信息、族组成及生物降解等级见表 6.2。根据加拿大联邦地质调查局多年的工作,这些油气最有可能来源于泥盆系—密西西比亚系的 Exshaw 组,具有相同的成熟度。窦立荣等(2010)在"高酸值油藏的形成与分布"研究中发现艾伯塔油砂样品均经过了不同程度的生物降解作用,均为高酸值石油样品。

2)样品制备

分别取大约 10mg 油砂沥青溶于 1mL 甲苯中,再取其中 20μL 样品溶液再溶于 1mL 甲苯:甲醇(1:1/$V:V$)混合溶液,向所得溶液中加入 10μL 28% 氨水,轻轻振荡使其混合均匀,然后进行负离子 ESI FT-ICR MS 分析。

3)ESI FT-ICR MS 分析

仪器:美国 Bruker 公司 Apex-Ultra 型 FT-ICR MS,磁场强度为 9.4T。ESI 电离源,负离子模式。

FT-ICR MS 主要仪器参数:进样速度 180μL/h,极化电压 4000V,毛细管入口电压 4500V,毛细管出口电压-320V,离子源六极杆累积时间 0.01s,离子源六极杆直流电压 2.4V,射频电压 300Vp-p;四极杆 Q_1 m/z 300,射频 400Vp-p;碰撞池氩气流量 0.3L/s,碰撞能量-1.5V,储集时间 0.2s,激发衰减 11.75dB,采集质量范围 200~900Da,采样点数 4M,扫描谱图叠加 64 次以提高信噪比。

4）数据处理

数据处理方法见文献（Liu et al., 2010b）。简言之，即将所有信噪比大于6的质谱峰导入到Excel表中，将质谱仪器所测并经内部校正后的IUPAC质量数（IUPAC Mass）通过下式转换为Kendrick质量数（Kendrick Mass）：

$$\text{Kendrick Mass} = \text{IUPAC Mass} \times (14/14.01565) \quad (6.1)$$

转换后的Kendrick Mass与其最接近的整数质量的差值定义为质量偏差（Kendrick Mass Defect，KMD）。Kendrick Mass的实质是将CH_2的相对分子质量14.01565定义为整数质量单位，即14.00000，这样转换后的质量表中所有相差14的整数质量单位所对应的化合物即具有相同的母体结构单元，但具有不同的亚甲基数，也就是取代基不同的同类型化合物具有相同的KMD数值。通过KMD值大小可以快速鉴定同类型化合物；通过分子量计算程序计算出各个化合物分子中C、H、S、N、O等原子的组合方式，得到各质谱峰对应的分子式（$C_cH_hS_sN_nO_o$，c、h、n分别为分子中碳、氢、氮原子个数），最终能得到样品中所有类型化合物的分子组成信息及其对应的等效双键数（Double Band Equivalence，DBE），也即分子结构中环烷环数和双键个数之和：

$$\text{DBE} = c - \frac{h}{2} + \frac{n}{2} + 1 \quad (6.2)$$

2. 结果与讨论

1）油砂沥青族组分特征

原油和油砂沥青的族组分特征是反映原油品质好坏的重要标志之一。从表6.2可以看出，艾伯塔油砂具有很高的酸值，在$6.9 \sim 13.0 \text{mg}_{KOH}/\text{g}_{oil}$，这些油砂样品饱和烃、芳烃含量较低，非烃含量较高（>50%），这可能主要与原油经过生物降解有关。沥青质含量在这些样品中含量较低（<3.9%）。根据Peters等（1995）建立的生物降解难易程度序列，这些油砂样品的生物降解等级分别为PM_5、PM_6、PM_7、PM_9级，分别编号为Bitumen 1~4。

表6.2 艾伯塔油砂沥青样品信息

样品号	地区	深度	总酸值	饱和烃	芳烃	非烃	沥青质	饱芳比	降解级别
		m	$\text{mg}_{KOH}/\text{g}_{oil}$	%					
Bitumen 1	Cold Lake	442.3~442.6	13	17.7	29.7	51.5	1	0.6	5
Bitumen 2	Wabasca	381.5~381.8	10.9	15.9	30	50.8	3.3	0.53	6
Bitumen 3	Athabasca	113.8~114.7	6.9	15.2	31.5	49.5	3.9	0.48	7
Bitumen 4	Grand rapids	224.3~224.6	9.2	9.7	26.7	63.5	0	0.36	9

资料来源：窦立荣和黎茂稳，2010

2）油砂沥青中极性杂原子化合物分布特征

将不同生物降解级别的加拿大油砂沥青进行负离子ESI FT-ICR MS分析，图6.16为代表性样品（Bitumen 1）的高分辨质谱图，横坐标为质荷比（m/z）。由于加拿大油砂沥青在负离子ESI电离条件下只产生单电荷离子，故横坐标也代表了油砂沥青中酸性化合物的分子量分布。可以看出加拿大油砂沥青分子量分布在 m/z 200～700，其质量重心在 m/z 400 附近。图 6.16 的插图部分为质量数在 m/z 387 的局部放大图，在 m/z 387 处可以鉴定出 14 个质谱峰，通过精确分子量可以在 1ppm 以内的误差范围内确定所有质谱峰的化合物组成。定性结果表明，所鉴定出的大部分化合物为含氧化合物，其中在奇数质量范围内，O_2 类化合物具有最高的相对丰度。

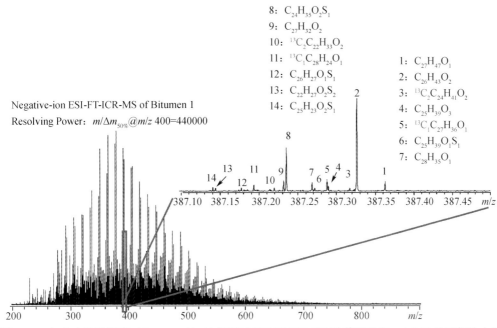

图 6.16　加拿大油砂沥青（Bitumen 1）的负离子 ESI FT-ICR MS 质谱图及在 m/z 387 处局部放大图

基于质谱峰的精确分子量进行定性，并将鉴定出的化合物按照杂原子类型进行归类，不同生物降解级别的加拿大油砂沥青中不同杂原子类型化合物的相对丰度见图 6.17，此处相对丰度的定义为，质谱图中各个杂原子化合物所对应的质谱峰的强度之和与鉴定出的所有杂原子化合物对应质谱峰的强度之和（同位素峰除外）的比值。加拿大油砂沥青中杂原子化合物组成非常复杂，在 4 个加拿大油沥青样品中均鉴定出 10 种不同的杂原子化合物类型，其中均以分子中含有 2 个氧原子的 O_2 类化合物为主（O_2 类的相对丰度在 60% 以上），其次还含有其他杂原子化合物类型，如 N_1、N_1O_1、N_1O_2、N_1S_1、O_1、O_1S_1、O_2S_1、O_3 及 O_4 类等（N_1 类为分子中含有 1 个 N 原子的化合物，N_1O_1 类为分子中含有 1 个 N 原子和 1 个 O 原子的化合物，依此类推），所得杂原子化合物组成信息远远超过 GC-MS 分析的结果，显示了 ESI FT-ICR MS 在石油分子组成研究方面的优势。由于所分析的 4 个油砂沥青样品分别经受了不同的生物降解程度，生物降解程度依次为 Bitumen 1＜ Bitumen 2＜ Bitumen 3＜ Bitumen 4，由图 6.17 可以看出，随着生物降解程度的变化，加拿大油砂沥青中杂原子类型，如 N_1、N_1O_1、O_1、O_2、O_2S_1 类，显现出规律性变化，随着生物降解程度的加深，N_1、N_1O_1 及 O_1 类化合物的相对丰度逐渐降低，而 O_2 及 O_2S_1 类化合物的相对丰度显现出逐渐增加的趋势，其中 N_1、N_1O_1、O_1 及 O_2 类的变化规律与 Kim 等报道的研究结果一致。

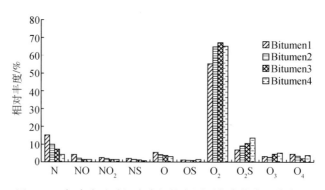

图 6.17　加拿大油砂沥青中极性杂原子化合物类型分布图

3）O_2 类

图 6.18 为不同生物降解级别的加拿大油砂沥青的 O_2 类的 DBE 及碳数分布图，由于在负离子 ESI 电离条件下，仅石油酸和中性氮化物能被选择性电离，故此处的 O_2 类化合物主要为含羧基的酸性化合物（R-COOH）。图中横坐标为 O_2 类化合物所对应的碳数分布，纵坐标为 O_2 类化合物 DBE 的分布范围，图中点的大小表示化合物的相对丰度，点越大则表示该样品中此类化合物的相对丰度越高；可以看出，4 种不同油砂沥青中 O_2 类化合物的

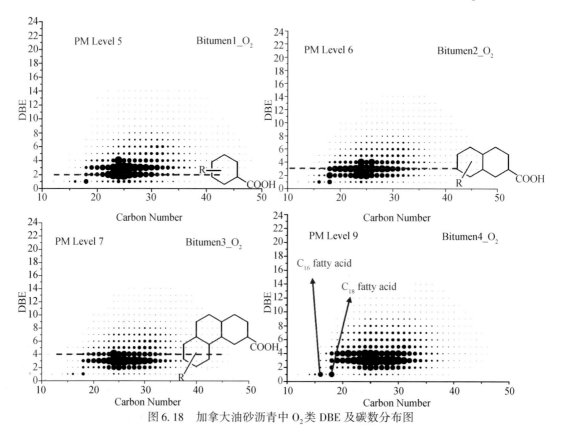

图 6.18　加拿大油砂沥青中 O_2 类 DBE 及碳数分布图

DBE 分布均在 1~14，DBE 主要分布在 2~4 及碳数分布主要在 C_{18}~C_{35}，分别对应一环、二环和三环环烷酸，说明在经历生物降解的油砂沥青中，酸性化合物主要以环烷酸为主。图 6.18 中 DBE=1 的 O_2 类对用的化合物为饱和脂肪酸，在脂肪酸化合物中，具有异常高丰度的 C_{16} 和 C_{18} 的 O_2 类对应的化合物分别为软脂酸和硬脂酸。

图 6.19 为加拿大油砂沥青中不同 DBE 的 O_2 类化合物的相对丰度图，此处相对丰度的定义为，在同一样品的质谱图中，分别将各个不同 DBE 值 O_2 类所对应的质谱峰的强度之和与该样品中所有 O_2 类化合物所对应质谱峰强度之和（同位素峰除外）的比值。可以看出，随着生物降解程度的加深，不同 DBE 的 O_2 类化合物的相对丰度显示出规律性变化。即随着生物降解程度的加深，1 环环烷酸（DBE=2）相对丰度逐渐减低，而 2 环、3 环和 4 环（DBE=3、4、5）等 O_2 类显示出相对丰度逐渐增加的趋势。因此，有望采用高缩合的 O_2 类的相对丰度与低缩合度 O_2 类的相对丰度之比来反映生物降解的程度，如此处可以用 DBE=3 的 O_2 类的相对丰度与 DBE=2 的 O_2 类的相对丰度之比值来反映生物降解程度（DBE3/DBE2，2 环环烷酸与 1 环环烷酸的丰度之比），DBE3/DBE2、DBE4/DBE2 及 DBE5/DBE2 见表 6.3，该比值的变化趋势与降解级别变化趋势一致。因此，有望通过上述比值来判别生物降解级别。

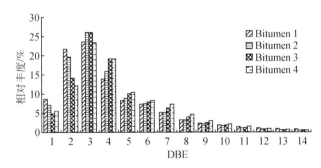

图 6.19 加拿大油砂沥青中不同 DBE 的 O_2 类相对丰度图

表 6.3 加拿大油砂沥青中部分环烷酸相对丰度之比

样品号	DBE3/DBE2	DBE4/DBE2	DBE5/DBE2	降解级别
Bitumen 1	1.09	0.64	0.38	5
Bitumen 2	1.32	0.81	0.45	6
Bitumen 3	1.77	1.36	0.72	7
Bitumen 4	1.92	1.58	0.85	9

注：DBE3/DBE2 为油砂沥青样品 DBE=3 的 O_2 类的质谱峰强度之和与 DBE=2 的 O_2 类的质谱峰强度之和的比值；DBE4/DBE2、DBE5/DBE2 与 DBE3/DBE2 类似

3. 结论

负离子 ESI FT-ICR MS 非常适合分析石油地质样品中的中性氮和酸性杂原子化合物。采用该技术对经历了不同生物降解等级的加拿大油砂沥青极性化合物进行分析，获得以下两点认识。

（1）加拿大油砂沥青中杂原子化合物组成非常复杂，共鉴定出 10 种不同杂原子类型的化合物，其中以 O_2 类化合物为主。随着生物降解程度的加深，N_1、N_1O_1 及 O_1 类化合物的相对丰度逐渐降低，而 O_2 及 O_2S_1 类化合物的相对丰度逐渐增加。

（2）对于 O_2 类化合物而言，随着生物降解程度的加深，1 环环烷酸（DBE=2）相对丰度逐渐减小，而 2 环、3 环和 4 环（DBE=3、4、5）等环烷酸显示出相对丰度逐渐增加的趋势，可采用 O_2 类化合物中 DBE3/DBE2、DBE4/DBE2 和 DBE5/DBE2 的比值来预测生物降解程度。

第三节 页岩含气量分析技术

基于美国页岩气开发技术的突破和页岩气产量的迅猛飙升，页岩气的勘探开发已成为全球最有影响力的研究热点，被媒体普遍称为一场"页岩气革命"的研究浪潮席卷全球各地。页岩气是指赋存于富有机质泥页岩及其夹层中，以吸附和游离状态为主要存在方式的非常规天然气。页岩气在全球分布广泛，资源量约 456 万亿 m^3，相当于煤层气和致密砂岩气的总和，主要分布在北美、中亚、中国和拉美等国家和地区。美国和加拿大已对此作了大量的研究，目前世界各国都相继成立了相应的研究机构，如欧洲设立了欧洲页岩气项目并建立了欧洲页岩气研究团队，我国也建立了国家能源页岩气研发（实验）中心，中国已将页岩气作为一种新矿种。Crutis（2008）提出了典型页岩气探区的筛选评价标准，包括 9 个方面：富集有机质、成熟度、天然气原地产量、渗透率、孔隙压力、脆性、矿物、厚度及产量。页岩气的勘探开发离不开基础实验室建设和关键技术的突破，美国 Wetherford 实验室、Intertek 实验室、Terattek 实验室、Corelab 实验室、Cheaspeake 实验室及世界其他实验室等通过多年的攻关，已形成了一套相对完整的有关页岩气研究开发的实验技术，包括岩石学、地球化学、含气性、岩石力学等实验测试技术和储层改造与开发实验技术。其中，页岩含气性分析无疑是最重要的研究要素之一，它与岩石学和地球化学分析紧密相关，是多方法的综合应用。

一、页岩含气量分析实验技术分类

页岩气按其赋存状态分为游离气、吸附气、溶解气等，目前主要关注吸附气和游离气。游离气是指以游离状态赋存于孔隙和微裂缝中的天然气；吸附气是指吸附于有机质和黏土矿物表面的天然气；溶解气是少量溶解于干酪根、沥青质、残留水以及液态原油中的气体，仅少量存在。页岩气含气量是指每吨岩石中所含天然气折算到标准温度（0℃）和压力（101.325kPa）条件下的天然气总量，现行实验技术无法准确区分游离气、吸附气和溶解气，一般按实验过程来对页岩气进行分类区分。

页岩含气量分析的实验技术方法有直接测试法、解吸测试法、等温吸附模拟法及地球化学综合法。直接测试法是采用保压取芯或密闭取芯技术获取岩芯样品，然后对岩芯样品所含气体一次脱附直接测定，代表了其原地含气量，为 3 种赋存形式气的合量；解吸测试法主要针对绳索取芯、岩壁取芯及常规取芯样品，分别测定其解吸测量气和残余气，并估算其损失气，然后累加获取其页岩总解吸气量，此总解吸气量并不能直接等同于样品原地含气量，需要加上游离气量。游离气量是在岩石含气饱和度分析基础上，利用岩电关系测井来获取的；等温吸附测试法是解吸法的逆过程，通过等温吸附模拟可以研究不同有机质类型、不同有机质含量、不同成熟度、不同岩石矿物组成及不同温压和湿度情况下对不同气体组分的吸附能力，结合石油地质背景和解吸实验，进行页岩含气性分析；地球化学综合分析是页岩含气性评价的基础工作，包括有机质类型、丰度、成熟度分析和热解模拟及生烃组分动力学研究等，建立研究区油气组分PVT包络线相图，继而在石油地质背景上预测页岩气有利勘探区块和资源量。目前勘探开发实践中应用的最多的还是页岩现场解吸法。

二、页岩含气量直接测试技术

页岩含气量直接测试技术是建立在保压取芯或密封取芯技术基础上的。①保压取芯技术是采用先进的保压密闭取芯工具，可以取出保持原始地层压力且不受钻井液污染的密闭岩芯，保证了取芯过程中岩芯中油气水不散失，岩芯制备过程采用超低温密闭冷冻技术使岩芯中的流体能保持在原始岩芯孔隙中。保压取芯测定页岩气的方法价格昂贵且准确度不高，市场上应用较少。②密闭取芯作业能够在岩芯形成过程中用密闭液把岩芯保护起来，避免岩芯受钻井液滤液的污染与浸泡，所取得的资料能够更加真实反映地层情况，了解地层物性，为计算油气储量，制定开发方案提供依据。由于通过密闭液覆盖可以保存大部分吸附气和部分游离气，因此密闭取芯测定页岩含气量的方法在页岩气生产开发中偶尔使用。

保压或密闭取芯应用于页岩气勘探领域有助于全面了解页岩气原地含气量。对于取得的岩芯样品必须快速冷冻处理后再进行实验室或现场含气量测试，由于常压下甲烷的液化点为$-161.4℃$，选用液氮（常压下沸点$-196℃$）冷冻捕集是可行的办法，因此必须配备压力液氮罐并罐装足量的液氮。冷冻岩芯后再根据实验要求进行分割和实验测试。如需进实验室分析，须将切割的岩芯置入常压液氮罐中保存，并根据液氮挥发情况用压力液氮罐进行液氮补液。页岩气分析可以参考袭杰（2003）介绍的此类冷冻装置。密闭取芯页岩含气量的分析可以应用解吸法测试所用的相应的实验仪器装置，如利用现场解吸仪确定其游离气和吸附气合量，用残余气分析仪分析器解吸后的残余气量，也可对残余气分析后的残渣进行酸解气分析，所有气体总量即为页岩气原地含气量。由于不存在损失气估算问题，因此可以不进行页岩解吸气测试分析，采用岩芯密封破碎解吸脱附装置可以一次直接获取页岩含气量，或是再对破碎残渣酸解分析后一并计入页岩含气量。

三、页岩含气量解吸测试技术

解吸测试法是页岩含气量测量最普遍采用的实验方法，但目前国内外尚没有专门的方法技术行业标准，主要还是参照煤层气行业中提出的测量方法，再结合页岩的特性对实验方法及参数做修改后应用于页岩含气量测试。国家标准化委员会于2012年年底审定了由中国石油廊坊分院、中国石化华东油气分公司及中国石油西南油气分公司共同完成的页岩气含量测定方法标准,目前正待发布。Designation:D7569-10 规定了煤层气解吸法测定的相关分析装置及实验的要求,国内煤层气的解吸参照原煤炭工业部 1994 年颁布实施的《煤层气测定方法(解吸法)》(MT/T 77—94)以及 2004 年国家标准委员会颁布实施的《煤层气含量测定方法》(GB/T 19559—2004),其核心都是参照美国矿务局(USBM)提出的直接解吸法,这些都是页岩气含气量仪器制造和分析测定重要的参考。

解吸法无法给出不同赋存状态的页岩气量,美国 SCAL(Special Core Analysis Laboratories, INC.)和 EGI.UTAH(Energy and Geoscience Institute at the University of UTAH)等根据测试过程将页岩气划分为测量气(Measuried Gas)、损失气(Lost Gas)和残余气(Residual Gas),页岩解吸气总量为测量气、损失气及残余气三者之和。国内目前大多采用按测试过程划分办法,只是习惯将测量气称为解吸气。我国新建页岩含气量测试方法标准将页岩含气量(Shale Gas Content)定义为单位质量页岩中所含天然气折算到 0℃,101.325kPa 时的体积。根据赋存状态,页岩气包括吸附气、游离气和溶解气;按测过程试划分为 3 类,分别为解吸气(Desorbed Gas)、损失气(Lost Gas)和残余气(Residual Gas)。

1. 解吸测试实验装置

页岩气含气量解吸测试装置包括解吸气测量和残余气测试两个部分,在解吸气分析的基础上估算损失气,但估算损失气也有多种方法。解吸气测试装置基本是 USBM 的解吸系统或是在此基础上的改进型(图 6.20)。加热系统的均匀性、气体计量系统的准确性和便利性是仪器制造过程中主要的考虑因素。水浴加热受到普遍应用,"干式"解吸罐电加热方式可以达到更高的解吸温度,但必须做到加热均匀性。排水集气是应用最普遍也是最为可靠的解吸气量计量方法,集气管的大小管配套使用有助于计量读数的准确性,但在自动化方面难度较大,多样品实验时解吸初期测试人员工作强度大,容易错过气量读数记录时间。电子流量计现已被引入到页岩气含气量测试系统中,如 Intertek、SCAL、中国石油廊坊分院等,数据采集自动化程度高,但由于解吸气组分的非单一性和多变性,尤其是解吸

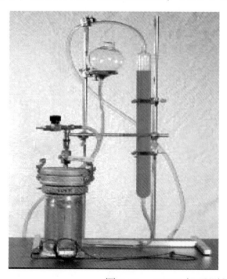
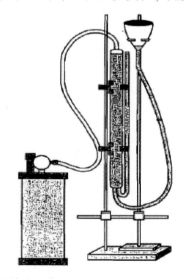

图 6.20 USBM 解吸测量装置及其改进计量系统

初期，非烃气含量较高，质量型电子流量计计量值无法准确反映其实际解吸气量，需做复杂的校正工作。科研人员期盼用体积型流量计代替质量型流量计，但限于目前科技水平，体积型流量计的使用量程太窄，无法满足页岩气解吸气较宽的流量变化范围。美国学者Diamond 等提出了利用压力变化和组分分析来测量解吸气的实验装置及方法（图 6.21），该装置申请了美国专利（U. S. patent No. 5741959），目前该类装置在页岩气解吸实验研究中应用较少。另外，解吸罐的材质选择也很重要，既要考虑其导热性又要考虑其物质化学稳定性和经济性。残余气分析设备基本都是采用密闭球磨或振动碰撞碎样装置。中国石化无锡石油地质研究所实验中心通过仪器研发，成功研发了满足页岩含气量测试分析的多套设备，包括页岩含气量现场测试仪、残余气测试仪、全岩芯含气量密闭粉碎测试仪等，这些仪器克服了以往相关仪器的不足，已在生产实践中得到检验和认可。

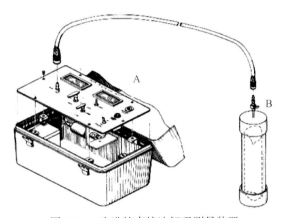

图 6.21 改进的直接法解吸测量装置

2. 解吸测试实验方法

Betard 在 1970 年最早提出了直接测量法评价地下煤矿气体含量的方法，并采用了气体测量与扩散速率结合的方法来估算损失气含量，即煤样从水平井中钻取到置于密闭罐中这段时间内损失气的体积。Betard 观察到初始阶段气体的释放速率与时间的平方根呈正比。1973 年美国矿业局的 Kissell 应用直接法对较深的直井中的煤岩芯样进行分析以对气体含量进行定量从而在煤矿开发之前就预测气体释放量，Kissell 应用直线回归法对早期脱附气进行分析。在水钻过程中，他们选择了取样到井深的一半高度时作为气体开始释放的时间起点，这种方法就是美国矿务局直接法（USBM）。McCulloch 在 1975 年引进了图形方法来估算残余气含量，称之为"下降曲线法"，推荐的测试条件是标准条件。1981 年Diamond 和 Levine 提出了新的方法，通过密闭球磨罐来得到残余气。现行的页岩含气量常规取芯实验测试方法基本采用了上述方法，只不过在实验过程温度控制和损失气估算方面各家有些差异。目前现行的解吸测试实验方法有以下四种方法：①USBM 直接法；②改进的直接法（MDM）；③曲线拟合法；④史密斯-威廉斯法。应用于页岩气解吸测试的主要是前 3 类，史密斯-威廉斯法的解吸方法及解吸量的计算采用了直接法的方法，不同之处是对损失气量进行了校正。研究表明煤的孔隙结构为双峰形（钱凯，1996），而计算损失气量的直接法是以单峰分布为前提的，史密斯-威廉斯法正是以这种双峰分布的孔隙结构为前提，以地面时间比、损失时间比为自变量，以体积校正因子为因变量的函数关系做史密斯-威廉斯图版来计算损失气量的。

1) 解吸气测量实验控制

实验过程控制是准确获取页岩含气量的关键。解吸实验有几个重要关节需要严格把控，包括样品尺寸、装样时间、样品体积、解吸温度、计量读数及终止解吸等。样品尺寸大多采用岩芯原始尺寸，但 Intertek、SCAL 却是利用金刚钻具对岩芯样品现场快速取垂直中心部位直径 1in[①] 的小岩柱进行解吸实验；样品取芯到装罐时间一般控制在 40min 以内；样品体积应是样品罐体积 90% 以上，不足部分应以物理化学性质稳定且无吸附材料充填（如石英砂等），减少滞留气体体积；体积解吸温度有不同的实验设定，Intertek、SCAL 一般采用储层温度，而 EGI、Weatherford 一般前 3h 采用储层泥浆循环温度，然后再升到储层温度；时间与解吸气量关系到损失气的恢复计算，选择适宜的时间间隔并准确计量是基本要求，一般前期比较密集，以 2min 间隔为宜，后期逐渐放宽，从 2min 逐步过渡到 5min、10min、30min 和 1h 等，解吸初期保证每个时间段有 10 个左右的数据点；样品解吸分为快速解吸和慢速解吸，快速解吸样品终止实验一般设置为 24h 以内，当检测气量趋于平稳后即可终止实验，取解吸后的样品进行残余气分析，而慢速解吸是以 3d 解吸气量不大于已解吸气量的 1% 为终止实验条件。我国现制定的页岩含气量测试方法标准给了以下限定。

（1）在页岩样品装入解吸罐前，应将恒温装置温度调至解吸温度，解吸温度分两个阶段设定，前 3h 解吸温度采用岩芯提升过程中的钻井液循环温度，3h 后解吸温度采用地层温度。

（2）从钻遇地层到出芯所用的时间宜小于 24h，时间越短越好；所选岩芯样品尽快装罐，时间不超过 30min，采样时间应尽量缩短。

（3）样品装罐后，以间隔不大于 5min 测满 1h，然后以不大于 10min 间隔测满 1h，以不大于 15min 间隔测满 1h，以不大于 30min 间隔测满 5h，累计测满 8h。连续解吸 8h 后，每间隔一定时间采集相关数据，直至解吸终止。持续自然解吸到连续 3d 每天解吸量不大于 5cm³，结束解吸测定。

（4）取解吸后的样品 3 份，每份大于 100g，分别装入残余气量测试仪的密封样品罐中进行粉碎，粉碎后静置 5min 以上。将气体计量检测装置与残余气量测试仪密封样品罐的管路连接，每间隔 1h 进行一次气体体积数据采集，连续采集 4h，记录气体体积、环境温度、大气压力数据，残余气含量取 3 份样品测量结果的平均值。

2) USBM 直接法

由美国矿务局（USBM）提出的直接法是测定煤层气含气量的工业标准，现在已广泛应用于页岩气含气量研究中。页岩气解吸测试含气量由 3 部分组成，即页岩解吸气测试量、页岩残余气量和页岩损失气量。页岩解吸气的测试是在 USBM 解吸气测试装置或类似装置上获取，在页岩解吸气测试完成后取部分岩芯样品粗碎后再放入密封罐中粉碎测试残

---

① 1in = 2.54cm

余气量，页岩损失是在页岩解吸气实验基础上估算的。

USBM 直接法对损失气的计算数学表达式为

$$V_D = V_L + b\sqrt{t_{lg} + t} \tag{6.3}$$

$$t_{lg} = t_4 - t_3 + \frac{1}{2}(t_3 - t_2) \tag{6.4}$$

$$t_{lg} = t_4 - t_1 \tag{6.5}$$

$$Q_t = (Q_d + Q_l)/M_t + Q_r/M_c \tag{6.6}$$

式中，V_D 为解吸气量（mL）；V_L 为损失气量（mL）；t_{lg} 为散失时间 [min（hr）]；t 为实测解吸时间 [min（h）]；b 为直线段斜率；t_{lg} 为损失时间 [min（h）]；t_1 为钻遇地层时间 [min（h）]；t_2 为开始提芯时间 [min（h）]；t_3 为岩芯提至井口时间 [min（h）]；t_4 为岩芯封入解吸罐时间 [min（h）]；Q_t 为总解吸气量（mL/g）；Q_d 为测量解吸气量（mL/g）；Q_l 为损失气量（mL/g）；Q_r 为残余气量（mL/g）；M_t 为解吸样品总重量（g）；M_c 为残余气样品重量（g）。t_{lg} 与钻井方式有关，清水及泥浆钻井，以岩芯提至井口的一半为计时起点，损失时间按式（6.4）计算；而空气、气雾钻井，以钻遇地层时间为起点，以岩芯装罐密封时间（t_4）为终点，损失时间按式（6.5）计算。对式（6.3）进行直线外推至 x 轴（时间平方根值）零点时即获得其损失气量。

SCAL 公司于 2008 年进行了一个页岩含气量快速解吸实验测定，实验参数见表 6.4 和表 6.5，记录解吸时温度和压力参数，解吸体积换算成标准状态下的体积量（0℃，101.325kPa）。整个取芯过程为 2 小时零 2 分，提至井口一半的时间为 1 小时零 1 分，岩芯暴露地表时间 37min，则 USBM 时间（t_0）为 1 小时 38 分。总解吸曲线如图 6.22 所示，从图 6.22 中可以看出，由于岩芯温度不能快速平衡到设定解吸温度，前几个数据点测试数据可疑，不能应用于 USBM 直接法回归。取表 6.5 中第 4~10 个数据点进行回归计算或作图，如图 6.23 所示，y 表示解吸气量，x 表示解吸时间的平方根，当 x 为零时，可以得到其损失气量为 434.28mL。

表 6.4 页岩解吸气实验时间参数

开始取芯时间	3：08	取芯时间	2：02
达到地面时间	5：10	暴露地表时间	0：37
装入解吸罐时间	5：47	USBM 时间	1：38

表 6.5 页岩解吸气实验解吸时间与解吸量

时间平方根/$h^{1/2}$	解吸气量/mL	时间平方根/$h^{1/2}$	解吸气量/mL
1.27	7.64	1.5	41.15
1.39	9.16	1.53	51.46
1.41	12.01	1.57	59.98
1.43	16.38	1.6	66.98
1.45	22.94	1.63	72.71
1.46	29.26	1.69	81.24

续表

时间平方根/h$^{1/2}$	解吸气量/mL	时间平方根/h$^{1/2}$	解吸气量/mL
1.75	87.94	2.28	112.88
1.81	93.27	2.38	114.96
1.86	97.33	2.49	116
1.92	100.64	2.59	117.09
1.97	103.4	2.68	117.72
2.02	105.63	2.77	118.7
2.07	107.4	2.86	119.26
2.12	108.69	2.93	119.56
2.16	110.02	3.02	119.93

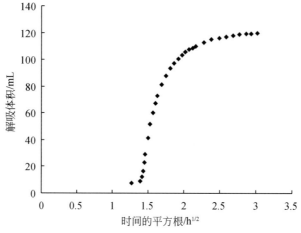

图 6.22 岩石样品解吸曲线

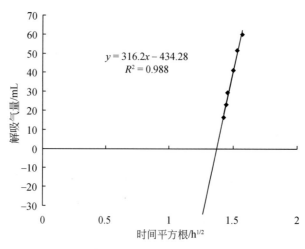

图 6.23 岩石样品损失气 USBM 直接法计算

USBM 直接法估算损失气，散失时间越短，估算结果越准确，当散失气量小于含气量的 20% 时，结果比较可靠，但这是基于煤层气的解吸认识，对于页岩气的解吸认识，目前还没有明确散失量的规定。

3) 改进的直接法 (MDM)

USBM 直接法是基于解吸测量气的体积值，未考虑解吸气的气体组分含量，尤其在自由空间体积较大、解吸气含量较低时，该法存在较大误差。为了精确测量煤解吸气测量值，Diamond 等提出了改进的直接法 (the Modified Direct Method, MDM)。改进的直接法是在实验过程中定时记录样品罐内的压力、环境温度及大气压力，同时采集解吸出的气体进行成分分析，由不同时间下的温度、压力和各种气体组分在样品罐中的自由空间体积计算解吸气量，再由解吸气量、损失气量和残余气量计算总含气量。Ulerg 和 Hyman (1991) 应用 MDM 法进行了煤样的测试，获取样品的解吸气量 (Q_d)、残余气量 (Q_r) 和损失气量 (Q_l)，损失气量的估算沿用了 USBM 的直线外推法。

每个解吸测试点解吸体积 (V_{dp}) 都是标准状态下的体积值，通过下列公式获得的：

$$V_{dp} = V_i - V_f \tag{6.7}$$

$$V_i (或 V_f) = (P_{amb}V_{amb}T_{std})/(P_{std}T_{Tamb}) \tag{6.8}$$

式中：V_{dp} 为测试时间段的解吸气体体积值；V_i 为测试时间段的解吸罐体系气体体积值；V_f 为测试放空后解吸罐体系气体体积值。V_i 和 V_f 是标准状态下的体积值，根据理想气体方程通过式 (6.8) 计算，P_{amb} 是环境条件下的解吸罐内压力值；T_{amb} 是解吸罐中气体温度值；V_{amb} 是环境条件下 (P_{amb}, T_{amb}) 自由空间体积；P_{std} 是标准大气压值，T_{std} 是标准温度。

样品的解吸气量 (Q_d) 为各个解吸测试点解吸体积 (V_{dp}) 的和。确定解吸罐体系顶空体积很重要，用水或氦气进行解吸体系体积测试，扣除样品体积即为顶空体积。解吸测试结束后的样品取部分样品粉碎按 MDM 方法获取其残余气量 (Q_r)，损失气量 (Q_l) 的确定沿用 USBM 直接法获取。每个解吸测试段气体用负压取样瓶进行取样并进行气体组分分析，分类计算各组分体积值，用式 (6.6) 计算总解吸气量 (Q_t)。

4) 曲线拟合法

USBM 直接法是使用解吸初期的一些点来计算损失气量，而曲线拟合法是将所有时间点解吸数据考虑进计算过程。Dan 等 (1993) 为更准确地估算煤层气含气量，用所有解吸数据与扩散方程解拟合的方法来求得，该方法对于特定岩芯或岩屑的实际边界条件可以给出相应的解，由不同的边界条件而得到的解都具有相同的特征。解吸体积表示为随时间指数递减的无穷级数，当假定表面浓度为零的情况下，其解表达为

$$V_D = V_T \left[1 - \frac{6}{\pi^2} \exp\left(-\pi^2 \cdot \frac{D}{r^2} \cdot t\right) \right] - V_L \tag{6.9}$$

式中，V_D 为实测解吸气体积 (cm^3)；V_T 为总解吸气体积 (cm^3)；V_L 为损失气体积 (cm^3)；t 为解吸时间 (min)；D 为扩散系数 (cm^2/s)；r 为扩散半径 (cm)。

根据实测实验数据对式 (6.9) 进行曲线拟合，可求出 V_T 和 D/r^2，D/r^2 表征了煤层气的扩散速率。曲线拟合法不仅能给出含气量，而且还可以提供解吸快慢的信息，求出扩散能力参数。

在页岩损失气计算中,现主要是利用解吸数据与时间平方根进行多项式回归计算获得损失气量。刘洪林等(2010)研究认为,利用多项式回归比直接法直线回归数据更为稳定,当损失时间较长时,建议使用多项式回归法计算损失气。利用表 6.5 的数据中所有解吸数据进行四级多项式回归,得到其损失气为 423.16mL。这与 USBM 直接法获取的损失气量相当,如图 6.24 所示。

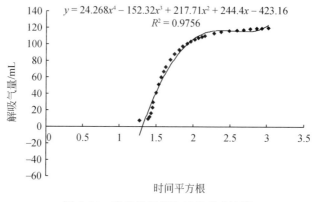

图 6.24 岩石样品损失气多项式计算

3. 解吸实验应注意的问题

总结国内外页岩气解吸实验技术,可以发现目前并没有商业化的或广被接受的页岩气解吸实验仪器装置,同时实验过程控制也不尽相同,页岩气解吸实验标准规范虽已制定,但总体要求比较宽,各研究测试单位根据自身设备状况都有相应的调整改变。页岩损失气量的确定是准确获取页岩含气量的关键。美国矿务局 USBM 直接法在国内应用得比较多,USBM 直接法有个基本假设,即岩样为圆柱形,扩散过程中温度、扩散速率恒定,扩散开始时表明浓度为零,气体从颗粒中心扩散到表面的变化是瞬时的。该模型数值解表明初始时刻累计气量与时间平方根成正比。研究表明(刘洪林等,2010),此方法在页岩气含气量测定中有多种影响因素:①解吸罐中岩样在水浴里不能立刻平衡到储层温度时,其前几个测量点不能正确地反映解吸规律,使回归的损失气量偏小;②取芯时间过长,气体损失时间越长,同样会导致含气量结果偏低。

残留气的分析要同时确定碎样过程中散失气量和碎样残留气含量两个量(李玉喜,2011)。为分析页岩残留气,现行技术是将结束解吸测试气实验的样品先预粉碎到一定目数后再放入残留气分析仪中进行测试,在这个预粉碎过程中不可避免造成了残留气的损失,这就是碎样过程中的散失气量,因此研制岩芯密闭碎样残留气分析装置,避免残留气损失是方法改进的关键。

对于完成了残留气分析后的样品是否再进行酸解测试,目前还没有统一认识,酸解气含量与页岩气开发资源量的关系还未深入研究。中国石化华东油气分公司丁安徐做过实验,得出所有页岩在酸解后都有烃气产出,部分 $C_1 \sim C_5$ 组分齐全,灰质泥岩酸解烃含量高,灰岩和纯泥岩酸解烃含量低,有些样品酸解烃含量达到总气量的 45%,如图 6.25 所示。

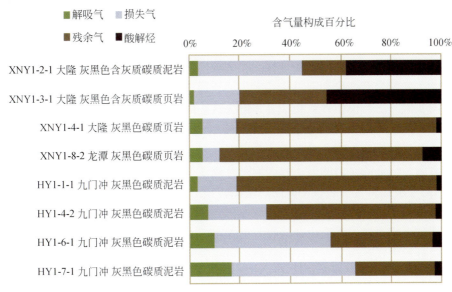

图 6.25 样品中 4 类气体百分比（丁安徐，2011）

第四节 有机地球化学实验新技术展望

非常规页岩油气勘探开发是国家能源发展的重要布局，其中尤其页岩油的勘探开发对有机地球化学实验技术提出了新要求。页岩油是指赋存于富有机质泥页岩有机和无机基质孔隙、天然裂缝及厚度小于 1m 的碳酸盐岩、砂岩、粉砂岩夹层之中的石油资源，需要通过非常规勘探开发技术才能实现规模经济开采。页岩油基本未经历运移，原位滞留；泥页岩既是烃源岩，又是储集层；优质烃源岩一般在盆地生油气中心大面积连续聚集，普遍含油。前人的研究表明，页岩油在赋存机理、储集空间、流体特征和分布规律上与油储分离的常规石油不同，而与页岩气有一些相似性和差异性。揭示陆相页岩油形成机理、富集规律与资源潜力，对于促进我国陆相页岩油资源的有效开发具有重大的现实意义。这需要有机地球化学实验技术必须有新的发展，包括利用多种先进分析测试手段相结合，建立页岩滞留烃类小—中—大分子完整系列的分析测试方法；开展富有机质页岩的热解实验与组分动力学研究，建立地质条件下生成、滞留及排出烃类的族组成特征及其变化；建立原油中极性化合物（含 N、S、O）傅里叶变换离子回旋共振质谱定量分析方法，对不同地质条件下页岩油组分进行定量分析，在分子水平上剖析极性及非极性化合物分子组成特征；根据页岩油组分定量分析结果，确定气油比，进行 PTV 模拟，研究不同地质背景下油气相态转化条件，预测典型研究区相态分布；依据页岩油组成与相态特征，预测地质条件下页岩油的密度及黏度；探索页岩油极性化合物类型及量化特征对页岩油流动性影响。

一、页岩油气生成及相态分布动力学研究

认识页岩油气在时间和空间的油气充注量是进行甜点预测的基础，但页岩油气资源在

时间和空间分布上具有复杂的转化过程，有机质丰度类型、成熟度及岩石矿物结构特性等控制着油气的相态分布，目前面临的许多基础科学问题需要解决，包括系统认识页岩油气生成过程、吸附量与成熟度的关系、排烃效率、油气相态特征及运移集聚路径等。生烃动力学方法可模拟地质条件下的生烃过程，为定量描绘复杂地质条件下油气形成、运移和聚集历史提供了一种全新理论和新方法，成为油气地球化学研究最有效的研究手段，基于热解动力学的实验方法与模型计算相结合是解决这些的问题的科学途径。开展页岩油气生成及相态分布动力学研究，在动力学研究平台上开发中国石化非常规油气勘探开发核心技术，对我国油气勘探开发事业具有重要意义。

控制页岩油气资源潜力的最主要因素是有机质类型、数量与干酪根生烃转化率（成熟度），目前对于决定页岩资源量的时间、空间转换过程的认识是不够系统的，尤其是在相态特征研究和吸附量方面。在多期沉降和抬升盆地的多相地史研究方面，此问题尤为突出。现有研究表明含油气系统中油气组分 PTV 相态特征是进一步的控制因素。页岩烃源岩在油气生成过程中既有油又有气产出，那么对页岩油或页岩气的勘探，必须搞清楚其地质演化阶段的油气相态，在地质温压条件下油气产物是属于"油相型"还是"气相型"，这可以根据 PVT 相图上临界温度、临界凝析温度、临界凝析压力点温度的相互关系，分析生烃产物的相态演化特征。临界温度高于临界凝析压力点温度，小于临界凝析温度属于"油相型"，临界凝析压力点温度高于临界温度小于临界凝析温度属于"气相型"。由于热解模拟实验产物组分并不能说明其在地质条件下的相态属性，模拟生烃量也不能直接应用于资源评价，必须在热解模拟实验基础上进行动力学研究，并根据生烃组分含量进行 PTV 相图拟合，再综合应用于油气资源评价和有利区块优选。

页岩油气生成及相态分布动力学研究的主要工作是建立页岩有机质生烃过程动力学定量分析技术，在此基础上对典型地区样品进行动力学分析，获取油气产物量化特征及关键动力学参数；同时研究有机质类型、丰度及成熟度与页岩微观结构的关系；进行页岩油气排烃物质模拟实验，建立页岩排烃效率动力学方程，研究页岩油的可动性；将开放和封闭系统热解分析中获得的成分信息数据融入成分动力学模型，预测烃类的饱和压力和地层体积系数（GOR），建立油气相态模型，利用油气相态模型研究油气地下运移和聚集路径，形成页岩油气相态动力学研究方法体系。综合利用上述技术方法在典型地区进行应用研究，预测页岩油、页岩气有利勘探区块。Brian 等在 Williston 盆地 Bakken 页岩气生成与保存研究中，采用组分动力学方法，研究了不同烃源岩生烃组分，进行了动力学分析，建立了气油比与生烃转化率的关系。并根据生烃组分，拟合了油气生成包络线，对研究区油气相态分布进行了预测，指示有利勘探区域，见图 6.26 至图 6.30。研究指出，Bakken 总的来说是低 GOR 系统，且系统内 GOR 的变化非常复杂，因此进行相态动力学研究是非常重要的。

第六章 有机地球化学定量分析前沿与展望

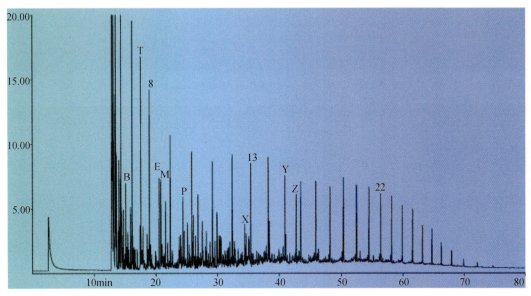

图 6.26 MSSV 热解色谱分析

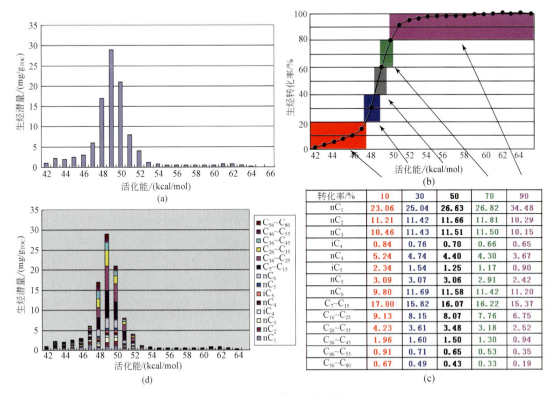

图 6.27 组分动力学分析

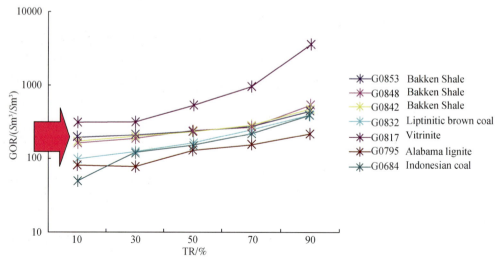

图 6.28　GOR（气油比）与转化率的变化曲线

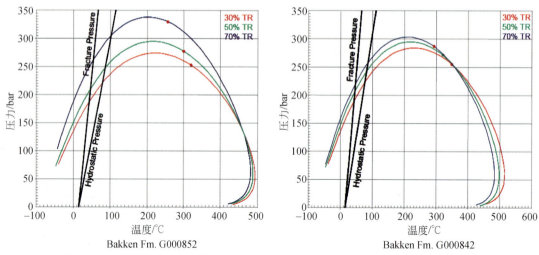

图 6.29　2 个样品在 3 个不同成熟阶段的相态包络线预测（Philipp Kuhn，非公开）

二、页岩油极性化合物 FT-ICR-MS 定量分析技术与可动性研究

页岩层系中石油可动性研究是页岩油勘探开发的重要内容，但目前对于赋存于泥页岩中的石油在非常规开采时能否可动还没有成熟的判示技术，页岩油分子组成量化特征与赋存状态及岩石物质特性是其流动性的主控因素。Keleman 等（2006）采用新鲜的密闭岩芯发现页岩中滞留烃富含非烃，而已经排出页岩的可动油则富含烃类（图 6.31）。然而，Jarvie 在 2012 年发现，由于通常孔渗较好的储层中烃类挥发损失更为显著，页岩滞留烃、储层抽提物和全油常规全烃色谱分析往往会导致页岩滞留烃与生产原油的全烃色谱特征更

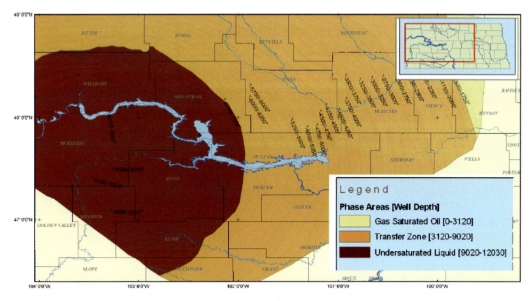

图 6.30 相态分布预测

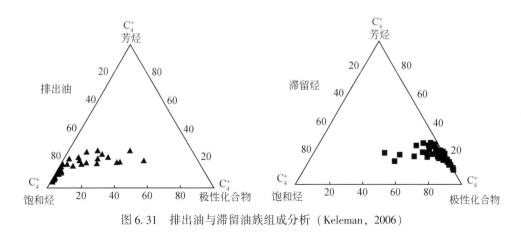

图 6.31 排出油与滞留油族组成分析 (Keleman, 2006)

有可比性（图 6.32）。采用传统有机地化技术如色谱、色谱-质谱技术等只能研究量化极性较小的烃类物质，无法揭示页岩滞留烃和可动油的详细成分信息。页岩滞留烃和可动油的主要差异在于非烃和沥青质含量和组成，这些化合物是影响原油流动性（黏度）和孔缝介质润湿性能的关键因素。另外，在页岩储层中有些轻质组分可能也表现出某些大分子化合物的性质，如流动性差，沸点较高等，其原因是由小分子化合物通过范德华力或氢键聚合在一起而形成。因此，仅限于原油组分的宏观物性表征，如密度、黏度、平均分子量、有机元素组成及族组成等是远远不够的，它们反映的仅是表象，不能全面准确地反映其地下流动行为，尤其与有机无机相互作用的关联性较差，这需要在分子水平上对石油极性组分进行定量解析，预测其地质条件下的流动性。

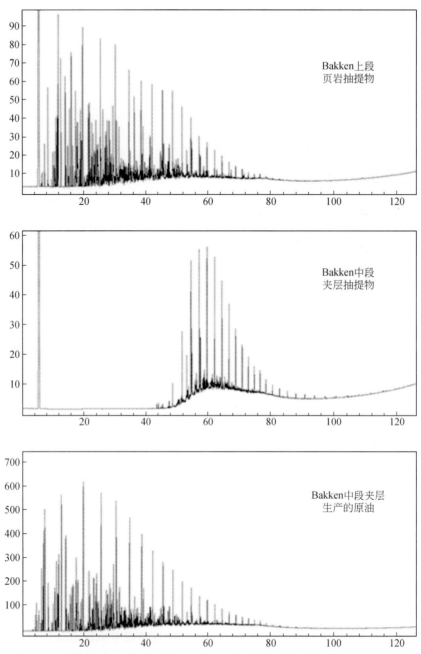

图 6.32　美国 Bakken 页岩夹层和夹层生产原油的全烃色谱图（Jarvie，2012）

由于杂原子化合物是影响油水界面性质的最主要因素，利用傅里叶变换离子回旋共振质谱技术（FT-ICR-MS）可能成为研究石油组成及流动行为的一个新方向，FT-ICR-MS 对重质组分中非烃化合物分析功能强大，在不同原油分子组成解析方面已有较多报道，尽管 FT-ICR-MS 在页岩油领域的应用尚未见报道，但有理由相信该技术有望成为储层特征描述尤其是页岩油可动性确定的一个新的技术手段。

三、页岩含油率定量分析及页岩油赋存形式研究

页岩含油率评价是页岩油气商业开采的经济价值评估重要指标之一。页岩含油率与含油饱和度是评价页岩含油性的两个重要指标,但两者有所不同,含油饱和度是指油层有效孔隙中含油体积和岩石有效孔隙体积之比,以百分数表示。含油率是指单位质量岩石含有的液态烃量。由于页岩极低的孔隙度和渗透率,岩石的有效孔隙就目前实验手段测量存在很大的误差,含油饱和度测定计算结果无论从稳定性和实用性方面都不能满足页岩含油性评价需求,另外,由于含油饱和度表征单个样品含油性,受岩石有效孔隙测定结果影响,与含油率绝对表征相比,其结果不能作为页岩含油性普遍性评价指标,不同样品测定结果没有可比性。

普遍认为直接反映页岩含油量的地球化学指标首推氯仿沥青"A"含量和热解烃量(S_1+S_2)(图6.33),郎东升和郭树生(1996)曾用热解烃量建立了不同地质样品的含油级别,同时认为热解所测得的数据,并不能直接反映地层中液态烃的真实含量,所测得的结果只不过是地层中液烃类含量的一部分。在热解制样过程中,相当一部分轻烃已遭到损失,热解S_1结果严重偏低;同时页岩油储层可能也是烃源层,热解S_2也可能是烃源岩中干酪根的热解生烃;即使是非烃源层,热解S_2也不能完全反映样品中可溶重质残留烃量。这些因素对页岩含油率评价的影响不可忽视。张林晔等(2012)(表6.6)利用恢复系数法对牛庄洼陷沙三下亚段页岩滞留烃量进行了估算,并对氯仿沥青"A"法和热解法进行了对比,认为热解S_1需要进行轻烃校正并确定S_2中的可溶重质烃,氯仿沥青"A"抽提不完全充分,也需要进行轻烃和重质残留烃校正。

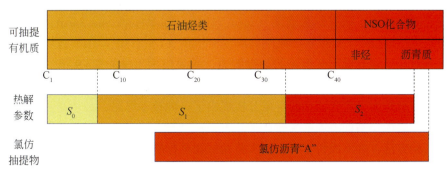

图6.33 沥青组成和热解峰之间的关系(Bordenave,1993)

表6.6 牛庄洼陷沙三下亚段页岩滞留烃量的估算结果(张林晔,2012)

层段	方法	页岩面积 km²	页岩体积 km³	滞留烃量 10⁸t
沙三下亚段	氯仿沥青"A"法	1229	199.36	41.13
	热解法	1229	199.36	33.32

注:页岩的面积和体积借鉴资评成果

所以，就目前页岩含油率测定的两种方法来说，均存在不足：①通过氯仿"A"法得到的氯仿沥青"A"含量主要是 $C_{15}+$ 以后的部分成分，即页岩取到地表后轻烃组分散失后的残留部分，对于 $C_6 \sim C_{15}$ 间的液态烃和高分子等复杂化合物无法萃取和测定（Bordenave，1993），存在重质残留烃问题，故其所得含油率与地下原始含油量是有差异的；②热解法主要也在于 S_1 值损失，S_2 可溶重质残留烃问题。S_1 主要是轻质及中质液态烃类组分，稳定性较差，较易挥发散失，其值随样品露置时间延长而降低（郎东升和郭树生，1996；张林晔等，2012），同时 S_2 可溶重质烃残留，也使得热解不充分，所以热解法所测得的数据，也不能直接反映页岩中液态烃的真实含量。

事实上热解法确定页岩含油率最突出的问题是无法确定热解 S_2 的属性，它既可以是已生成的油组分，也可能是页岩干酪根在进行热解实验时的热降解产物，页岩油生储一体性质使得对热解 S_2 的使用必须小心，只有其中的砂岩夹层用 S_1+S_2 可以反映其含油性，而对于泥页岩本身的含油性只能使用 S_1 表征，显然无论如何热解法回答不了页岩含油率的问题。

页岩内总含油量测定可分为轻烃和重烃两个部分（Jarvie，2012），主要技术关键也在于轻烃散失和可溶重质残留烃问题。轻烃部分（$C_6 \sim C_{15}$）为轻质—中质液态烃，考虑到其较易挥发散失，所以在萃取测定过程中必须要密闭处理，目前密闭处理技术方式多种多样，如利用低沸点溶剂、CO_2 等冷冻技术可以实现轻烃部分的前处理分离（蒋启贵等，2007）；超临界流体萃取（Supercritical Fluid Extraction，SFE）是近年来发展起来的一门新技术，因其特殊的物理化学性质和萃取效率高，传质快，接近室温（$35 \sim 60$℃）下即可完成，萃取过程全密闭等特点，日益受到人们的关注，Lope、Valbavel 等从土壤样品中利用 SFE 方法萃取石油烃并分别进行红外分析，根据实验总结出，在 60℃时用纯 CO_2 可对原油轻组分取得较好回收。SFE 萃取回收率是索氏抽提的 $2.1 \sim 11.1$ 倍，且碳数越小，SFE 回收率越高。

在重烃部分方面，研究结果表明（Lino，1988；Chervenick and Smart，1995；郭绍辉等，2000），二硫化碳与 N-甲基-2-吡咯烷酮混合溶剂（CS_2-NMP）在不破坏有机质化学结构的情况下对烃源岩有机质有很强的抽提能力，是氯仿抽出量的 $2 \sim 9$ 倍，具有超强抽提能力，完全可以实现对页岩中重质残留复杂化合物的抽提。

上述思考只是为页岩含油率的定量分析提出了一种技术思路，必须通过大量的实验分析，通过在不同极性抽提溶剂的实验选择、不同抽提方式的实验选择等工作基础上才能建立完善的实验方法，并形成科学可行的实验测试规范标准，支持页岩油气勘探开发事业。

建立页岩含油率定量分析技术对页岩油资源评价具有重要意义，但对于研究页岩中石油烃的赋存方式和定量表征还需做更加细致的工作。在富有机质泥页岩中，页岩油主要呈干酪根内部分子吸附/互溶相、亲油颗粒表面分子吸附相和亲油孔隙网络游离相 3 种类型存在，氯仿沥青"A"含量和可溶烃量（S_1）与 TOC 呈很好的正相关关系，说明干酪根内部分子吸附/互溶相油是页岩油重要的赋存方式；而在贫有机质的碳酸盐或砂岩夹层中，由于缺乏有机质和黏土矿物的吸附作用，同时由于黏土、石英、长石等矿物表面存在束缚水，页岩油主要呈游离态赋存于矿物基质孔中，其次为吸附态；在微裂缝中同样主要以游离态赋存。针对页岩中不同赋存状态石油烃开发相应的定量分析技术是研究页岩油富集规律和页岩油可动性的迫切需求，但也存在巨大技术挑战。

四、含硫化合物全二维色谱定量技术开发

  油气生成产物中存在微量的含氧、氮、硫原子的杂环原子化合物,研究表明这些物质是生物标志烃类的先驱物,比生物标志烃类更接近生源,有更为直接的指示古环境意义。尤其是含硫芳烃化合物,具有示踪油藏充注途径、指示沉积环境、表征成熟度和研究 H_2S 生成机理等重要地质意义。但由于它们极性大、含量低,传统技术难以分离鉴定,常规检测方法通常要经过繁琐的前处理过程,在获得芳烃族组分的基础上再进行色谱质谱分析。研究证实,前处理过程容易形成柱残留,不仅造成本已微量的杂环化合物的大量损失,给分析检测带来困难,同时由于分子极性的不同,不同组分损失比例差别很大,给地球化学解释带来错误认识。这使得含硫化合物的地质应用价值和应用效果大打折扣。而全二维色谱具有分辨率高、峰容量大、灵敏度好、分析速度快以及定性更有规律可循等特点,适合分离复杂混合物,这为含硫化合物的精细分离和定量研究提供了技术基础。

  通过样品前处理技术研发和全二维色谱-飞行时间质谱的技术开发,在标准物质的优选、在分析柱的匹配和分析条件优化的基础上,建立岩石抽提物及原油样品中含硫化合物定量分析技术,进行不同分析方式(原油直接进样与原油族组分分离芳烃组分进样)含硫化合物分析比较研究;选择代表性样品,开展对不同类型、不同演化阶段烃源岩(自然或模拟)样品和原油样品含硫化合物定量分析,研究含硫化合物随沉积环境、有机质类型、热演化程度的变化规律,提取含硫化合物地球化学参数,建立含硫化合物地球化学应用图版;研究硫酸盐生物化学还原反应(BSR)与硫酸盐热化学还原反应(TSR)含硫化合物分子证据;通过对典型地区含硫化合物的定量分析,开展三维比对研究,进行含硫化合物全二维色谱分析技术应用,并对研究区 H_2S 生成和富集状态进行初步预测分析。建立石油地质样品含硫芳烃化合物定量分析技术并进行应用技术研究,对研究油气成藏过程、预测 H_2S 富集区具有重要应用意义。图 6.34 是正常原油与富含硫化氢凝析油的全二维色谱图。

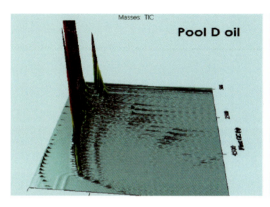 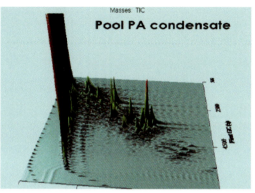

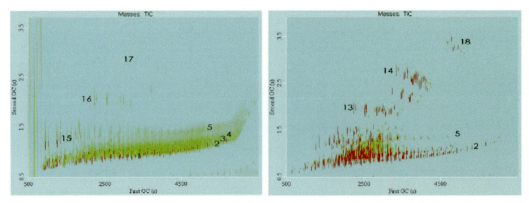

图 6.34 点礁相正常原油(左)和富含硫化氢凝析油(右)的二维气相色谱图

参 考 文 献

包建平，王铁冠，周玉琦.1992.甲基菲比值与有机质热演化的关系.江汉石油学院学报，14（4）：8-13.

包建平，王铁冠，陈发景.1996.烃源岩中烷基二苯并噻吩组成及其地球化学意义.石油大学学报（自然科学版），20（1）：19-22.

边立曾，张水昌，张宝民，等.2000.似球状沟鞭藻化石重新解释早、中寒武世甲藻甾烷的来源.科学通报，45（23）：2554-2558.

陈建平，赵文智，王招明，等.2007.海相干酪根天然气生成成熟度上限与生气潜力极限探讨——以塔里木盆地研究为例.科学通报，52（增1）：95-100.

程克明，金伟明，向忠华，等.1987.陆相原油及凝析油的轻烃单体烃组成特征及地质意义.石油勘探与开发，14（1）：33-34.

窦立荣，黎茂稳，等.2010.高酸值油藏的形成与分布.北京：地质出版社.

段毅，惠荣耀，丁安娜，等.1997.塔里木盆地原油的成因研究.甘肃地质学报，1（6）：67-73.

傅家谟.1989.地质体中新生物标志化合物研究.中国科学基金，2：10

顾忆.2000.塔里木盆地北部塔河油田油气藏成藏机制.石油实验地质，22（4）：307-312.

顾忆，黄继文，邵志兵.2003.塔河油田奥陶系油气地球化学特征与油气运移.石油实验地质，25（6）：746-750.

顾忆，黄继文，马红强.2006.塔河油区油气分布特点及其控制因素.中国西部油气地质，2（1）：19-25.

郭绍辉，李术元，陈志伟，等.2000.低熟烃源岩的超强混合溶剂抽提及其地球化学意义.石油大学学报（自然科学版），24（3）：50-53.

胡惕麟，戈葆雄，张义纲，等.1990.烃源岩吸附烃和天然气轻烃指纹参数的开发和应用.石油实验地质，（4）：375-394.

花瑞香，阮春海，王京华，等.2002.全二维气相色谱法用于不同石油馏分的族组成分布研究.化学学报，60（12）：2185-2191.

花瑞香，李艳艳，郑锦诚，等.2004.汽油馏分的硫化物形态分布研究.色谱，22（5）：515-520.

黄海平，郑亚斌，张占文，等.2003.低等水生生物：高蜡油形成的重要来源.科学通报，48（10）：1092-1098.

蒋启贵，张志荣，宋晓莹，等.2005.轻烃指纹分析及其应用.石油实验地质，24（1）：61-64.

蒋启贵，张彩明，张美珍，等.2007.岩石C6—C15轻烃定量分析方法研究.石油实验地质，29（5）：512-516.

蒋启贵，王强，马媛媛，等.2009.全二维色谱–飞行时间质谱在石油地质样品分析中的应用.石油实验地质，31（6）：627-632.

郎东升，郭树生.1996.热解分析方法在松辽盆地北部储层评价中的应用.石油实验地质，18（4）：441-447.

郎东升，郭树生，马德华.1996.评价储层含油性的热解参数校正方法及其应用.海相油气地质，（4）：

53-55.

李景贵, 郑建京, 刘文汇, 等. 2004. 塔北、塔中地区碳酸盐岩及其原油中的二苯并噻吩类化合物. 沉积学报, 22 (2): 348-353.

李守军. 1999. 正烷烃、姥鲛烷与植烷对沉积环境的指示意义——以山东济阳坳陷下新近系为例. 石油大学学报 (自然科学版), 23 (5): 14-23.

李水福, 胡守志, 何生, 等. 2010. 原油中常见化合物的全二维气相色谱-飞行时间质谱分析. 地质科技情报, 29 (5): 46-50.

李素梅, 庞雄奇, 金之钧, 等. 2001. 沉积物中NSO杂环芳烃的分布特征及其地球化学意义. 地球化学, 30 (4): 347-352.

李贤庆, 李剑, 王康东, 等. 2012. 苏里格低渗砂岩大气田天然气充注运移及成藏特征. 地质科技情报, 31 (3): 55-62.

李玉喜, 乔德武, 姜文利, 等. 2011. 页岩气含气量和页岩气地质评价综述. 地质通报, 30 (2-3): 308-317.

梁狄刚, 张水昌, 张宝民, 等. 2000. 从塔里木盆地看中国海相生油问题. 地学前沿, 4 (7): 534-547.

刘光祥, 蒋启贵, 潘文蕾, 等. 2003. 干气中浓缩轻烃分析及应用——以川东北、川东地区天然气气/源对比研究为例. 石油实验地质, 25 (21): 585-589.

刘洪林, 邓泽, 刘德勋, 等. 2010. 页岩含气量测试中有关损失气量估算方法. 石油钻采工艺, 32 (增刊): 156-159.

刘金钟, 唐永春. 1996. 多冷阱热解气相色谱对生油岩动力学的研究. 科学通报, 41 (11): 1021-1024.

刘金钟, 唐永春. 1998. 用干酪根生烃动力学方法预测甲烷生成量之一例. 科学通报, 43 (11): 1187-1191.

罗健, 程克明, 付立新, 等. 2001. 烷基二苯并噻吩——烃源岩热演化新指标. 石油学报, 22 (3): 27-32.

马安来, 张水昌, 张大江, 等. 2004. 轮南、塔河油田稠油油源对比. 石油与天然气地质, 25 (1): 31-38.

钱凯, 赵庆波, 汪泽成. 1996. 煤层甲烷气勘探开发理论与实验测试技术. 北京: 石油工业出版社.

钱志浩, 曹寅. 2001. 新疆塔里木盆地北部原油运移地球化学效应. 石油实验地质, 23 (2): 186-190.

秦建中, 贾蓉芬, 郭爱明. 2000. 华北地区煤系烃源层油气生成、运移、评价. 北京: 科学出版社.

史权, 赵锁奇, 徐春明, 等. 2008. 傅里叶变换离子回旋共振质谱仪在石油组成分析中的应用. 质谱学报, (06): 367-378.

腾格尔, 刘文汇, 徐永昌, 等. 2004. 缺氧环境及地球化学判识标志的探讨——以鄂尔多斯盆地为例. 沉积学报, 22 (2): 365-372.

王秉海, 钱凯. 1992. 胜利油区地质研究与勘探实践. 东营: 石油大学出版社.

王飞宇, 边立曾, 张水昌, 等. 2001. 塔里木盆地奥陶系海相源岩中两类生烃母质. 中国科学 (D辑), 31 (2): 96-102.

王汇彤, 翁娜, 张水昌, 等. 2011. 全二维气相色谱-飞行时间质谱与常规色质分析的地球化学参数对比. 中国科学: 地球科学, 41 (11): 1586-1595.

王建宝, 肖贤明, 郭汝泰, 等. 2003. 渤海湾盆地东营凹陷烃源岩生烃动力学研究. 石油实验地质, 25 (4): 403-409.

王培荣, 徐冠军, 肖廷荣, 等. 2009. 用全二维气相色谱-飞行时间质谱仪分析东海平湖油气田A井轻质原油的尝试. 中国海上油气, 21 (5): 296-302.

王铁冠, 何发岐, 李美俊, 等. 2005. 烷基二苯并噻吩类: 示踪油藏充注途径的分子标志物. 科学通报,

参考文献

50（2）：176-182.

王铜山，耿安松，熊永强，等. 2008. 塔里木盆地海相原油及其沥青质裂解生气动力学模拟研究. 石油学报，29（2）：167-172.

王云鹏，赵长毅，王兆云，等. 2005. 利用生烃动力学方法确定海相有机质的主生气期及其初步应用. 石油勘探与开发，32（4）：153-158.

吴治君，罗斌杰，王有孝，等. 1995. 塔里木盆地原油中二苯并噻吩的分布及主力油源岩类型判识. 沉积学报，13（3）：98-106.

袭杰，王晓舟，杨永祥，等. 2003. 保压取芯技术在吐哈油田陵检14-241井的应用. 石油钻探技术，31（3）：19-21.

肖廷荣. 2000. 两种轻烃分析方法——PTV切割反吹、顶空分析. 中国石油天然气集团公司油气地球化学重点实验室文集（第一集）. 北京：石油工业出版社.

叶军，郭迪孝. 1994. 轻烃分析方法在煤系地层油气源对比方面的应用. 北京：地质出版社.

于明德，王璞珺，蒋永福，等. 2008. 敦化盆地烃源岩地球化学特征及其生烃潜力. 石油实验地质，30（3）：270-275.

张宝民，赵孟军，肖中尧，等. 2000. 塔里木盆地优质气源岩特征. 新疆石油地质，21（1）：33-37.

张林晔，等. 2012. 陆相盆地页岩油勘探开发关键地质问题研究. 页岩油资源与勘探开发技术国际研讨会，无锡.

张林晔，李政，李钜源，等. 2012. 东营凹陷古近系泥页岩中存在可供开采的油气资源. 天然气地球科学，23（1）：1-13.

张敏，林壬子. 1994. 试论轻烃形成过程中过渡金属的催化作用. 地质科技情报，13（2）：75-80.

张敏，张俊. 1999. 塔里木盆地原油噻吩类化合物的组成特征及地球化学意义. 沉积学报，17（3）：121-126.

张水昌，王飞宇，张宝民，等. 2000. 塔里木盆地中上奥陶统油源层地球化学研究. 石油学报，21（6）：23-28.

张志荣，宋晓莹，张渠，等. 2008. 生物标志化合物色谱——质谱定量分析研究. 石油实验地质，30（4）：405-407.

赵孟军，廖志勤，黄第藩，等. 1997. 从原油地球化学特征浅谈奥陶系原油生成的几个问题. 沉积学报，15（4）：72-96.

赵政璋，李永铁，叶和飞，等. 2000. 青藏高原海相烃源层的油气生成. 北京：科学出版社.

钟宁宁，Greenwood P. 2001. 沉积有机质激光微裂解-色谱-质谱探针分析技术的尝试及其前景探讨. 地球化学，30（6）：605-611.

周树青，黄海平，徐旭辉，等. 2008. 咔唑、酚类和二苯并噻吩类化合物在油气运移研究中的应用. 石油与天然气地质，29（1）：146-156.

朱扬明，张春明，张敏，等. 1996. 陆东凹陷生油岩生物标志物与沉积环境的关系. 江汉石油学院学报，18（3）：29-34.

朱扬明，张洪波，傅家谟，等. 1998. 塔里木不同成因原油芳烃组成和分布特征. 石油学报，19（3）：33-37.

Allred V D. 1966. Shale oil developments: Kinetics of oil shale pyrolysis. Chem Eng Proc, 62（8）：55-60.

Amirav A, Jing H W. 1995. Pulsed Flame Photometer Detector for Gas Chromatography. Analytical Chemistry, 67（18）：3305-3318.

Aquino Neto F R, Triguis J, Azevedo D A, et al. 1989. Organic geochemistry of geographically unreleated Tasmanites. Paris: 14th International Meeting on Organic Geochemistry.

Azevedo D A, Aquino N F R, Simoneit B R T, et al. 1992. Novel series of tricyclic aromatic terpanes characterized in Tasmanian tasmanite. Organic Geochemistry, 18: 9-16.

Beens J, Blomberg J, Schoenmakers P J. 2000. Proper tuning of comprehensive two-dimensional gas chromatography to optimize the separation of complex oil fractions. J High Resolut Chromatogr, 23: 182-188.

Beens J, Brinkman U A T. 2000. The role of gas chromatography incomprehensive analysis in the petroleum industry. Trends Anal Chem, 19: 260-275.

Behar F, Kressmann S, Rudkiewicz J L. 1992. Experimental simulation in a confined system and kinetics modeling of kerogen and oil cracking. Organic Geochemistry, 19: 173-189.

Behar F, Vandenbroucke M, Tang Y. 1997. Thermal cracking of kerogen in open and closed systems: determination of kinetic parameters and stoichiometric coefficients for oil and gas generation. Organic Geochemistry, 26 (5): 321-339.

Bement W O, Levey R A, Mango F D. 1995. The temperature of oil generation as defined with C_7 chemistry maturity parameter (2, 4-DMP/2, 3-DMP ratio) //Grimalt J O, Dorronsono C. Organic geochemistry: Developments and applications to energy, climate, environment and human history. Donostia- San Sebastian, Spain: AIGOA.

Berner R A, Scott M R, Thomlinson C. 1970. Carbonate alkalinity in the pore waters of anoxic marine sediments. Limnology and Oceanography, 14: 544-549.

Bordenave M L, Espitalie J, Leplat J, et al. 1993. Screening techniques for source rock evaluation// Bordenave M L (ed.). Applied petroleum geochemistry: Paris, Editions Technip, 217-278.

Boreham C J, Horsfield B, Schenk H J. 1999. Predicting the quantities of oil and gas generated from Australian Permian coals, Bowen basin using pyrolytic methods. Marine and Petroleum Geology, 16: 165-168.

Buchardt B, Christiansen F G, NohrHansen H, et al. 1989. Composition of organic matter in source rocks// Christiansen F G. Petroleum Geology of North Greenland. Gronlands Geølogiske Undersøgelse Bulletin.

Canipa-Morales N K, Galan-Vidal C A, Guzman-Vega M A. 2003. Effect of evaporation on C_7 light hydrocarbon parameter. Organic Geochemistry, 34 (6): 813-826.

Castelli A, Chiaramonte M A, Beltrame P L. 1990. Thermal degradation of kerogen by hydrous pyrolysis. A kinetic study. Organic Geochemistry, 16 (1-3): 75-82.

Chervenick S W, Smart R B. 1995. Quantitative analysis of N-methyl-2-pyrrolidinone retained in coal extracts by thermal extraction g. c.-m. s. Fuel, 74 (2): 241-245.

Cho Y, Na J G, Nho N S, et al. 2012. Application of saturates, aromatics, resins, and asphaltenes crude oil fractionation for detailed chemical characterization of heavy crude oils by fourier transform ion cyclotron resonance mass spectrometry equipped with atmospheric pressure photoionization. Energy & Fuels, 26 (5): 2558-2565.

Chosson P, Connan J, Dessort D, et al. 1992. In vitro biodegradation of steranes and terpanes: A clue to understanding geological situations//Moldowan J M, Albrecht P, Philip R P. Biological Markers in Sediments and Petroleum. New Jersey: Prentice Hall.

Colombe V, Fabrice B, Laurent D. 2004. Comparison of conventional gas chromatography for the detailed analysis of petrochemical samples. Journal of Chromatography A, 1056: 155-162.

Cramer B, Krooss B M, Littke R. 1998. Modeling isotope fractionation during primary cracking of natural gas: a reaction kinetic approach. Chem Geol, (149): 235-250.

Curtis J B, Hill D G, Lills P G. 2008. Shale Gas Resources: Classic and Emerging Plays, the Resource Pyramid and a Perspective on Future E&P. AAPG Annual Convention, San Antonio, Texas.

Czochanska Z, Gilblrt T D, Philip R P, et al. 1988. Geochemical application of sterane and triterpane biomarkers to a description of oils from the Taranaki Basin in New Zealand. Organic Geochemistry, 12: 123-135.

Dan J. International Symposium on Shale Oil Technologies, Wuxi, China, April, 2012.

Delvaux D, Martin H, Leplat P, et al. 1990. Geochemical characterization of sedimentary organic matter by means of pyrolysis kinetic parameters. Organic Geochemistry, 16 (1): 175-187.

Duppenbecker S, Horsfield B. 1990. Compositional information for kinetic modeling and petroleum type prediction. Organic Geochemistry, 16: 259-266.

Frysinger G S, Gaines R B. 2001. Separation and identification of petroleum biomarkers by comprehensive two-dimensional gas chromatography. Journal of Separation Science, 24 (2): 87-96.

Goodarzi F, Brooks P W, Embry A F. 1989. Regional maturity as determined by organic petrography and geochemistry of the Schei Point Grouop (Triassic) in the western Sverdrup Basin, Canadian Arctic Archipelago. Marine and Petroleum Geology, 6: 290-302.

Grantham P J. 1986. The occurrence of unusual C_{27} and C_{29} sterane predominances in two types of Oman crude oil. Organic Geochemistry, 9: 1-10.

Grantham P J, Wakefield L L. 1988. Variations in the sterane carbon number distributions of marine source rock derived crude oils through geological time. Organic Geochemistry, (12): 61-73.

Greenwood P F. 2011. Lasers used in analytical micropyrolysis. Journal of Analytical and Applied Pyrolysis, 92: 426-429.

Greenwood P F, George S C, Wilson M, et al. 1996. A new apparatus for laser micropyrolysis-gas chromatography/mass spectrometry. Journal of Applytical and Applied Pyrolysis, 38: 101-118.

Greenwood P F, George S C, Hall K. 1998. Applications of laser micropyrolysis-gaschromatography-mass spectrometry. Organic Geochemistry, 29: 1075-7089.

Greewood P F, Arouri K R, George S C. 1999. Tricyclic terpenoidcomposition of Tasmanites kerogen as determinded by pyrolysis GC-MS. Geochimicaet Cosmochimica, 64: 1249-1263.

Grice K, Alexander R, Kagi R I. 2000. Diamondoid hydrocarbon ratios as indicators of biodegradation in Australian crude oils. Organic Geochemistry, 31: 67-73.

Hemmingsen P V, Kim S, Pettersen H E, et al. 2006. Structural characterization and interfacial behavior of acidic compounds extracted from a north sea oil. Energy & Fuels, 20 (5): 1980-1987.

Hou D J, Li M W, Huang Q H. 2000. Marine transgressional events I the gigantic freshwater lake Songliao: paleontological and geochemical evidence. Organic Geochemistry, 31 (7-8): 763-768.

Hughes W B. 1984. Use of thiophenic organosulfur compounds in characterizing crude oils derived from carbonate versus siliciclastic sources//Palacas J G. Petroleum Geochemistry and Source Rock Potential of Carbonate Rocks. American Association of the Petroleum Geologists, Studies in Geology: 18: 181-196.

Hughey C A, Hendrickson C L, Rodgers R P, et al. 2001. Kendrick mass defect spectrum: a compact visual analysis for ultrahigh-resolution broadband mass spectra. Analytical Chemistry, 73 (19): 4676-4681.

Hughey C A, Rodgers R P, Marshall A G, et al. 2002. Identification of acidic NSO compounds in crude oils of different geochemical origins by negative ion electrospray Fourier transform ion cyclotron resonance mass spectrometry. Organic Geochemistry, 33 (7): 743-759.

Hughey C A, Rodgers R P, Marshall A G. 2002. Resolution of 11 000 compositionally distinct components in a single electrospray ionization fourier transform ion cyclotron resonance mass spectrum of crude oil. Anal Chem, 74 (16): 4145-4149.

Hunt J M. 1979. Petroleum geochemistry and geology. Sanfrancisco: Freemanand Company.

Hur M, Yeo I, Kim E, et al. 2010. Correlation of FT-ICR Mass Spectra with the Chemical and Physical Properties of Associated Crude Oils. Energy & Fuels, 24 (10): 5524-5532.

Jin J M, Kim S, Birdwell J E. 2012. Molecular characterization and comparison of shale oils generated by different pyrolysis methods. Energy & Fuels, 26 (2): 1054-1062.

Johns R B. 1991. 沉积记录中的生物标志物. 王铁冠, 黄第藩, 徐丽娜等译. 北京: 科学出版社.

Kelemen S R, Walters C C, Ertas D, et al. 2006. Petroleum Expulsion Part 3. A model of chemically driven fractionation during expulsion of petroleum from kerogen. Energy & Fuels, 20 (1): 309-319.

Killops S D, Al-Juboori M A H A. 1990. Characterisation of the unresolved complex mixture (UCM) in the gas chromatograms of biodegraded petroleums. Organic Geochemistry, 15: 147-160.

Kim S, Stanford L A, Rodgers R P, et al. 2005. Microbial alteration of the acidic and neutral polar NSO compounds revealed by Fourier transform ion cyclotron resonance mass spectrometry. Organic Geochemistry, 36 (8): 1117-1134.

Klein G C, Kim S, Rodgers R P, et al. 2006a. Mass spectral analysis of asphaltenes. I. Compositional differences between pressure-drop and solvent-drop asphaltenes determined by electrospray ionization Fourier transform ion cyclotron resonance mass spectrometry. Energy & Fuels, 20: 1965-1972.

Klein G C, Angstrom A, Rodgers R P, et al. 2006b. Use of saturates/aromatics/resins/asphaltenes (SARA) fractionation to determine matrix effects in crude oil analysis by electrospray ionization Fourier transform ion cyclotron resonance mass spectrometry. Energy & Fuels, 20 (2): 668-672.

Klomp U C, Wright P A. 1990. A new method for the measurement of kinetic parameters of Hydrocarbon generation from source rocks. Organic Geochemistry, 16 (1-3): 49-60.

Kohnen M E L, Sinninghe D J S, Kock Van Dalen A C, et al. 1991. Di- or polysulfide-bound biomarkers in sulfur-rich geomacromolecules as revealed by selective chemolysis. Geochimica et Cosmochimica Acta, 55: 1375-1394.

Larter S R, Bowler B F J, Li M, et al. 1996. Molecular indicators of secondary oil migration distances. Nature, 383: 593-597.

Li M W, Zhang S C, Snowdon L, et al. 1998. Oil-source correlation in Tertiary deltaic petroleum systems: A comparative study of the beaufort-Mackenzie Basin in Canada and the Perl River Mouth Basin in China. Organic Geochemistry, 39 (8): 1170-1175.

Li M, Larter S R, Frolov Y B, et al. 1994. Adsorptive interaction between nitrogen compounds and organic and/or mineral phases in subsurface rocks. Models for compositional fractionation of pyrrolic nitrogen compounds in petroleum during petroleum migration. Journal of High Resolution Chromatography, 17 (4): 230-236.

Li M, Pang X. 2004. Contentious Petroleum Geochemical Issues in china's Sedimentary Basins. Petroleum Science, 1 (3): 4-22.

Li M, Yao H, Fowler M G, Stasiuk L D. 1998. Geochemical constraints on models for secondary petroleum migration along the Upper Devonian Rimbey-Meadowbrook reef trend in central Alberta, Canada. Organic Geochemistry, 29 (1-3): 163-182.

Lino M, Takanohashi T, Ohsuga H, et al. 1988. Extraction of coals with CS_2-N-methyl-2-pyrrolidinone mixed solvent at room temperature: effect of coal rank and synergism of the mixed solvent. Fuel, 67 (12): 1639-1647.

Liu P, Shi Q, Chung K H. 2010a. Molecular characterization of sulfur compounds in venezuela crude oil and its SARA fractions by electrospray ionization fourier transform ion cyclotron resonance mass spectrometry. Energy&Fuels, 24 (9): 5089-5096.

Liu P, Xu C, Shi Q. 2010b. Characterization of sulfide compounds in petroleum: selective oxidation followed by positive-ion electrospray fourier transform ion cyclotron resonance mass spectrometry. Analytical Chemistry, 82 (15): 6601-6606.

Liu P, Shi Q, Pan N. 2011. Distribution of sulfides and thiophenic compounds in VGO subfractions: characterized by positive-Ion electrospray fourier transform ion cyclotron resonance mass spectrometry. Energy & Fuels, 25 (7): 3014-3020.

Maier C G, Zimmerley S R. 1924. The chemical dynamics of the transformation of the organic matter to bitumen in oil shale. Univ of Vtah, 14 (7): 62.

Mango F D. 1990a. The origin of light cycloalkanes in petroleum. Geochimica et Cosmochimica Acta, 54: 23-27.

Mango F D. 1990b. The origin of light hydrocarbons in petroleum: Akinetic test of steady state catalytic hypothesis. Geochimica et Cosmochimica Acta, 54: 1315-1323.

Mango F D. 1996. Transition metal catalysis in the generation of natural gas. Orgenic Geochemistry, 24: 977-984.

Mango F D. 1997. The light hydrocarbons in petroleum: A critical review. Organic Geochemistry, 26: 417-440.

Milner C W D, Rogers M A, Evans C R. 1977. Petroleum transformations in reservoirs. Journal of Geochemical Exploration, 7: 101-153.

Miyabayashi K, Naito Y, Tsujimoto K, et al. 2004. Characterization of nitrogen compounds in vacuum residues by electrospray ionization Fourier transform ion cyclotron resonance mass spectrometry. Journal of the Japan Petroleum Institute, 47 (5): 326-334.

Moldowan J M, Seifert W K, Gallegos E J. 1985. Relationship between petroleum composition and depositional environment of petroleum source rocks. American Association of Petroelum Geologists Bulletin, 69: 1255-1268.

Moldowan J M, Fago F J, Lee C Y, et al. 1990. Sedimentary 24-n-propylcholestanes, molecular fossils diagnostic of marine algae. Science, 247: 309-312.

Moldowan J M, Sundararaman P, Salvatori T, et al. 1992. Source correlation and maturity assessment of select oils and rocks from the Central Adriatic Basin (Italy and Yugoslavia) //Moldowan J M, Albrecht P, philp R P. Biological Markers in Sediments and Petroleum New Jersey: prentice Hall.

Monin J C, Connan J, Oudin J L. 1990. Quantitative and qualitative experimental approach of oil and gas generation: application to the North Sea source rocks. Organic Geochemistry, 16: 133-142.

Ourisson G, Albrecht P, Rohmer M. 1984. The microbial origin of fossil fuels. Scientific American, 251: 44-51.

Peacock E E, Hampson G R, Nelson R K. 2007. The 1974 spill of the Bouchard 65 oil barge: petroleum hydrocarbons persist in Winsor Cove salt maish sediments. Marine Pollutution Bulletin, 54: 214-225.

Peters K E, Moldowan J M, Schoell M, et al. 1986. Petroleum isotopic and biomarker composition related to source rock organic matter and depositional environment. Organic Geochemistry, (10): 17-27.

Peters K E, Moldowan J M, Sundararaman P. 1990. Effects of hydrous pyrolysis on biomarker thermal maturity parameters: Monterey Phosphatic and Silliceous Members. Organic Geochemistry, 15: 249-265.

Peters K E, Moldowan J M. 1995. 生物标记化合物指南. 北京: 石油工业出版社.

Pitt G J. 1962. The kinetics of the evolution of volatile products from coal. Fuel, 41: 267.

Purcell J M, Hendrickson C L, Rodgers R P, et al. 2006. Atmospheric pressure photoionization fourier transform ion cyclotron resonance mass spectrometry for complex mixture analysis. Anal Chem, 78 (16): 5906-5912.

Qian K, Rodgers R P, Hendrickson C L, et al. 2001a. Reading chemical fine print: Resolution and identification of 3000 nitrogen-containing aromatic compounds from a single electrospray ionization Fourier transform ion cyclotron resonance mass spectrum of heavy petroleum crude oil. Energy & Fuels, 15 (2): 492-498.

Qian K, Robbins W K, Hughey C A, et al. 2001b. Resolution and identification of elemental compositions for more than 3000 crude acids in heavy petroleum by negative-ion microelectrospray high-field Fourier transform ion cyclotron resonance mass spectrometry. Energy & Fuels, 15 (6): 1505-1511.

Quigley T M. 1988. Kinetic theory of petroleum generation//Doligez B. Migration of hydrocarbons in sedimentary basin, 648-666.

Radke M, Welte D H. 1981. The methylphananthrene index (MPI): a maturity parameter based on aromatic hydrocarbons. Advances in Organic Geochemistry, 504-512.

Raederstorff D, Rohmer M. 1984. Sterols of the unicellular algae Nematochrysopsis roscoffensis and Chrysotila lamellose: Isolation of (24E)-24-n-propylidenecholesterol and 24-n-propylcholesterol. Phytochemistry, 23: 2835-2838.

Rohrback B G. 1983. Crude oil geochemistry of the Gulf of Suez//Advances in Organic Geochemistry. New York: 39-48.

Rubinstein I, Albrecht P. 1975. The occurrence of nuclear methylated steranes in a shale. Journal of the Chemical Society, Chemical Communications, 957-958.

Schaefer R H, Schenk H J, Hardelauf H. 1990. Determination of Gross kinetic parameters for petroleum formation from Jurassic source rocks of different maturity levels by means of laboratory experiments. Organic Geochemistry, 16 (1-3): 115-120.

Shi Q, Pan N, Liu P. 2010. Characterization of sulfur compounds in oilsands bitumen by methylation followed by positive-ion electrospray ionization and fourier transform ion cyclotron resonance mass spectrometry. Energy & Fuels, 24 (5): 3014-3019.

Stanford L A, Rodgers R P, Marshall A G, et al. 2007. Detailed elemental compositions of emulsion interfacial material versus parent oil for nine geographically distinct light, medium, and heavy crude oils, detected by negative- and positive-ion electrospray ionization Fourier transform ion cyclotron resonance mass spectrometry. Energy & Fuels, 21 (2): 973-981.

Summons R E, Capon R J. 1988. Fossil steranes with unprecedented methylation in ring A. Geochimica et Cosmochimica Acta, 52: 2733-2736.

Summons R E, Capon R J. 1991. Identification and significance of 3β-ethyl steranes in sediments and petroleum. Geochimica et Cosmochimica Acta, 55: 2391-2395.

Sweeney J, Talukdar S, Burnham A. 1990. Pyrolysis kinetics applied to prediction of oil generation in Maracaibo Basin, Venezuela. Organic Geochemistry, 16: 189-196.

Sweeney J, Talukdar S, Burnham A. 1995. Chemical kinetic model of hydrocarbon generation, expulsion, and destruction applied to the Maracaibo Basin, Venezuela. American Association of Petroleum Geologists, 79: 1515-1532.

Tang Y, Perry J, Jenden P D. 2000. Mathematical modeling of stable carbon isotop ratios in natural gases. Geochimica et Cosmochimica Acta, 64 (15): 2673-2687.

Tang Y, Stauffer M. 1993. Multiple cold trap pyrolysis gas chromatography: a new technique for modeling hydrocarbon generation. Organic Geochemistry, 22 (3-5): 863-972.

Tappan H N. 1980. The Paleobiology of Plant Protists. San Francisco: Freeman W H.

The American Society for Testing and Materials. 2008. Standard testing method for detailed analysis of petroleum naphthas through n-Nonane by capillary gas chromatography. ASTM D5134, 05.02.

Thompson K F M. 1979. Light hydrocarbons in subsurface sediment. Geochimica et Cosmochimica Acta, 43: 657-672.

Thompson K F M. 1983. Classification and thermal history of petroleum based on light hydrocarbons. Geochimica et

Cosmochimica Acta, 47: 303-306.

Tin C T, Graham A L. 2010. Use of comprehensive two-dimensional gas chromatography/time-of-flight mass spectrometry for the characterization of biodegradation and unresolved complex mixtures in petroleum. Geochimica et Cosmochimica Acta, 74: 6468-6484.

Tissot B P, Welte D. 1978. Petroleum formation and occurrence: a new approach to oil and gas exploration. Berlin: Springer-Verlag.

Tissot B P, Pelet R, Ungerer P. 1987. Thermal history of sedimentary basins, maturation indices, and kinetics of oil and gas generation. The American Association of Petroleum Geologits Bulletin, 71 (12): 1445-1466.

Tissot B, Durand B, Espitalie J. 1974. Influence of nature and diagenesis of organic matter information of petroleum. The American Association of Petroleum Geologits Bulletin, 58 (3): 499-506.

Tran T C, Logan G A, Grosjean E. 2006. Comprehensive two dimensional gas chromatographic analysis of crude oil and bitumen. Organic Geochemistry, 37: 1190-1194.

Ulery J P, Hyman D M. 1991. The Modified Direct Method of Gas Content Determination: Application and results, Proceedings of the 1991 Coalbed Methane Symposium, Tuscaloosa, AL, 489-500.

Ungerer P, Pelet R. 1987. Exptrapolation of the kinetics of oil and gas formation from laboratory experiments to sedimentary basins. Nature, (327): 52-54.

Ungerer P. 1990. State of the art of research in kinetics modeling of oil formation and expulsion. Organic Geochemistry, 16 (1): 1-25.

Ventura G T, Kenig F, Reddy C M. 2008. Analysis of unre-solved complex mixtures of hydrocarbons extracted from Late Archean sediments by comprehensive tow-dimensional gas chromatography (GC×GC). Organic Geochemistry, 39: 846-867.

Vlierbloom F W, Collini B, Zumberge J E. 1986. The occurrence of petroleum in sedimentary rocks of the meteor impact crater at Lake Siljan, Sweden. Organic Geochemistry, (10): 153-161.

Wang Z, Fingas M. 1995. Differentiation of the the source of spilled oil and monitoring of the oil weathering process using gas chromatography-mass spectrometry. Journal of Chromatography, A712, 321-343.

Wei Z, Moldowan J M, Peters K E. 2007. The abundance and disteibution of diamandoids in biodegraded oils from the San Joaquin Valley: implications for biodegradation of diamondoids in petroleum reservoirs. Organic Geochemistry, 38: 1910-1926.

Withers N. 1983. Dinoflagellate sterols//Scheuer P J. Marine Natural Products 5. Academic Press : 87-130.

Yee D, Seidle J P, Hanson W B. 1993. Gas sorption on coal and measurement of gas content. Hydrocarbons from coal: AAPG Studies in Geology, 38: 203-218.

Zhang Z R, Greenwood P. 2010. Laser micropyrolysis GCMS of hydrocarbon bearing fluid inclusions and petroleum source rocks. Canberra: 16th Australian Organic Geochemistry Conference. 116-117.

Zhang Z R, Greenwood P, Zhang Q, et al. 2012. Laser ablation GC-MS analysis of oil-bearing fluid inclusions in petroleum reservoir rocks. Organic Geochemistry, 43: 20-25.

Zumberge J E. 1984. Source rocks of the La Luna Formation (Upper Cretaceous) in the Middle Magdalena Valley, Columbia//Palacas J G. Geochemistry and Source Rock Potential of Carbonate Rocks, AAPG Studies in Geology, 18: 127-133.